高等院校数字艺术设计系列教材

Dreamweaver CS6 网页设计应用案例教程（第二版）

陈薇 编著

清华大学出版社
北京

内 容 简 介

本书语言平实，条理清晰，贴近初级读者，增强了内容的可自学性。书中全部由案例构成，每个案例都有提示和注释，穿插讲解知识点，方便读者更好地理解知识点的应用。

本书共分9章，其中包括Dreamweaver CS6快速入门、网页基础元素的应用、使用CSS样式美化网页、在网页中创建链接、在网页中创建表格和框架、在网页中插入表单元素、应用模板和库提高网站制作效率、使用AP Div和行为给网页添加特效以及商业综合网站等内容，由浅入深、循序渐进地讲述网页制作的过程和操作技巧的应用。

本书适用于网页设计和制作人员，以及想从事网站开发工作的人员和网页制作培训班学员，也可作为高等院校相关专业的教材。

本书配套光盘中提供了书中所有实例的源文件和相关素材，并赠送实用视频教学资源，便于读者学习和参考。

图书在版编目(CIP)数据

Dreamweaver CS6网页设计应用案例教程 / 陈薇　编著. —2版. —北京：清华大学出版社，2015
（2023.8重印）
(高等院校数字艺术设计系列教材)
ISBN 978-7-302-39782-3

Ⅰ.①D…　Ⅱ.①陈…　Ⅲ.①网页制作工具—高等学校—教材　Ⅳ.①TP393.092

中国版本图书馆CIP数据核字(2015)第077165号

责任编辑：李　磊
封面设计：王　晨
责任校对：曹　阳
责任印制：杨　艳

出版发行：清华大学出版社
　　网　　址：http://www.tup.com.cn，http://www.wqbook.com
　　地　　址：北京清华大学学研大厦A座　　**邮　　编**：100084
　　社 总 机：010-83470000　　**邮　　购**：010-62786544
　　投稿与读者服务：010-62776969，c-service@tup.tsinghua.edu.cn
　　质 量 反 馈：010-62772015，zhiliang@tup.tsinghua.edu.cn
印 装 者：三河市君旺印务有限公司
经　　销：全国新华书店
开　　本：190mm×260mm　　**印　　张**：14.25　　**字　　数**：374千字
(附CD光盘1张)
版　　次：2009年7月第1版　　2015年6月第2版　　**印　　次**：2023年8月第7次印刷
定　　价：69.00元

产品编号：062387-02

Dreamweaver CS6 前言

近年来随着互联网的高速发展，网络信息的广泛应用，越来越多的个人或企业都开始建立自己的网站，利用网站进行推广、宣传，以让更多的人了解自己或自己的产品，树立形象和品牌。Dreamweaver 作为一款专业的网页设计编辑器，备受广大网页设计者和爱好者的青睐。

Dreamweaver 是 Adobe 公司旗下的一款对 Web 站点、Web 网页和 Web 应用程序进行设计、编写和开发的专业编辑软件。本书以 Dreamweaver CS6 版本来讲解网页设计和编辑，在该版本中不仅增加了许多新的功能，而且对软件外观和布局的设计做了进一步调整，使软件界面看起来简洁、明朗。

本书特点与内容安排

本书共分 9 章内容进行讲述，向读者详细并系统地介绍 Dreamweaver CS6 的相关功能和操作技巧，每章配有大量的案例，通过提示和注释，让读者了解知识点的应用和一些操作技巧。

第 1 章 Dreamweaver CS6 快速入门，对 Dreamweaver CS6 的基础功能进行介绍，包括安装与运行 Dreamweaver CS6、创建和预览网页、创建本地静态站点、设置远程服务器、设置页面属性、设置页面头信息等。

第 2 章 网页基础元素的应用，本章主要介绍向网页中插入一些基本元素的方法，其中包括在网页中输入文字，插入特殊字符、项目列表、编号列表、滚动文本、图像，图像占位符和鼠标经过图像、插入 Flash 动画和插入 FLV 视频等。

第 3 章 使用 CSS 样式美化网页，本章主要介绍创建标签 CSS 样式、创建类 CSS 样式、创建 ID CSS 样式、创建伪类 CSS 样式、设置文本和背景样式、设置区块和方框样式、盒模型等相关知识。

第 4 章 在网页中创建链接，本章主要介绍在网页中为文字和图像创建链接的方法，以及网页中特殊链接的创建方法。

第 5 章 在网页中创建表格和框架，本章介绍表格和框架的两种网页布局方式，并重点讲解 Spry 构件的应用，其中包括 Spry 菜单栏、Spry 选项卡式面板、Spry 可折叠面板、Spry 折叠式、Spry 工具提示构件等内容。

第 6 章 在网页中插入表单元素，本章介绍表单元素的使用方法和在网页上实现的效果，并重点对文本域、密码域、图像域、列表 / 菜单、跳转菜单等表单元素进行介绍。

第 7 章 应用模板和库提高网站制作效率，本章主要讲解 Dreamweaver CS6 中模板和库的创建及应用。

第 8 章 使用 AP Div 和行为给网页添加特效，本章介绍如何使用 AP Div 进行排版，并通过实例详细介绍在 Dreamweaver CS6 中如何添加行为。

第 9 章 商业综合网站，本章主要通过制作不同类型的网站，综合运用和巩固前面所学习的知识，让读者将所学的知识应用到实战中。

本书读者对象和作者

本书主要面向网页设计和制作人员，以及想从事网站开发工作的读者和各高校相关专业的学生。希望读者通过本书的学习，能够早日成为网页设计和制作高手。

本书由陈薇编著，另外李晓斌、张晓景、解晓丽、孙慧、程雪翩、刘明秀、陈燕、胡丹丹、杨越、王巍、王素梅、王状、赵建新、赵为娟、张农海、聂亚静、邢燕玲、方明进、张陈等人也参与了部分编写工作。由于作者精力和能力所限，书中难免有疏漏之处，敬请广大读者批评指正。

本书的 PPT 课件请到 http://www.tupwk.com.cn/downpage 下载。

编　者

Dreamweaver CS6 目录

第 1 章 Dreamweaver CS6 快速入门

第 2 章 网页基础元素的应用

第 3 章 使用 CSS 样式美化网页

第 4 章 在网页中创建链接

第 5 章 在网页中创建表格和框架

第 6 章 在网页中插入表单元素

第 7 章 应用模板和库提高网站制作效率

第 8 章 使用 AP Div 和行为给网页添加特效

第 9 章 商业综合网站

第1章

Dreamweaver CS6

| Dreamweaver CS6快速入门

Dreamweaver是一款所见即所得的网页编辑软件，它是第一款针对专业网页设计师的视觉化网页制作软件，利用它可以轻而易举地制作出跨平台限制和跨浏览器限制且充满动感的网页。

| 本章重点

- 安装与运行 Dreamweaver CS6
- 使用<audio>标签在网页中嵌入音频
- 创建、打开和预览网页
- 设置页面属性
- 创建本地静态站点
- 设置页面头信息
- 设置远程服务器
- 使用设计和代码视图
- 使用<video>标签实现网页视频播放

实例1　安装与运行Dreamweaver CS6

实例 目的

本实例的目的是让大家掌握在Windows操作系统中安装和启动Dreamweaver CS6的方法，如图1-1所示为Dreamweaver CS6的安装和运行流程图。

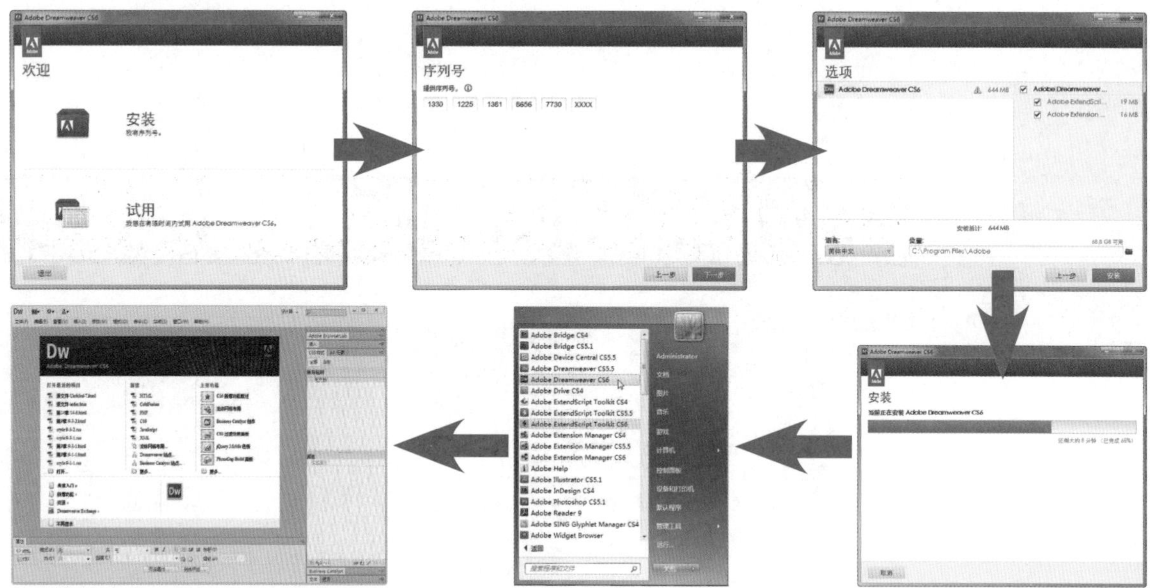

图1-1　操作流程图

实例 重点

- 掌握Dreamweaver CS6的安装方法
- 掌握启动Dreamweaver CS6的方法

实例 步骤

STEP 1 将Dreamweaver CS6安装光盘放入DVD光驱中，稍等片刻，自动进入初始化安装程序界面，如图1-2所示，初始化完成后会自动进入欢迎界面，可以选择安装或试用，如图1-3所示。

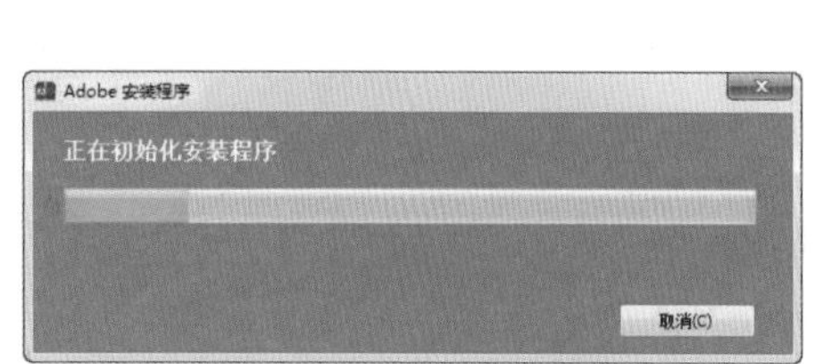

图1-2　初始化安装程序

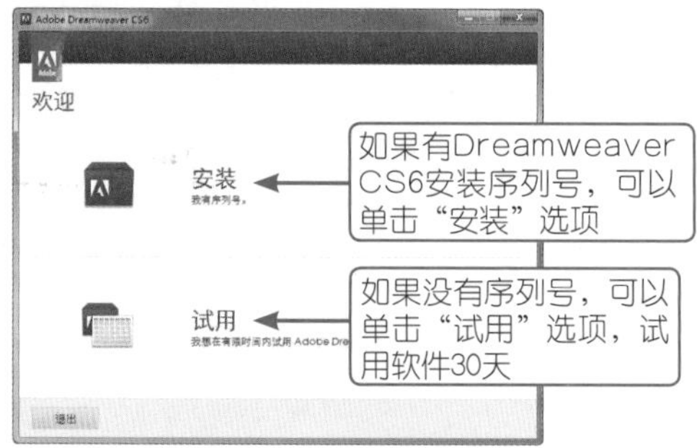

图1-3　欢迎界面

STEP 2 单击“安装”按钮，进入Dreamweaver CS6 软件许可协议界面，如图1-4所示。单击“接受”按钮，进入序列号界面，如图1-5所示，输入序列号，单击“下一步”按钮。

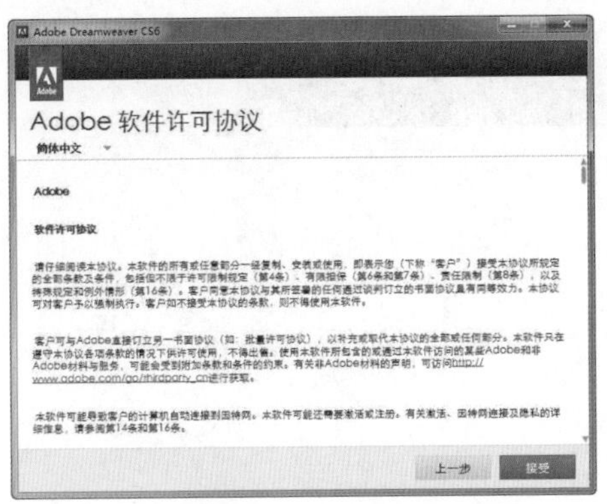

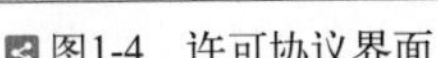
图1-4 许可协议界面

图1-5 输入序列号

STEP 3 进入Adobe ID界面，如不需要输入ID则单击“下一步”按钮，进入安装选项界面，用户可以勾选需要安装的选项，设置“语言”为“简体中文”，并指定安装路径，如图1-6所示。单击“安装”按钮，进入安装界面，显示安装进度，如图1-7所示。

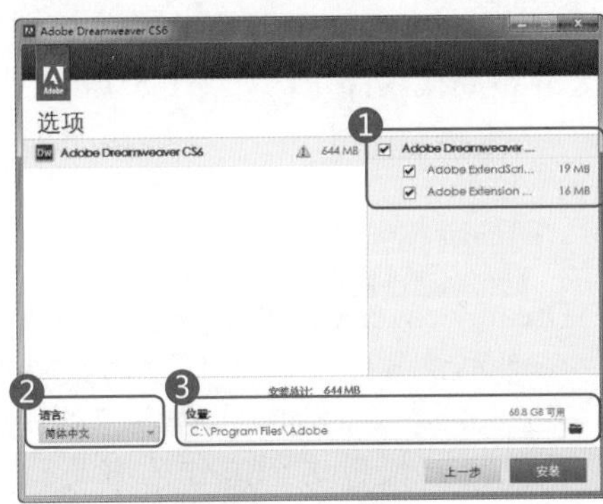

图1-6 选项界面

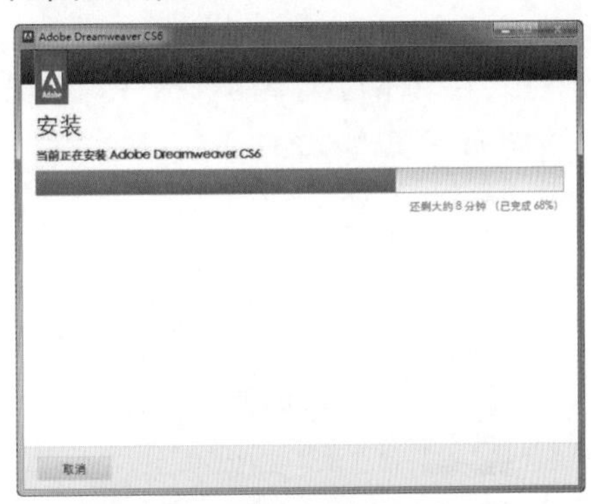

图1-7 安装界面

STEP 4 安装完成后，进入“安装完成”界面，如图1-8所示。单击“关闭”按钮，完成安装，单击“立即启动”按钮，可以立即运行Dreamweaver CS6软件。软件安装结束后，Dreamweaver会自动地在Windows程序组中添加Dreamweaver CS6的快捷方式，如图1-9所示。

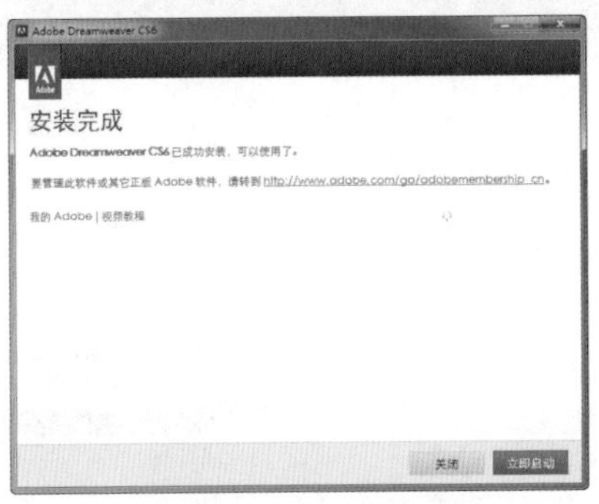

图1-8 安装完成界面

图1-9 快捷方式

STEP 5 在Windows中单击“开始”按钮，选择“所有程序”，执行Dreamweaver CS6命令，运行软件，第一次启动时首先会出现“默认编辑器”对话框，如图1-10所示。单击“确定”按钮，便可打开软件工作区的开始页面，如图1-11所示。默认情况下，Dreamweaver CS6的工作区布局是以设计视图布局的。

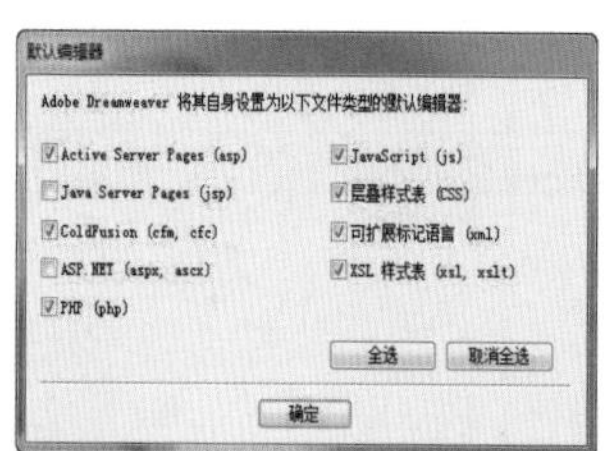

图1-10 “默认编辑器”对话框

图1-11 Dreamweaver CS6工作界面

提 示

在“默认编辑器”对话框中，可以选中多个不同的文件类型，将Dreamweaver CS6设置为这些文件类型的默认编辑器，默认情况下，对话框中的所有文件类型全部选中。

STEP 6 在Dreamweaver CS6中还可以对工作区布局进行修改。只需要单击菜单栏右侧的“设计器”按钮 设计器▼，在其下拉菜单中选择一种布局工作区的布局模式即可，如图1-12所示。

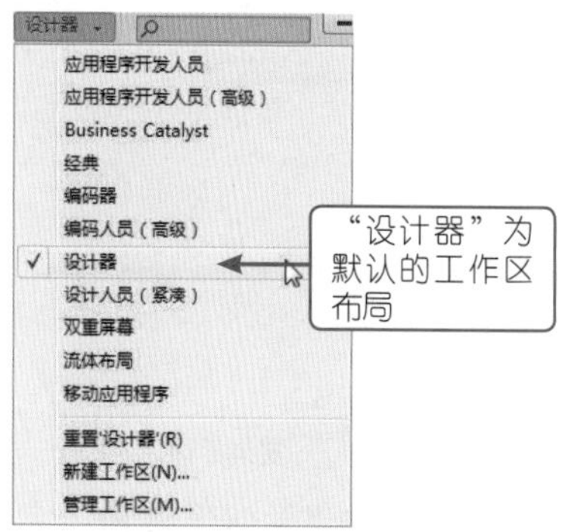

图1-12 选择布局模式

提 示

Dreamweaver CS6设计视图布局是一种将全部元素置于一个窗口中的集成布局，是Adobe家族的标准工作区布局。建议大多数用户使用这个工作区布局。本书对Dreamweaver CS6的介绍将主要以设计视图为主。

实例2 创建、打开和预览网页 

实例目的

完成了Dreamweaver CS6的安装，接下来就需要掌握Dreamweaver CS6的一些基本操作方法，包括新建文档、保存文档、打开文档和预览网页等，如图1-13所示为创建、打开和预览网页流程图。

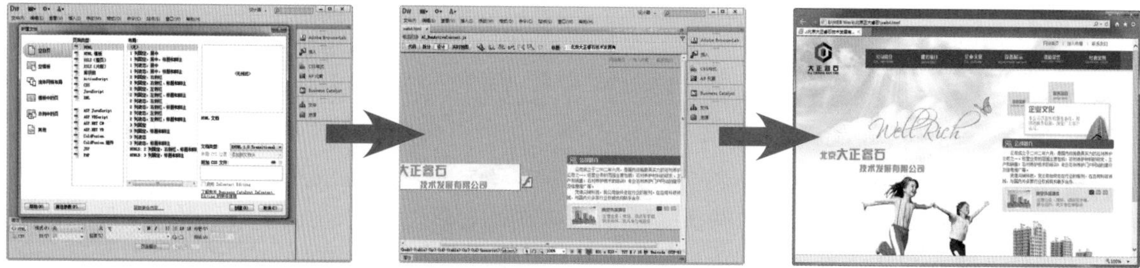

图1-13 操作流程图

实例 重点

★ 掌握新建文档的方法 ★ 掌握打开网页的方法 ★ 掌握预览网页的方法

实例 步骤

STEP 1 启动Dreamweaver CS6，执行“文件>新建”命令，弹出“新建文档”对话框，如图1-14所示。在左侧选择“空白页”选项；在“页面类型”选项中选择需要的类型，这里选择HTML选项，在“布局”选项中选择布局样式，一般默认情况下为“无”，单击“创建”按钮，即可创建一个空白的HTML文档，如图1-15所示。

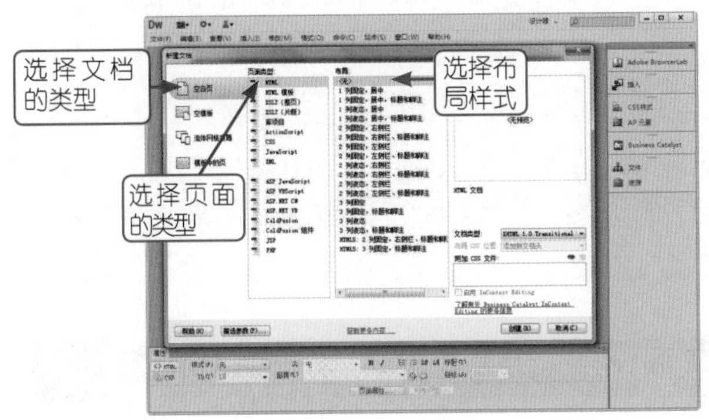

图1-14 “新建文档”对话框

图1-15 新建空白文件

STEP 2 执行“文件>打开”命令，弹出“打开”对话框，该对话框和其他的Windows应用程序类似，如图1-16所示。选择需要打开的网页文件，单击“打开”按钮，即可在Dreamweaver CS6中打开该网页文件，如图1-17所示。

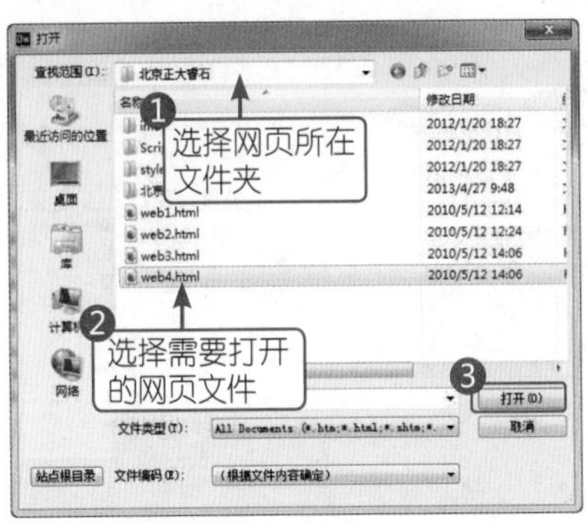

图1-16 选择需要打开的网页

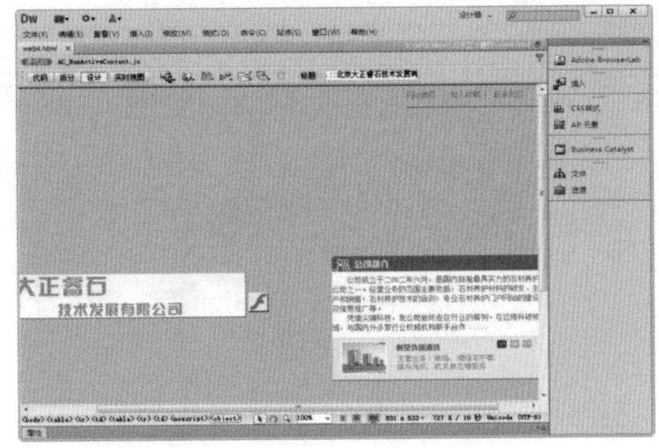

图1-17 在Dreamweaver中打开网页

提 示

在Dreamweaver中可以打开多种格式的文件，它们的扩展名分别为.htm、.html、.shtml、.asp、.php、.jsp、.js、.xml、.as、.css等。

STEP 3 单击Dreamweaver文档工具栏上的“实时视图”按钮，可在Dreamweaver的实时视图中预览该网页文件在浏览器中的显示效果，如图1-18所示。单击工具栏上的“在浏览器中预览”按钮，在弹出菜单中选择一种预览器，即可使用所选择的浏览器预览该网页，如图1-19所示。

图1-18　在实时视图中预览网页

图1-19　在浏览器中预览网页

提　示

实时视图与传统的Dreamweaver设计视图的不同之处在于，它提供了页面在某一浏览器中的不可编辑的、更逼真的外观，在设计视图操作时可以随时切换到“实时视图”查看，进入“实时视图”后，“设计”视图变为不可编辑。

实例3　创建本地静态站点——个人本地站点

实例 目的

开始制作网页之前，为了更好地利用站点对文件进行管理，最好先定义一个新的站点，这样可以尽量避免链接和路径方面的错误。本实例的目的是让大家掌握使用Dreamweaver CS6创建本地静态站点，如图1-20所示为创建本地静态站点的流程图。

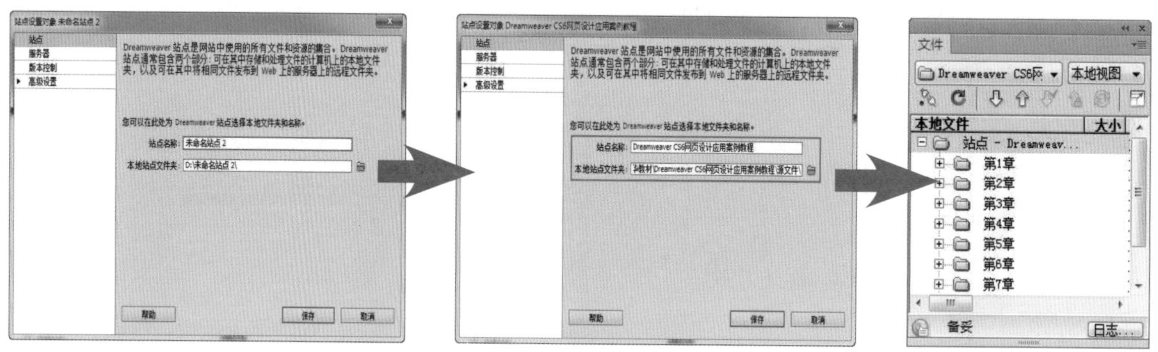

图1-20　操作流程图

实例 重点

★ 掌握创建本地静态站点的方法

实例 步骤

STEP 1 执行“站点>新建站点”命令，弹出“站点设置对象”对话框，如图1-21所示。在该对话框中的“站点名称”文本框中输入站点的名称，单击“本地站点文件夹”文本框后的“浏览”按钮，弹出“选择根文件夹”对话框，浏览到本地站点的位置，如图1-22所示。

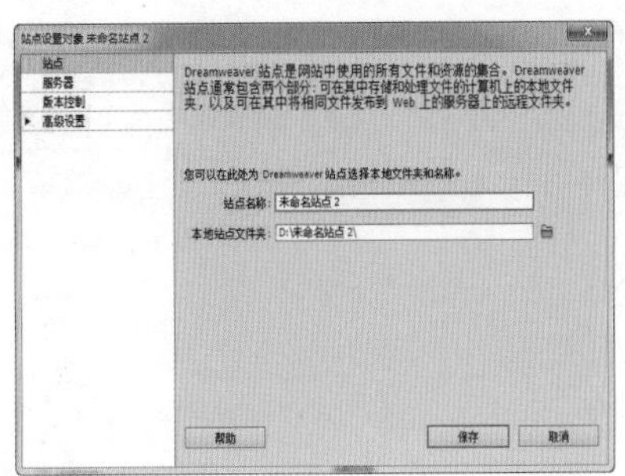

图1-21 “站点设置对象”对话框

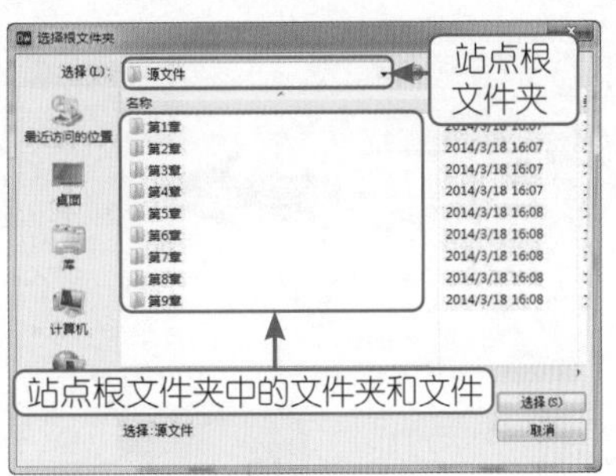

图1-22 “选择根文件夹”对话框

提 示

还可以执行“站点>管理站点”命令，在弹出的“管理站点”对话框中单击“新建站点”按钮，同样可以弹出“站点设置对象”对话框。

STEP 2 单击“选择”按钮，确定本地站点根文件夹的位置，“站点设置对象”对话框如图1-23所示。单击“保存”按钮，即可完成本地站点的创建，执行“窗口>文件”命令，打开“文件”面板，在该面板中显示刚刚创建的本地站点，如图1-24所示。

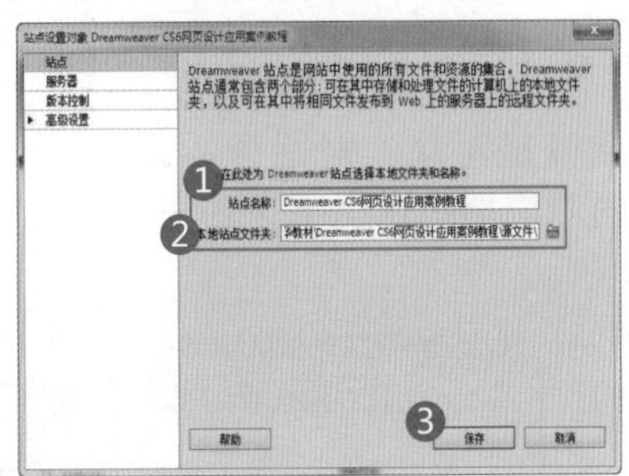

图1-23 “站点设置对象”对话框

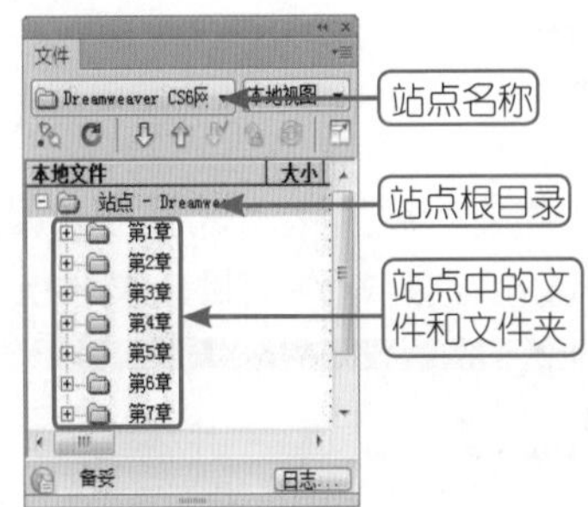

图1-24 “文件”面板

提 示

通常情况下，都是在本地站点中编辑网页，再通过FTP上传到远程服务器。使用Dreamweaver CS6编辑网页或进行网站管理时，每次只能操作一个站点。在“文件”面板左边的下拉列表中选择已经创建的站点，就可以快速切换到对这个站点进行操作的状态。另外，在“管理站点”对话框中选中需要切换到的站点，单击“完成”按钮，同样可以切换到所选择的站点。

实例4 设置远程服务器——创建企业站点

实例 目的 

本实例的目的是让大家掌握在站点创建过程中设置远程服务器的方法。通常情况下，都是创建本地站点，完成网站的制作后，再设置远程服务器信息，将网站上传到远程服务器，但有些情况下，也可以在创建站点时，将该站点的远程服务器设置好，这样可以制作好一部分网站页面就上传一部分页面，便于在网络中查看页面的效果。如图1-25所示为创建企业站点的流程图。

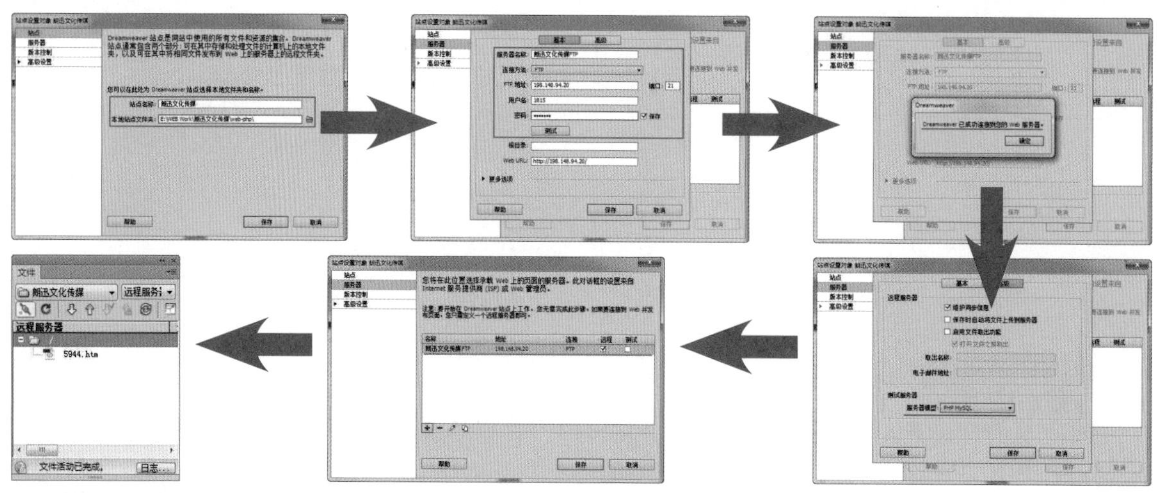

图1-25　操作流程图

实例 重点

✱ 添加远程服务器　　✱ 设置远程服务器FTP　　✱ 设置服务器模型

实例 步骤

STEP 1 执行“站点>新建站点”命令，弹出“站点设置对象”对话框，设置站点名称，单击“本地站点文件夹”后的“浏览”按钮，在弹出的对话框中选择根文件夹，如图1-26所示。单击“选择”按钮，选定站点根目录文件夹，如图1-27所示。

图1-26　“选择根文件夹”对话框

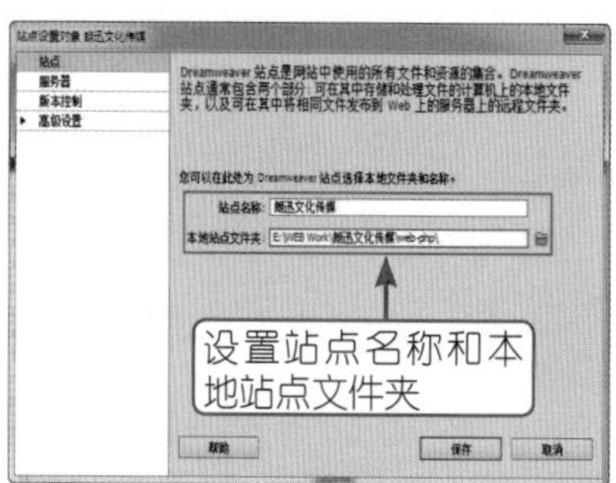

图1-27　“站点设置对象”对话框

STEP 2 单击“站点设置对象”对话框左侧的“服务器”选项，切换到“服务器”选项设置界面，如图1-28所示。单击“添加新服务器”按钮，弹出“添加新服务器”对话框，对远程服务器的相关信息进行设置，如图1-29所示。

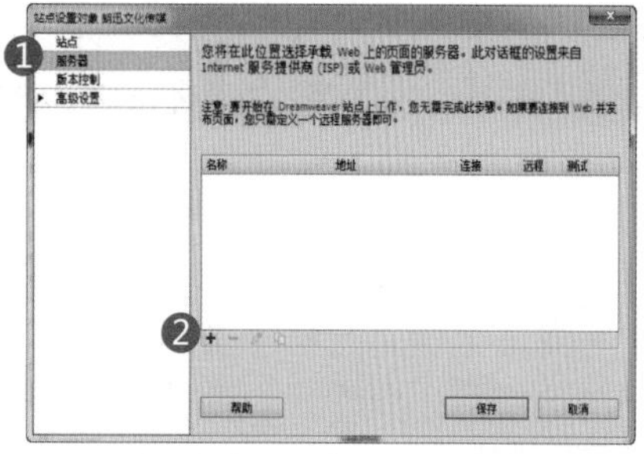

图1-28　“服务器”选项界面

图1-29　“添加新服务器”对话框

STEP 3 单击“测试”按钮，弹出“文件活动”对话框，显示正在与设置的远程服务器连接，如图1-30所示。连接成功后，弹出提示对话框，提示“Dreamweaver已成功连接您的Web服务器”，如图1-31所示。

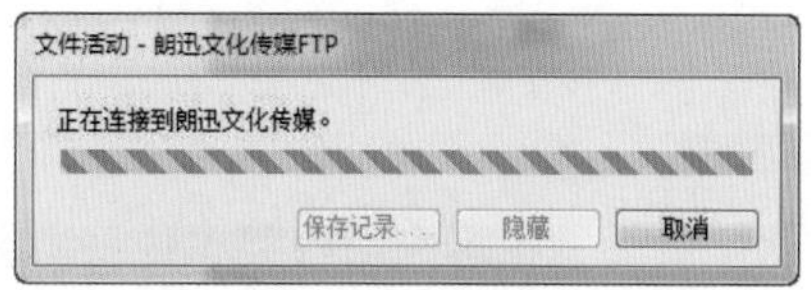

图1-30 “文件活动”对话框

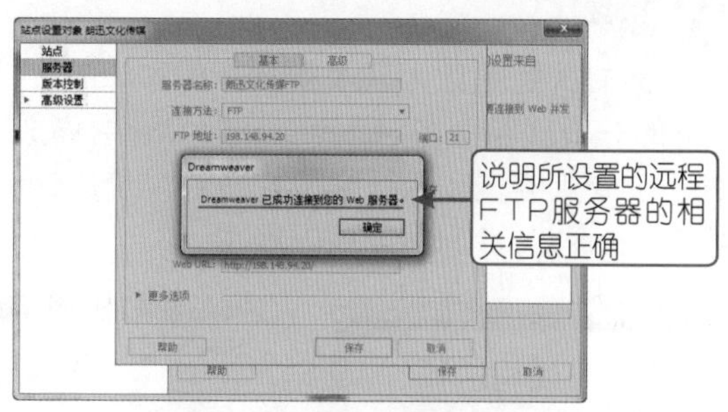

图1-31 成功连接远程服务器

STEP 4 单击“添加新服务器”对话框上的“高级”选项卡，切换到“高级”选项卡的设置中，在“服务器模型”下拉列表中选择PHP MySQL选项，如图1-32所示。单击“保存”按钮，完成“添加新服务器”对话框的设置，如图1-33所示。

图1-32 设置“高级”选项

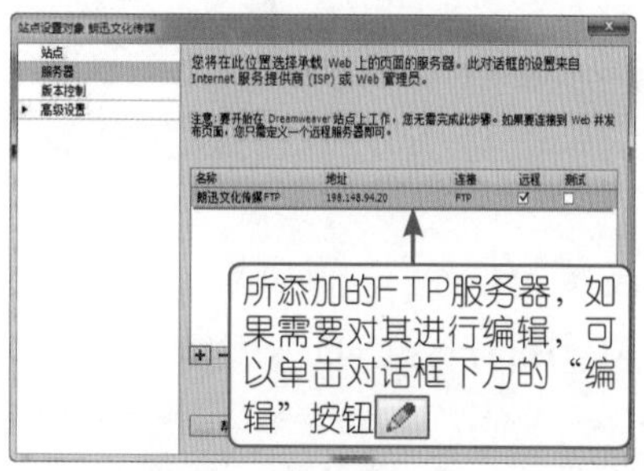

图1-33 “服务器”选项

提 示

在创建远程站点的过程中，对“服务器模型”可以设置也可以不设置，但如果已经确定了网站的形式，可以进行设置。例如，在此处，该企业网站确定使用PHP MySQL形式进行开发，则可以设置“服务器模型”为PHP MySQL。

STEP 5 单击“保存”按钮，完成该站点的创建并设置了远程服务器，“文件”面板将自动切换为刚建立的站点，如图1-34所示。单击“文件”面板上的“连接到远程服务器”按钮，即可在Dreamweaver中直接连接到所设置的远程服务器，如图1-35所示。

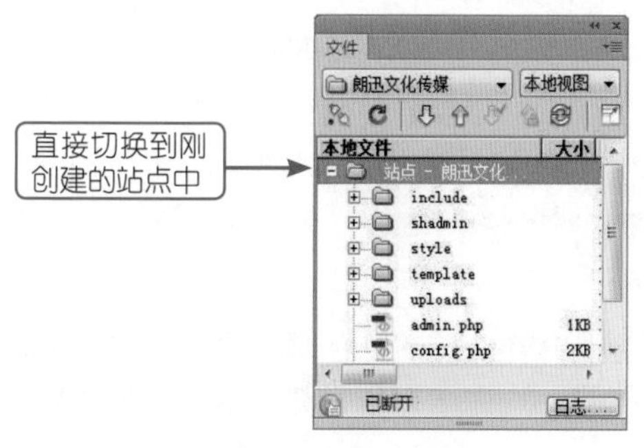

图1-34 “文件”面板

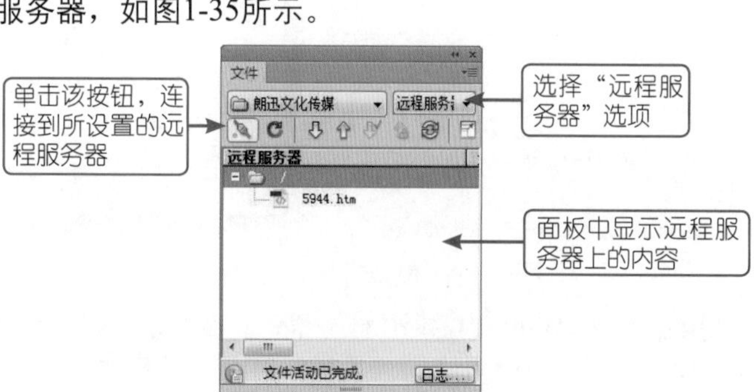

图1-35 连接到远程服务器

实例5 Business Catalyst——创建全新的Business Catalyst站点

实例 目的

本实例的目的是让大家了解全新的Business Catalyst功能。Business Catalyst是Dreamweaver CS6新增的一项功能，在Dreamweaver CS6中集成了Business Catalyst的功能，Business Catalyst可以提供一个专业的在线远程服务器站点，使设计者能够获得一个专业的在线平台。如图1-36所示为创建Business Catalyst站点的流程图。

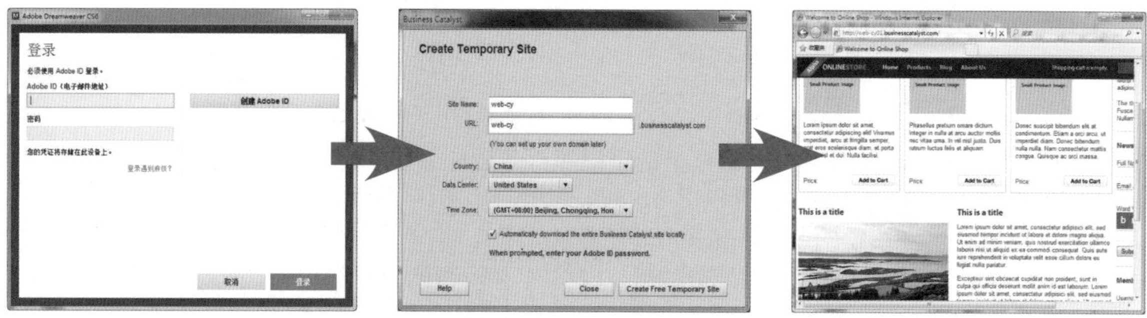

图1-36 操作流程图

实例 重点

- 创建Business Catalyst站点
- 浏览Business Catalyst站点

实例 步骤

STEP 1 执行“站点>新建Business Catalyst站点”命令，Dreamweaver CS6会自动连接Business Catalyst平台服务器，如图1-37所示，弹出“登录”窗口，需要使用所注册的Adobe ID登录，如图1-38所示。

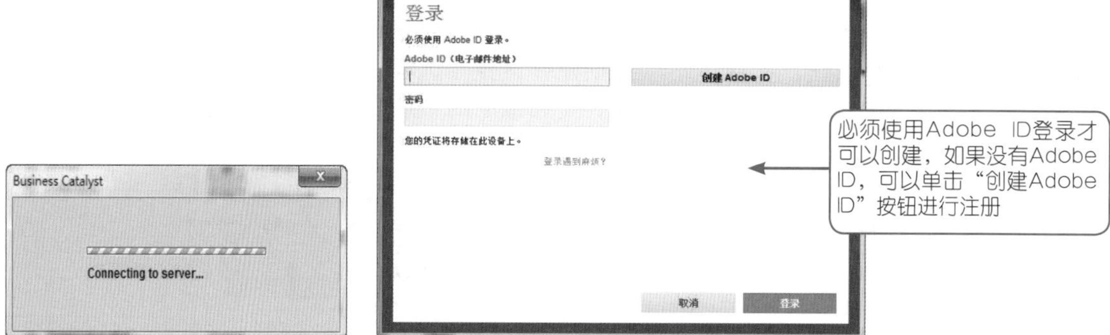

图1-37 连接Business Catalyst

图1-38 “登录”窗口

STEP 2 输入Adobe ID和密码，单击“登录”按钮，登录到Business Catalyst服务器，显示创建Business Catalyst站点的相关选项，如图1-39所示。在Site Name 文本框中输入Business Catalyst站点的名称。在URL文本框中输入URL的名称，如图1-40所示。

图1-39　Create Temporary Site窗口

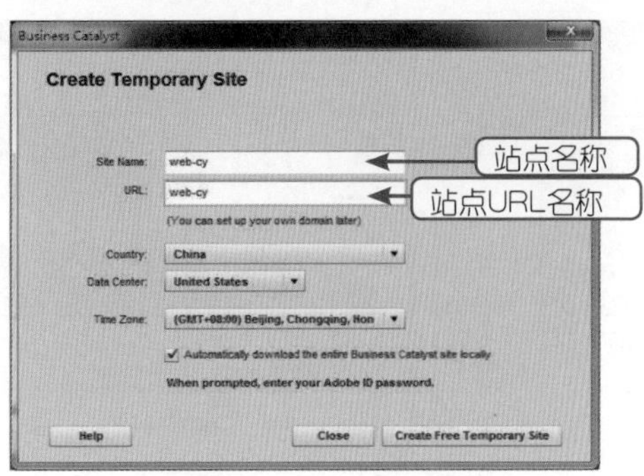

图1-40　设置相关选项

STEP 3 单击Create Free Temporary Site按钮，创建一个免费的Business Catalyst站点，如果所设置的URL名称已经被占用，则会给出相应的提示，并自动分配一个没有被占用的URL，如图1-41所示。单击Create Free Temporary Site按钮，弹出“选择站点的本地根文件夹”对话框，浏览到Business Catalyst站点的本地根文件夹，如图1-42所示。

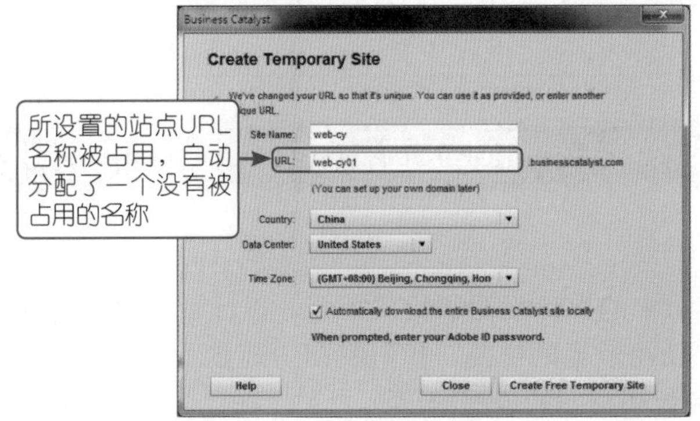

图1-41　分配URL域名

图1-42　选择本地根文件夹

STEP 4 单击“选择”按钮，弹出“输入站点的密码”对话框，可以为创建的Business Catalyst站点设置密码，如图1-43所示。单击“确定”按钮，Dreamweaver CS6会自动将Business Catalyst站点中的文件与本地根文件夹进行同步，如图1-44所示。

图1-43　设置密码

图1-44　同步文件

STEP 5 完成Business Catalyst站点与本地根文件夹的同步操作，在“文件”面板中可以看到创建的Business Catalyst站点，如图1-45所示。在本地根文件夹中可以看到从Business Catalyst站点中下载的相关文件，如图1-46所示。

STEP 6 打开浏览器，在地址栏中输入Business Catalyst站点的URL地址，就可以看到Business Catalyst站点的默认网站效果，如图1-47所示。

图1-45　Business Catalyst站点

图1-46　本地文件夹中的相关文件

图1-47　在浏览器中预览网站效果

提示

Business Catalyst可以让所设计的网站轻松获得一个在线平台，并且可以让你轻松掌握顾客的行踪，建立和管理任何规模的客户数据库，在线销售你的产品和服务。Business Catalyst平台还集成了很多主流的网络支付系统，例如PayPal、Google Checkout以及预集成的网关。

实例6　使用设计和代码视图——制作第一个HTML页面

实例目的

本实例的目的是让大家了解Dreamweaver中的设计视图和代码视图，设计视图是一个所见即所得的制作方式，也是在网页制作过程中使用最多的视图，代码视图中则显示了整个网页的HTML代码。如图1-48所示为使用设计视图和代码视图的流程图。

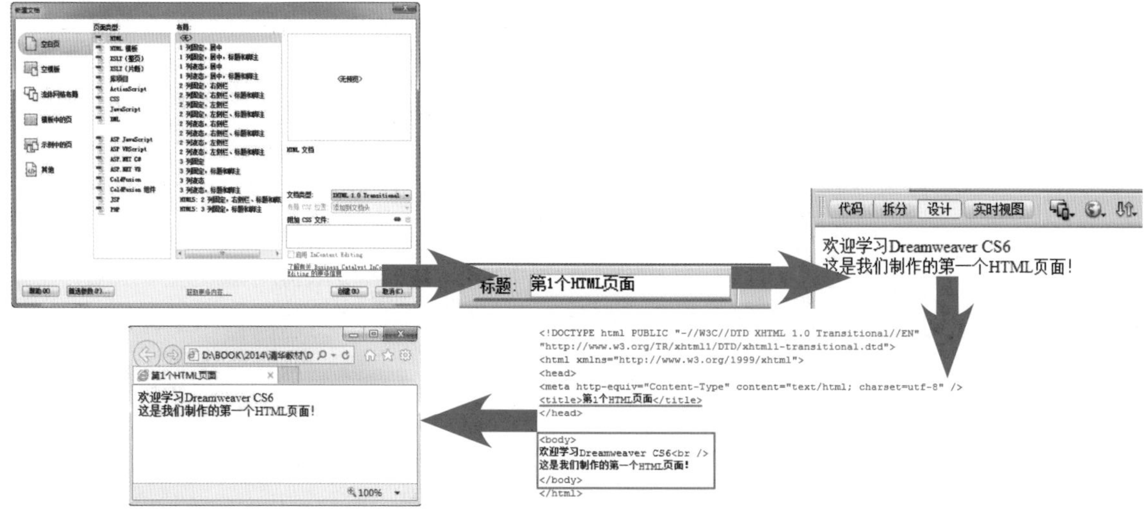

图1-48　操作流程图

实例重点

- 代码视图与设计视图的切换
- 网页标题的设置方法
- 输入网页正文内容

实例　重点

STEP 1 执行“文件>新建”命令，弹出“新建文档”对话框，如图1-49所示。单击“创建”按钮，新建一个HTML文档，单击“文档”工具栏上的“代码”按钮 代码 ，即可进入代码视图的编辑窗口，可以看到默认的HTML页面代码，如图1-50所示。

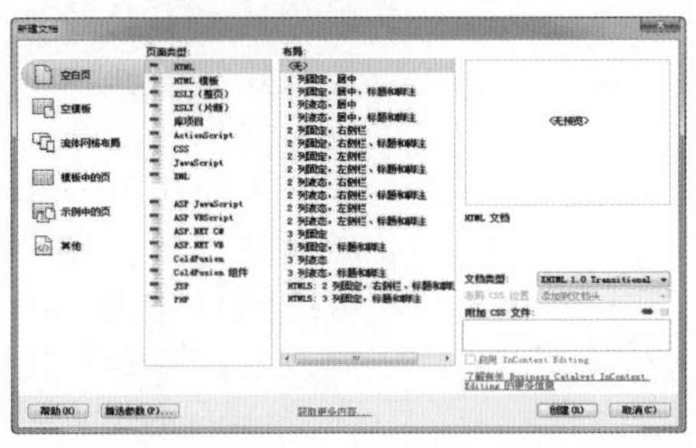

图1-49　“新建文档”对话框

图1-50　默认HTML页面代码

提　示

目前，在Dreamweaver中新建的HTML页面，默认为遵循XHTML 1.0 Transitional规范，如果需要新建其他规范的HTML页面，例如HTML 5的页面，需要在“新建文档”对话框中的“文档类型”下拉列表中进行选择。

STEP 2 单击“文档”工具栏上的“设计”按钮 设计 ，即可进入设计视图的编辑窗口，如图1-51所示。在“文档”工具栏上的“标题”文本框中输入页面标题，并按键盘上的Enter键确认，如图1-52所示。

图1-51　单击“设计”按钮

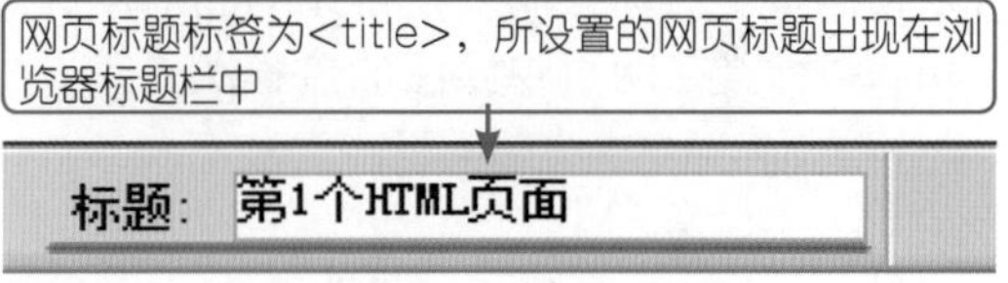

图1-52　设置网页标题

STEP 3 在空白的文档窗口中输入页面的正文内容，如图1-53所示。转换到网页的HTML代码中，可以看到页面的代码效果，如图1-54所示。

图1-53　输入页面正文内容

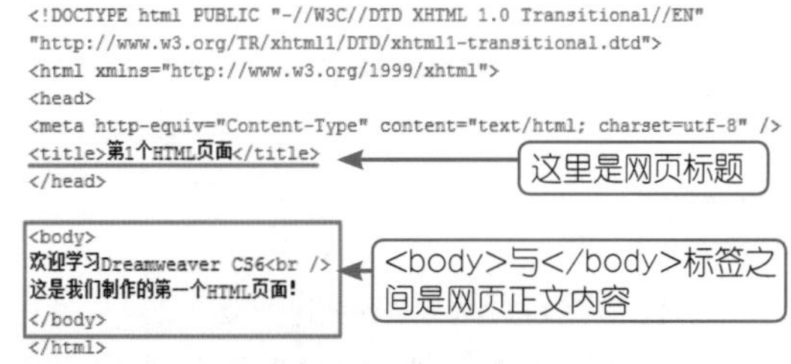

图1-54　网页的HTML代码

提　示

在Dreamweaver的设计视图中，如果需要为文字换行，可以按快捷键Ctrl+Enter，则会在光标所在位置插入一个换行符
标签。

STEP 4 执行“文件>保存”命令，弹出“另存为”对话框，将其保存为“光盘\源文件\第1章\1-6.html”，如图1-55所示。完成第一个HTML页面的制作，单击“文档”工具栏上的“在浏览器中预览/调试”按钮，在浏览器中预览网页，效果如图1-56所示。

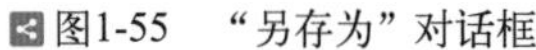
图1-55 “另存为”对话框

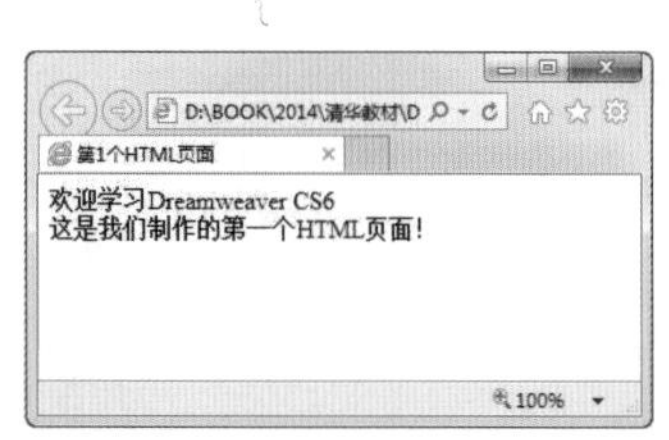

图1-56 在浏览器中预览页面效果

提 示

在代码视图中，通过编写HTML代码的方式制作纯文本的网页还是比较简单的，如果涉及图像、表格、表单和多媒体等内容，那就需要制作者具有很强的HTML代码编写能力了，但如果通过Dreamweaver CS6中的设计视图，则可以轻松制作复杂的HTML页面。

实例7 HTML 5中<canvas>标签——实现网页绘图

实例 目的

本实例的目的是让大家了解HTML 5新增的<canvas>标签，该标签是图形定义标签，通过该标签可以在网页中自动绘制一些常见的图形，例如矩形、椭圆形等。如图1-57所示为使用HTML 5中的<canvas>标签在网页中绘图的流程图。

图1-57 操作流程图

实例 重点

- 掌握新建HTML 5文档的方法
- 了解HTML 5文档代码
- 掌握HTML 5中<canvas>标签的使用

实例 步骤

STEP 1 执行“文件>新建”命令，弹出“新建文档”对话框，在“文档类型”下拉列表中选择HTML 5选项，如图1-58所示。单击“创建”按钮，创建一个HTML 5页面，转换到代码视图中，可以看到HTML 5页面的代码，如图1-59所示。

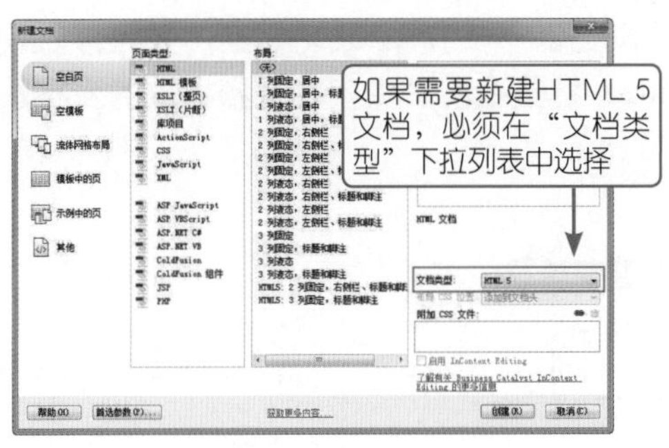

图1-58　“新建文档”对话框

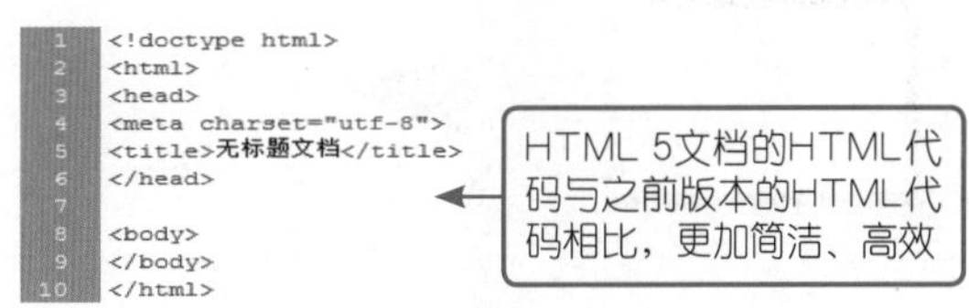

```
<!doctype html>
<html>
<head>
<meta charset="utf-8">
<title>无标题文档</title>
</head>

<body>
</body>
</html>
```


图1-59　HTML 5页面代码

STEP 2 执行“文件>保存”命令，将该页面保存为“光盘\源文件\第1章\1-7.html”。在<title>与<title>标签之间输入网页标题，如图1-60所示。在<body>与</body>标签之间输入相应的文字，并添加<canvas>标签，为其设置相应的属性，如图1-61所示。

```
<!doctype html>
<html>
<head>
<meta charset="utf-8">
<title>在网页中绘制矩形</title>
</head>

<body>
</body>
</html>
```

```
<body>
<p>在网页中绘制一个蓝色的矩形</p>
<canvas id="myCanvas" width="700" height="250"></canvas>
</body>
</html>
```


图1-60　输入网页标题　　图1-61　添加<canvas>标签并设置属性

提 示

HTML 5中的<canvas>标签本身并不能绘制图形，必须与JavaScript脚本相结合使用，才能够在网页中绘制出图形。

STEP 3 在页面代码中添加相应的JavaScript脚本代码，如图1-62所示。执行“文件>保存”命令，保存页面，在浏览器中预览页面，可以看到网页中使用<canvas>标签所绘制的矩形效果，如图1-63所示。

```
<body>
<p>在网页中绘制一个蓝色的矩形</p>
<canvas id="myCanvas" width="700" height="250"></canvas>
<script language="javascript">
  var canvas = document.getElementById('myCanvas');
  var ctx = canvas.getContext('2d');
  ctx.fillStyle = '#0066CC';
  ctx.fillRect(0,0,700,250);
</script>
</body>
</html>
```

图1-62　添加JavaScript脚本代码

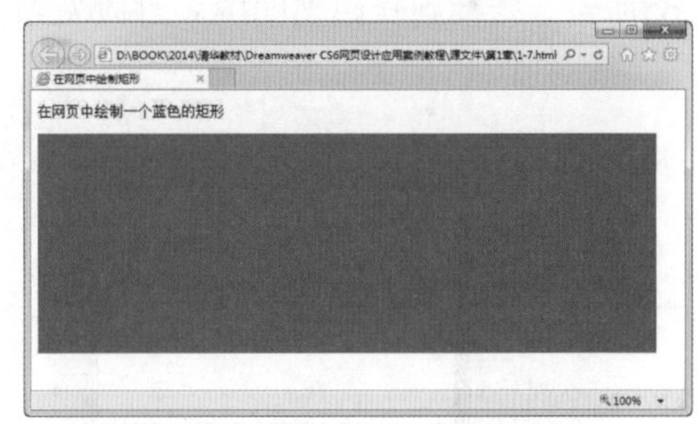

图1-63　在浏览器中预览页面效果

提 示

在JavaScript脚本中，getContext是内建的HTML 5对象，拥有多种绘制路径、矩形、圆形、字符以及添加图像的方法。fillStyle方法将所绘制的图形设置为黄绿色，fillRect方法规定了形状、位置和大小。

| 实例8　HTML 5中<video>标签——实现网页视频播放

实例目的

本实例的目的是让大家掌握使用HTML 5新增的<video>标签在网页中实现视频播放的方法。

视频标签的出现无疑是HTML 5的一大亮点，但是旧的浏览器不支持<video>标签，并且涉及视频文件的格式问题。如图1-64所示为使用HTML 5中的<video>标签在网页中实现视频播放的流程图。

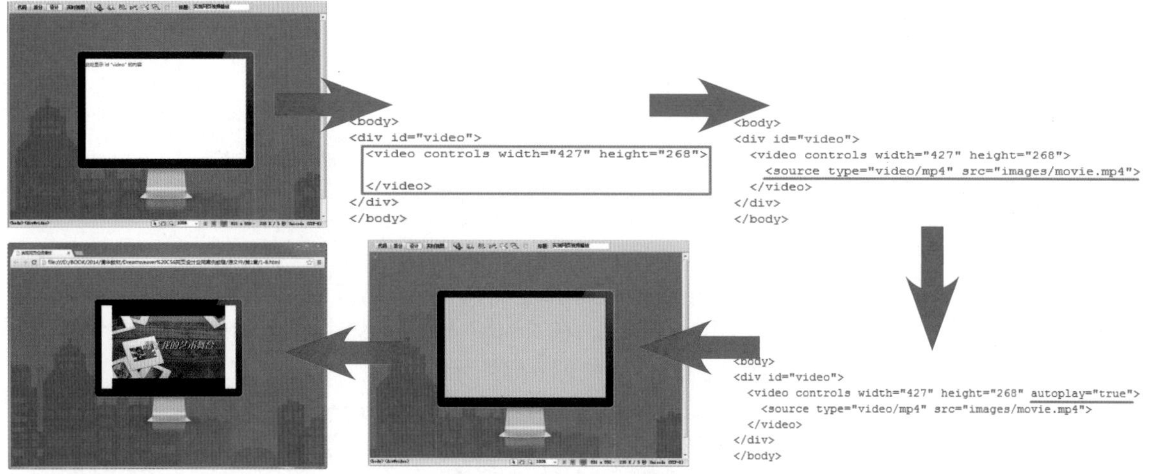

图1-64 操作流程图

实例 重点

- 添加<video>标签并设置属性
- 添加<source>标签链接视频文件
- 了解<video>标签支持的视频格式

实例 步骤

STEP 1 执行“文件>打开”命令，打开HTML 5页面“光盘\素材\第1章\1-8.html”，页面效果如图1-65所示。转换到代码视图中，可以看到该页面的代码，如图1-66所示。

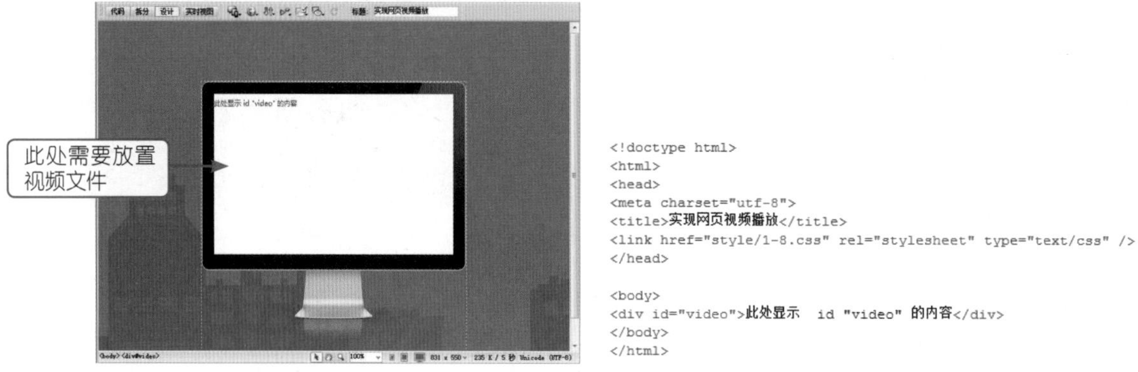


```
<!doctype html>
<html>
<head>
<meta charset="utf-8">
<title>实现网页视频播放</title>
<link href="style/1-8.css" rel="stylesheet" type="text/css" />
</head>

<body>
<div id="video">此处显示  id "video" 的内容</div>
</body>
</html>
```

图1-65 页面效果　　图1-66 页面代码

STEP 2 将光标移至名为video的Div中，将多余文字删除，在该Div标签中加入<video>标签，并设置相关属性，如图1-67所示。在<video>标签之间加入<source>标签，并设置相关属性，如图1-68所示。

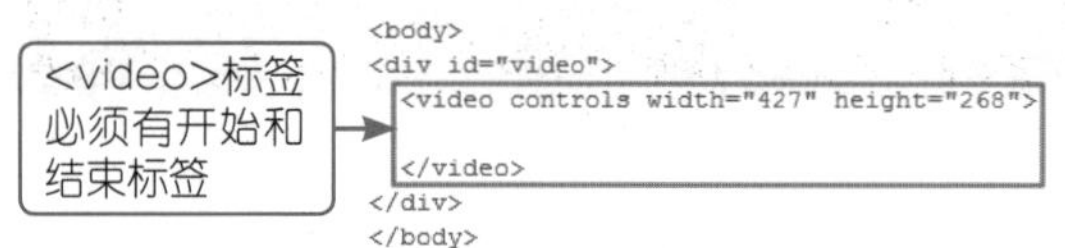

图1-67 添加<video>标签代码

```
<body>
<div id="video">
  <video controls width="427" height="268">
    <source type="video/mp4" src="images/movie.mp4">
  </video>
</div>
</body>
```

type属性设置视频格式，src属性设置视频位置

图1-68 添加<source>标签代码

提 示

在<video>标签中的controls属性是一个布尔值，显示play/stop按钮；width属性用于设置视频所需要的宽度，默认情况下，浏览器会自动检测所提供的视频尺寸；height属性用于设置视频所需要的高度。

STEP 3 为了使网页打开时视频能够自动播放，还可以在<video>标签中加入autoplay属性，该属性的取值为布尔值，添加属性设置如图1-69所示。返回页面设计视图中，可以看到页面的效果，如图1-70所示。

```
<body>
<div id="video">
  <video controls width="427" height="268" autoplay="true">
    <source type="video/mp4" src="images/movie.mp4">
  </video>
</div>
</body>
```

图1-69　添加代码

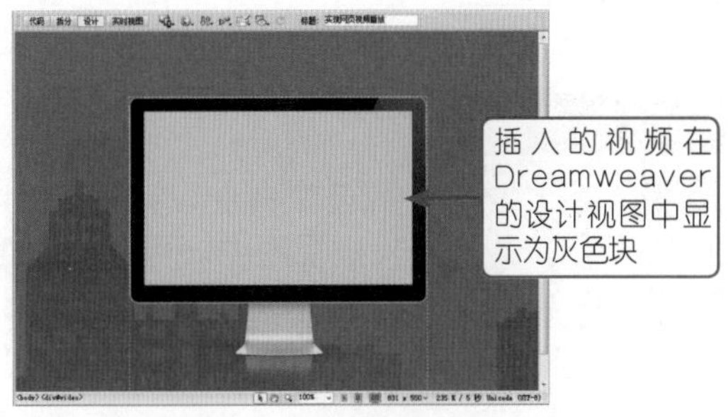

图1-70　设计视图效果

STEP 4 保存页面，在Chrome浏览器中预览页面，可以看到使用HTML 5实现的视频播放效果，如图1-71所示。

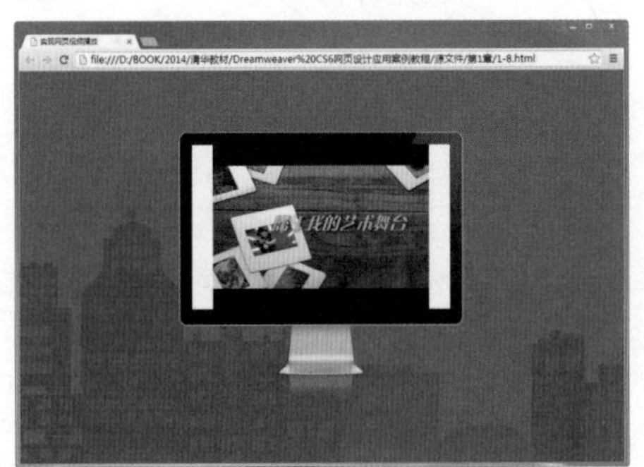

图1-71　在Chrome浏览器中预览效果

提 示

因为HTML 5的<video>标签，每个浏览器的支持情况不同，Firefox浏览器只支持.ogg格式的视频文件，Safari和Chrome浏览器只支持.mp4格式的视频文件，而IE 8及以下版本目前还并不支持<video>标签，所以在使用该标签时一定要注意。

实例9　HTML 5中<audio>标签——在网页中嵌入音频

实例目的

本实例的目的是让大家掌握使用HTML 5新增的<audio>标签在网页中嵌入音频播放的方法，使用<audio>标签不需要使用任何插件即可在网页中嵌入音频。如图1-72所示为使用HTML 5中的<audio>标签在网页中嵌入音频的流程图。

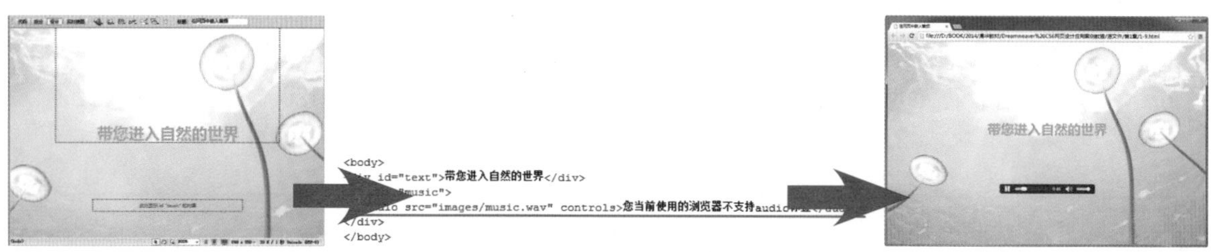

图1-72　操作流程图

实例 重点

- 添加<audio>标签并设置属性
- 了解<audio>标签支持的视频格式

实例 步骤

STEP 1 执行“文件>打开”命令，打开HTML 5页面“光盘\素材\第1章\1-9.html”，页面效果如图1-73所示。转换到代码视图中，可以看到该页面的代码，如图1-74所示。

STEP 2 将光标移至名为music的Div中，将多余文字删除，添加<audio>标签，并为其设置相应的属性，如图1-75所示。

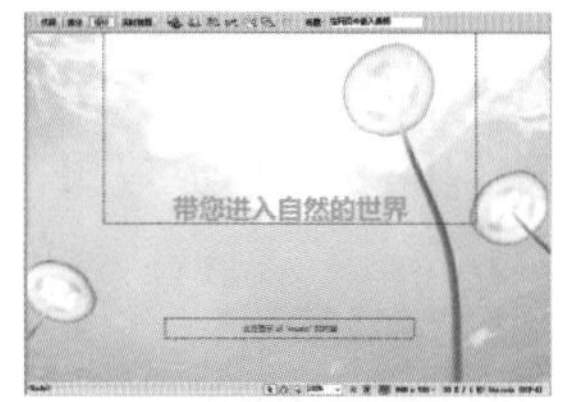

图1-73　页面效果

```
<!doctype html>
<html>
<head>
<meta charset="utf-8">
<title>在网页中嵌入音频</title>
<link href="style/1-9.css" rel="stylesheet" type="text/css">
</head>

<body>
<div id="text">带您进入自然的世界</div>
<div id="music">此处显示  id "music" 的内容</div>
</body>
</html>
```

图1-74　页面代码

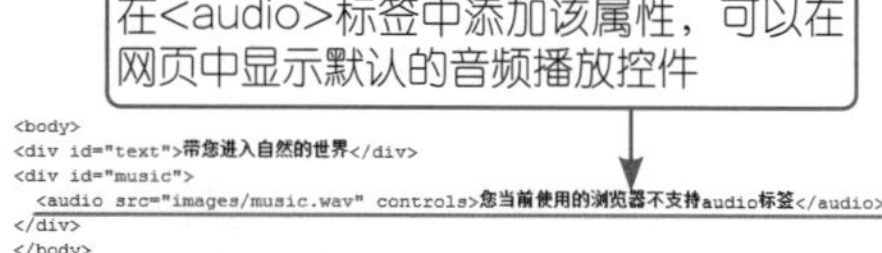


```
<body>
<div id="text">带您进入自然的世界</div>
<div id="music">
  <audio src="images/music.wav" controls>您当前使用的浏览器不支持audio标签</audio>
</div>
</body>
```

图1-75　添加代码

提　示

目前<audio>标签支持3种音频格式文件，分别是.ogg、.mp3和.wav格式，有的浏览器已经能够支持<audio>标签，例如Firefox浏览器(但该浏览器目前还不支持.mp3格式的音频)。

STEP 3 执行“文件>保存”命令，保存页面，在IE 10浏览器中预览该页面，因为IE 8不支持.wav格式的音频，所以无法实现该功能，如图1-76所示。在Chrome浏览器中预览该页面的效果，可以看到播放器控件并播放音乐，如图1-77所示。

图1-76　在IE 10中预览效果

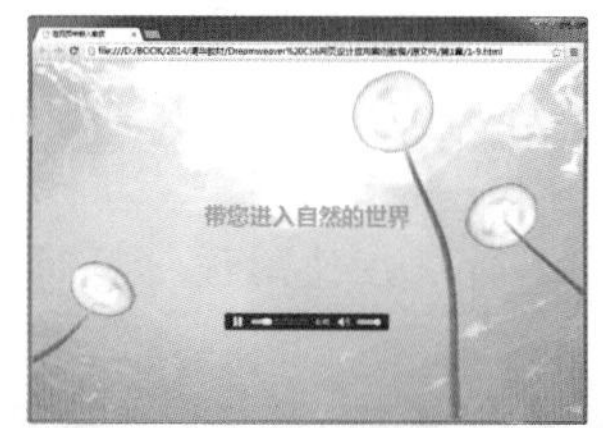

图1-77　在Chrome中预览效果

实例10　设置页面属性——制作欢迎页面

实例 目的

本实例的目的是让大家掌握使用“页面属性”对话框对网页整体属性进行设置的方法，例如网页的背景颜色、背景图像、字体、字体大小、字体颜色和页边距等。如图1-78所示为使用“页面属性”对话框设置页面属性的流程图。

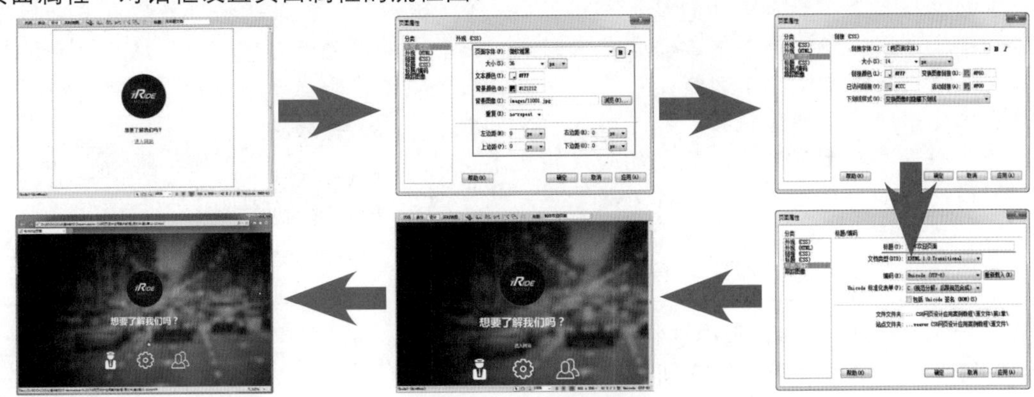

图1-78 操作流程图

实例 重点

- 打开“页面属性”对话框
- 设置页面基本属性
- 了解“页面属性”对话框设置的原理

实例 步骤

STEP 1 执行“文件>打开”命令，打开页面“光盘\素材\第1章\1-10.html”，效果如图1-79所示。在浏览器中预览该页面，页面效果如图1-80所示。

图1-79 打开页面

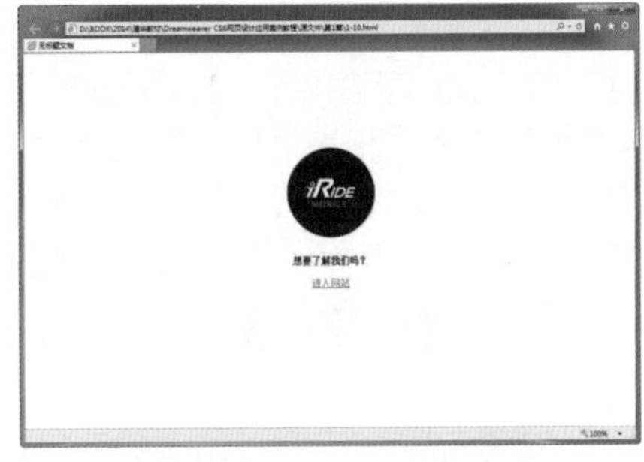

图1-80 在浏览器中预览页面效果

STEP 2 返回Dreamweaver设计视图中，单击“属性”面板上的“页面属性”按钮，弹出“页面属性”对话框，对“外观(CSS)”的相关选项进行设置，如图1-81所示。选择“链接(CSS)”选项，设置如图1-82所示。

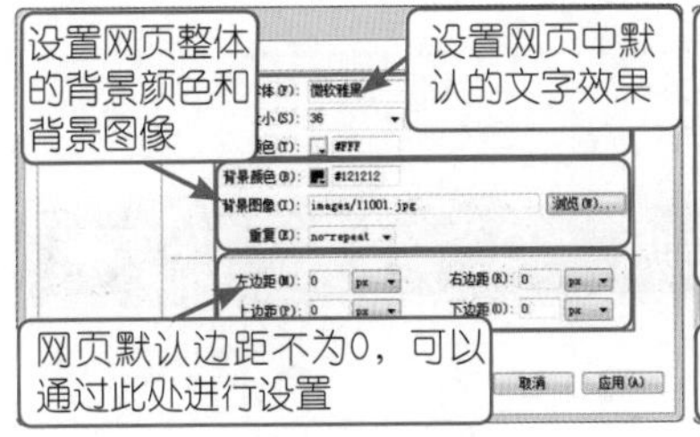

图1-81 设置“外观(CSS)”选项

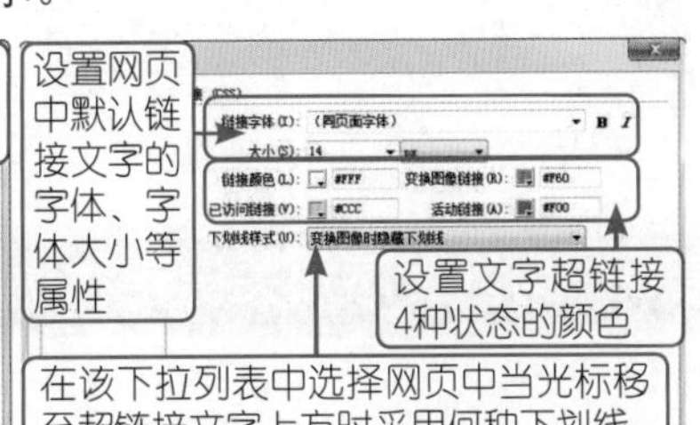

图1-82 设置“链接(CSS)”选项

提 示

“外观(HTML)”选项的设置与“外观(CSS)”选项的设置基本相同，唯一的区别是在“外观(HTML)”选项中设置的页面属性，将会自动在页面主体标签<body>中添加相应的属性设置，而不会自动生成CSS样式代码。

提 示

在“下划线样式”下拉列表中包含4个选项，如图1-83所示。如果选择“始终有下划线”选项，链接文本在任何状态下都会具有下划线；如果选择“始终无下划线”选项，则链接文本在任何状态下都没有下划线；如果选择“仅在变换图像时显示下划线”选项，则当超链接文本处于“变换图像链接”状态时显示下划线，其他的状态下不显示下划线；默认的超链接文本是具有下划线的，如果选择“变换图像时隐藏下划线”选项，则当超链接文本处于“变换图像链接”状态时不显示下划线，其他状态下都显示下划线。

图1-83 “下划线样式”下拉列表

STEP 3 在“页面属性”对话框中选择“标题/编码”选项，设置如图1-84所示。单击“确定”按钮，完成“页面属性”对话框的设置，页面效果如图1-85所示。

图1-84 设置“标题/编码”选项

图1-85 页面效果

STEP 4 转换到网页代码视图中，可以看到在页面头部<head>与</head>标签之间自动生成相应的CSS样式代码，如图1-86所示。完成该网站页面整体属性的设置，执行“文件>保存”命令，保存页面，在浏览器中预览页面，最终效果如图1-87所示。

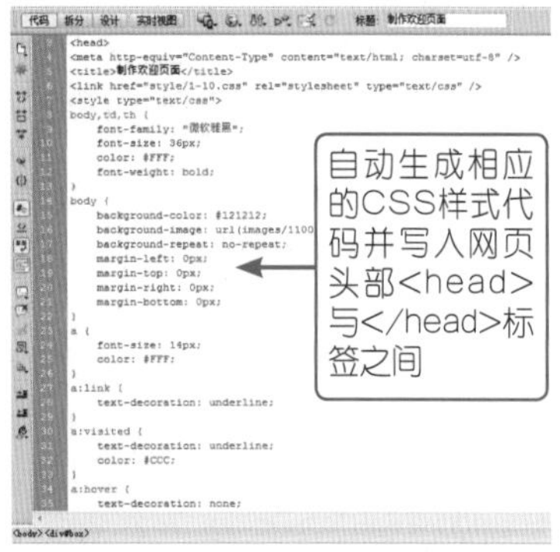

图1-86 自动生成的CSS样式代码

图1-87 在浏览器中预览页面

提 示

在“标题(CSS)”选项中主要可以对网页中默认的<h1>至<h6>标签的默认效果进行设置。在“跟踪图像”选项中可以设置网页的跟踪图像，跟踪图像是网页排版的一种辅助手段，主要用来进行图像的定位，通常不进行设置。

提 示

通过在“页面属性”对话框中对相关选项进行设置，可以生成相应的CSS样式代码并添加到页面头部。在第3章中将向读者讲解有关CSS样式的相关内容，可以通过CSS样式直接对页面的整体属性进行控制，与通过“页面属性”对话框中进行设置是一样的，但是，直接使用CSS样式，可以设置更多的属性。

实例11 设置页面头信息——为网页添加关键字和说明 

实例 目的

本实例的目的是让大家掌握常用网页头信息的设置方法，虽然很多网页头信息大多数不能直接在网页上看到效果，但从功能上，很多都是必不可少的，网页头信息能够为网页添加许多辅助的信息内容。如图1-88所示为设置网页头信息的流程图。

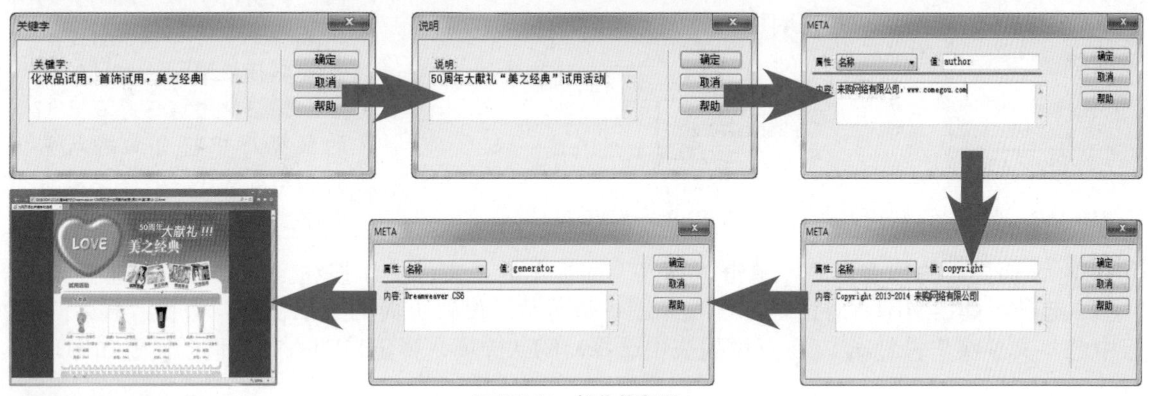

图1-88 操作流程图

实例 重点

- 为网页添加关键字
- 为网页添加说明内容
- 设置网页作者信息
- 设置网页版权信息
- 设置网页制作信息

实例 步骤

STEP 1 执行"文件>打开"命令，打开页面"光盘\素材\第1章\1-11.html"，在Dreamweaver的设计视图中可以看到页面的效果，如图1-89所示。执行"查看>文件头内容"命令，显示"文件头内容"窗口，如图1-90所示。

图1-89 打开页面

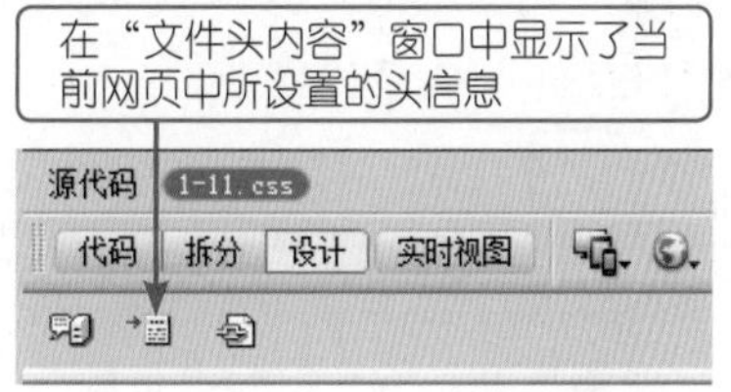

图1-90 显示"文档头内容"窗口

STEP 2 单击"插入"面板中的"文件头"按钮，在下拉列表中选择"关键字"选项，弹出"关键字"对话框，为页面设置页面关键字，如图1-91所示。单击"确定"按钮，完成"关键字"对话框的设置，在HTML代码的<head>部分可以看到加入的关键字相关代码，如图1-92所示。

> **提 示**
>
> 设置的关键字一定要是与该网站内容相贴切的内容，并且有些搜索引擎限制索引的关键字或字符的数目，当超过了限制的数目时，它将忽略所有的关键字，所以最好只使用几个精选的关键字。

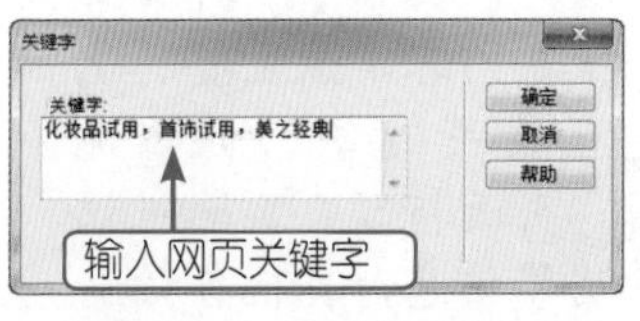

图1-91 设置页面关键字

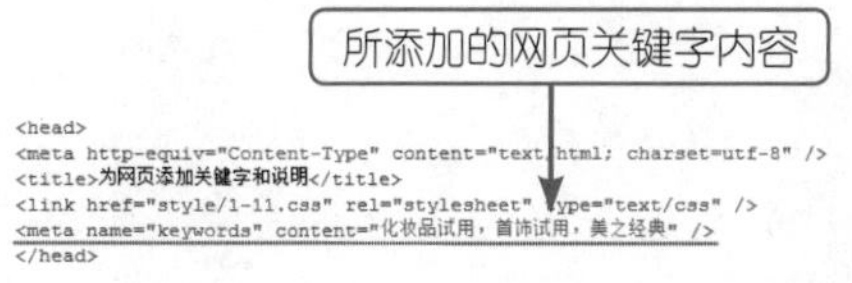

图1-92 关键字代码

STEP 3 单击"插入"面板中的"文件头"按钮，在下拉列表中选择"说明"选项，弹出

“说明”对话框，为页面设置页面说明，如图1-93所示。单击“确定”按钮，完成“说明”对话框的设置，在HTML代码的<head>部分可以看到加入的说明相关代码，如图1-94所示。

图1-93 设置页面说明

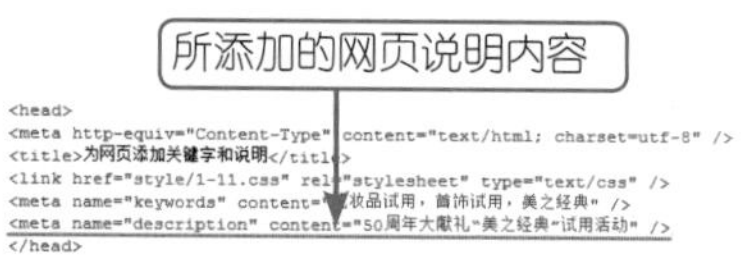


```
<head>
<meta http-equiv="Content-Type" content="text/html; charset=utf-8" />
<title>为网页添加关键字和说明</title>
<link href="style/1-11.css" rel="stylesheet" type="text/css" />
<meta name="keywords" content="化妆品试用，首饰试用，美之经典" />
<meta name="description" content="50周年大献礼-美之经典-试用活动" />
</head>
```

图1-94 说明代码

提 示

网页说明用于描述该网页的主要内容，许多搜索引擎装置读取描述META标记的内容。有些使用该信息在它们的数据库中将页面编入索引，而有些还在搜索结果页面中显示该信息。

STEP 4 设置页面的作者信息。单击“插入”面板中的“文件头”按钮，在下拉列表中选择META选项，弹出META对话框，设置如图1-95所示。设置页面的版权信息，单击“插入”面板中的“文件头”按钮，在下拉列表中选择META选项，弹出META对话框，设置如图1-96所示。

图1-95 设置作者信息

图1-96 设置版权信息

STEP 5 设置页面的制作信息。单击“插入”面板中的“文件头”按钮，在下拉列表中选择META选项，弹出META对话框，设置如图1-97所示。在“文件头内容”窗口中可以看到在页面中添加的页面头信息，如图1-98所示。

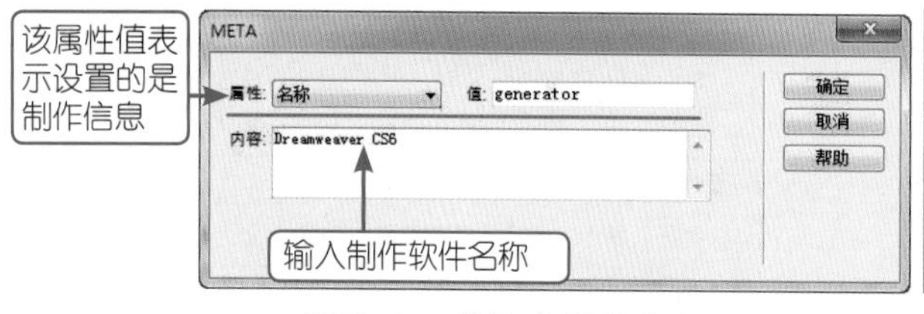

图1-97 设置页面制作信息

图1-98 “文件头内容”窗口

STEP 6 转换到代码视图中，可以在页面的HTML代码中看到写入到页面头部标签<head>之间的相关页面头内容代码，如图1-99所示。完成网页头信息的添加，执行“文件>保存”命令，保存页面，在浏览器中预览页面，效果如图1-100所示。

```
<head>
<meta http-equiv="Content-Type" content="text/html; charset=utf-8" />
<title>为网页添加关键字和说明</title>
<link href="style/1-11.css" rel="stylesheet" type="text/css" />
<meta name="keywords" content="化妆品试用，首饰试用，美之经典" />
<meta name="description" content="50周年大献礼-美之经典-试用活动" />
<meta name="author" content="来购网络有限公司，www.comegou.com" />
<meta name="copyright" content="Copyright 2013-2014 来购网络有限公司" />
<meta name="generator" content="Dreamweaver CS6" />
</head>
```

图1-99 添加的页面头内容代码

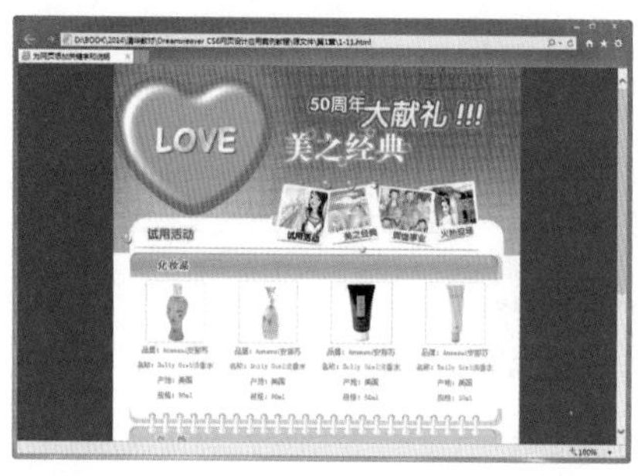

图1-100 在浏览器中预览网页效果

提 示

可以为网页添加多种页面头信息内容，最主要的就是页面关键字、页面说明、页面标题、页面版权声明等信息，其他各种页面头信息，读者可以根据实际的要求进行添加。

第2章

Dreamweaver CS6

| 网页基础元素的应用

一个完整网页的构成要素有很多，其中包括文本、图像以及Flash动画、声音、视频等多媒体元素，多种元素综合运用才能够生动、形象地表达出网页的主题信息，并且能够给浏览者带来无穷的趣味性，增强网页的新鲜感和亲和力，从而吸引更多浏览者的访问。本章将向读者介绍如何使用Dreamweaver为网页添加文本、图像以及其他多媒体内容。

| 本章重点

- 在网页中输入文字
- 图像占位符和鼠标经过图像
- 在网页中插入特殊字符
- 插入Flash动画
- 项目列表
- 实现网页背景音乐
- 编号列表
- 使用插件插入视频
- 滚动文本
- 插入FLV视频
- 插入图像

实例12 在网页中输入文字——制作关于我们页面

实例目的

在设计制作网页时，文本是网页的重要元素之一，本实例的目的是让大家掌握在网页中输入文本的方法，以及对网页文本进行分行和分段处理的方法。如图2-1所示为在网页中输入文字的流程。

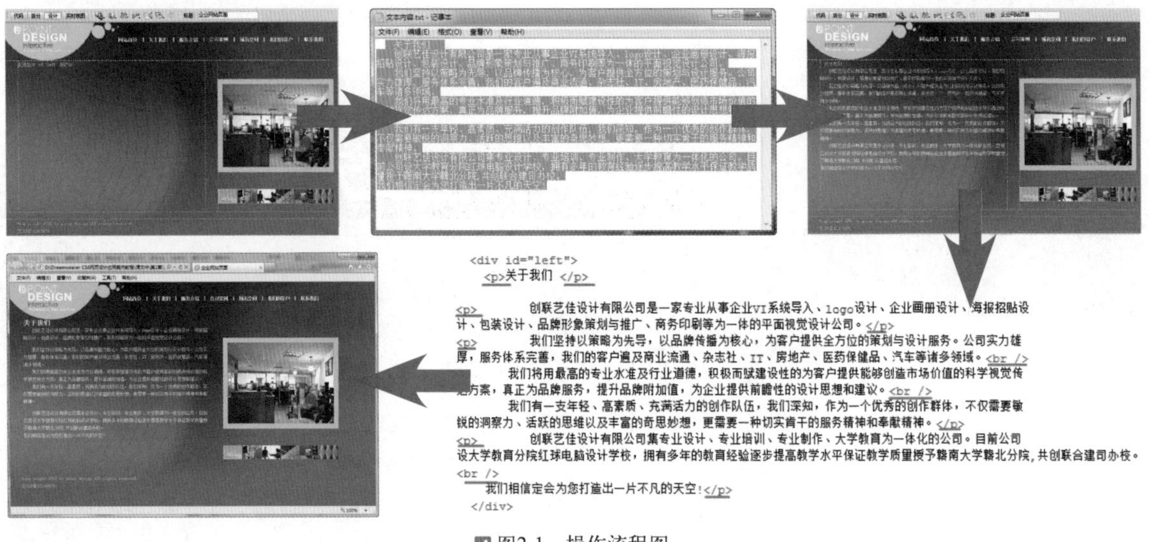

图2-1 操作流程图

实例重点

- 了解网页中输入文本的方式
- 掌握在网页中输入文本的方法
- 理解网页文本分行与分段的区别
- 掌握对网页文本进行分行和分段的操作方法

实例步骤

STEP 1 执行“文件>打开”命令，打开页面“光盘\素材\第2章\2-12.html”，可以看到页面的效果，如图2-2所示。在浏览器中预览该页面，页面效果如图2-3所示。

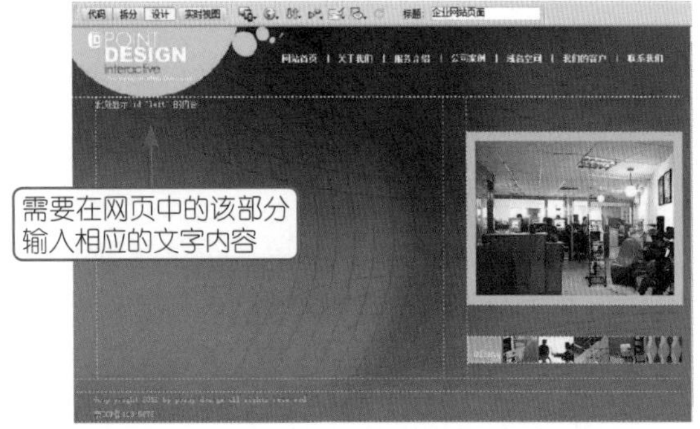

图2-2 打开页面

图2-3 在浏览器中预览页面效果

STEP 2 打开准备好的文本文件“光盘\素材\第2章\images\文本.txt”，选中所有文本内容，如图

2-4所示。执行“编辑>复制”命令或按快捷键Ctrl+C，切换到Dreamweaver中，将光标移至需要输入文本内容的位置，执行“编辑>粘贴”命令或按快捷键Ctrl+V，即可将大段的文字粘贴到网页中，页面效果如图2-5所示。

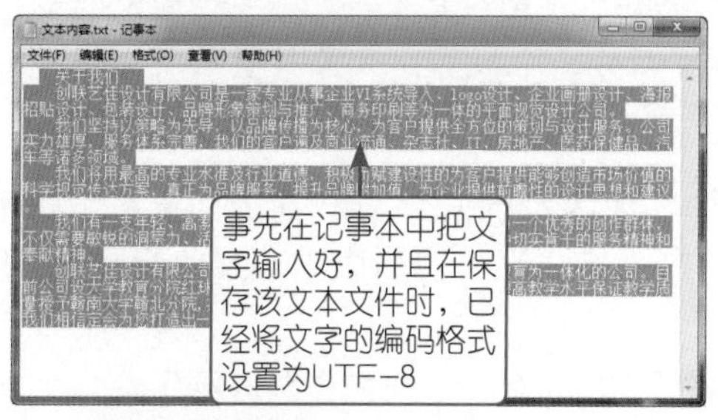

图2-4　全选文本

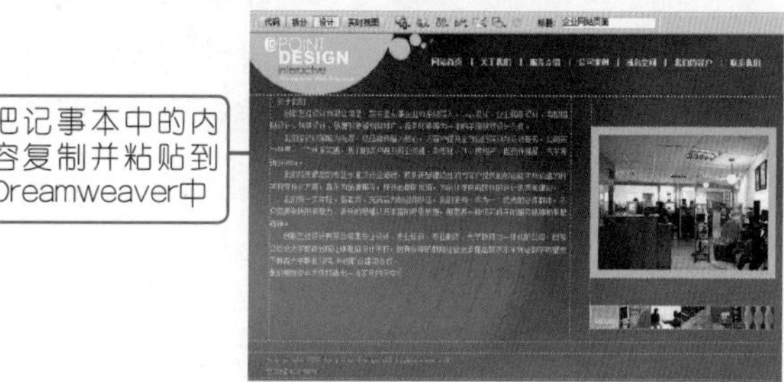

图2-5　粘贴文本

提　示

在网页中需要输入大量文本内容时，可以通过以下两种方式来输入内容。

第一种是在网页编辑窗口中直接用键盘输入文本，这是最基本的输入方式。

第二种是使用复制的方式。有些读者可能不喜欢在Dreamweaver中直接输入文字，而更习惯在专门的文本编辑软件中快速打字，如Microsoft Word和Windows中的记事本等，或者是文本的电子版，那么就可以直接使用Dreamweaver的文本复制功能，将大段的文本内容复制到网页的编辑窗口中来进行排版的工作。

STEP 3 转换到代码视图中，可以看到该页面的代码，如图2-6所示。

```
<div id="left">  关于我们 <br />
        创联艺佳设计有限公司是一家专业从事企业VI系统导入、logo设计、企业画册设计、海报招贴设计、包装设计、品牌形象策划与推广、商务印刷等为一体的平面视觉设计公司。<br />
        我们坚持以策略为先导，以品牌传播为核心，为客户提供全方位的策划与设计服务。公司实力雄厚，服务体系完善，我们的客户遍及商业流通、杂志社、IT、房地产、医药保健品、汽车等诸多领域。<br />
        我们将用最高的专业水准及行业道德，积极而赋建设性的为客户提供能够创造市场价值的科学视觉传达方案，真正为品牌服务，提升品牌附加值，为企业提供前瞻性的设计思想和建议。<br />
        我们有一支年轻、高素质、充满活力的创作队伍，我们深知，作为一个优秀的创作群体，不仅需要敏锐的洞察力、活跃的思维以及丰富的奇思妙想，更需要一种切实肯干的服务精神和奉献精神。<br />
        创联艺佳设计有限公司集专业设计、专业培训、专业制作、大学教育为一体化的公司。目前公司设大学教育分院红球电脑设计学校，拥有多年的教育经验逐步提高教学水平保证教学质量授予赣南大学赣北分院，共创联合建司办校。<br
/>
    我们相信定会为您打造出一片不凡的天空！
  </div>
```

使用复制文本的方法时，换行时默认为
标签换行

图2-6　在代码视图看到的代码

提　示

默认情况下，在Dreamweaver CS6中新建的HTML页面，默认的页面编码格式为UTF-8，简体中文的页面还可以选择GB2312编码格式。错误的文本编码格式将使中文字体显示为乱码。

STEP 4 如果需要对网页中的文本进行强制分行，将某些文本放到下一行去，此时在操作上可以有两种选择方式：一是在代码视图中添加<p>标签或者按键盘上的Enter键(为段落标签)，二是在代码视图中添加
标签或者按快捷键Shift+Enter，如图2-7所示。在浏览器中预览该页面，页面效果如图2-8所示。

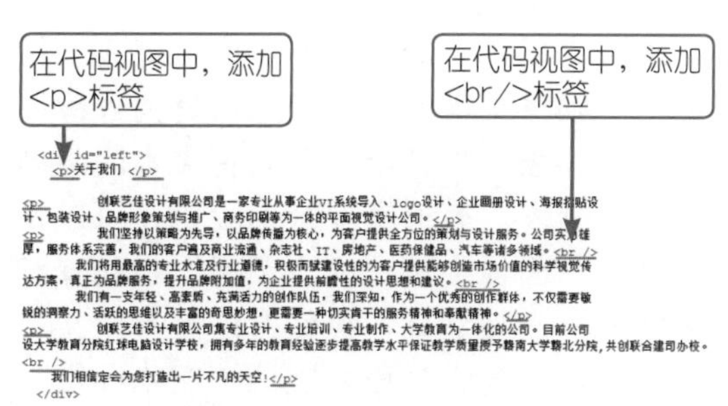

图2-7　分行、分段代码

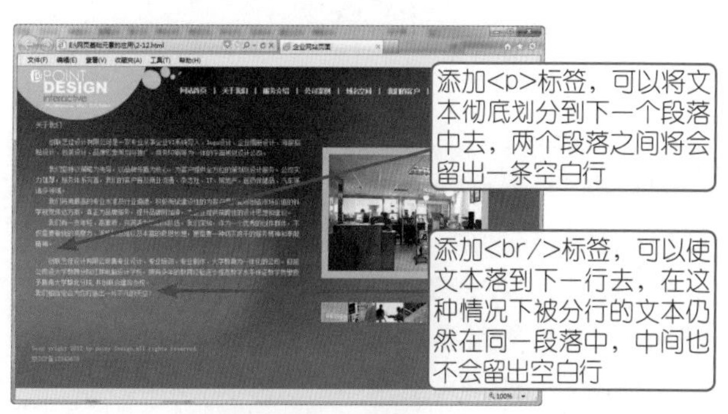

图2-8　在页面中的效果

提 示

这两种操作看似简单，不容易被重视，但实际情况恰恰相反，很多文本样式是应用在段落中的，如果之前没有把段落与行划分好，在修改时便会很麻烦。上个段落会保持一种固定的形式。如果希望两段文本应用不同的样式，则用段落标签新分一个段落；如果希望两段文本有相同的样式，则直接使用换行符新分一行即可，文本将仍在原段落中，保持原段落的样式。

STEP 5 在设计视图中拖动光标选中需要设置属性的文字，如图2-9所示。在“属性”面板上单击HTML按钮，可以切换到文字HTML属性设置面板中，在“格式”下拉列表中选择“标题2”选项，如图2-10所示。

STEP 6 执行“文件>保存”命令，保存页面，在浏览器中预览页面，效果如图2-11所示。

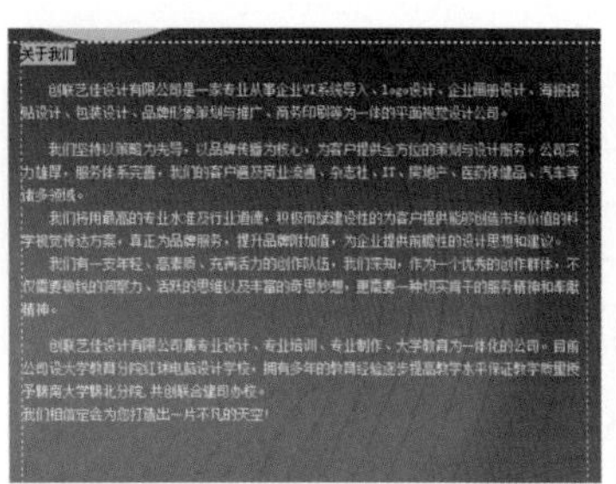

图2-9　选中文字

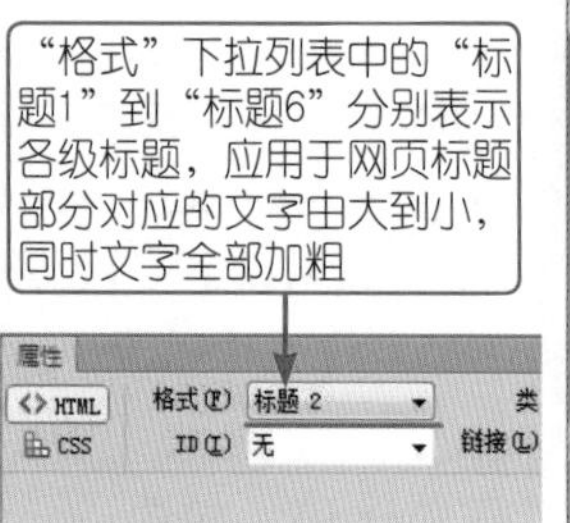

图2-10　设置为“标题2”的文字

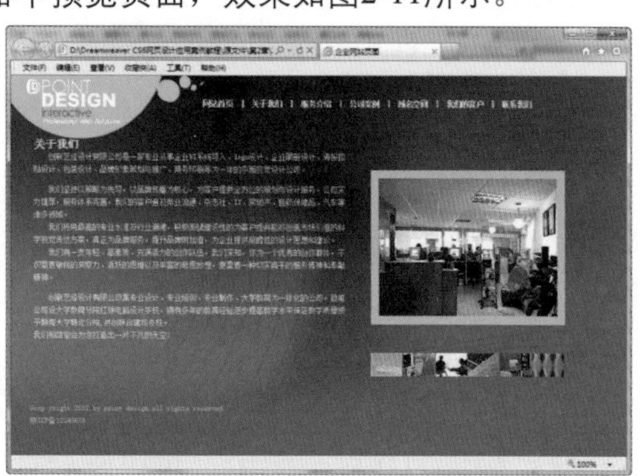

图2-11　在浏览器中预览页面效果

知识拓展

在Dreamweaver CS6中可以设置文本颜色、大小和对齐方式等属性。合理地设置文本的属性，可以使浏览者阅读起来更加方便，将光标移至文本中时，在“属性”面板中便会出现相应的文本属性选项，在“属性”面板上单击HTML按钮，可以切换到文字HTML属性设置面板中，如图2-12所示。

图2-12　文本“属性”面板

✱ 格式：该下拉列表中的“标题1”到“标题6”分别表示各级标题，应用于网页的标题部分。对应字体由大到小，同时文字全部加粗。在代码视图中，当使用“标题1”时，文字两端应用<h1></h1>标签；当使用“标题2”时，文字两端应用<h2></h2>标签，以下依此类推。手动删除这些标签，文字的样式随即消失。

✱ ID：在该下拉列表中可以为选中的文字设置ID值。

✱ 类：在该下拉列表中可以选择已经定义的CSS样式为选中的文字应用。

✱ “粗体”按钮B：选中需要加粗显示的文本，单击该按钮，可以加粗显示文字。

✱ “斜体”按钮I：选中需要斜体显示的文本，单击该按钮，可以斜体显示文字。

✱ 文本格式控制按钮：选中文本段落，单击“属性”面板上的“项目列表”按钮，可以将文本段落转换为项目列表；单击“编号列表”按钮，可以将文本段落转换为编号列表。有时需要区别段落，可以使用“属性”面板上的“文本凸出”按钮和“文本缩进”按钮，操作方法是选中文本段落，单击“属性”面板上的“文本凸出”按钮，即可向左侧凸出一级；如果单击

"属性"面板上的"文本缩进"按钮，即可向右侧缩进一级。

在"属性"面板上单击CSS按钮，可以切换到文字CSS属性设置面板中，如图2-13所示。在该部分所做的设置将会自动创建相应的CSS样式并应用于所选中的文字，关于CSS样式将在第3章中进行详细介绍。

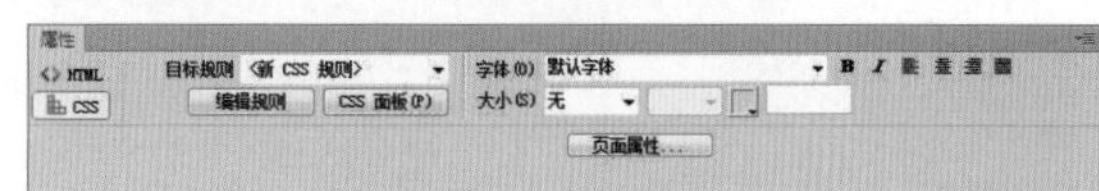

图2-13　文本"属性"面板

实例13　在网页中插入特殊字符——插入水平线、注释、日期和特殊字符

实例目的

在网页中除了可以插入普通的文本内容外，还可以插入一些比较特殊的文字元素，例如，水平线、注释和日期等，本实例的目的是让大家掌握在网页中插入水平线、网页注释、日期和特殊字符的方法。如图2-14所示是在网页中插入特殊字符的流程。

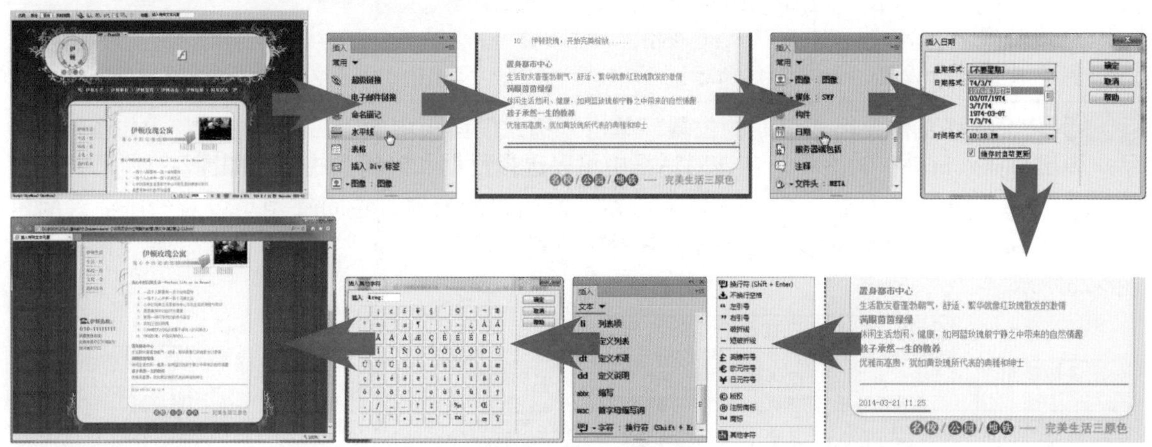

图2-14　操作流程图

实例重点

- 掌握插入水平线的方法
- 掌握插入注释的方法
- 掌握插入日期的方法
- 掌握插入特殊字符的方法

实例步骤

STEP 1 执行"文件>打开"命令，打开页面"光盘\素材\第2章\2-13.html"，可以看到页面的效果，如图2-15所示。在浏览器中预览该页面，页面效果如图2-16所示。

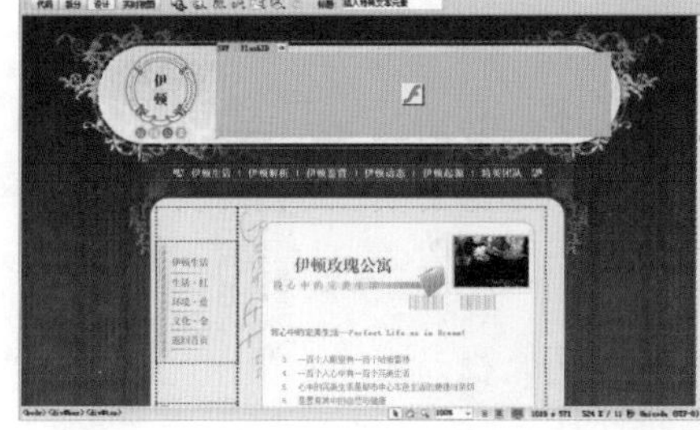

图2-15　打开页面

图2-16　在浏览器中预览页面效果

STEP 2 将光标移至需要插入水平线的位置，单击“插入”面板中的“水平线”按钮，如图2-17所示。便可以在页面中插入水平线，页面效果如图2-18所示。

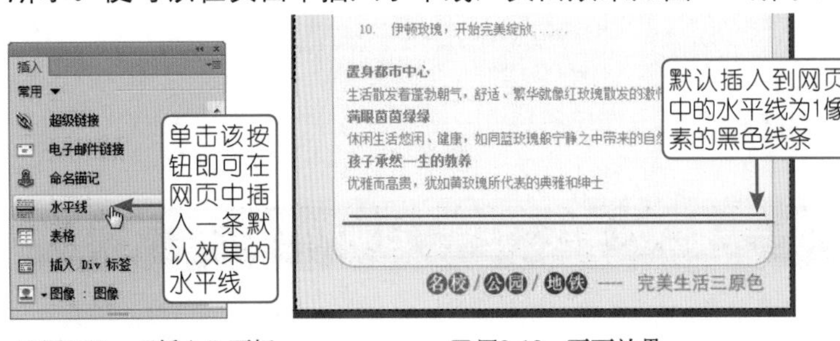

图2-17 “插入”面板　　图2-18 页面效果

提 示

水平线可以起到分隔文本的作用，在页面中，可以使用一条或多条水平线分隔文本或元素，使整个页面更加整洁、结构更加清晰。

提 示

在网页中插入水平线后，单击选中网页中的水平线，可以在“属性”面板中对水平线的宽度、高度、对齐以及是否有阴影等属性进行设置，如图2-19所示。

图2-19 水平线“属性”面板

STEP 3 将光标移至需要插入日期的位置，单击“插入”面板中的“日期”按钮，如图2-20所示。弹出“插入日期”对话框，在该对话框中可以选择日期和时间的格式，如图2-21所示。

STEP 4 单击“确定”按钮，完成“插入日期”对话框的设置，在页面中可以看到所插入的日期，如图2-22所示。将光标移至需要插入注释的位置，单击“插入”面板中的“注释”按钮，如图2-23所示。

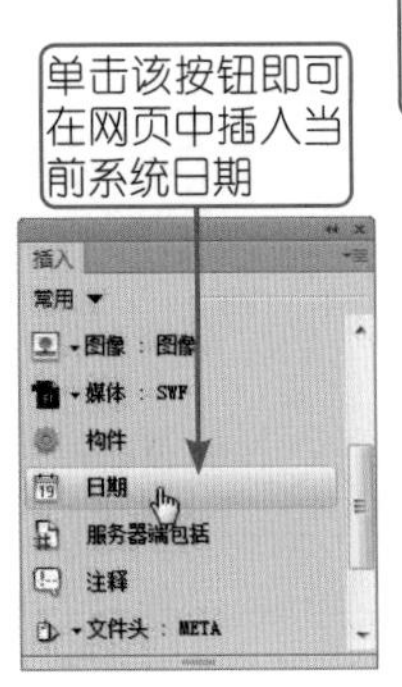

图2-20 “插入”面板

图2-21 “插入日期”对话框

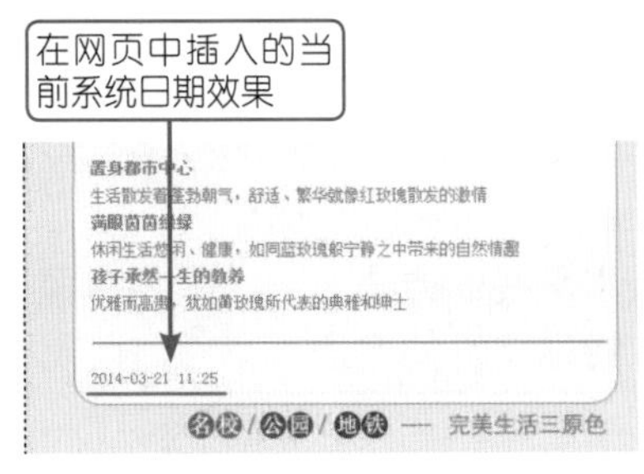

图2-22 页面效果

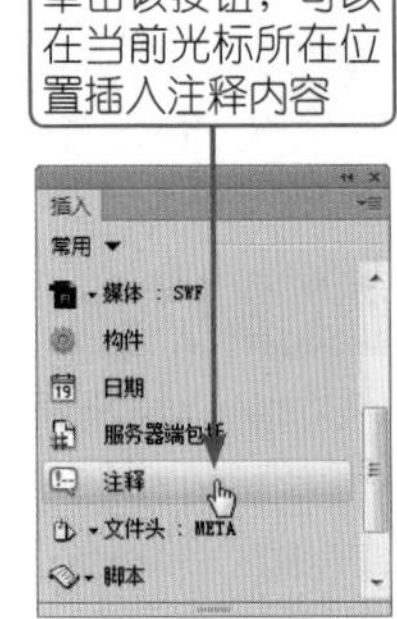

图2-23 单击“注释”按钮

提 示

“星期格式”下拉列表用来设置星期的格式，有7个选项，如图2-24所示，选择其中的一个选项，则星期的格式会按照所选选项的格式插入到网页中，因为星期格式对中文的支持不是很好，所以一般情况下都选择“[不要星期]”选项。

在向网页中插入日期时，如果选中“储存时自动更新”复选框，则插入的日期将在网页每次保存时自动更新为最新的日期。

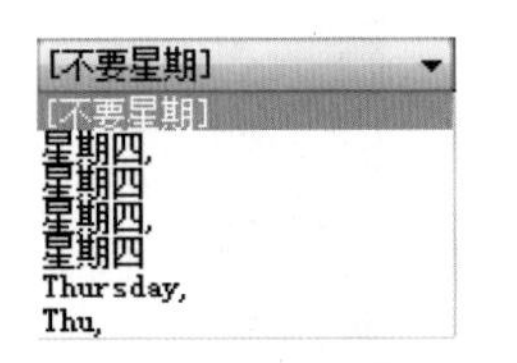

图2-24 “星期格式”下拉列表

STEP 5 在弹出的“注释”对话框中可以输入注释文本，如图2-25所示。在代码视图中可以查看注释内容，如图2-26所示。

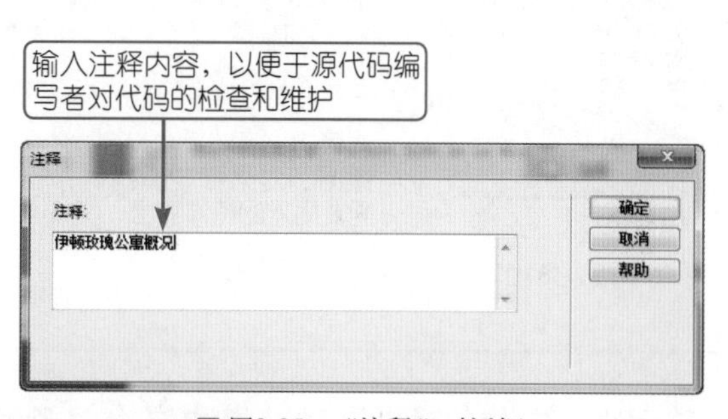

图2-25 “注释”对话框

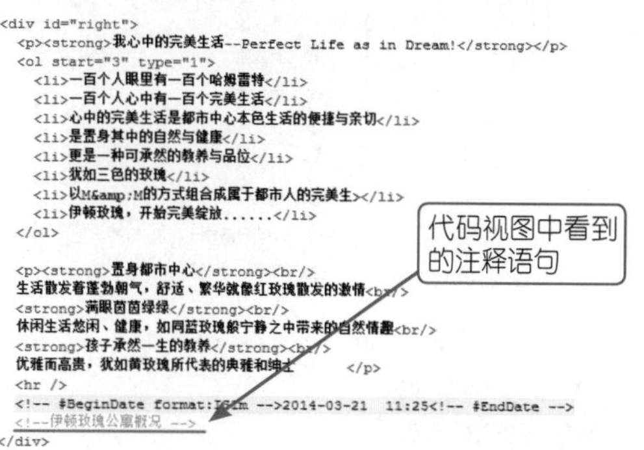

图2-26 添加的注释内容

提 示

注释语句不会出现在浏览器中，注释语句主要有助于源代码编者对代码的整理。

STEP 6 如果想在设计视图中查看注释的内容，可以打开“首选参数”对话框，在左侧的“分类”列表框中选择“不可见元素”选项，选中“注释”复选框，如图2-27所示。并且确认在“可视化助理”按钮的下拉列表中的“不可见元素”选项为勾选状态。在页面中便可以看见黄色的注释记号，如图2-28所示。

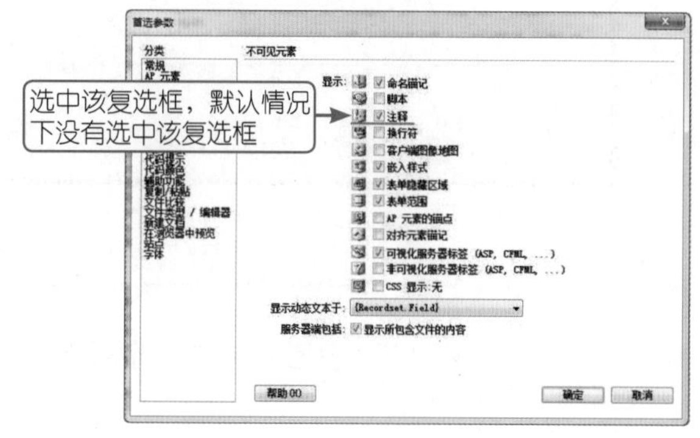

图2-27 “首选参数”对话框

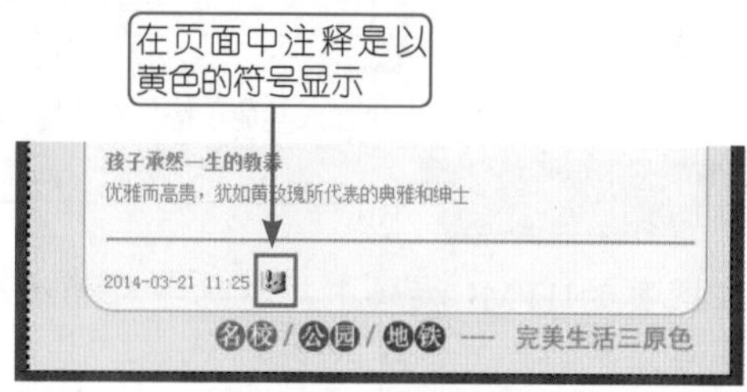

图2-28 页面中的注释标记

STEP 7 将注释记号选中后，在“属性”面板中可以查看并编辑注释内容，“属性”面板如图2-29所示。

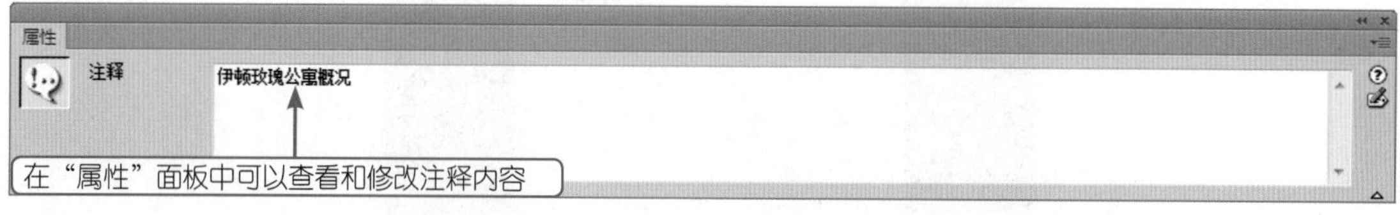

图2-29 注释的“属性”面板

STEP 8 将光标移至需要插入特殊字符的位置，在“插入”面板中选择“文本”选项卡，在“文本”选项卡中单击“字符”按钮中的三角符号，如图2-30所示。在弹出的菜单中可以选择需要插入的特殊字符，如图2-31所示。

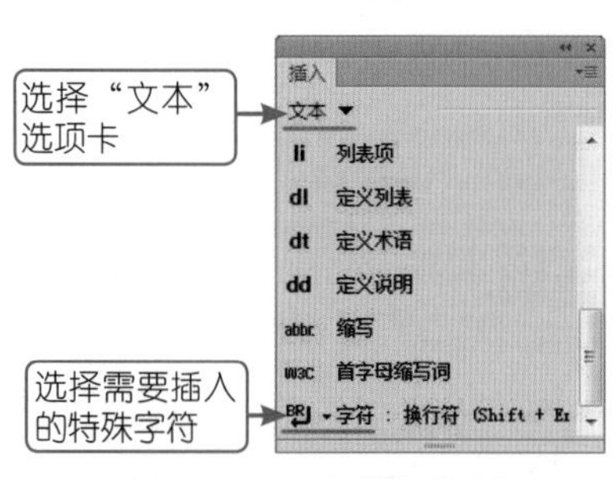

图2-30 “文本”选项卡

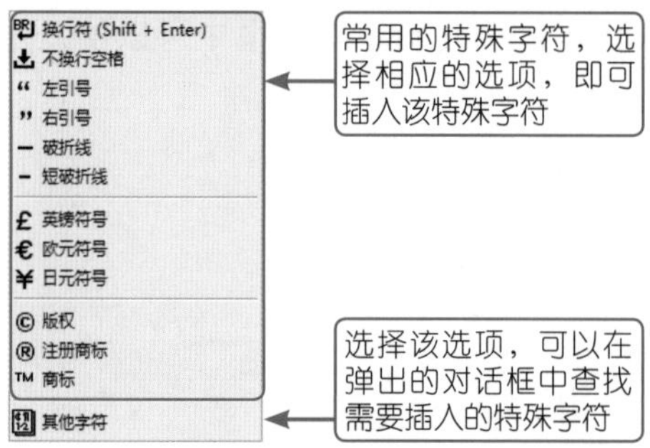

图2-31 “字符”下拉列表

提 示

特殊字符在HTML中是以名称或数字的形式表示的，它们被称为实体，其中包含注册商标、版权符号、商标符号等字符的实体名称。

STEP 9 选择“其他字符”选项，在弹出的“插入其他字符”对话框中可以选择更多特殊字符，如图2-32所示。单击需要的字符按钮，或直接在“插入”文本框中输入特殊字符的编码，单击“确定”按钮，即可在页面中插入特殊字符，如图2-33所示。

图2-32 “插入其他字符”对话框

图2-33 页面效果

提 示

在网页的HTML编码中，特殊字符的编码是由“&”开头，以“;”结尾的特定数字或英文字母组成。

STEP10 执行“文件>保存”命令，保存页面，在浏览器中预览页面，效果如图2-34所示。

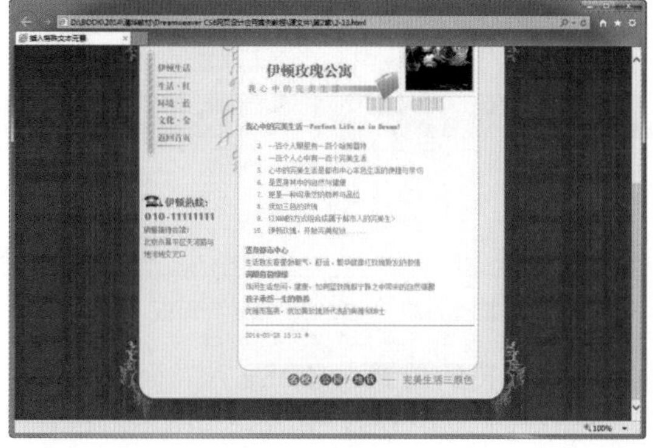

图2-34 在浏览器中预览页面效果

实例14　项目列表——制作网站新闻

实例 目的

在Dreamweaver中制作一些信息类网页时，为了更有效地排列网页中的文字，通常会采用为文字创建列表的方式来取得更加清晰、整齐的显示效果。本实例的目的是让大家掌握在网页中创建项目列表的方法。如图2-35所示是在网页中创建项目列表的流程。

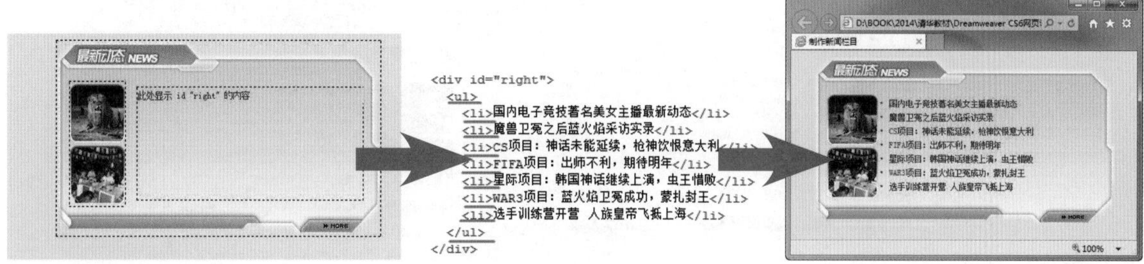

图2-35　操作流程图

实例 重点

- 创建项目列表
- 设置项目列表

实例 步骤

STEP 1 执行“文件>打开”命令，打开页面“光盘\素材\第2章\2-14.html”，可以看到页面的效果，如图2-36所示。将光标移至名为right的Div中，将多余文字删除，并输入相应的段落文字，如图2-37所示。

图2-36　页面效果

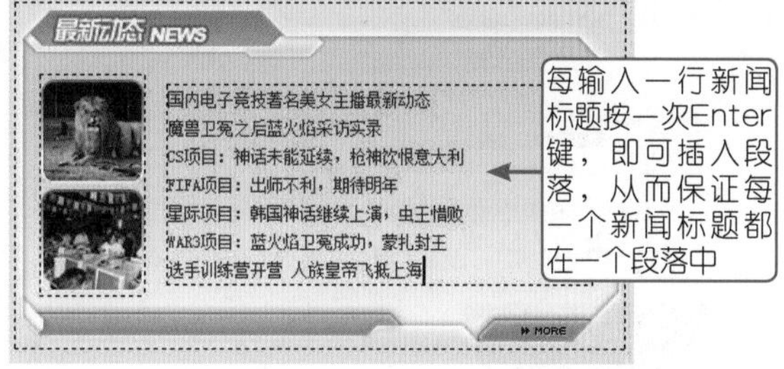

图2-37　输入段落文字

STEP 2 转换到代码视图中，可以看到在该Div中所输入的段落文本格式，如图2-38所示。返回设计视图中，选中该Div中的所有段落文本，单击“属性”面板上的“项目列表”按钮，即可创建项目列表，转换到代码视图中，可以看到项目列表的代码，如图2-39所示。

段落标签<p>，每一条新闻标题都被<p>与</p>标签包含

```
<div id="right">
  <p>国内电子竞技著名美女主播最新动态</p>
  <p>魔兽卫冕之后蓝火焰采访实录</p>
  <p>CS项目：神话未能延续，枪神饮恨意大利</p>
  <p>FIFA项目：出师不利，期待明年</p>
  <p>星际项目：韩国神话继续上演，虫王惜败</p>
  <p>WAR3项目：蓝火焰卫冕成功，蒙扎封王</p>
  <p>选手训练营开营 人族皇帝飞抵上海</p>
</div>
```

图2-38　段落文本标签

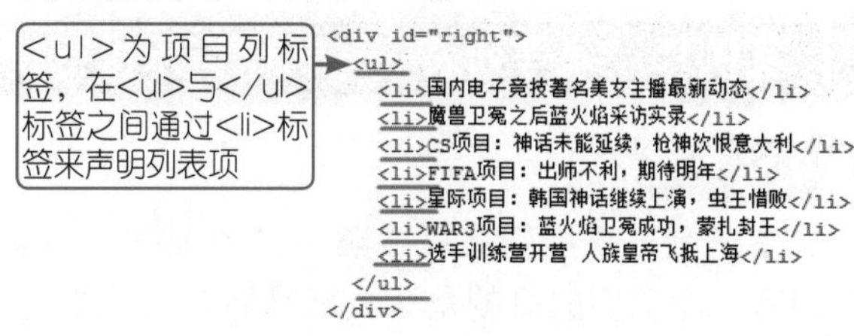

图2-39　项目列表代码

提 示

如果想要通过单击“属性”面板上的“项目列表”按钮生成项目列表，则选中的文本必须是段落文本，Dreamweaver会自动将每一个段落转换成一个项目列表。

STEP 3 返回设计视图中，可以看到项目列表的效果，如图2-40所示。执行“文件>保存”命令，保存页面，在浏览器中预览页面，可以看到网页中项目列表的效果，如图2-41所示。

图2-40 页面效果

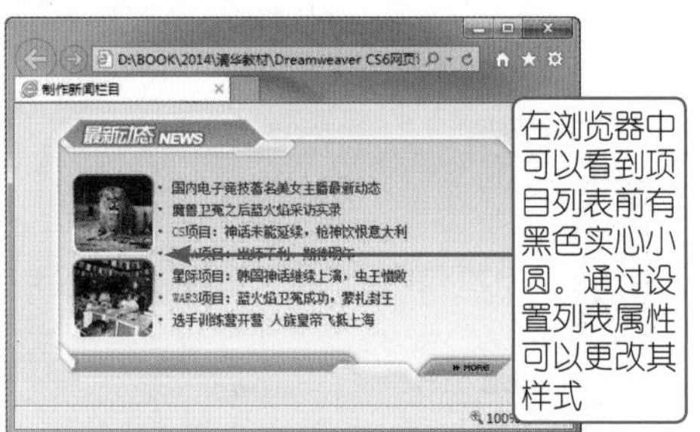

图2-41 在浏览器中预览页面效果

STEP 4 返回Dreamweaver设计视图中，将光标移至项目列表中，执行“格式>列表>属性”命令，弹出“列表属性”对话框，在“样式”下拉列表中选择“正方形”选项，如图2-42所示。单击“确定”按钮，保存页面，在浏览器中预览页面，可以将默认的项目符号设置为小正方形，如图2-43所示。

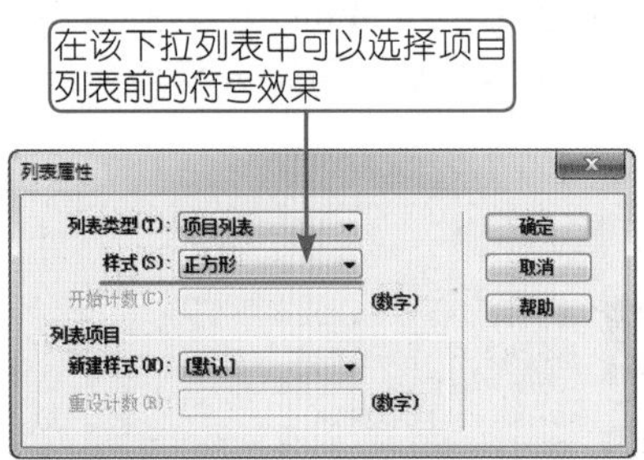

图2-42 设置“列表属性”对话框

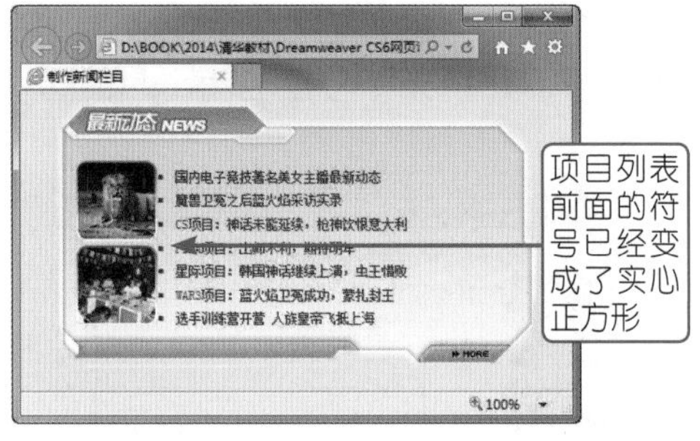

图2-43 在浏览器中预览页面效果

提 示

在网页中创建的项目列表，默认情况下，列表项前的符号为实心小圆点，在“列表属性”对话框的“样式”下拉列表中有“默认”、“项目符号”和“正方形”3个选项，在“样式”下拉列表中选择“默认”或“项目符号”选项都将设置列表标志为实心小圆点。

实例15 编号列表——制作音乐排行榜

实例目的

编号列表是指列表项按照一定的顺序从上至下进行编号，常常在网页中用于制作排行等相关内容。本实例的目的是让大家掌握在网页中编号列表的创建和设置方法。如图2-44所示是制作音乐排行榜的流程。

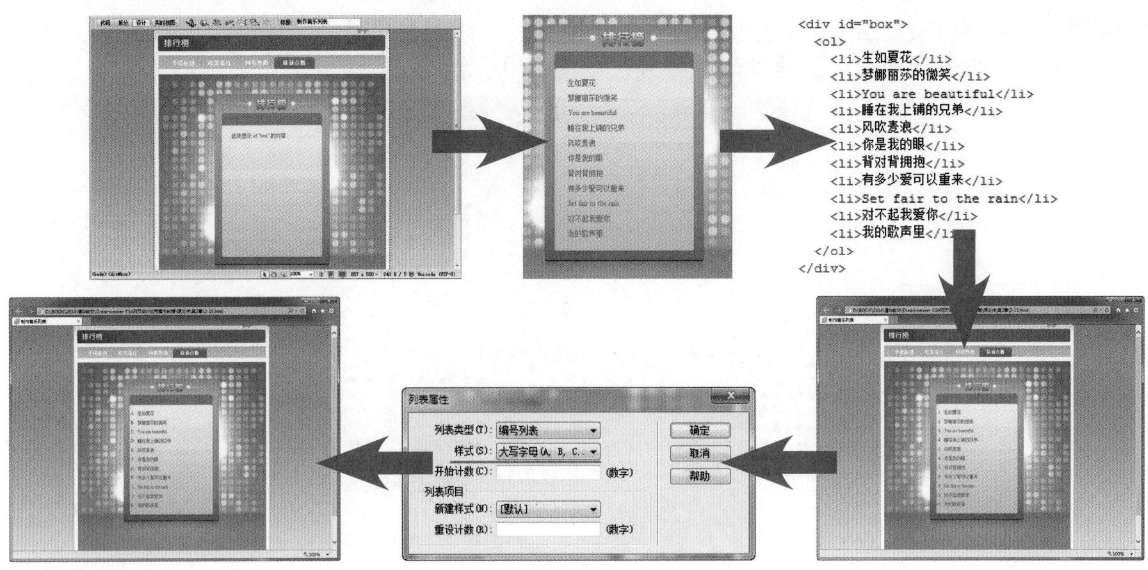

图2-44　操作流程图

实例　重点

✱ 创建编号列表　　　　✱ 设置编号列表

实例　步骤

STEP 1 执行“文件>打开”命令，打开页面“光盘\素材\第2章\2-15.html”，效果如图2-45所示。将光标移至名为box的Div中，将多余文字删除，并输入相应的段落文字，如图2-46所示。

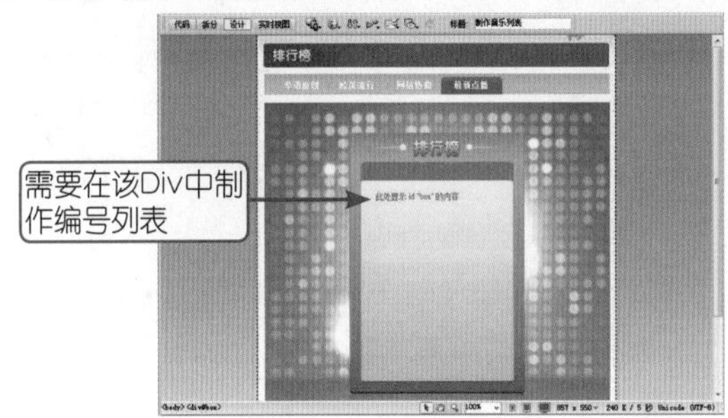

图2-45　页面效果

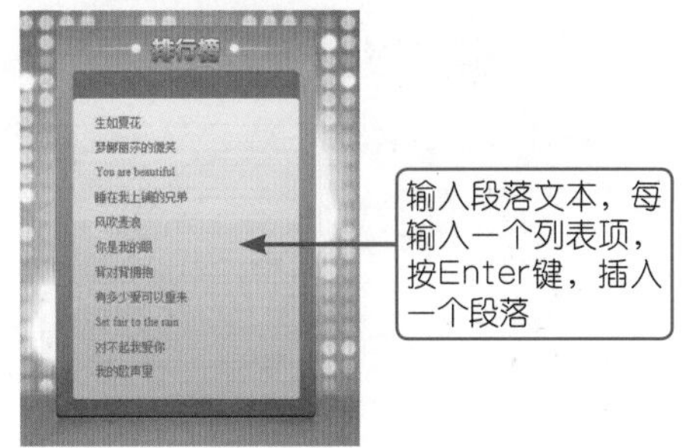

图2-46　输入段落文字

STEP 2 切换到代码视图中，可以看到为段落文本的标签<p>，如图2-47所示。选中该Div中的所有段落文本，单击“属性”面板上的“编号列表”按钮，创建编号列表，效果如图2-48所示。

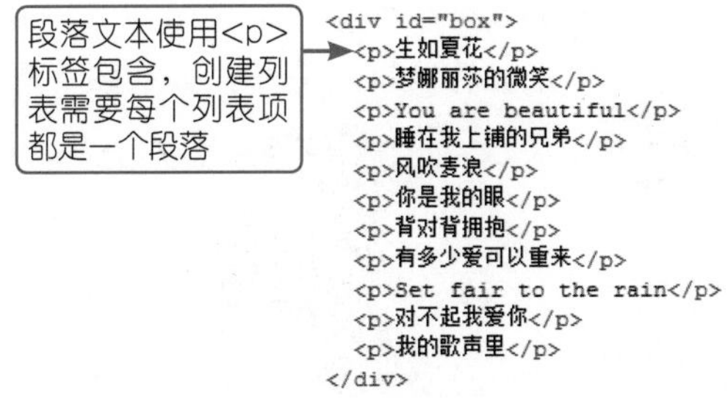

图2-47　代码视图

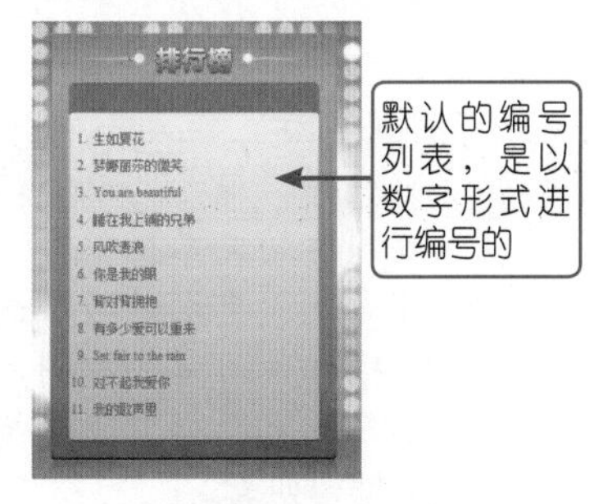

图2-48　页面效果

STEP 3 转换到代码视图中，可以看到编号列表的标签，如图2-49所示。保存页面，在浏览器中预览页面，可以看到页面中编号列表的效果，如图2-50所示。

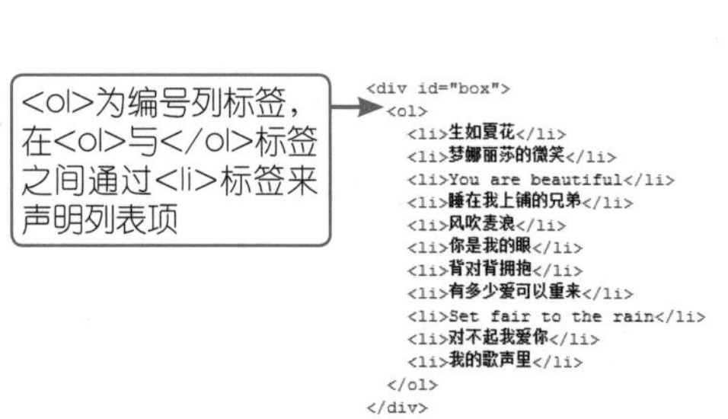

图2-49 编号列表标签

图2-50 在浏览器中预览页面效果

STEP 4 返回网页设计视图中，将光标移至编辑列表中，执行“格式>列表>属性”命令，弹出“列表属性”对话框，在“样式”下拉列表中选择“大写字母”选项，如图2-51所示。单击“确定”按钮，保存页面，在浏览器中预览页面，可以将编号修改为大写字母，如图2-52所示。

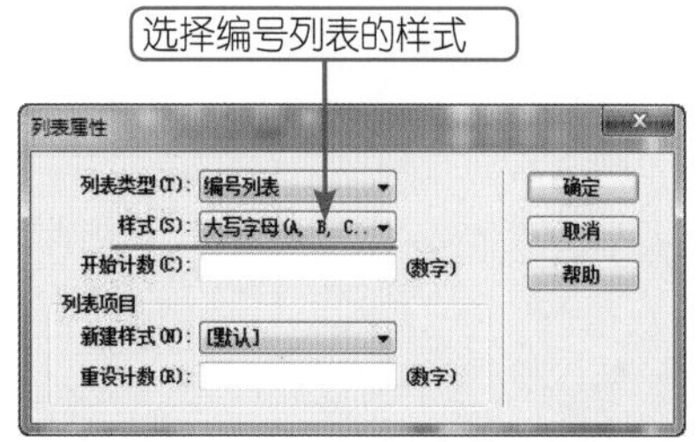

图2-51 设置“列表属性”对话框

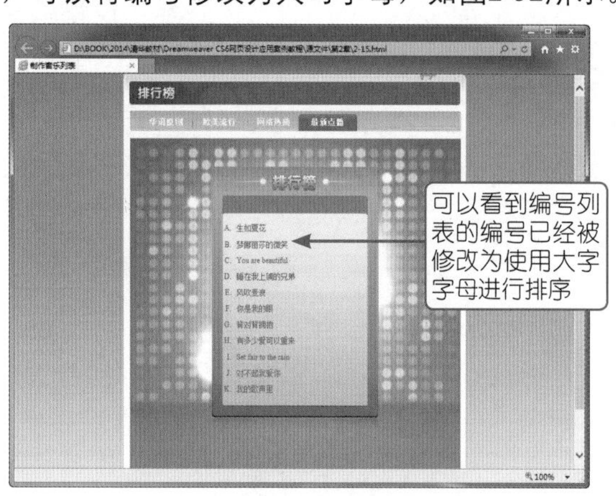

图2-52 在浏览器中预览页面效果

提 示

如果在“列表类型”下拉列表中选择“编号列表”，则“样式”下拉列表中有6个选项，分别为“默认”、“数字”、“小写罗马字母”、“大写罗马字母”、“小写字母”和“大写字母”，如图2-53所示，这是用来设置编号列表里每行开头的编辑号符号。如果在“列表类型”下拉列表中选择“编号列表”选项，则该选项可用，可以在该选项后的文本框中输入一个数字，指定编号列表从几开始。“重设计数”选项的使用方法与“开始计数”选项的使用方法相同，如果在该选项中设置一个值，则在该页面中创建的编号列表中将从设置的数开始有序排列列表。

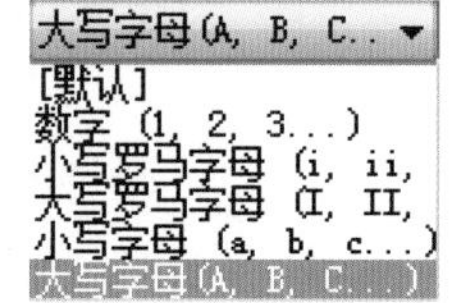

图2-53 “样式”下拉列表

实例16　滚动文本——制作网站滚动公告

实例　目的

本实例的目的是让大家掌握在网页中实现文本滚动效果，滚动文本可以使整个页面更具流动性，而且可以突出表现主题内容，浏览者的视线具有一定的引导作用，使视觉传达效果更好。如图1-54所示是在网页中实现文本滚动效果的流程。

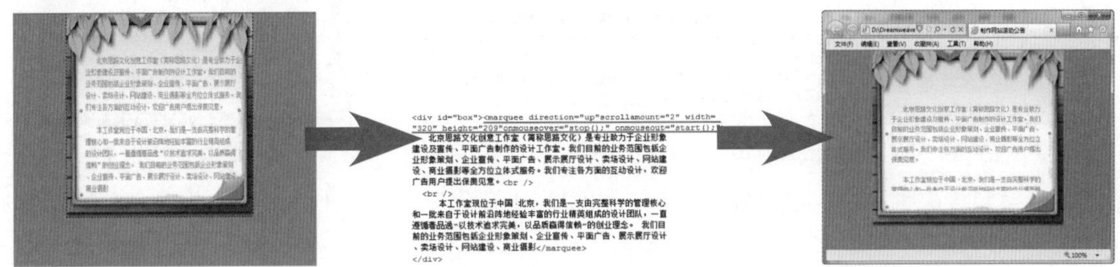

图2-54　操作流程图

实例　重点

- 添加<marquee>标签
- 理解<marquee>标签中各属性的功能
- 使用<marquee>标签实现滚动文本

实例　步骤

STEP 1 执行“文件>打开”命令，打开页面“光盘\素材\第2章\2-16.html”，可以看到页面的效果，如图2-55所示。在浏览器中预览该页面，页面效果如图2-56所示。

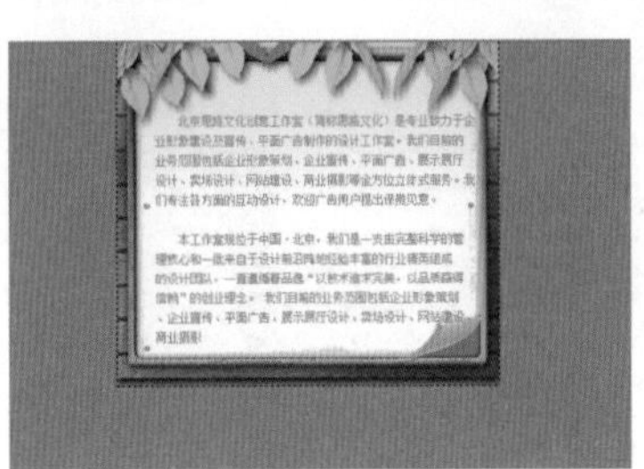

图2-55　页面效果

图2-56　在浏览器中预览页面效果

STEP 2 将光标移至需要添加滚动文本代码的位置，如图2-57所示，将视图切换到代码视图中，确定光标位置，如图2-58所示。

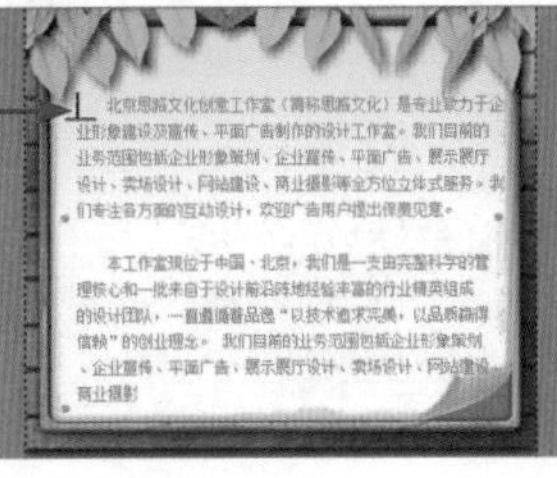

图2-57　页面效果

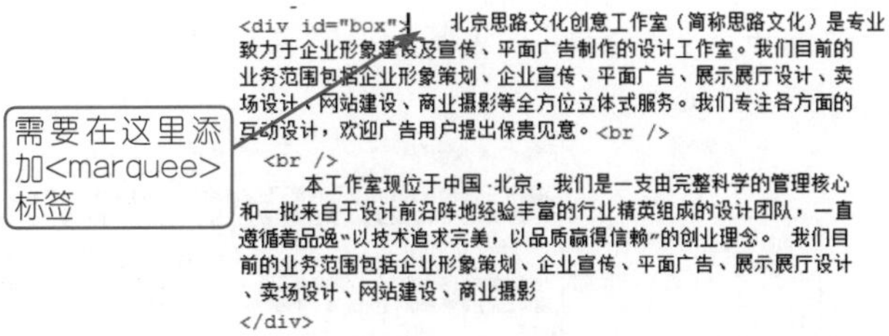

```
<div id="box">  北京思路文化创意工作室（简称思路文化）是专业致力于企业形象建设及宣传、平面广告制作的设计工作室。我们目前的业务范围包括企业形象策划、企业宣传、平面广告、展示展厅设计、卖场设计、网站建设、商业摄影等全方位立体式服务。我们专注各方面的互动设计，欢迎广告用户提出保贵见意。<br />
  <br />
      本工作室现位于中国·北京，我们是一支由完整科学的管理核心和一批来自于设计前沿阵地经验丰富的行业精英组成的设计团队，一直遵循着品逸"以技术追求完美，以品质赢得信赖"的创业理念。 我们目前的业务范围包括企业形象策划、企业宣传、平面广告、展示展厅设计、卖场设计、网站建设、商业摄影
</div>
```

需要在这里添加<marquee>标签

图2-58　代码视图

STEP 3 在代码视图中输入滚动文本的标签<marquee>，如图2-59所示。返回设计页面中，单击“文档”工具栏中的“实时视图”按钮，在页面中可以看到文字已经实现了左右滚动的效果，如图2-60所示。

```
<div id="box"><marquee>   北京思路文化创意工作室（简称思路文化）是专业致力于企业形象建设及宣传、平面广告制作的设计工作室。我们目前的业务范围包括企业形象策划、企业宣传、平面广告、展示展厅设计、卖场设计、网站建设、商业摄影等全方位立体式服务。我们专注各方面的互动设计，欢迎广告用户提出保贵见意。<br />
  <br />
      本工作室现位于中国·北京，我们是一支由完整科学的管理核心和一批来自于设计前沿阵地经验丰富的行业精英组成的设计团队，一直遵循着品逸"以技术追求完美，以品质赢得信赖"的创业理念。 我们目前的业务范围包括企业形象策划、企业宣传、平面广告、展示展厅设计、卖场设计、网站建设、商业摄影</marquee>
</div>
```

<marquee>标签是成对出现的，必须在滚动文本结束的位置添加结束标签</marquee>

图2-59 添加滚动文本标签

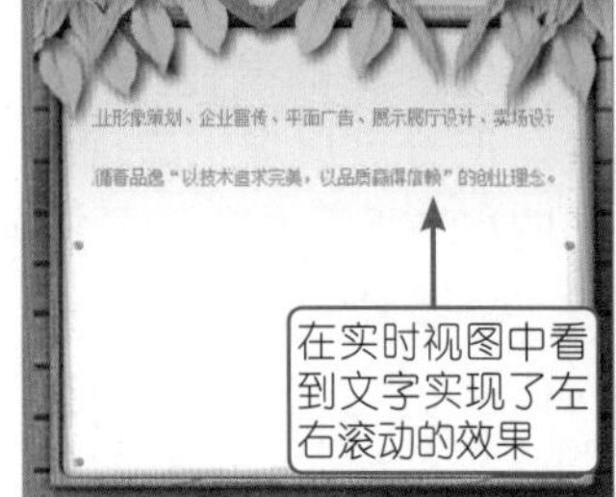

图2-60 页面效果

STEP 4 转换到代码视图中，继续编辑代码，如图2-61所示。返回设计页面中，单击“文档”工具栏中的“实时视图”按钮，在页面中可以看到文字已经实现了上下滚动的效果，如图2-62所示。

```
<div id="box"><marquee direction="up">   北京思路文化创意工作室（简称思路文化）是专业致力于企业形象建设及宣传、平面广告制作的设计工作室。我们目前的业务范围包括企业形象策划、企业宣传、平面广告、展示展厅设计、卖场设计、网站建设、商业摄影等全方位立体式服务。我们专注各方面的互动设计，欢迎广告用户提出保贵见意。<br />
  <br />
      本工作室现位于中国·北京，我们是一支由完整科学的管理核心和一批来自于设计前沿阵地经验丰富的行业精英组成的设计团队，一直遵循着品逸"以技术追求完美，以品质赢得信赖"的创业理念。 我们目前的业务范围包括企业形象策划、企业宣传、平面广告、展示展厅设计、卖场设计、网站建设、商业摄影</marquee>
</div>
```

在<marquee>标签中添加direction属性，用于控制滚动文本的方向，设置该属性值为up，表示文本向上滚动

图2-61 编辑代码

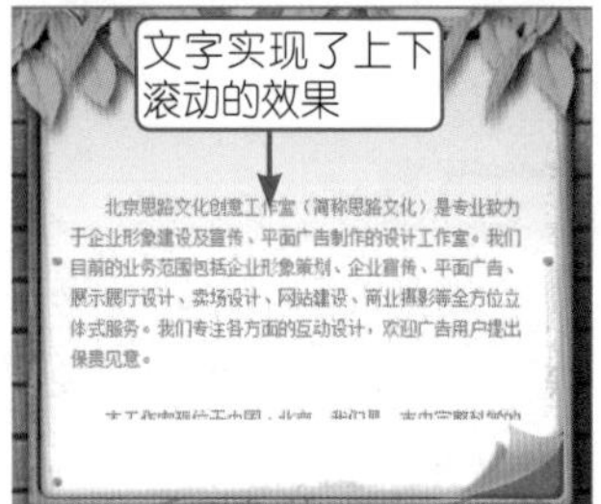

图2-62 页面效果

STEP 5 在预览中可以发现，文字滚动的速度比较快，转换到代码视图中，继续编辑代码，如图2-63所示。返回设计页面中，单击“文档”工具栏中的“实时视图”按钮，在页面中可以看到文字滚动的效果，如图2-64所示。

```
<div id="box"><marquee direction="up"scrollamount="2" width="320" height="209">   北京思路文化创意工作室（简称思路文化）是专业致力于企业形象建设及宣传、平面广告制作的设计工作室。我们目前的业务范围包括企业形象策划、企业宣传、平面广告、展示展厅设计、卖场设计、网站建设、商业摄影等全方位立体式服务。我们专注各方面的互动设计，欢迎广告用户提出保贵见意。<br />
  <br />
      本工作室现位于中国·北京，我们是一支由完整科学的管理核心和一批来自于设计前沿阵地经验丰富的行业精英组成的设计团队，一直遵循着品逸"以技术追求完美，以品质赢得信赖"的创业理念。 我们目前的业务范围包括企业形象策划、企业宣传、平面广告、展示展厅设计、卖场设计、网站建设、商业摄影</marquee>
</div>
```

width属性用于控制滚动文本的宽度，height属性用于控制滚动文本的高度，acrollamount属性用于设置滚动速度，值越小滚动越慢

图2-63 编辑代码

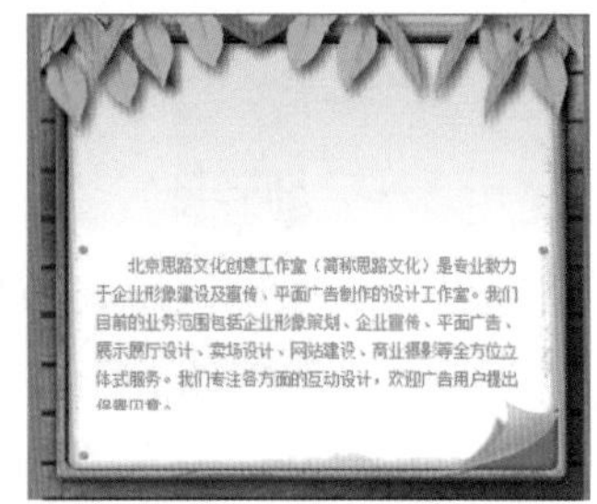

图2-64 页面效果

STEP 6 为了使浏览者能够清楚地看到滚动的文字，还需要实现当鼠标指向滚动字幕后，字幕滚动停止，当鼠标离开字幕后，字幕继续滚动的效果，转换到代码视图中，添加相应的属性设置，如图2-65所示。

```
<div id="box"><marquee direction="up" scrollamount="2" width="320" height="209"onmouseover="stop();" onmouseout="start();">   北京思路文化创意工作室（简称思路文化）是专业致力于企业形象建设及宣传、平面广告制作的设计工作室。我们目前的业务范围包括企业形象策划、企业宣传、平面广告、展示展厅设计、卖场设计、网站建设、商业摄影等全方位立体式服务。我们专注各方面的互动设计，欢迎广告用户提出保贵见意。<br />
  <br />
      本工作室现位于中国·北京，我们是一支由完整科学的管理核心和一批来自于设计前沿阵地经验丰富的行业精英组成的设计团队，一直遵循着品逸"以技术追求完美，以品质赢得信赖"的创业理念。 我们目前的业务范围包括企业形象策划、企业宣传、平面广告、展示展厅设计、卖场设计、网站建设、商业摄影</marquee>
</div>
```

onmouseover属性表示当鼠标移至滚动文本上方时

onmouseout属性表示当鼠标移出滚动文本上方时

图2-65 编辑代码

提 示

在滚动文本的标签属性中，direction属性是指滚动的方向，direction="up"表示向上滚动，direction="down"表示向下滚动，direction="left"表示向左滚动，direction="right"表示向右滚动；scrollamount属性是指滚动的速度，数值越小滚动越慢；scrolldelay属性是指滚动速度延时，数值越大速度越慢；height属性是指滚动文本区域的高度；width是指滚动文本区域的宽度；onmouseover属性是指当鼠标移动到滚动区域时所执行的操作；onmouseout属性是指当鼠标移出滚动区域所执行的操作。

STEP 7 单击“文本”工具栏中的“实时视图”按钮，在页面中可以看到文字滚动的效果，如图2-66所示。执行“文件>保存”命令，保存页面，在浏览器中预览页面，效果如图2-67所示。

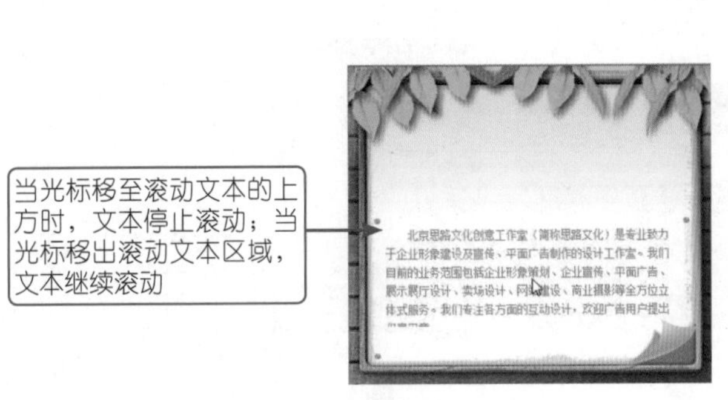

图2-66 页面效果

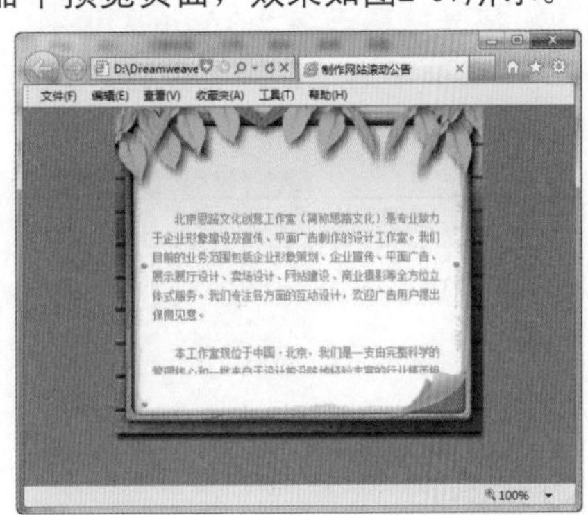

图2-67 在浏览器中预览效果

实例17 插入图像——制作图像导航菜单

实例目的

图像可以有效地提高网页的观赏性，突出网站主题，让浏览者有过目不忘的效果。本实例的目的是让大家掌握在网页中插入和设置图像的方法，如图2-68所示是在网页中插入图像的流程。

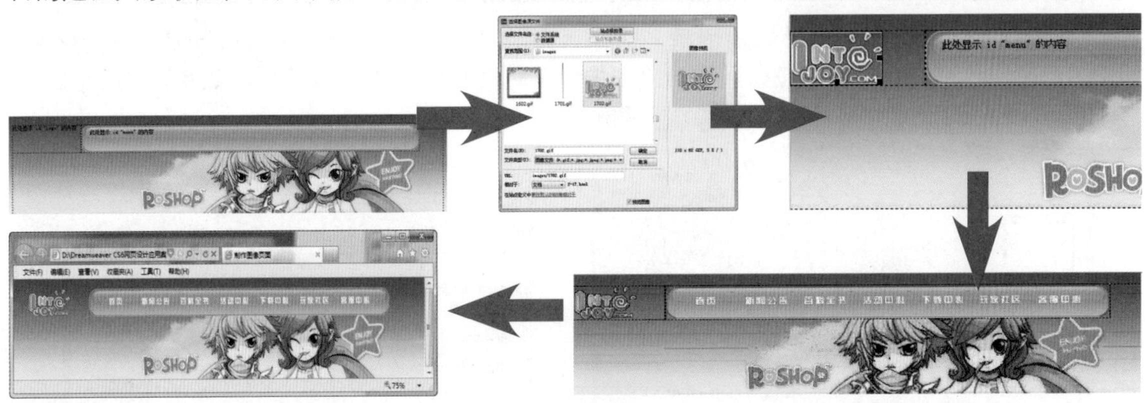

图2-68 操作流程图

实例重点

- 掌握在页面中插入图像的方法
- 掌握网页中图像的设置

实例 步骤

STEP 1 执行“文件>打开”命令，打开页面“光盘\素材\第2章\2-17.html”，页面效果如图2-69所示。

图2-69 页面效果

STEP 2 将光标移至名为logo的Div中，将多余文字删除，如图2-70所示。单击“插入”面板上“常用”选项中的“图像”按钮，如图2-71所示。

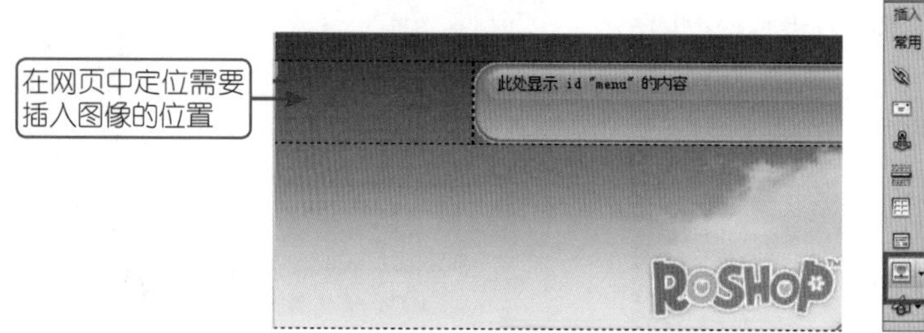

图2-70 光标位置

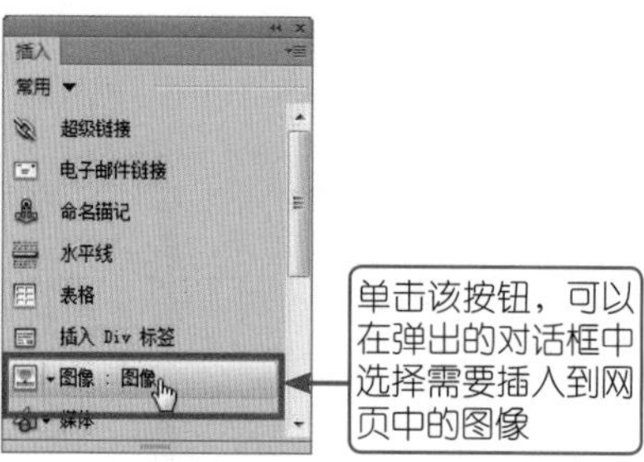

图2-71 单击“图像”按钮

提 示

目前虽然有很多种图像格式，但是在网站页面中常用的只有GIF、JPEG和PNG这3种格式，其中PNG文件具有较大的灵活性，且文件比较小，所以它对于目前任何类型的Web图形来说都是最适合的，但是只有较高版本的浏览器才支持这种图像格式，而且也不是对PNG文件的所有特性都能很好地支持。而GIF和JPEG文本格式的支持情况是最好的，大多数浏览器都可以支持。

STEP 3 弹出“选择图形源文件”对话框，选择“光盘\素材\第2章\images\1702.gif”图像文件，如图2-72所示。单击“确定”按钮，弹出“图像标签辅助功能属性”对话框，如图2-73所示。

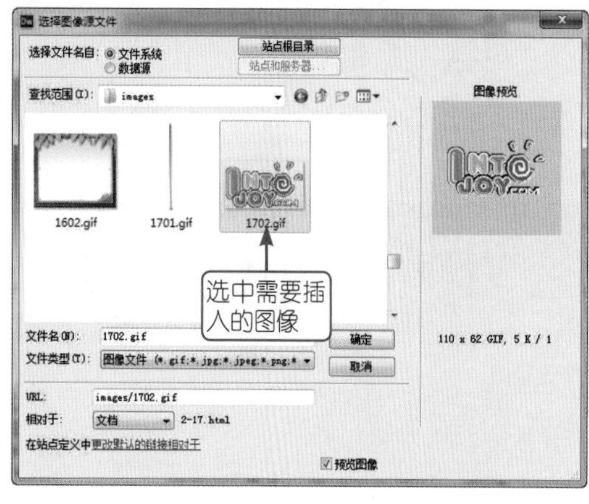

图2-72 “选择图像源文件”对话框

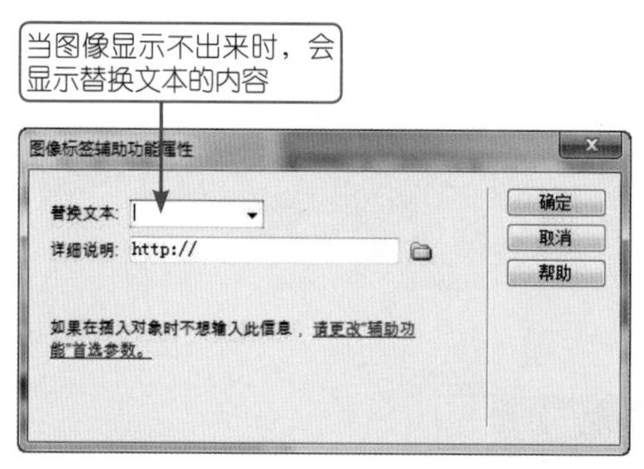

图2-73 “图像标签辅助功能属性”对话框

提 示

在“图像标签辅助功能属性”对话框中，可以在“替换文本”下拉列表中输入图像的简短的替换文本内容。如果对图像的描述说明内容比较多，可以在“详细说明”文本框中输入该图像的详细说明文件的地址。

技 巧

在许多情况下，在网页中插入图像时并不需要为图像添加相应的“替换文本”等图像标签辅助功能属性，可以通过设置首选参数，使在网页中插入图像时不弹出“图像标签辅助功能属性”对话框。执行“编辑>首选参数”命令，弹出“首选参数”对话框。在“分类”列表框中选择“辅助功能”选项，在对话框右侧取消选中“图像”复选框，如图2-74所示。这样在网页中插入图像时，就不会弹出“图像标签辅助功能属性”对话框。

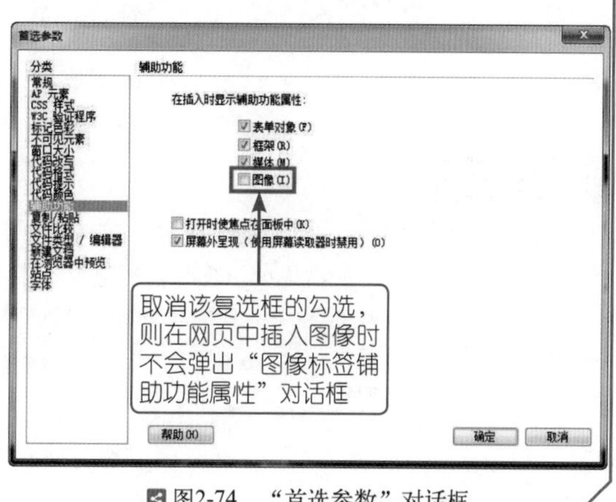

图2-74　“首选参数”对话框

STEP 4 单击“确定”按钮，即可将选中的图像插到页面中相应的位置，效果如图2-75所示。将光标移至名为menu的Div中，将多余文字删除，使用相同的方法，可以插入其他的图像，效果如图2-76所示。

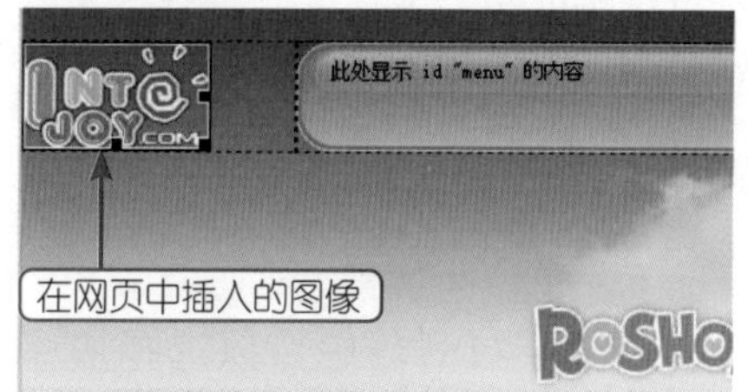

图2-75　插入图像

图2-76　插入图像

提 示

在网页中插入图像时，如果所选择的图像文件不在本地站点的根目录下，就会弹出提示对话框，提示用户复制图像文件到本地站点的根目录中，单击“是”按钮后，会弹出“拷贝文件为”对话框，让用户选择图像文件的存放位置，可选择根目录或根目录下的任何文件夹。

STEP 5 切换到该网页所链接的外部CSS样式表文件中，创建名为#menu img的CSS样式，如图2-77所示。返回网页设计视图中，可以看到页面的效果，如图2-78所示。

在该CSS样式中设置了左边界和右边界属性

```
#menu img{
    margin-left: 5px;
    margin-right: 5px;
}
```

图2-77　CSS样式代码

图2-78　页面效果

STEP 6 执行“文件>保存”命令，保存页面，在浏览器中预览页面，效果如图2-79所示。

图2-79 在浏览器中预览效果

知识 拓展

如果需要对图像进行属性设置，首先需要在Dreamweaver设计视图中选中需要设置属性的图像，可以看到该图像的属性出现在“属性”面板上，如图2-80所示。

图2-80 图像“属性”面板

★ 图像信息：在“属性”面板的左上角显示了所选图片的缩略图，并且在缩略图的右侧显示该对象的信息。

★ ID：信息内容的下面有一个ID文本框，可以在该文本框中定义图像的名称，主要是为了在脚本语言(如JavaScript或VBScript)中便于引用图像而设置的。

★ 源文件：单击选中页面中的图像，在“属性”面板上的“源文件”文本框中可以输入图像的源文件位置。

★ 链接：单击选中页面中的图像，在“属性”面板上的“链接”文本框中可以输入图像的链接地址。

★ 替换：单击选中页面中的图像，在“属性”面板的“替换”文本框中可以输入图像的替换说明文字。在浏览网页时，当该图片因丢失或者其他原因不能正确显示时，在其相应的区域就会显示设置的替换说明文字。

★ 编辑：单击选中页面中相应的图像，可以在“编辑”属性后单击相应的按钮对图像进行编辑，包括对图像进行裁剪，调整图像亮度和对比度等。

★ 宽和高：在网页中插入图像时，Dreamweaver会自动在“属性”面板上的“宽”和“高”文本框中显示图像的原始大小，默认情况下，单位为像素。

★ 类：在该下拉列表中可以选择应用已经定义好的CSS样式表，或者进行“重命名”和“管理”的操作。

★ 图像热点：在“属性”面板上的“地图”文本框中可以创建图像热点集，其下面则是创建热点区域的3种不同的形状工具。

★ 目标：在该下拉列表中可以设置图像链接文件显示的目标位置。

实例18 图像占位符和鼠标经过图像——制作网站交互导航菜单

实例 目的

图像占位符的插入可以有效地避免在制作网页时缺少图片而不能继续往下制作的问题。光标经过图像可以将网页的导航栏设置成动态效果，更有效地吸引观者的注意。本实例的目的是让大家掌握在网页中插入图像占位符和鼠标经过图像的方法。如图2-81所示是制作网站交互导航菜单的流程。

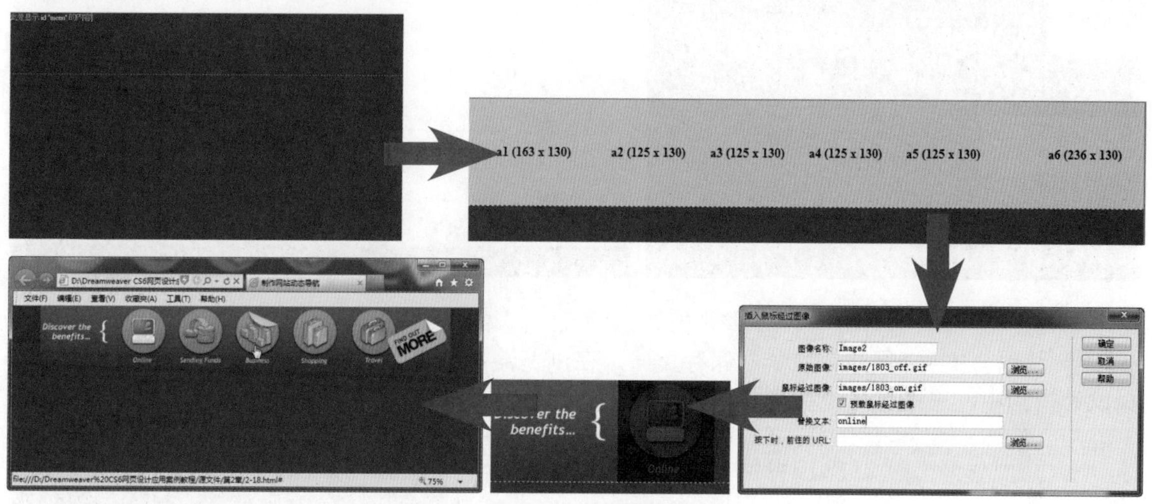

图2-81　操作流程图

实例　重点

- 在网页中插入图像占位符
- “插入鼠标经过图像”对话框的设置
- 在网页中插入鼠标经过图像

实例　步骤

STEP 1 执行“文件>打开”命令，打开页面“光盘\素材\第2章\2-18.html”，页面效果如图2-82所示。将光标移至名为menu的Div中，将多余文字删除，单击“插入”面板中的“图形”按钮右侧的下三角形，在弹出的菜单中选择“图形占位符”选项，弹出“图像占位符”对话框，设置如图2-83所示。

图2-82　页面效果

图2-83　“图像占位符”对话框

提 示

为了便于记忆，可以为“图像占位符”命名，但该名称只能包含小写字母和数字，并且不能以数字开头。“宽度”和“高度”选项可以设置图像占位符的宽度和高度，默认大小是32*32像素。“颜色”选项可以设置图像占位符的颜色，以便更加方便地显示和区分。“替换文本”选项可以设置图像占位符的替换说明文字。

STEP 2 单击“确定”按钮，即可在光标所在位置插入图像占位符，如图2-84所示。将光标移至刚刚插入的占位符后，使用相同的方法，可以插入其他图像占位符，页面效果如图2-85所示。

图2-84　插入图像占位符

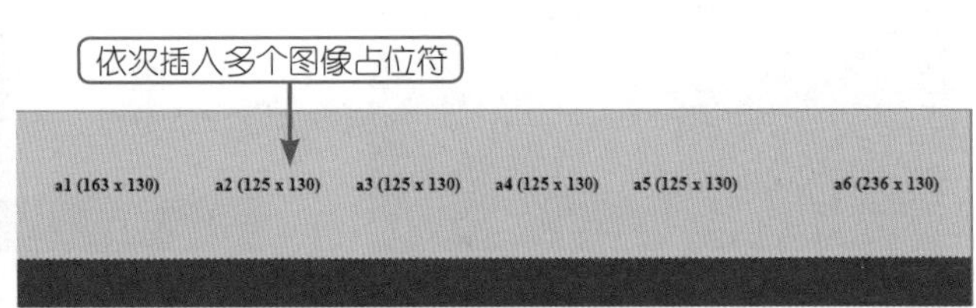

图2-85　插入其他图像占位符

STEP 3 执行“文件>保存”命令，保存页面，在浏览器中预览页面，效果如图2-86所示。返回网页设计视图中，将图像占位符删除，页面效果如图2-87所示。

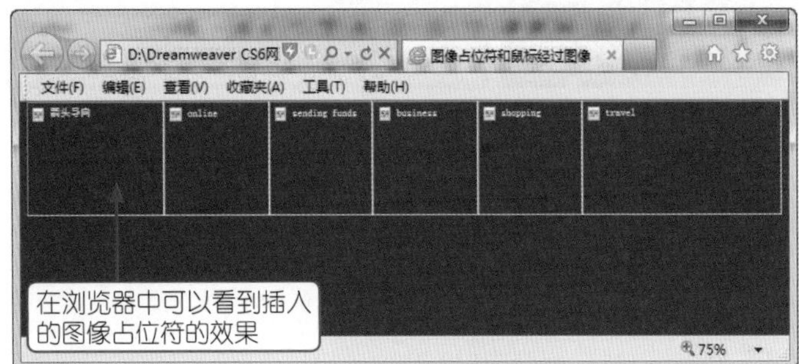

图2-86　预览效果

图2-87　页面效果

STEP 4 将光标移至名为menu的Div中，单击“插入”面板上的“图像”按钮，如图2-88所示。弹出“选择图像源文件”对话框，选择“光盘\素材\第2章\images\1802.gif”，如图2-89所示。

图2-88　单击“图像”按钮

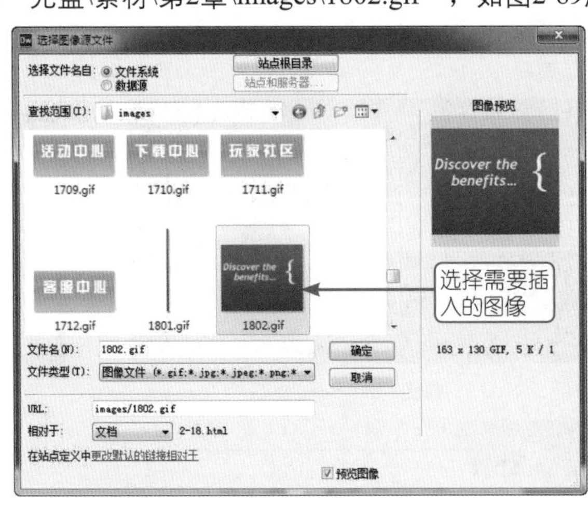

图2-89　“选择图像源文件”对话框

STEP 5 单击“确定”按钮，弹出“图像标签辅助功能属性”对话框，如图2-90所示。单击“确定”按钮，即可将选中的图像插入到网页中，效果如图2-91所示。

图2-90　“图像标签辅助功能属性”对话框

图2-91　页面效果

STEP 6 将光标移至刚插入的图像后，单击“插入”面板中“图像”按钮右侧的下三角形，在弹出的菜单中选择“鼠标经过图像”选项，弹出“插入鼠标经过图像”对话框，设置如图2-92所示。设置完成后，单击“确定”按钮，即可在光标位置插入鼠标经过图像，如图2-93所示。

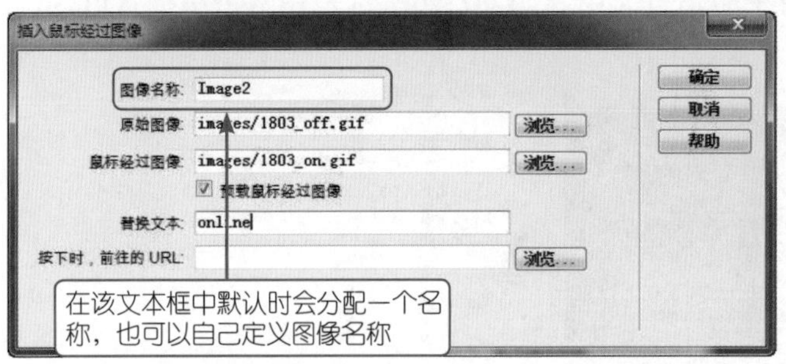

图2-92　“插入鼠标经过图像”对话框

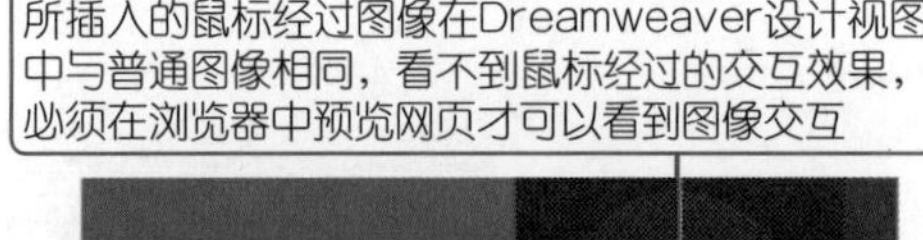

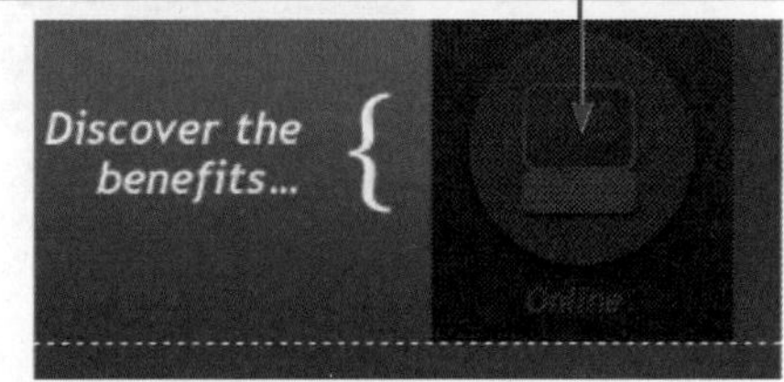

图2-93　页面效果

提 示

在“原始图像”文本框中可以填入页面被打开时显示的图形，或者单击该文本框后的“浏览”按钮，选择一个图像文件作为原始图像。在“鼠标经过图像”文本框中可以填入鼠标经过时显示的图像，或者单击该文本框后的“浏览”按钮，选择一个图像文件作为鼠标经过图像。在“替换文本”文本框中可以输入鼠标经过图像的替换说明文字内容，与图像的“替换”功能相同。在“按下时，前往的URL”文本框中可以设置单击该鼠标经过图像时跳转到的链接地址。

STEP 7 将光标移至刚插入的鼠标经过图像后，使用相同的制作方法，可以在页面中插入其他的鼠标经过图像，如图2-94所示。执行“文件>保存”命令，保存该页面，在浏览器中预览该页面，当鼠标移至设置的鼠标经过图像上时，效果如图2-95所示。

图2-94　页面效果

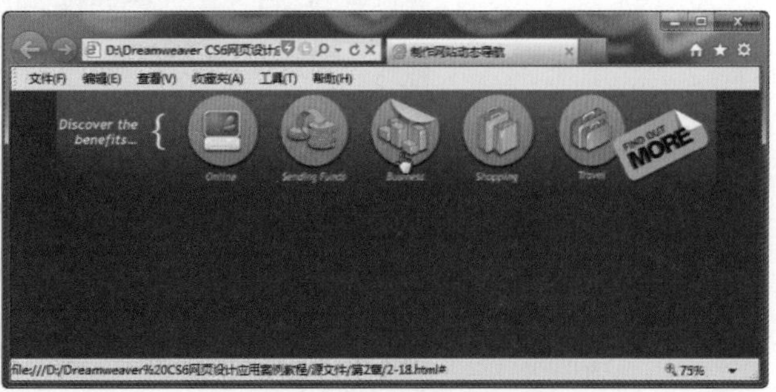

图2-95　预览鼠标经过图像效果

提 示

鼠标经过图像中的两幅图像尺寸应该相等。如果两个图像尺寸不同，Dreamweaver会自动调整第二幅图像，使之与第一幅相匹配。“鼠标经过图像”通常被应用在链接按钮上，根据按钮形状的变化，使页面看起来更加生动，并且提示浏览器单击该按钮可以链接到另一个网页。

实例19　插入Flash动画——制作Flash欢迎页面

实例目的

本实例的目的是让大家掌握在网页中插入Flash动画的方法。Flash动画能够增强网页的动态感画面，也能实现交互功能，被广泛应用于网站页面中。如图2-96所示是在网页中插入Flash动画的流程。

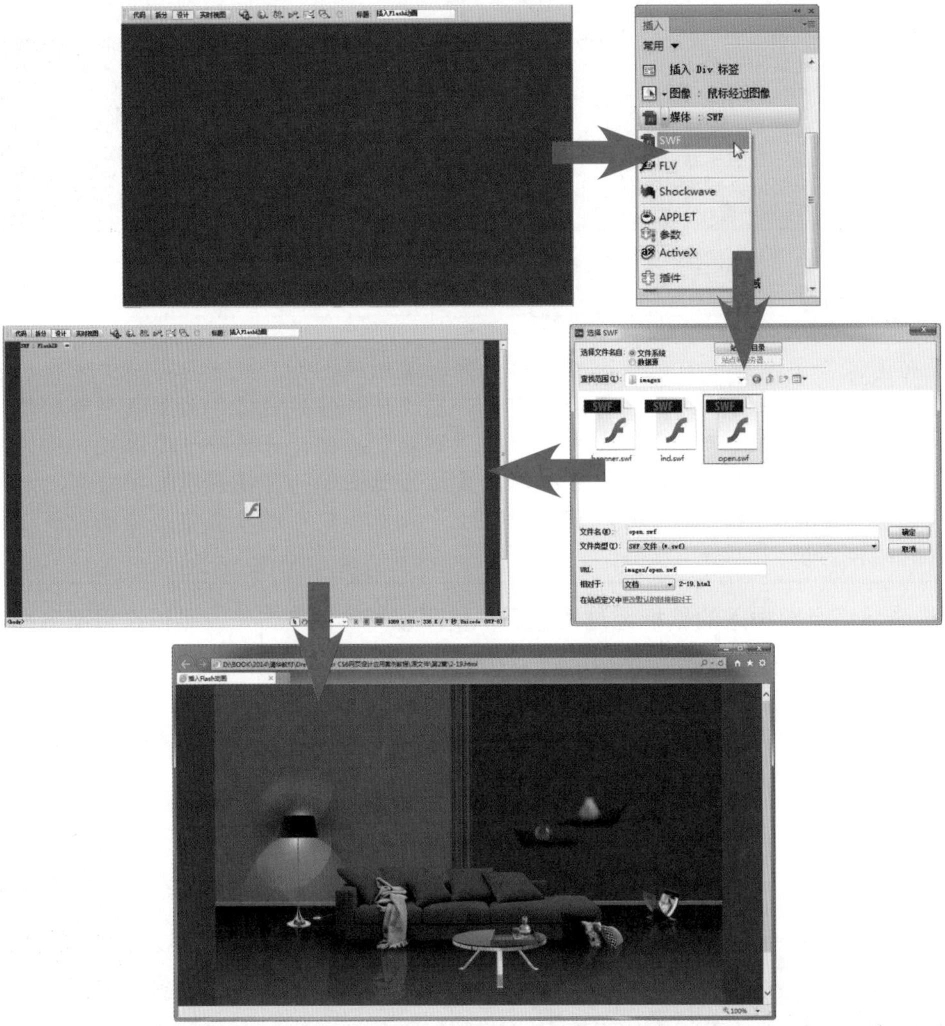

图2-96　操作流程图

实例 重点

- 在网页中插入Flash动画
- 了解Flash动画属性

实例 步骤

STEP 1 打开需要插入网页中的Flash动画，可以看到该Flash动画的效果，如图2-97所示。执行“文件>打开”命令，打开页面“光盘\素材\第2章\2-19.html”，页面效果如图2-98所示。

图2-97　Flash动画效果

图2-98　页面效果

提 示

Flash是Adobe公司推出的网页动画软件，利用它可以制作出文件体积小、效果精美的矢量动画。目前Flash动画是网络上最流行、最实用的动画格式。

STEP 2 将光标置于页面中，单击“插入”面板上的“媒体”按钮右侧的下三角形，在弹出的菜单中选择SWF选项，如图2-99所示。弹出“选择SWF”对话框，选择“光盘\素材\第2章\images\open.swf”，如图2-100所示。

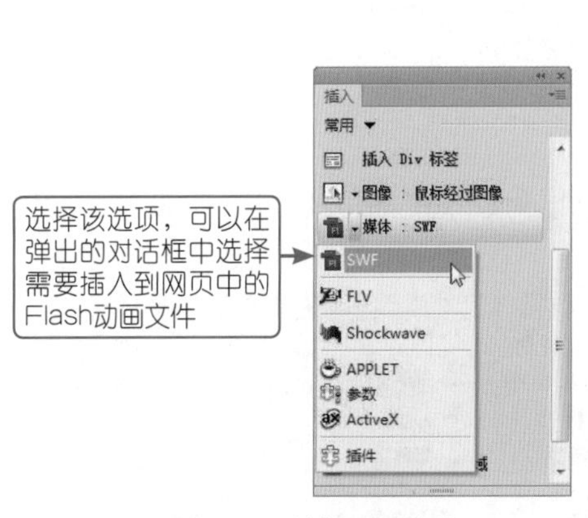

图2-99　选择SWF选项

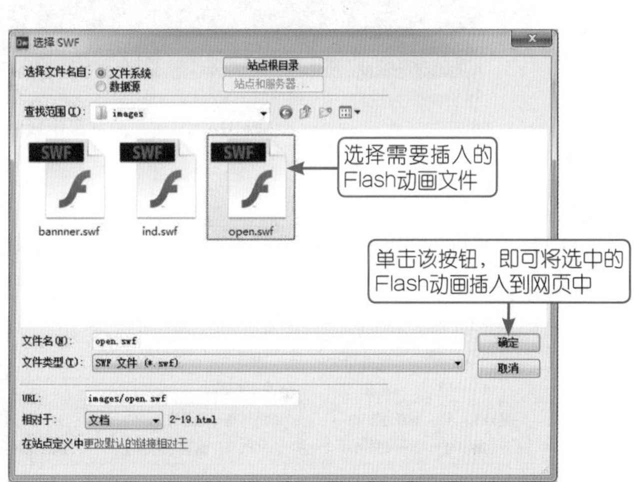

图2-100　“选择SWF”对话框

STEP 3 单击“确定”按钮，弹出“对象标签辅助功能属性”对话框，如图2-101所示。单击“确定”按钮，即可将Flash动画插入到网页中，如图2-102所示。

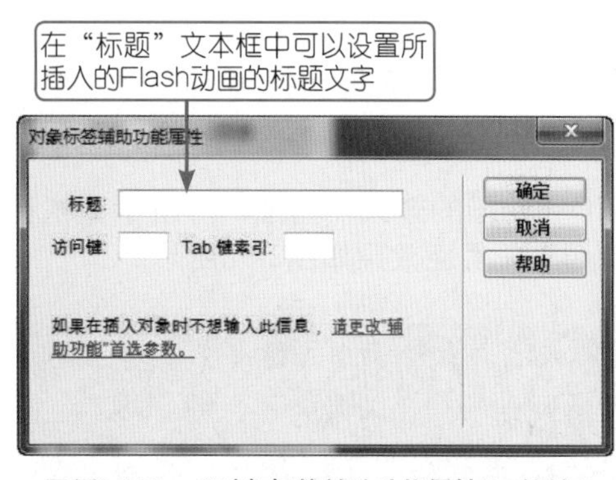

图2-101 “对象标签辅助功能属性”对话框

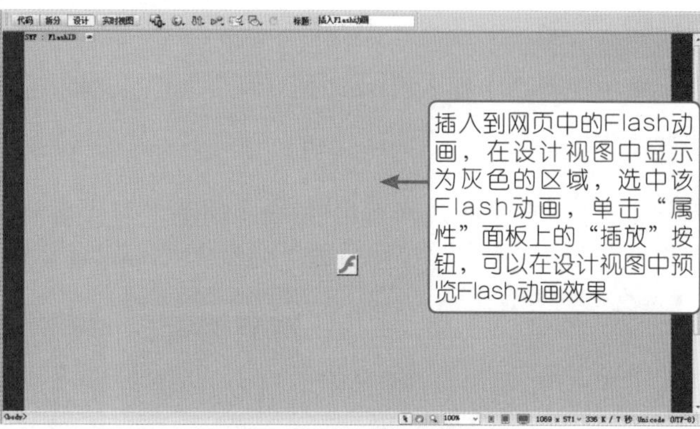

图2-102 插入Flash动画

STEP 4 在页面中完成插入Flash动画后，执行“文件>保存”命令，保存页面，在浏览器中预览页面，如图2-103所示。

图2-103 在浏览器中预览Flash动画效果

知识拓展

选中插入到页面中的Flash动画，在“属性”面板中可以对Flash的相关属性进行设置，如图2-104所示。

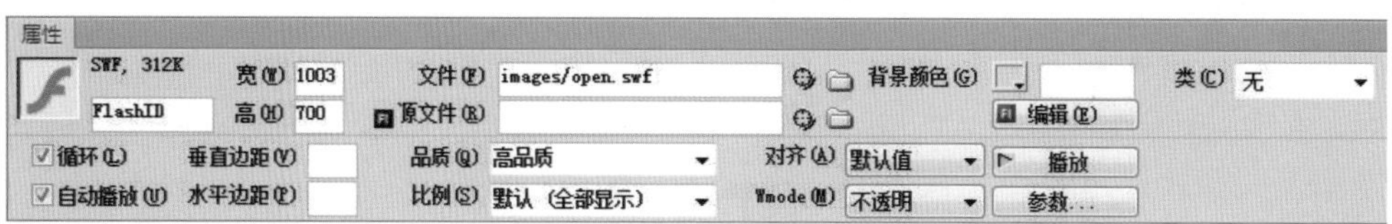

图2-104 Flash“属性”面板

- 循环：选中该复选框时，Flash动画将连续播放，如果没有选择该选项，则Flash动画在播放一次后即停止。
- 自动播放：设置Flash文件是否在页面加载时就播放。

✱ 垂直边距：用来设置Flash动画上边与其上方其他页面元素，以及Flash动画下边与其下方其他元素的距离。

✱ 水平边距：用来设置Flash动画左边与其左方其他页面元素，以及Flash动画右边与其右方其他元素的距离。

✱ 品质：在Flash动画播放期间控制抗失真。设置越高，Flash动画的观看效果就越好。但这就要求更快的处理器以使Flash动画在屏幕上正确显示。在该下拉列表中，包括“低品质”、“高品质”、“自动低品质”和“自动高品质”4个选项。

✱ 比例：在该下拉列表中可以选择“默认”、“无边框”和“严格匹配”3个选项。如果选择“默认”选项，则Flash动画将全部显示，能保证各部分的比例；如果选择“无边框”选项，则在必要时，会漏掉Flash动画左右两边的一些内容；如果选择“严格匹配”选项，则Flash动画将全部显示，但比例可能会有所变化。

✱ 对齐：用来设置Flash动画的对齐方式，共有10个选项，分别为“默认”、“基线”、“顶端”、“居中”、“底部”、“文本上方”、“绝对居中”、“绝对底部”、“左对齐”和“右对齐”。

✱ Wmode：该下拉列表中共有3个选项，分别为“窗口”、“透明”和“不透明”。为了能够使页面的背景在Flash动画下衬托出来，选中Flash动画，设置“属性”面板上的Wmode属性为“透明”，这样在任何背景下，Flash动画都能实现透明显示背景的效果。

✱ 播放：可以在Dreamweaver中选择该Flash文件，单击“属性”面板上的“播放”按钮，在Dreamweaver的设计视图中预览Flash动画效果。

✱ 参数：单击该按钮，弹出“参数”对话框，可以在对话框中设置需要传递给Flash动画的附加参数。注意，Flash动画必须设置好可以接收所添加的附加参数。

实例20　实现网页背景音乐——为网页添加背景音乐

实例目的

本实例的目的是让大家掌握在网页中添加背景音乐的方法。为网页添加背景音乐，可以突出页面的主题氛围，但是也会增加页面的容量和下载时间。如图2-105所示是为网页添加背景音乐的流程。

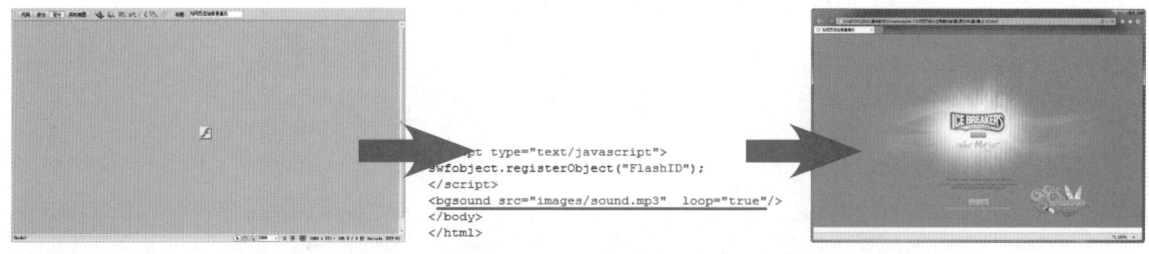

图2-105　操作流程图

实例重点

✱ 掌握使用<bgsound>标签为网页添加背景音乐的方法

✱ 掌握<bgsound>标签属性的设置

✱ 了解网页常用的音乐格式

实例 步骤

STEP 1 执行“文件>打开”命令，打开页面“光盘\素材\第2章\2-20.html”，页面效果如图2-106所示。转换到代码视图中，将光标定位在<body>与</body>标签之间，如图2-107所示。

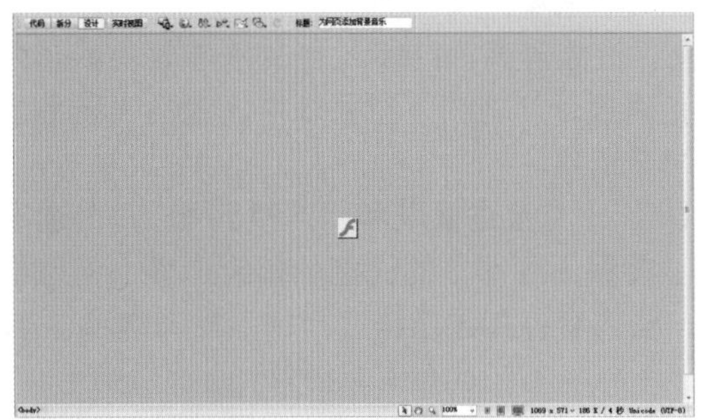

图2-106 页面效果

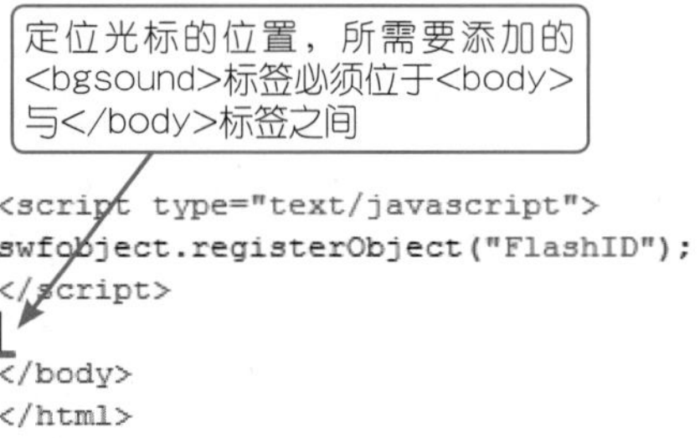

图2-107 定位光标位置

STEP 2 在“光盘\素材\第2章\images\”目录中提供了sound.mp3文件，在光标所在位置输入代码<bgsound src="images/sound.mp3"/>，如图2-108所示。如果希望循环播放页面中的背景音乐，只需要加入循环代码loop="true"即可，如图2-109所示。

<bgsound>标签用于实现网页背景音乐，在该标签中通过src属性指定所链接的音乐文件的路径

```
<script type="text/javascript">
swfobject.registerObject("FlashID");
</script>
<bgsound src="images/sound.mp3"/>
</body>
</html>
```

图2-108 添加代码

```
<script type="text/java
swfobject.registerObje
</script>
<bgsound src="images/sound.mp3"  loop="true"/>
</body>
</html>
```

添加loop属性设置，是为了实现背景音乐的循环播放

图2-109 添加代码

提 示

链接的声音文件可以是相对地址的文件，也可以是绝对地址的文件，用户可以根据需要决定声音的路径地址，但是通常都是使用同一站点下的相对地址路径，这样可以防止页面上传到网络上出现的错误。

STEP 3 执行“文件>保存”命令，保存该页面，在浏览器中预览该页面，可以听到页面中美妙的背景音乐，效果如图2-110所示。

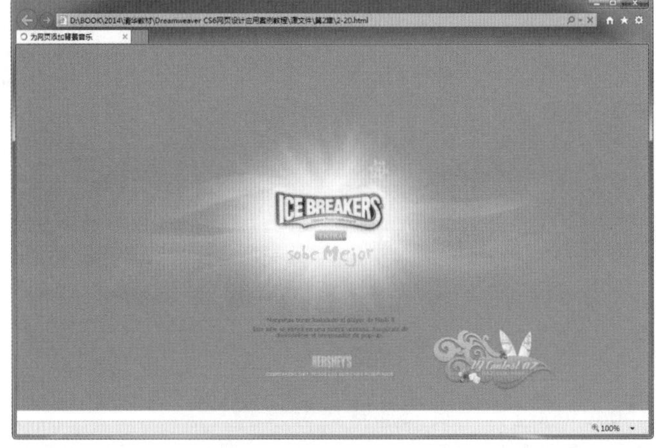

图2-110 预览页面的效果

提 示

网页中常用的音乐格式主要包括如下几种。

1. MIDI或MID

Musical Instrument Digital Interface的缩写，中文译为“乐器数字接口”，是一种乐器的声音格式。它能够被大多数浏览器支持，并且不需要插件。

2. WAV

Waveform Extension的缩写，译为“WAV扩展名”，这种格式的文件具有较高的声音质量，能够被大多浏览器支持，不需要插件。

3. AIF或AIF

Audio InterchangeFile Format的缩写，译为“音频交换文件格式”，这种格式也具有较高的声音质量，和WAV相似。

4. MP3

Motion Picture Experts Group Audio或MPEG-Audio Layer-3的缩写，译为“运动图像专家组音频”，这是一种压缩格式的声音，可以令声音文件相对于WAV格式明显缩小，其声音品质非常好。

5. RA或RAM、RPM和Real Audio

这种格式具有非常高的压缩程度，文件大小要小于MP3。全部歌曲文件可以在合理的时间范围内下载。

实例21　使用插件插入视频——制作普通视频网页

实例 目的

在Dreamweaver中，制作网页时可以将视频直接插入到页面中，在页面中插入视频可以在页面上显示播放器外观，包括播放、暂停、停止、音量及声音文件的开始点和结束点等控制按钮，本实例的目的是让大家掌握使用插件在网页中插入视频的方法。如图2-111所示是使用插件在网页中插入视频的流程。

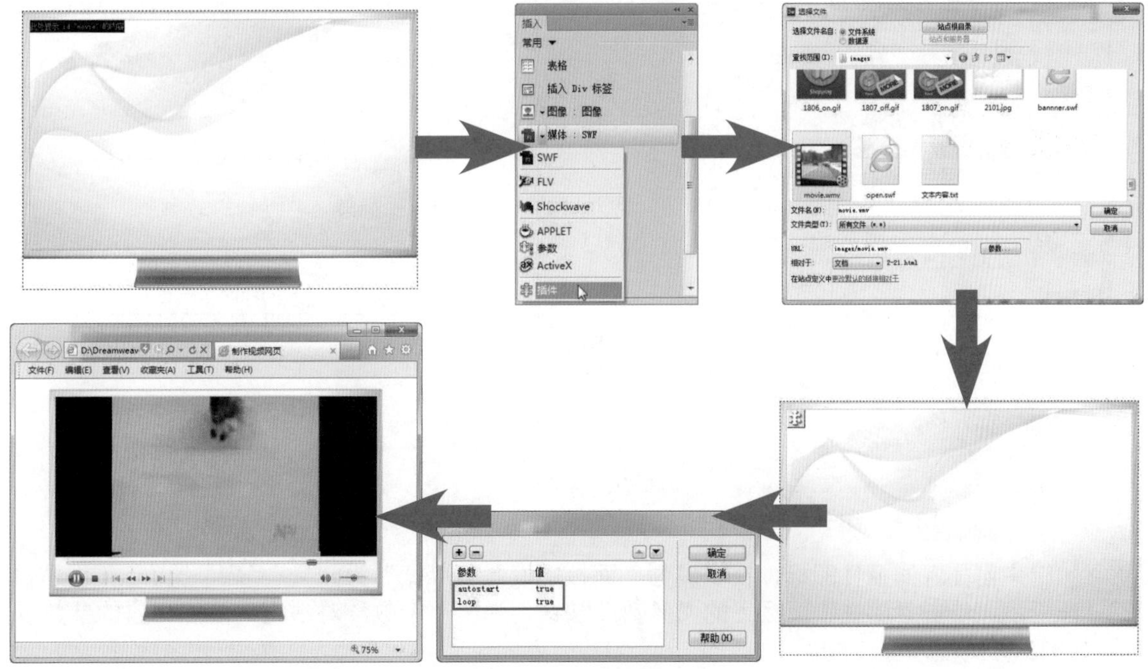

图2-111　操作流程图

实例 重点

- 掌握使用插件在网页中插入视频的方法
- 掌握插件属性的设置
- 了解网页常用视频格式

实例 步骤

STEP 1 执行“文件>打开”命令，打开页面“光盘\素材\第2章\2-21.html”，页面效果如图2-112所示。将光标移至名称为movie的Div中，将多余文字删除，单击“插入”面板上的“媒体”按钮右侧的下三角形，在弹出的菜单中选择“插件”选项，如图2-113所示。

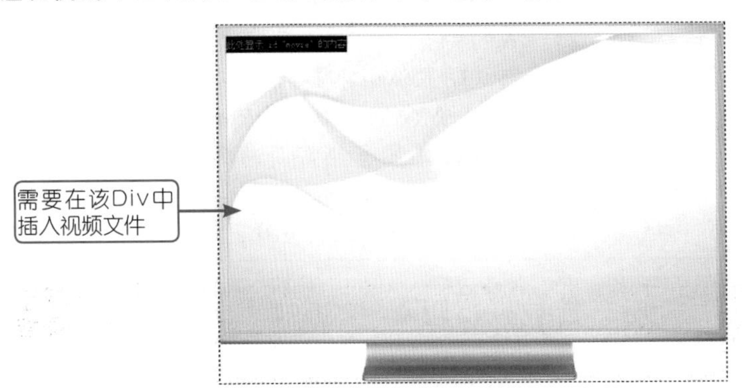

图2-112　页面效果

图2-113　选择“插件”选项

STEP 2 弹出“选择文件”对话框，选择“光盘\素材\第2章\images\movie.wmv”，如图2-114所示。单击“确定”按钮，插入后的插件并不会在设计视图中显示内容，而是显示插件的图标，如图2-115所示。

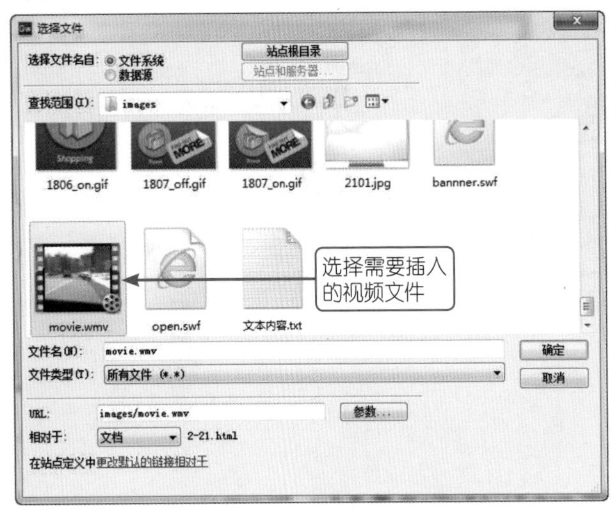

图2-114　“选择文件”对话框

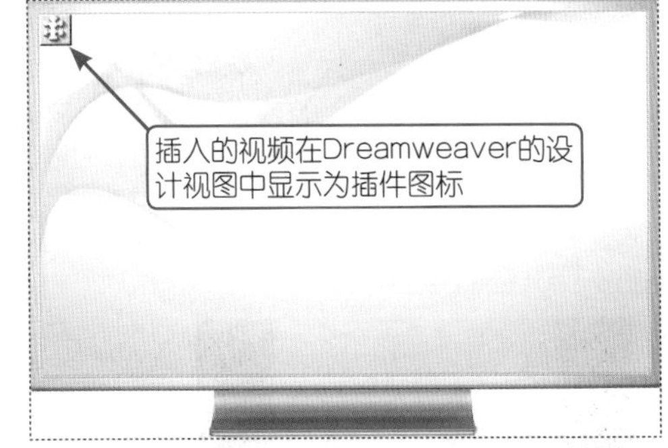

图2-115　显示为插件图标

STEP 3 选中刚插入的插件图标，在“属性”面板中设置其“宽”为625、“高”为365，效果如图2-116所示。单击“属性”面板上的“参数”按钮，弹出“参数”对话框，添加相应的参数设置，如图2-117所示。

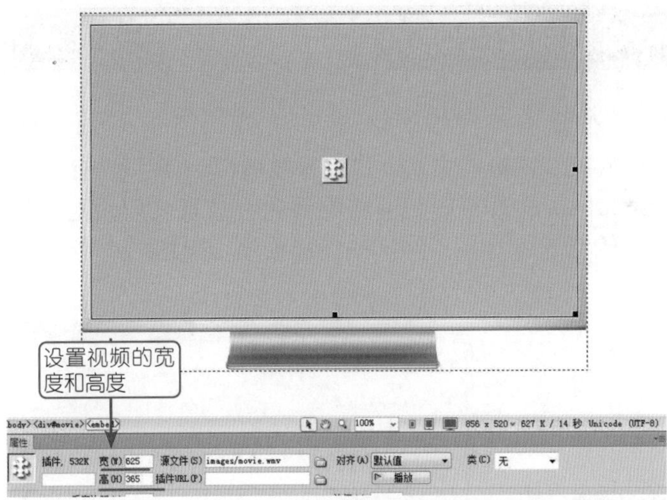

图2-116　设置插件属性

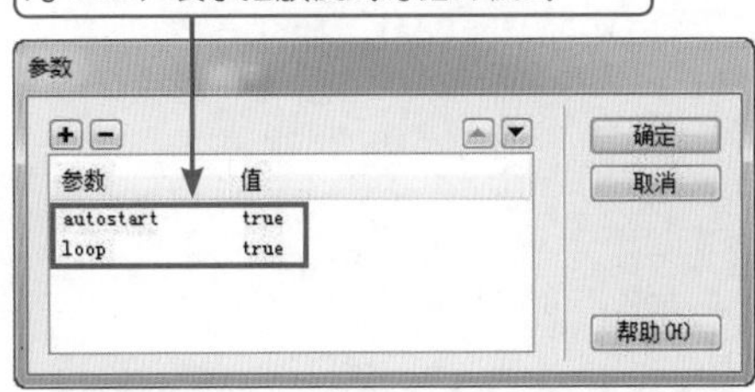

图2-117　设置“参数”对话框

STEP 4 单击“确定”按钮，完成“参数”对话框的设置。执行“文件>保存”命令，保存该页面，在浏览器中预览该页面，可以看到视频播放的效果，如图2-118所示。

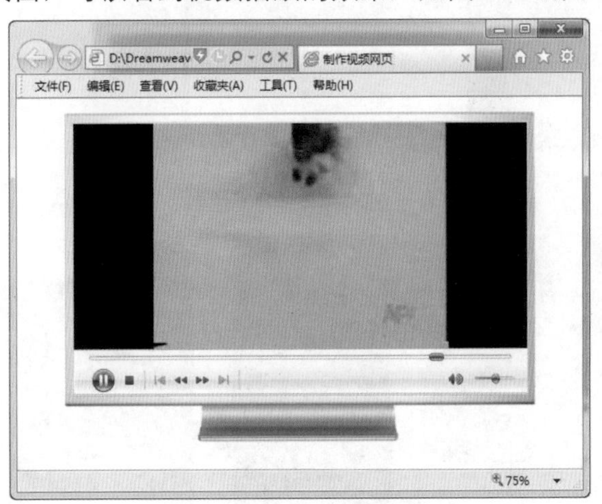

图2-118　预览页面效果

提　示

网页中常用的视频格式主要包括如下几种。

1. MPEG或MPG

中文译为“运动图像专家组”，是一种压缩比率较大的活动图像和声音的视频压缩标准，它也是VCD光盘所使用的标准。

2. AVI

是一种Microsoft Windows操作系统使用的多媒体文件格式。

3. WMV

是一种Windows操作系统自带的媒体播放器 Windows Media Player所使用的多媒体文件格式。

4. RM

是Real公司推广的一种多媒体文件格式，具有非常好的压缩比率，是网络传播中应用最广泛的格式之一。

5. MOV

是Apple公司推广的一种多媒体文件格式。

| 实例22　插入FLV视频——制作FLV视频网页

实例 目的

本实例的目的是让大家掌握在网页中插入FLV视频的方法。FLV是随着Flash系列产品推出的一种流媒体格式，使用Dreamweaver CS6和FLV文件可以快速将视频内存放置在Web上，将FLV文件拖曳到Dreamweaver CS6中，可以将视频快速地融入网站的应用程序。如图2-119所示是在网页中插入FLV视频的流程。

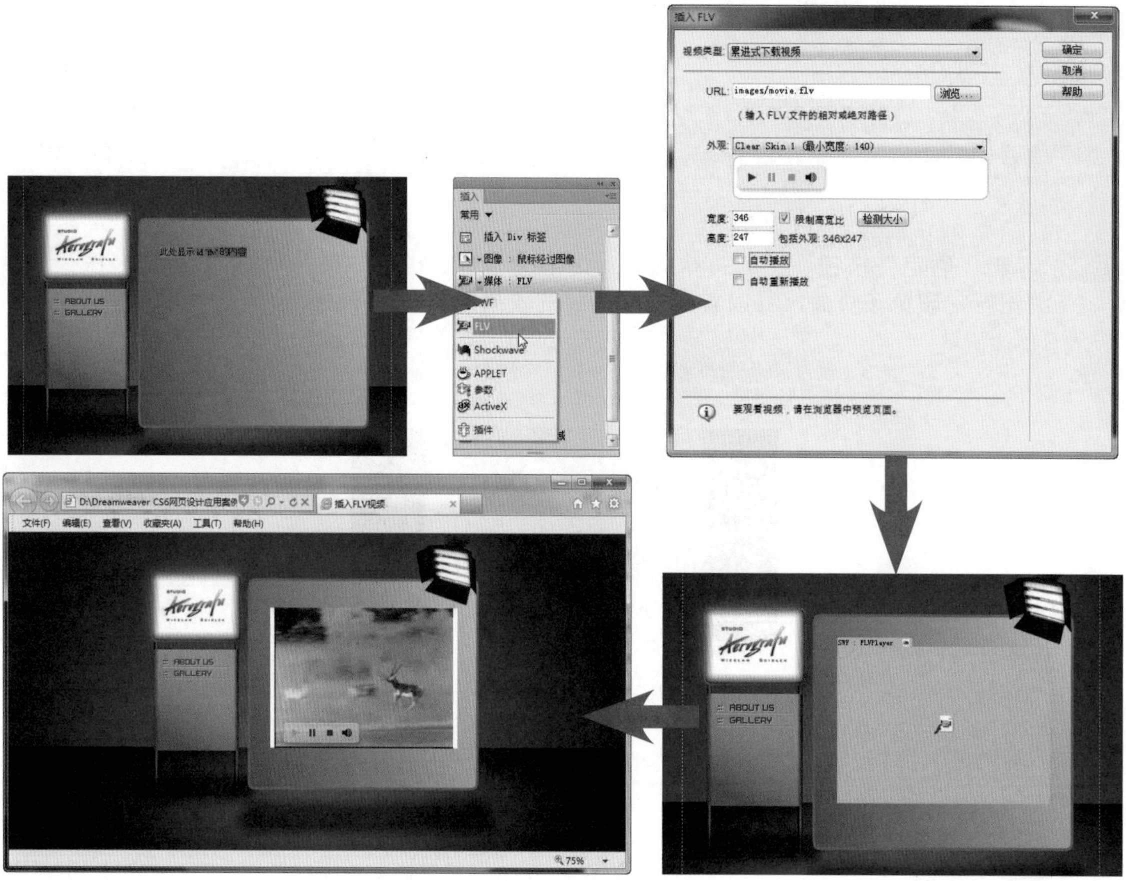

图2-119　操作流程图

实例 重点

- 了解FLV视频
- 掌握在页面中插入FLV视频的方法
- 掌握“插入FLV”对话框的设置

实例 步骤

STEP 1 执行“文件>打开”命令，打开页面“光盘\素材\第2章\2-22.html”，页面效果如图2-120所示。将光标移至名为flv的Div中，将多余文字删除，单击“插入”面板上的“媒体”按钮右侧的下三角形，在弹出的菜单中选择FLV选项，如图2-121所示。

图2-120 页面效果

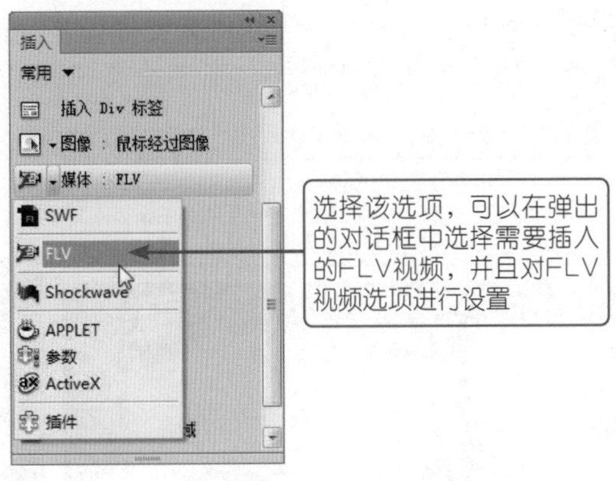

图2-121 选择FLV选项

STEP 2 弹出“插入FLV”对话框，如图2-122所示。在URL文本框中输入FLV文件地址，在“外观”下拉列表中选择一个外观，其他设置如图2-123所示。

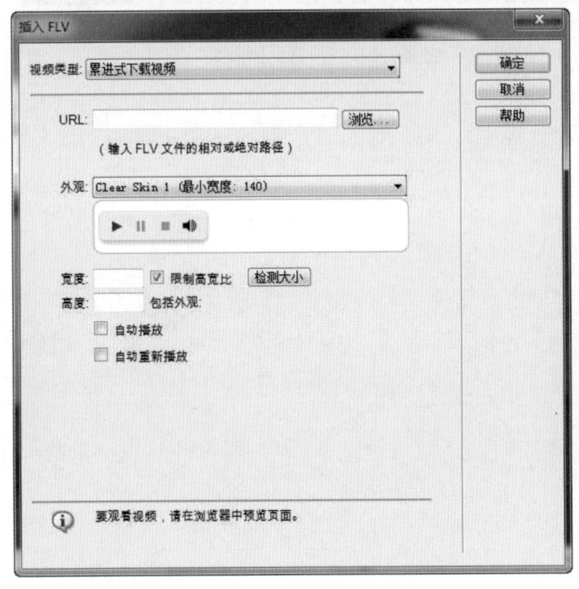

图2-122 “插入FLV”对话框

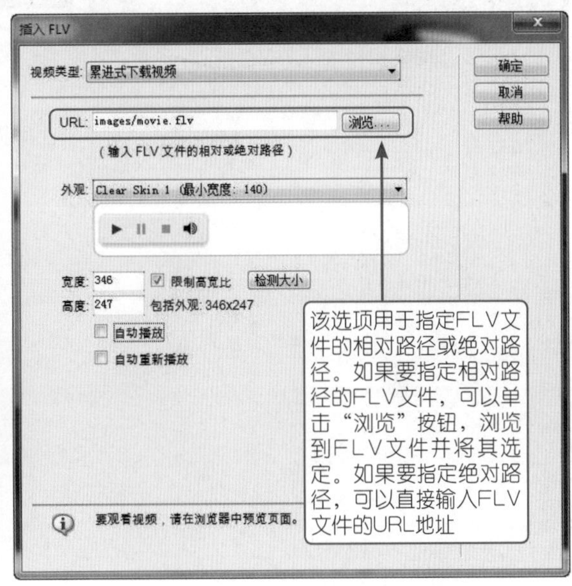

图2-123 设置“插入FLV”对话框

提 示

在“视频类型”下拉列表中，可以选择插入到网页中的FLV视频的类型，包括两个选项，分别是“累进式下载视频”和“流视频”，默认情况下，选择“累进式下载视频”选项。在“外观”下拉列表中可以选择视频组件的外观，在该下拉列表中共包括9个选项，当选择某个选项后，可以显示该外观效果。在“宽度”和“高度”文本框中允许用户以像素为单位指定FLV文件的宽度和高度。选中“限制高宽比”复选框，则在设置FLV视频时将保持视频的比例，进行等比例的放大或缩小。单击“检测大小”按钮，将会自动检测所需要插入的FLV视频文件的宽度和高度。选中“自动播放”复选框，则在浏览器中预览页面时，插入到页面中的FLV视频会自动播放。选中“自动重新播放”复选框，控制在视频播放完之后是否返回到起始位置。

STEP 3 单击“确定”按钮，FLV文件即被插入到页面中，页面效果如图2-124所示。执行“文件>保存”命令，保存该页面，在浏览器中预览页面，可以看到插到网页中的FLV视频效果，如图2-125所示。

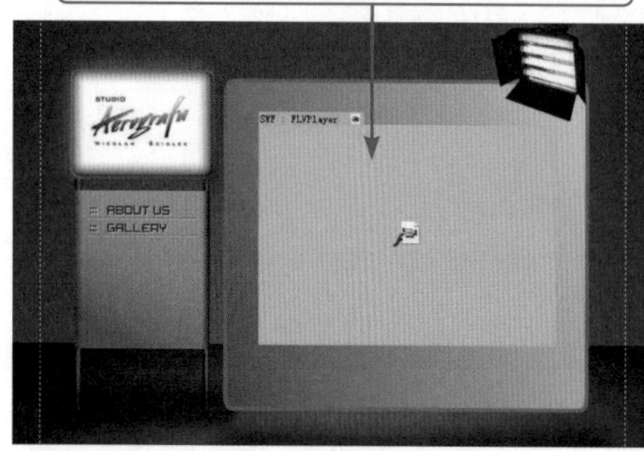

图2-124 插入FLV视频

图2-125 预览页面效果

第3章

Dreamweaver CS6

| 使用CSS样式美化网页

在设计和制作网页的过程中，常常需要对页面中元素的位置、大小、背景、风格、间距等进行设置，这些都可以通过CSS样式来实现。在DIV+CSS布局中，最重要的依然是使用CSS样式控制网页的外观表现，所以CSS样式是网页设计制作中非常重要的技术，本章将向读都者介绍如何使用CSS样式美化网页。

| 本章重点

- 创建标签CSS样式
- 设置区块和方框样式
- 创建类CSS样式
- 设置边框和列表样式
- 创建ID CSS样式
- 设置定位和扩展样式
- 创建复合CSS样式
- CSS盒模式
- 创建伪类CSS样式
- 设置文本和背景样式

| 实例23 创建标签CSS样式——设置页面整体效果

实例 目的

本实例的目的是让大家掌握创建标签CSS样式的方法，通过标签CSS样式可以对HTML网页中的标签进行设置，从而改变该标签默认的显示效果，如图3-1所示为创建标签CSS样式的流程图。

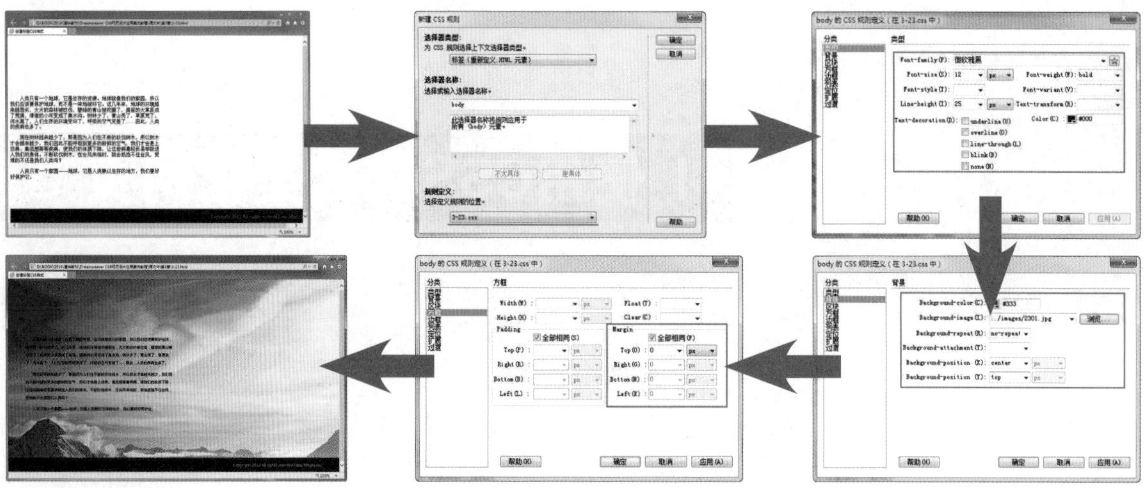

图3-1 操作流程图

实例 重点

- ★ 掌握创建标签CSS样式的方法
- ★ 理解标签CSS样式的作用

实例 步骤

STEP 1 执行“文件>打开”命令，打开页面“光盘\素材\第3章\3-23.html”，效果如图3-2所示。在浏览器中预览该页面，效果如图3-3所示。

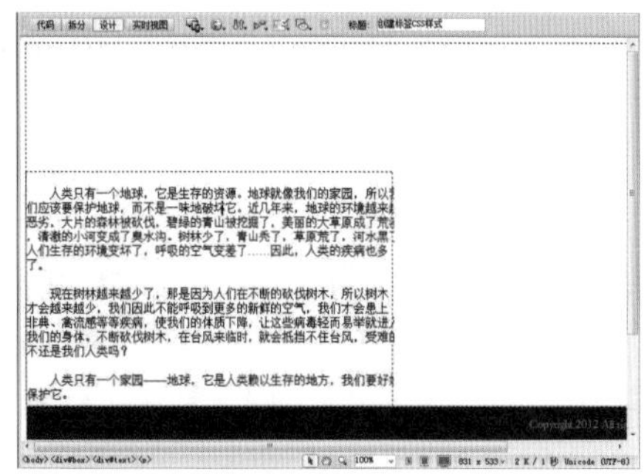

图3-2 打开页面

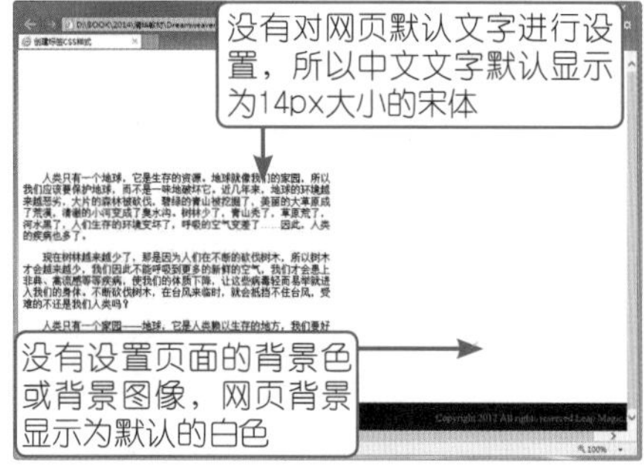

图3-3 在浏览器中预览页面

STEP 2 打开“CSS样式”面板，可以看到定义的CSS样式，如图3-4所示。单击“CSS样式”面板上的“新建CSS规则”按钮，弹出“新建CSS规则”对话框，如果需要重新定义特定 HTML标签的默认格式，在“选择器类型”下拉列表中选择“标签(重新定义HTML标签)”选项，如图3-5所示。

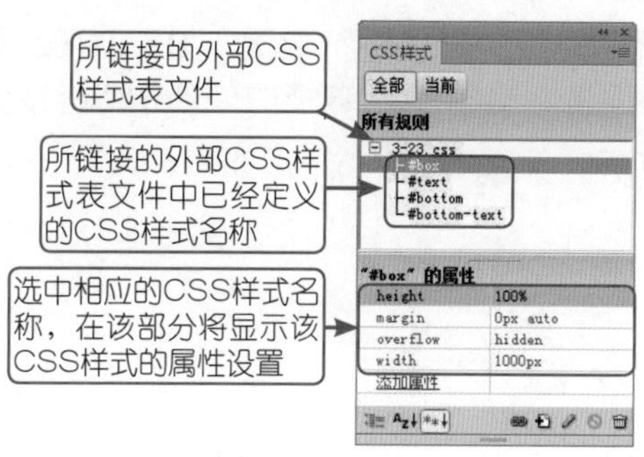

图3-4　“CSS样式”面板

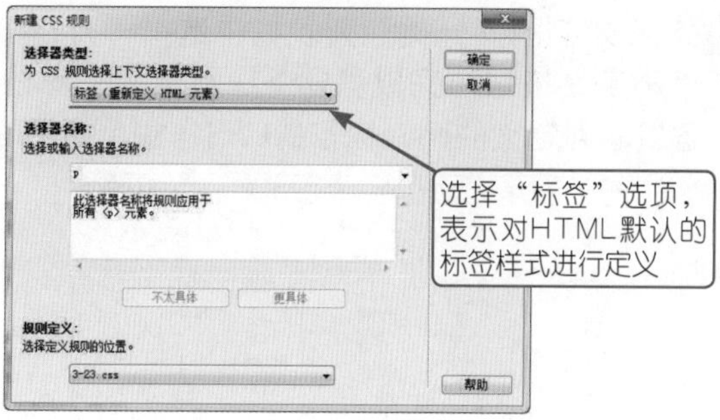

图3-5　“新建CSS规则”对话框

STEP 3 在“选择器名称”文本框中输入 HTML 标签，也可以从下拉列表中选择一个想要定义的标签，这里定义为body标签，如图3-6所示。在“规则定义”下拉列表中选择所链接的外部样式表文件3-23.css，如图3-7所示。

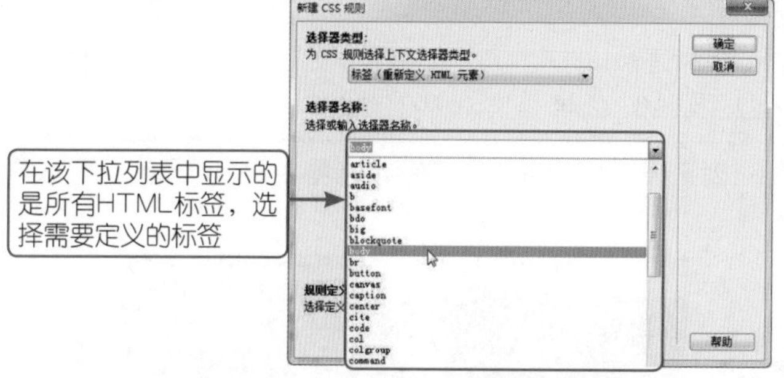

图3-6　“新建CSS规则”对话框

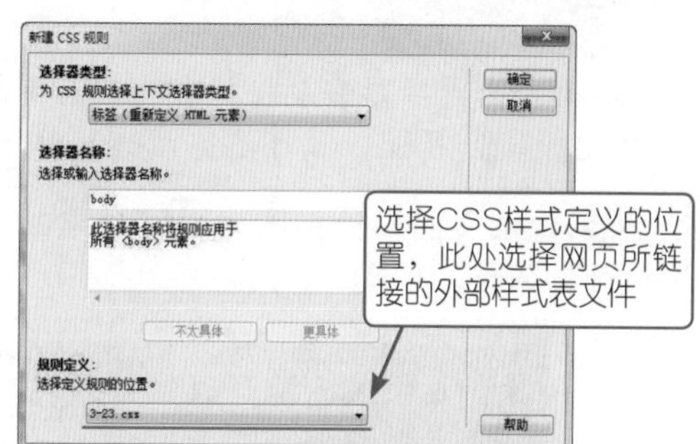

图3-7　“新建CSS规则”对话框

提 示

在“规则定义”下拉列表中有两个选项，如果选择“(仅对该文档)”选项，则所定义的CSS样式为内部CSS样式，CSS样式代码都会自动添加到顶部的<style>与</style>标签之间。如果选择“(新建样式表文件)”选项，则可以直接创建外部样式表文件，并将CSS样式定义在该外部CSS样式表文件中。如果已经链接了外部CSS样式文件，在该下拉列表中还将出现所链接的外部CSS样式文件。

STEP 4 单击“确定”按钮，弹出“CSS规则定义”对话框，在左侧的“分类”列表框中选择“类型”选项，对相关参数进行设置，如图3-8所示。在左侧的“分类”列表框中选择“背景”选项，对相关参数进行设置，如图3-9所示。

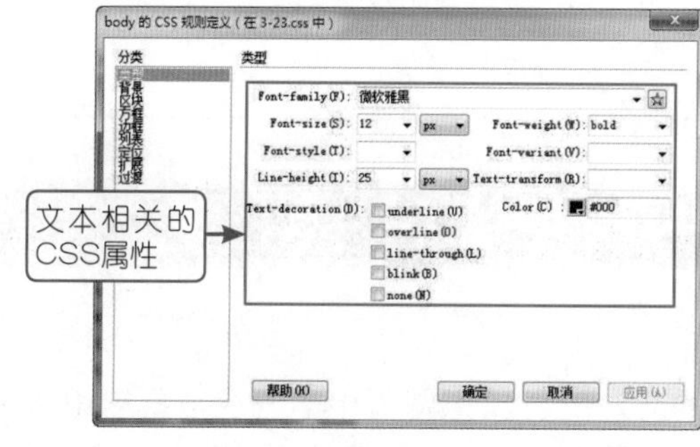

图3-8　设置“类型”相关属性

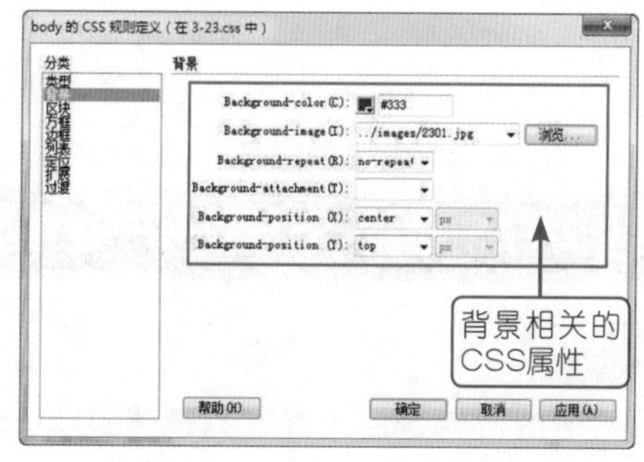

图3-9　设置“背景”相关属性

STEP 5 在左侧的“分类”列表框中选择“方框”选项，对相关参数进行设置，如图3-10所示。单击“确定”按钮，完成“CSS规则定义”对话框的设置，转换到所链接的外部CSS样式文件中，可以看到定义的body标签的CSS样式，如图3-11所示。

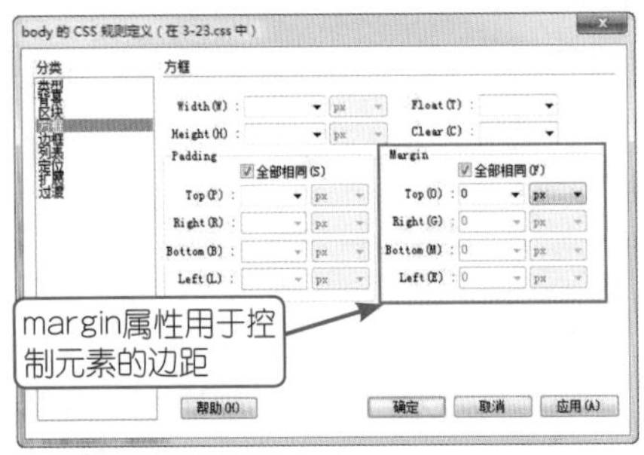

图3-10　设置“背景”相关属性

```
body {
    font-family: "微软雅黑";
    font-size: 12px;
    line-height: 25px;
    font-weight: bold;
    color: #000;
    background-color: #333;
    background-image: url(../images/2301.jpg);
    background-repeat: no-repeat;
    background-position: center top;
    margin: 0px;
}
```

图3-11　CSS样式代码

提 示

CSS语言由选择器和属性构成，CSS样式的基本语法如下。

CSS选择器{属性1: 属性值1; 属性2: 属性值2; 属性3: 属性值3; ……}

STEP 6 返回页面设计视图，页面效果如图3-12所示。保存页面，在浏览器中预览页面，可以看到页面的效果，如图3-13所示。

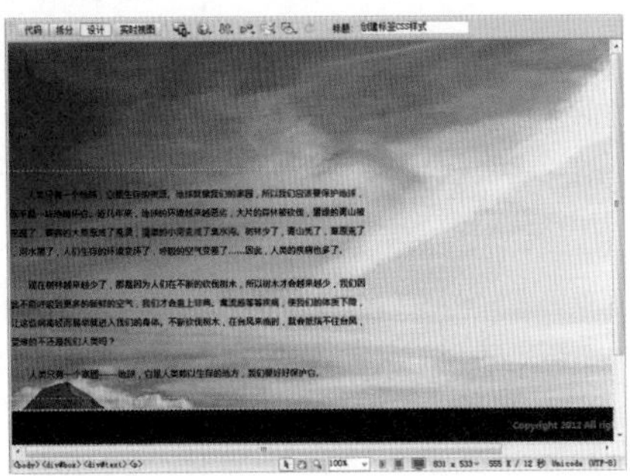

图3-12　页面效果

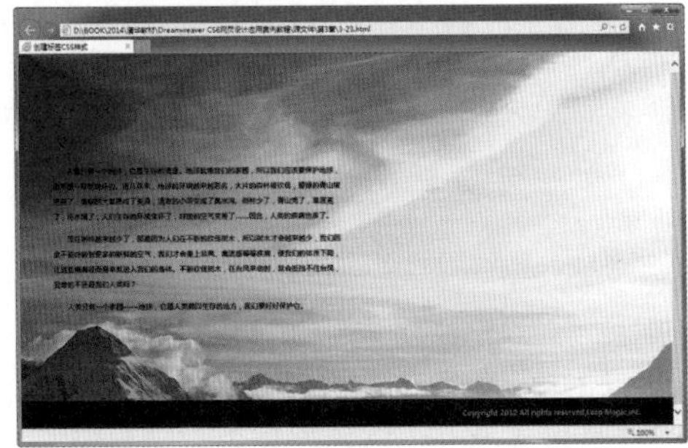

图3-13　在浏览器中预览页面效果

提 示

要想在网页中应用CSS样式，首先必须创建相应的CSS样式，在Dreamweaver中创建CSS样式的方法有两种，一种是通过“CSS样式”面板可视化创建CSS样式，另一种是手动编写CSS样式代码。通过“CSS样式”面板创建CSS样式，方便、易懂，适合初学者理解，但有部分特殊的CSS样式属性在设置对话框中并没有提供。手动编写CSS样式代码，更便于理解和记忆CSS样式的各种属性及其设置方法。

实例24　创建类CSS样式——设置页面中部分文字效果

实例目的

本实例的目的是让大家掌握创建类CSS样式的方法，可以为网页中的任意对象应用所创建的类CSS样式，类CSS样式可以在网页中应用多次，如图3-14所示为创建类CSS样式的流程图。

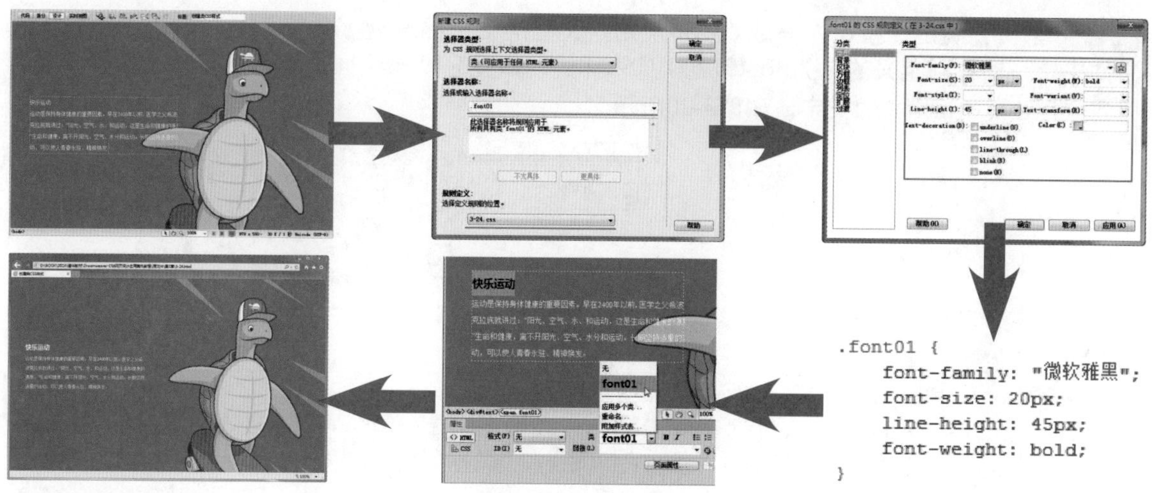

图3-14　操作流程图

实例　重点

- 掌握创建类CSS样式的方法
- 理解类CSS样式的作用

实例　步骤

STEP 1 执行“文件>打开”命令，打开页面“光盘\素材\第3章\3-24.html”，效果如图3-15所示。单击“CSS样式”面板上的“新建CSS规则”按钮，弹出“新建CSS规则”对话框，如图3-16所示。

图3-15　打开页面

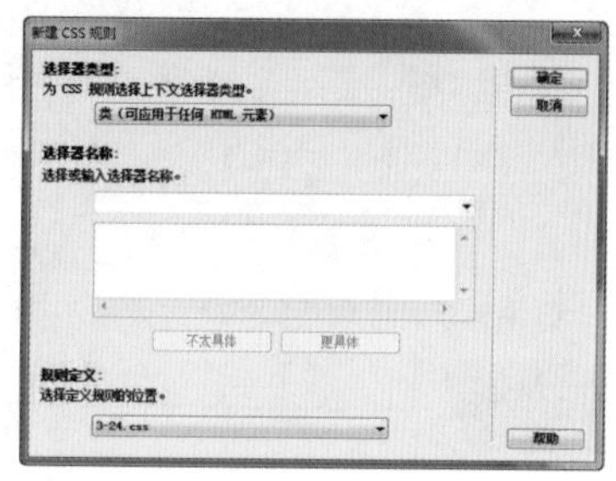

图3-16　“新建CSS规则”对话框

STEP 2 在“选择器类型”下拉列表中选择“类(可应用于任何HTML元素)”选项，在“名称”文本框中输入自定义名称，命名以“.”开头，其他设置如图3-17所示。单击“确定”按钮，弹出“CSS规则定义”对话框，进行相应的设置，如图3-18所示。

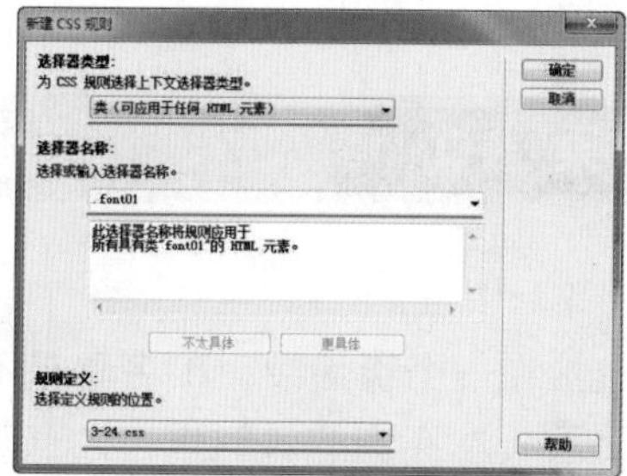

图3-17　设置“新建CSS规则”对话框

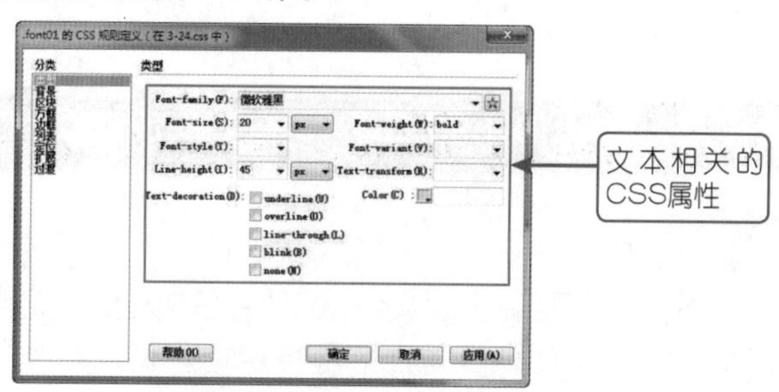

图3-18　设置“CSS规则定义”对话框

STEP 3 单击“确定”按钮，完成“CSS规则定义”对话框的设置，转换到链接的外部CSS样式文件中，可以看到定义的名为.font01的类CSS样式，如图3-19所示。返回页面设计视图中，选中需要应用该类CSS样式的文字，如图3-20所示。

```
.font01 {
    font-family: "微软雅黑";
    font-size: 20px;
    line-height: 45px;
    font-weight: bold;
}
```


图3-19　CSS样式代码　　图3-20　选中文字

提 示

在新建类CSS样式时，默认情况下在类CSS样式名称前有一个“.”。这个“.”说明了此CSS样式是一个类CSS样式(class)，根据CSS规则，类CSS样式(class)可以在一个HTML元素中被多次调用。

STEP 4 在“属性”面板上的“类”下拉列表中选择刚刚定义的.font01样式，可以看到使用了该类CSS样式的文字效果，如图3-21所示。保存网页和外部CSS样式表文件，在浏览器中预览页面，效果如图3-22所示。

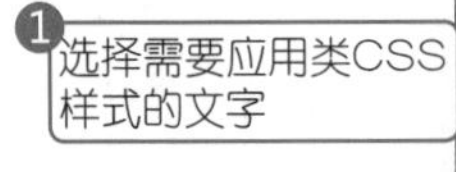

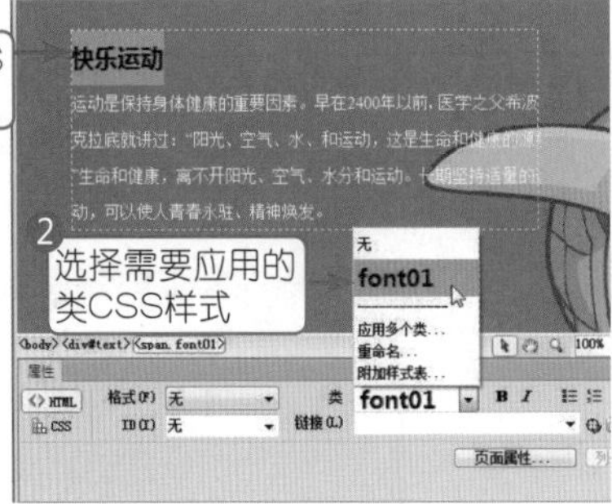

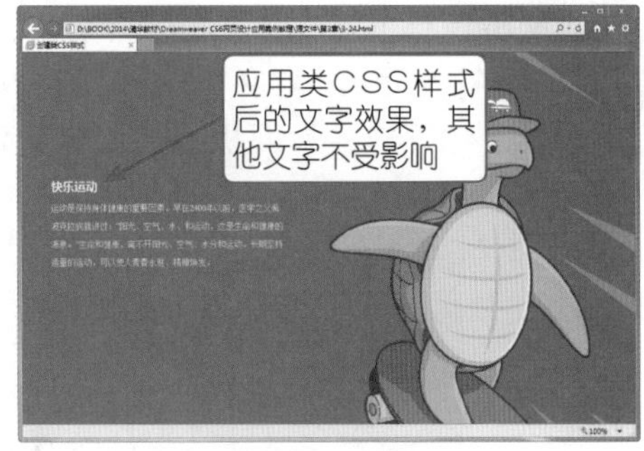

图3-21　应用类CSS样式效果　　图3-22　预览页面效果

提 示

为网页中的元素应用类CSS样式有多种方法，分别介绍如下。方法1：选中页面中需要应用类CSS样式的元素，在“属性”面板上的“类”下拉列表中选择需要应用的类CSS样式。方法2：选中页面中需要应用类CSS样式的元素，打开“CSS样式”面板，在需要应用的类CSS样式名称上单击鼠标右键，在弹出的菜单中选择“应用”选项，即可将该类CSS样式应用于页面中所选中的元素。

实例25　创建ID CSS样式——设置页面中的Div效果

ID CSS样式主要用于定义设置了特定ID名称的元素。通常在一个页面中，ID名称是不能重复的，所以定义的ID CSS样式也是特定指向页面中唯一的元素。本实例的目的是让大家掌握创建和使用ID CSS样式的方法，如图3-23所示为创建ID CSS样式的流程图。

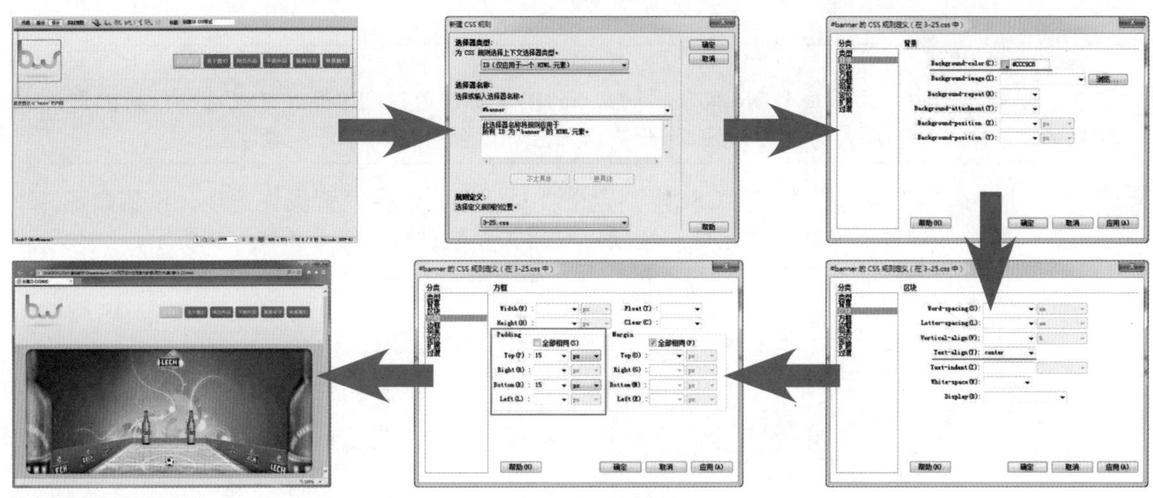

图3-23　操作流程图

实例　重点

* 掌握创建ID CSS样式的方法
* 理解ID CSS样式的作用

实例　步骤

STEP 1 执行“文件>打开”命令，打开页面“光盘\素材\第3章\3-25.html”，效果如图3-24所示。在状态栏上的标签选择器中单击<div#banner>标签，如图3-25所示。

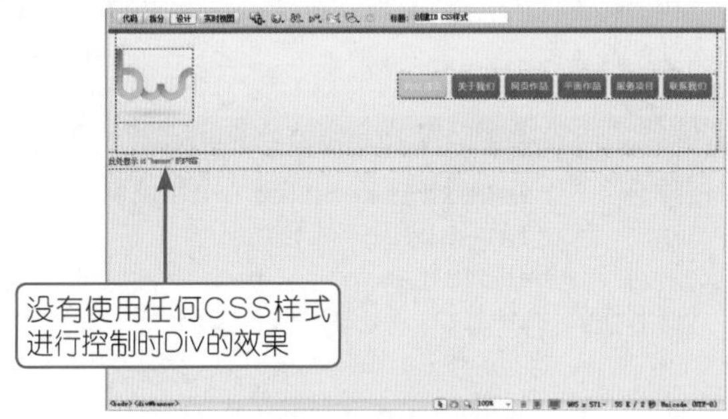

图3-24　打开页面

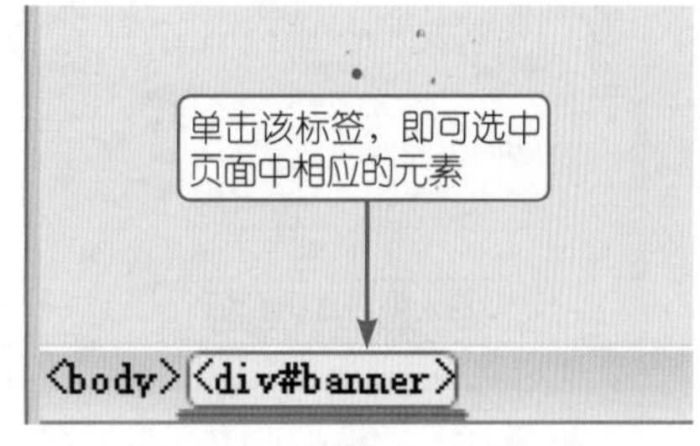

图3-25　单击<div#banner>标签

STEP 2 选中ID名为banner的Div，如图3-26所示。打开“CSS样式”面板，单击“新建CSS规则”按钮，弹出“新建CSS规则”对话框，在“选择器类型”下拉列表中选择“ID(仅应用于一个HTML元素)”选项，在“名称”文本框中输入唯一的ID名称，设置如图3-27所示。

图3-26　选中ID名为banner的Div

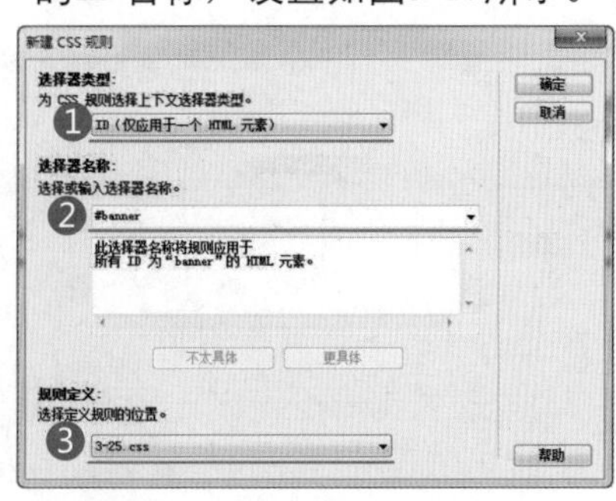

图3-27　“新建CSS规则”对话框

提 示

在DIV+CSS布局中，通常每个Div都有一个唯一的ID名称，通过CSS样式可以对唯一的ID定义相应的CSS样式。ID样式的命名必须以#开头，并且可以包含任何字母和数字组合。

STEP 3 单击“确定”按钮，弹出“CSS规则定义”对话框，选择“背景”选项，设置如图3-28所示。在“分类”列表框中选择“区块”选项，对相关参数进行设置，如图3-29所示。

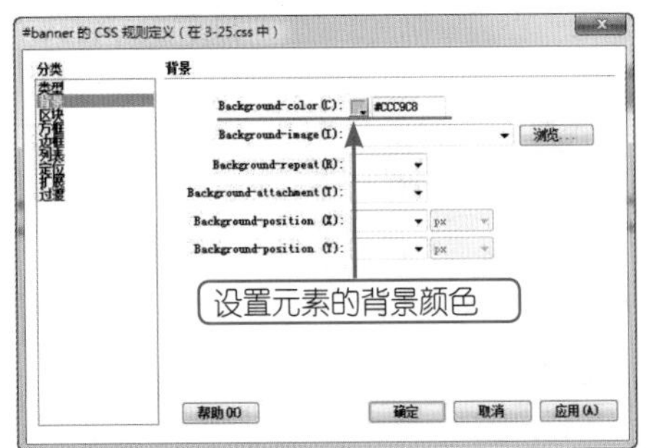

图3-28 设置“背景”相关属性

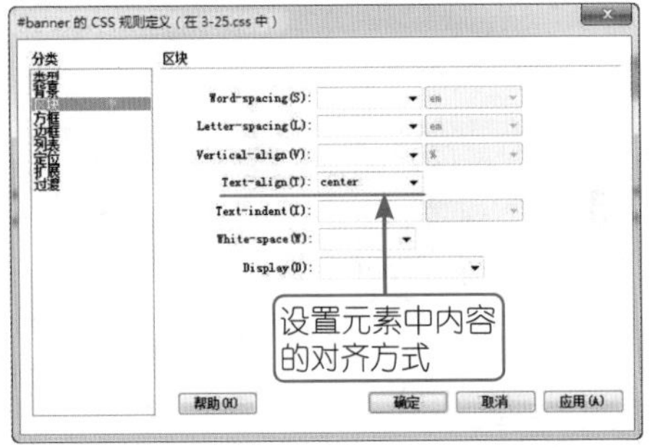

图3-29 设置“区块”相关属性

STEP 4 在“分类”列表框中选择“方框”选项，对相关参数进行设置，如图3-30所示。单击“确定”按钮，完成“CSS规则定义”对话框的设置，转换到链接的外部CSS样式文件中，可以看到定义的名为#banner的ID样式代码，如图3-31所示。

图3-30 设置“区块”相关属性

```
#banner {
    background-color: #CCC9C8;
    text-align: center;
    padding-top: 15px;
    padding-bottom: 15px;
}
```

图3-31 CSS样式代码

STEP 5 返回页面设计视图，可以看到页面中ID名为banner的Div的效果，如图3-32所示。将光标移至该Div中，将多余文字删除，插入图像“光盘\素材\第3章\images\2514.png”，效果如图3-33所示。

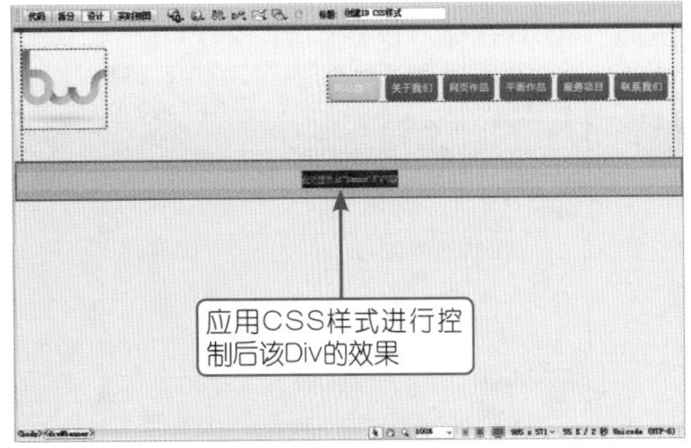

图3-32 页面效果

图3-33 插入图像

STEP 6 执行“文件>保存”命令，保存页面，并保存外部CSS样式表文件，在浏览器中预览该页面，效果如图3-34所示。

图3-34　在浏览器中预览页面

实例26　创建复合CSS样式——制作图像页面

实例 目的

本实例的目的是让大家掌握创建和使用复合CSS样式的方法，使用“复合内容”样式可以定义同时影响两个或多个标签、类或 ID 的复合规则。例如，如果输入 div p，则 div 标签内的所有 p 元素都将受此规则影响。如图3-35所示为创建复合CSS样式的流程图。

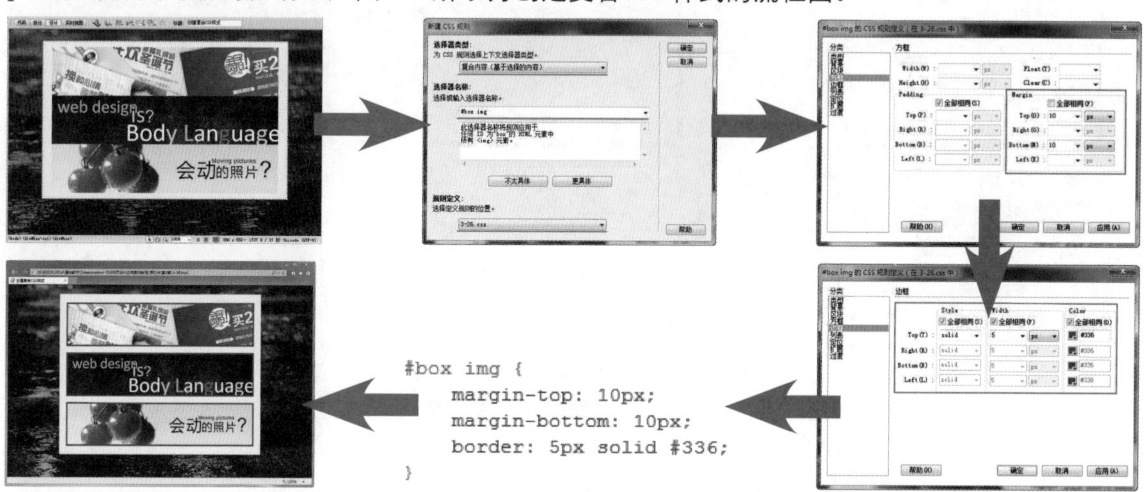

图3-35　操作流程图

实例 重点

- 掌握创建复合CSS样式的方法
- 理解复合CSS样式的作用

实例 步骤

STEP 1 执行“文件>打开”命令，打开页面“光盘\素材\第3章\3-26.html”，页面效果如图3-36所示。将光标移至页面中的图像部分，在标签选择器中单击最右侧的标签，选中图像所在的Div，如图3-37所示。

图3-36 打开页面

图3-37 选中div

STEP 2 通过观察可以发现，在ID名为box的Div中包括3张图像，可以定义一个复合CSS样式对ID名为box的Div中的图像起作用。

STEP 3 单击“新建CSS规则”按钮，弹出“新建CSS规则”对话框，在“选择器类型”下拉列表中选择“复合内容(基于选择的内容)”选项，在“名称”文本框中输入名称#box img，其他设置如图3-38所示。单击“确定”按钮，弹出“CSS规则定义”对话框，选择“方框”选项，对相关属性进行设置，如图3-39所示。

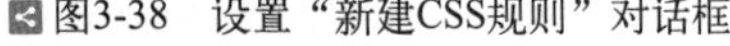

图3-38 设置“新建CSS规则”对话框

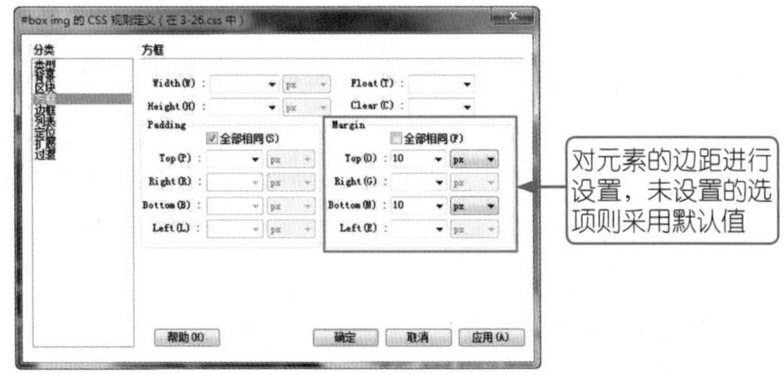

图3-39 设置“CSS规则定义”对话框

提 示

此处创建的复合CSS样式#box img，仅仅针对ID名为box的Div中的img标签起作用，而不会对页面中其他位置的img标签起作用。

STEP 4 在“CSS规则定义”对话框左侧的“分类”列表框中选择“边框”选项，对相关属性进行设置，如图3-40所示。单击“确定”按钮，转换到链接的外部样式表文件中，可以看到定义的名为#box img的复合CSS样式代码，如图3-41所示。

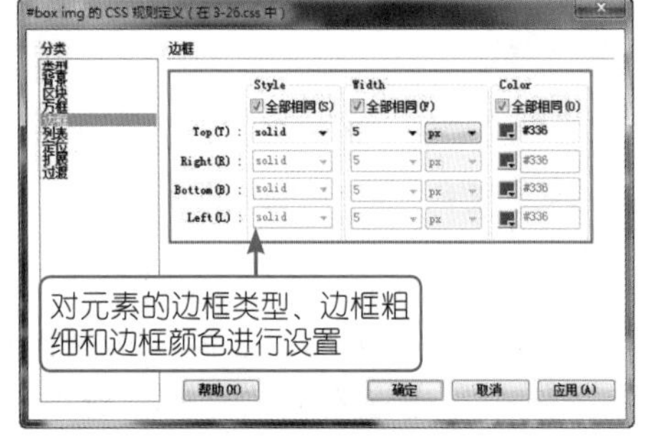

图3-40 设置“CSS规则定义”对话框

```
#box img {
    margin-top: 10px;
    margin-bottom: 10px;
    border: 5px solid #336;
}
```

图3-41 CSS样式代码

STEP 5 返回页面设计视图，可以看到页面中ID名为box中的图像的效果，如图3-42所示。保存页面，并保存外部CSS样式表文件，在浏览器中预览该页面，效果如图3-43所示。

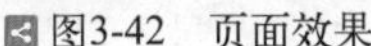
图3-42 页面效果

图3-43 在浏览器中预览效果

提 示

当一个CSS样式创建完毕后，在网站升级维护工作中只需要修改CSS样式即可，在“CSS样式”面板中选择需要重新编辑的CSS样式，单击“编辑样式”按钮，弹出“CSS规则定义”对话框，在该对话框中可以对该CSS样式进行重新设置。另外，还可以直接修改该CSS样式的代码。

| 实例27 创建伪类CSS样式——控制网页超链接文字效果 

实例 目的

使用HTML中的超链接标签<a>创建的超链接非常普通，除了颜色发生变化和带有下划线，其他的和普通文本没有太大的区别，这种传统的超链接样式显然无法满足网页设计制作的需求，这时就可以通过CSS样式对网页中的超链接样式进行控制。本实例的目的是让大家掌握创建伪类CSS样式的方法，如图3-44所示为创建伪类CSS样式的流程图。

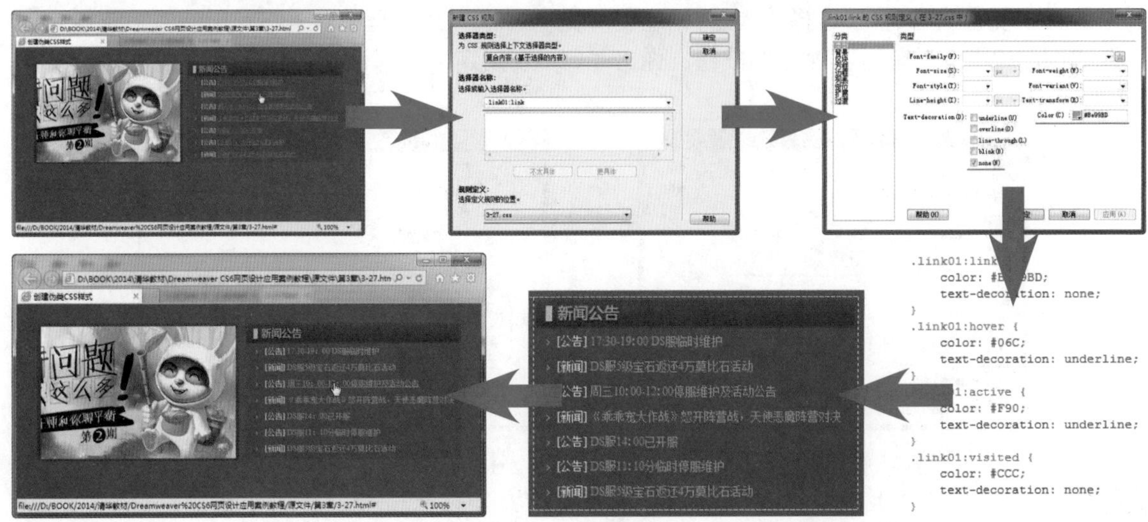

图3-44 操作流程图

实例 重点

- 了解超链接的4种状态
- 掌握创建超链接伪类CSS样式的方法
- 掌握应用伪类CSS样式的方法
- 了解伪类CSS样式的作用

实例 步骤

STEP 1 执行“文件>打开”命令，打开页面“光盘\素材\第3章\3-27.html”，效果如图3-45所示。选中页面中的新闻标题文字，分别为各新闻标题文字设置空链接，效果如图3-46所示。

图3-45　打开页面

图3-46　设置空链接

STEP 2 转换到代码视图中，可以看到所设置的链接代码，如图3-47所示。在浏览器中预览页面，可以看到默认的超链接文字效果，如图3-48所示。

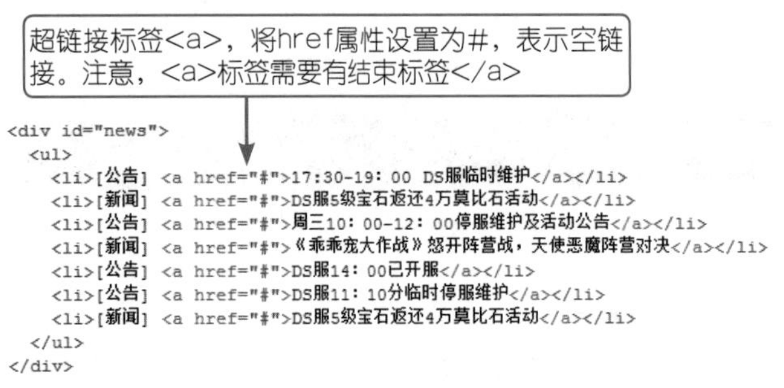


```
<div id="news">
  <ul>
    <li>[公告] <a href="#">17:30-19: 00 DS服临时维护</a></li>
    <li>[新闻] <a href="#">DS服5级宝石返还4万莫比石活动</a></li>
    <li>[公告] <a href="#">周三10: 00-12: 00停服维护及活动公告</a></li>
    <li>[新闻] <a href="#">《乖乖宠大作战》怒开阵营战，天使恶魔阵营对决</a></li>
    <li>[公告] <a href="#">DS服14: 00已开服</a></li>
    <li>[公告] <a href="#">DS服11: 10分临时停服维护</a></li>
    <li>[新闻] <a href="#">DS服5级宝石返还4万莫比石活动</a></li>
  </ul>
</div>
```

图3-47　超链接代码

图3-48　预览链接效果

STEP 3 单击“新建CSS规则”按钮，弹出“新建CSS规则”对话框，在“选择器类型”下拉列表中选择“复合内容(基于选择的内容)”选项，在“名称”文本框中输入名称.link01:link，其他设置如图3-49所示。单击“确定”按钮，弹出“CSS规则定义”对话框，进行相应的设置，如图3-50所示。

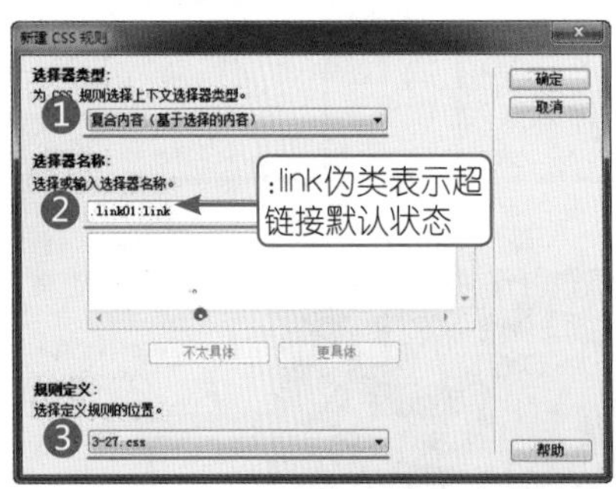

图3-49　“新建CSS规则”对话框

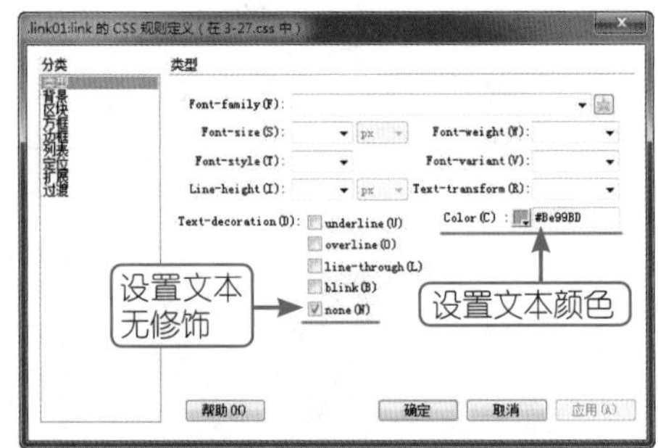

图3-50　设置“类型”相关属性

STEP 4 单击“确定”按钮，完成“CSS规则定义”对话框的设置。单击“新建CSS规则”按钮，弹出“新建CSS规则”对话框，在“选择器类型”下拉列表中选择“复合内容(基于选择的内容)”选项，在“名称”文本框中输入名称.link01:hove，其他设置如图3-51所示。单击“确定”按钮，弹出“CSS规则定义”对话框，进行相应的设置，如图3-52所示。

STEP 5 单击“确定”按钮，完成“CSS规则定义”对话框的设置。使用相同的方法可以完成其他2个伪类样式的设置，“CSS样式”面板如图3-53所示。转换到链接的外部CSS样式表文件中，可以看到创建名为.link01的类CSS样式的4种伪类样式，如图3-54所示。

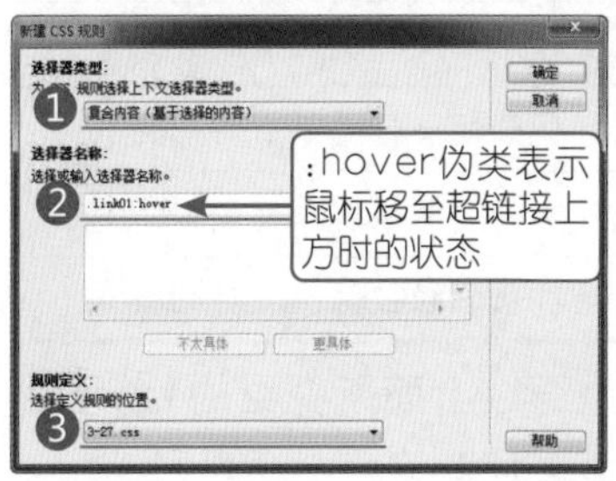

图3-51　“新建CSS规则”对话框

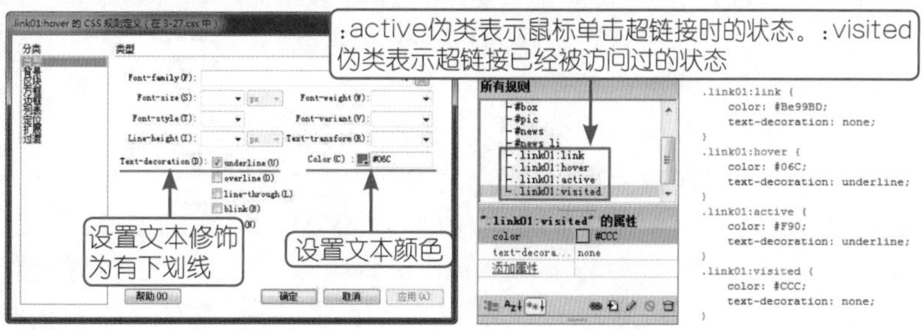

图3-52　设置“类型”相关属性　图3-53　“CSS样式”面板　图3-54　CSS样式代码

STEP 6 返回设计页面中，分别选中新闻标题文字，在“类”下拉列表中选择刚定义的CSS样式link01应用，如图3-55所示。转换到代码视图中，可以看到名为link01的类CSS样式是直接应用在<a>标签中的，如图3-56所示。

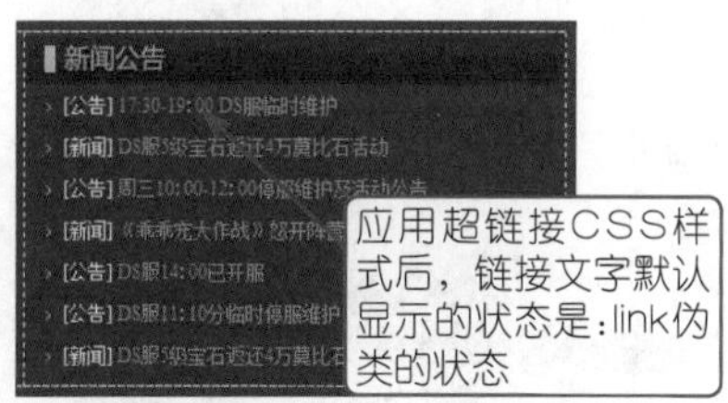

图3-55　应用CSS样式效果

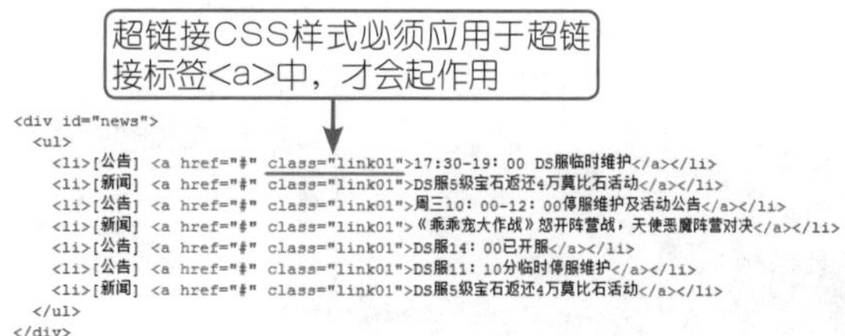


```
<div id="news">
  <ul>
    <li>[公告] <a href="#" class="link01">17:30-19: 00 DS服临时维护</a></li>
    <li>[新闻] <a href="#" class="link01">DS服5级宝石返还4万莫比石活动</a></li>
    <li>[公告] <a href="#" class="link01">周三10: 00-12: 00停服维护及活动公告</a></li>
    <li>[新闻] <a href="#" class="link01">《乖乖宠大作战》怒开阵营战，天使恶魔阵营对决</a></li>
    <li>[公告] <a href="#" class="link01">DS服14: 00已开服</a></li>
    <li>[公告] <a href="#" class="link01">DS服11: 10分临时停服维护</a></li>
    <li>[新闻] <a href="#" class="link01">DS服5级宝石返还4万莫比石活动</a></li>
  </ul>
</div>
```

图3-56　代码效果

提 示

在本实例中，定义了类CSS样式的4种伪类，再将该类CSS样式应用于<a>标签，同样可以实现超链接文本样式的设置。如果直接定义<a>标签的4种伪类，则对页面中的所有<a>标签起作用，这样页面中的所有链接文本的样式效果都是一样的，通过定义类CSS样式的4种伪类，就可以在页面中实现多种不同的文本超链接效果。

STEP 7 执行“文件>保存”命令，保存页面，并保存外部CSS样式表文件，在浏览器中预览该页面，可以看到页面中超链接文字的效果，如图3-57所示。

图3-57　在浏览器中预览页面效果

知识 拓展

使用HTML中的超链接标签<a>创建的超链接非常普通，除了颜色发生变化和带有下划线，其他的和普通文本没有太大的区别，这种传统的超链接样式显然无法满足网页设计制作的需求，这时就可以通过CSS样式对网页中的超链接样式进行控制。

对于超链接的修饰，通常可以采用CSS伪类。伪类是一种特殊的选择符，能被浏览器自动识别。其最大的用处是在不同状态下可以对超链接定义不同的样式效果，是CSS本身定义的一种类。

对于超链接伪类的介绍如表3-1所示。

表3-1　超链接伪类

伪　类	说　明
a:link	定义超链接对象在没有访问前的样式
a:hover	定义当鼠标移至超链接对象上时的样式
a:active	定义当鼠标单击超链接对象时的样式
a:visited	定义超链接对象已经被访问过后的样式

CSS样式就是通过上面所介绍的4个超链接伪类来设置超链接样式的。

实例28　设置文本和背景样式——制作音乐网站首页面

实例 目的

文本和背景是网页中最基本的重要元素之一，文本和背景的CSS样式设置是经常使用的，也是在网页制作过程中使用频率最高的。本实例的目的是让大家掌握创建文本和背景CSS样式的相关属性，如图3-58所示为设置文本和背景样式的流程图。

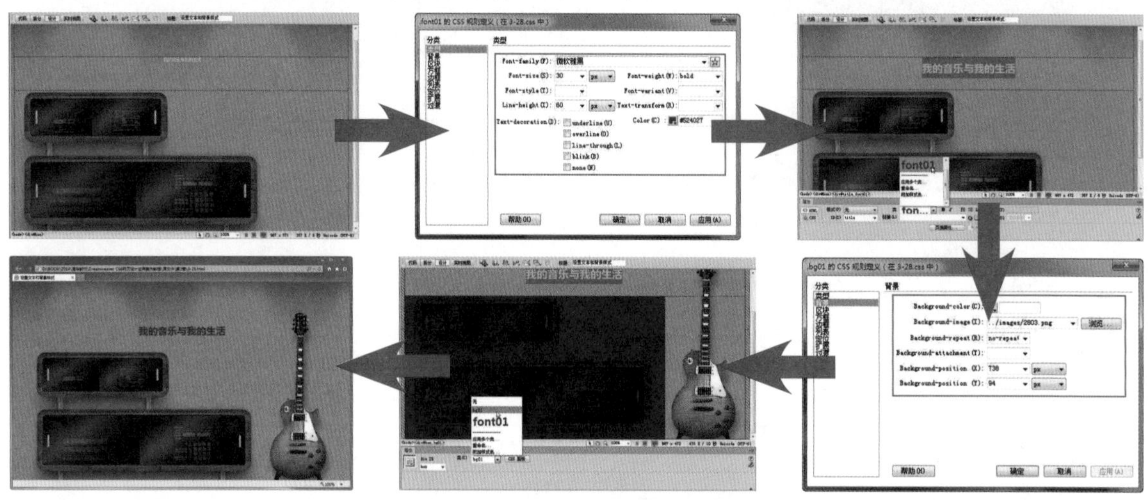

图3-58　操作流程图

实例 重点

★ 掌握文本CSS样式属性的设置

★ 掌握背景CSS样式属性的设置

实例 步骤

STEP 1 执行“文件>打开”命令，打开页面“光盘\素材\第3章\3-28.html”，页面效果如图3-59所示。打开“CSS样式”面板，可以看到页面中已经定义的CSS样式，如图3-60所示。

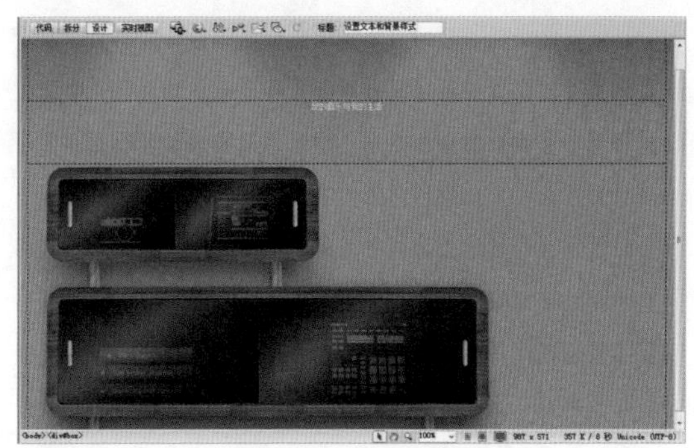

图3-59 打开页面

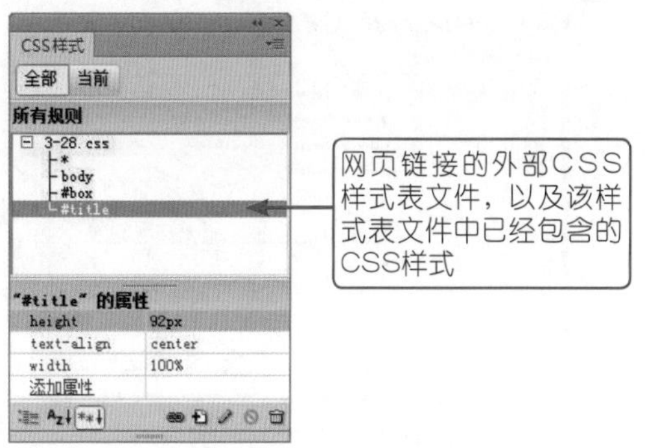

图3-60 “CSS样式”面板

STEP 2 单击“CSS样式”面板上的“新建CSS规则”按钮，弹出“新建CSS规则”对话框，在“选择器类型”下拉列表中选择“类(可应用于任何HTML元素)”选项，设置如图3-61所示。单击“确定”按钮，弹出“CSS规则定义”对话框，设置如图3-62所示。

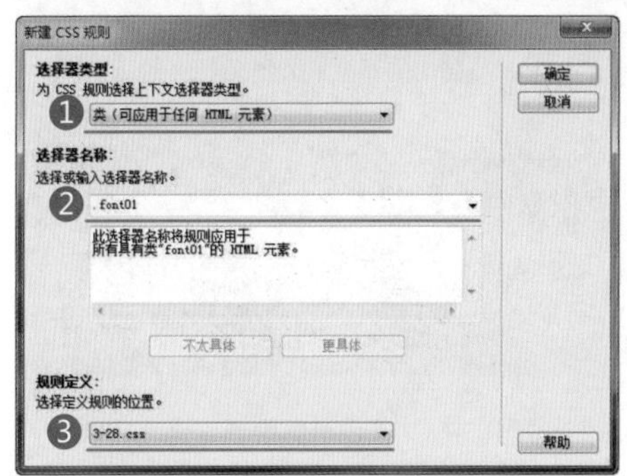

图3-61 “新建CSS规则”对话框

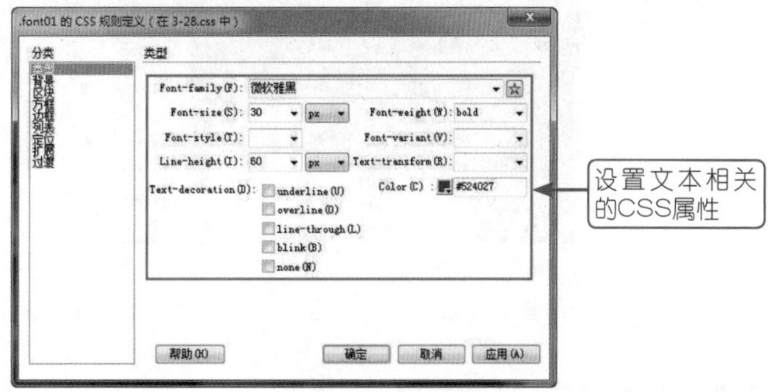

图3-62 设置“类型”选项

STEP 3 单击“确定”按钮，选中需要应用CSS样式的文字内容，在“属性”面板上的“类”下拉列表中选择刚定义的CSS样式font01应用，如图3-63所示。单击“CSS样式”面板上的“新建CSS规则”按钮，弹出“新建CSS规则”对话框，在“选择器类型”下拉列表中选择“类(可应用于任何HTML元素)”选项，设置如图3-64所示。

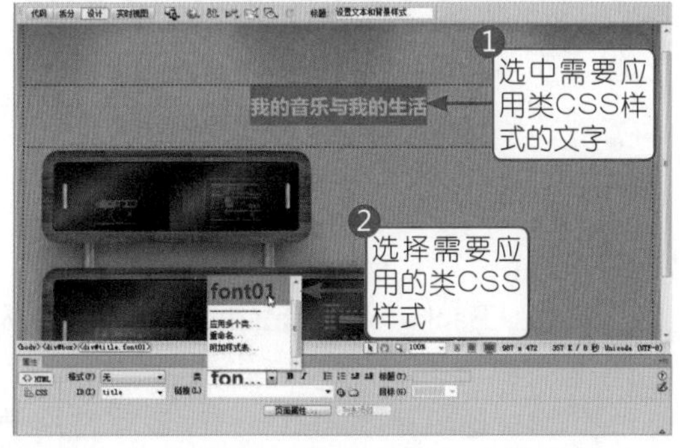

图3-63 应用类CSS样式效果

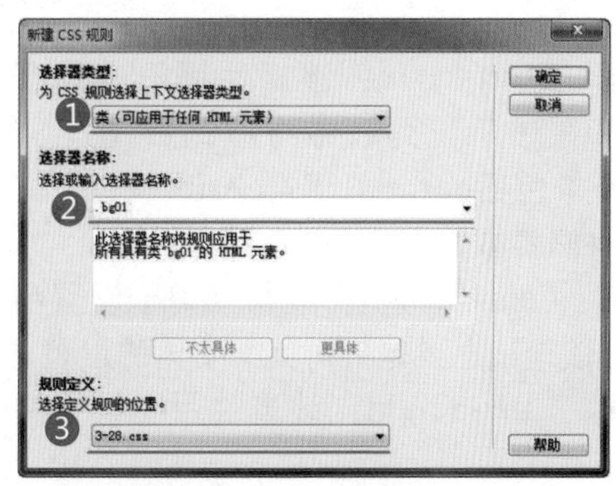

图3-64 “新建CSS规则”对话框

STEP 4 单击“确定”按钮，弹出“CSS规则定义”对话框，在左侧的“分类”类别中选择“背景”选项，设置如图3-65所示。单击“确定”按钮，转换到该网页链接的外部CSS样式表文件中，可以看到刚刚定义的名为.font01和.bg01的CSS样式代码，如图3-66所示。

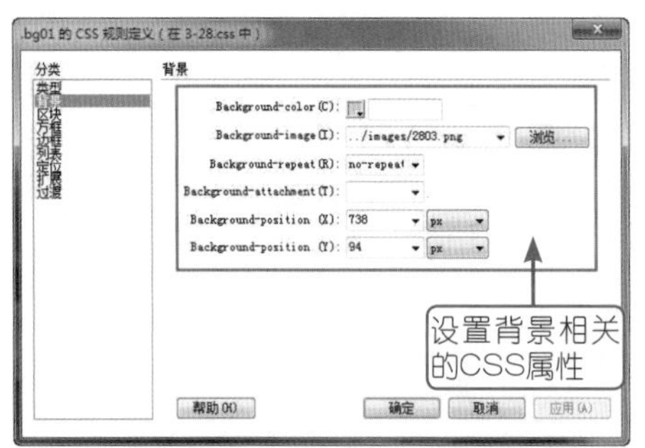

图3-65 设置“背景”选项

```
.font01 {
    font-family: "微软雅黑";
    font-size: 30px;
    line-height: 60px;
    font-weight: bold;
    color: #524027;
}
.bg01 {
    background-image: url(../images/2803.png);
    background-repeat: no-repeat;
    background-position:738px 94px;
}
```

图3-66 CSS样式代码

STEP 5 选中页面中ID名为box的Div，在“属性”面板上的“类”下拉列表中选择刚定义的CSS样式bg01应用，如图3-67所示。保存页面，并保存外部CSS样式表文件，在浏览器中预览页面，效果如图3-68所示。

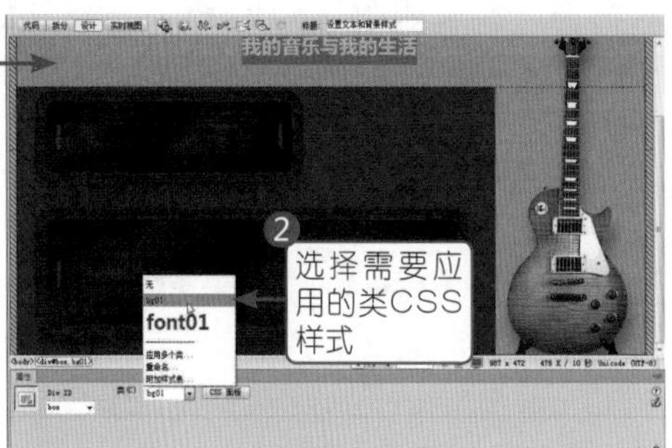

图3-67 应用类CSS样式效果

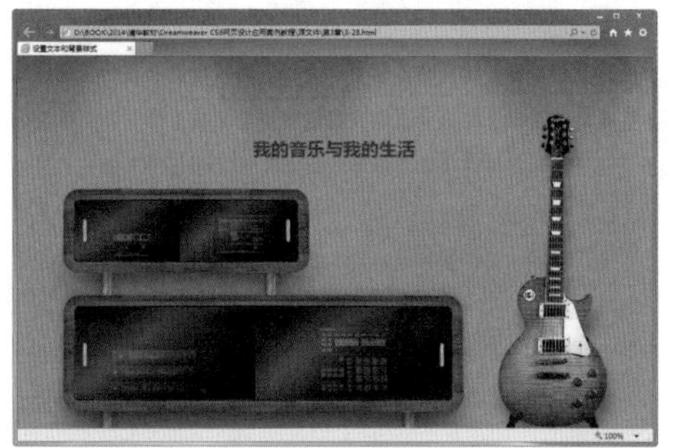

图3-68 在浏览器中预览页面效果

知识 拓展

关于文本的CSS样式属性说明如下。

- Font-family：该属性用于设置字体。
- Font-size：该属性用于设置字体大小。
- Font-weight：该属性用于设置字体的加粗。
- Font-style：该属性用于设置字体样式，在该下拉列表中可以选择文字的样式，其中包括normal(正常)、italic(斜体)、oblique(偏斜体)。
- Font-variant：该属性用于设置字体变形，该选项主要是针对英文字体的设置。
- Line-height：该属性用于设置文字行高。
- Text-transform：该属性用于设置文字大小写，该选项同样是针对英文字体的设置。
- Text-decoration：该属性用于设置文字修饰，在Text-decoration选项中提供了5种样式供选择，勾选underline复选框，可以为文字添加下划线；勾选overline复选框，可以为文字添加上划线；勾选line-through复选框，可以为文字添加删除线；勾选blink复选框，可以为方字添加闪烁效果；勾选none复选框，则文字不做任何修饰。
- Color：该属性用于设置文字颜色。

关于背景的CSS样式属性说明如下。

- Background-color：该属性用于设置背景颜色。
- Background-image：该属性用于设置背景图像。
- Background-repeat：该属性用于设置背景图像的重复方式，在该下拉列表中提供了4种重复方式，分别为no-repeat(不重复)、repeat(重复)、repeat-x(横向重复)、repeat-y(纵向重复)。

- Background-attachment：该属性用于设置背景图像的固定或滚动。
- Background-position(X)：该属性用于设置背景图像的水平位置。
- Background-position(Y)：该属性用于设置背景图像的垂直位置。

实例29 设置区块和方框样式——制作文字介绍页面

实例目的

本实例的目的是让大家掌握区块和方框CSS样式相关属性的设置方法，方框样式的设置在使用DIV+CSS布局页面中非常常用，而区块样式主要用于控制页面中的文本元素。如图3-69所示为设置区块和方框样式的流程图。

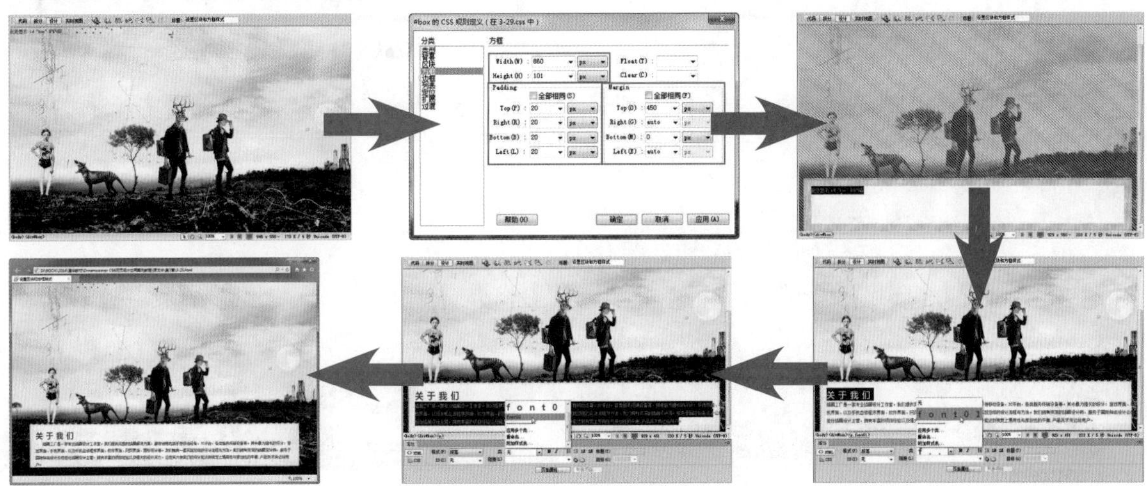

图3-69 操作流程图

实例重点

- 掌握区块CSS样式属性的设置
- 掌握方框CSS样式属性的设置

实例步骤

STEP 1 执行“文件>打开”命令，打开页面“光盘\素材\第3章\3-29.html”，效果如图3-70所示。单击“CSS样式”面板上的“新建CSS规则”按钮，弹出“新建CSS规则”对话框，在“选择器类型”下拉列表中选择“ID(仅应用于一个HTML元素)”选项，设置如图3-71所示。

图3-70 打开页面

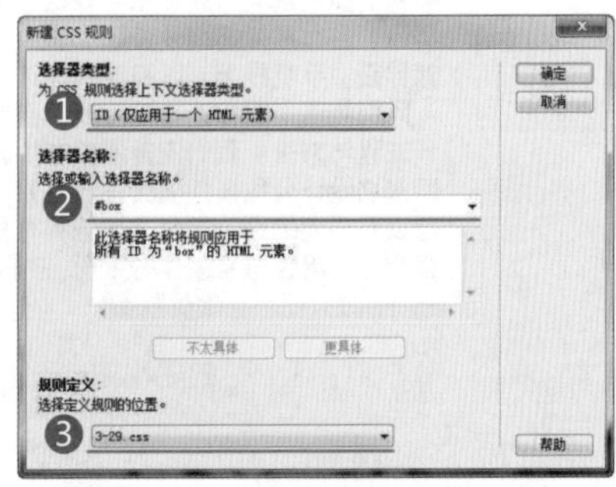

图3-71 “新建CSS规则”对话框

STEP 2 单击“确定”按钮，弹出“CSS规则定义”对话框，在左侧的“分类”列表中选择“方框”选项，设置如图3-72所示。在左侧的“分类”列表中选择“背景”选项，设置如图3-73所示。

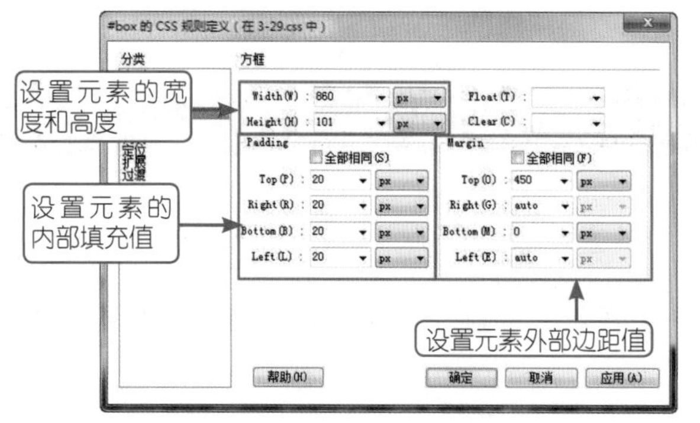

图3-72 设置“方框”选项

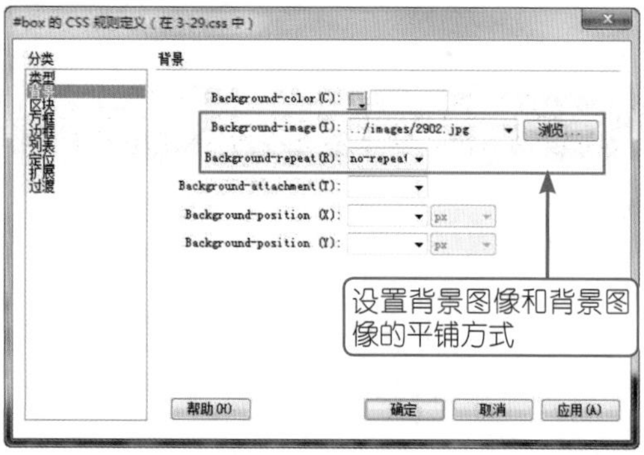

设置背景图像和背景图像的平铺方式

图3-73 设置“背景”选项

STEP 3 单击“确定”按钮，完成“CSS规则定义”对话框的设置，可以看到页面中ID名为box的Div的效果，如图3-74所示。光标移至名为box的Div中，将多余文字删除，输入相应的段落文本，如图3-75所示。

图3-74 页面效果

图3-75 输入段落文本

STEP 4 转换到代码视图中，可以看到段落文本的<p>标签，如图3-76所示。单击“CSS样式”面板上的“新建CSS规则”按钮，弹出“新建CSS规则”对话框，在“选择器类型”下拉列表中选择“类(可应用于任何HTML元素)”选项，设置如图3-77所示。

段落标签<p>，在设计视图中输入文本时，完成一个段落的输入，直接按Enter键，即可插入一个段落

```
<div id="box">
<p>关于我们</p>
<p>插画工厂是一家专业插画设计工作室。我们提供完整的插画解决方案，服务领域包括手持移动设备，PC平台，各类服务终端设备等。其中最为擅长的设计：游戏界面、手机界面、以及手机应该程序界面、软件界面、网页界面、图标设计等。我们拥有一套实践总结的设计流程与方法。我们拥有资深的插画设计师，服务于国际知名设计公司担任插画设计主管，拥有丰富的项目经验以及强大的设计实力。这些实力使我们的设计能达到视觉上易用性与原创性的平衡，产品诉求传达给用户。</p>
</div>
```

图3-76 代码视图

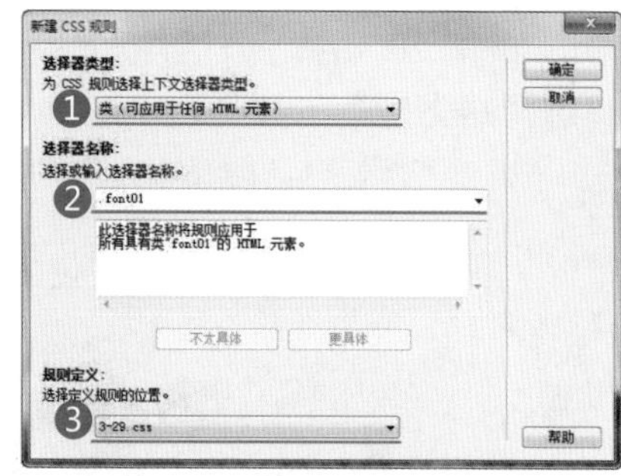

图3-77 “新建CSS规则”对话框

STEP 5 单击“确定”按钮，弹出“CSS规则定义”对话框，在左侧的“分类”列表中选择“类型”选项，设置如图3-78所示。在左侧的“分类”列表中选择“区块”选项，设置如图3-79所示。

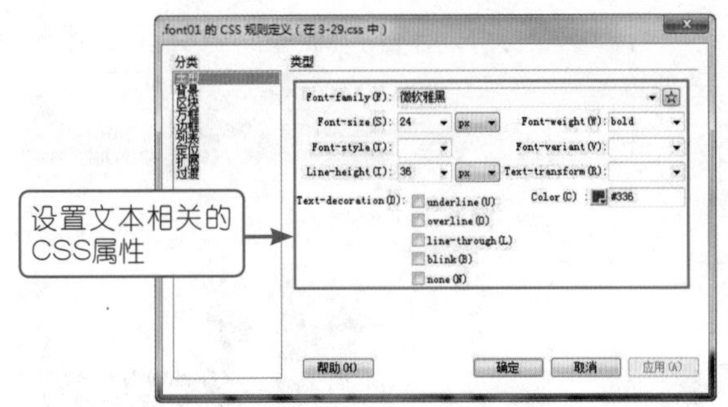

图3-78　设置“类型”选项

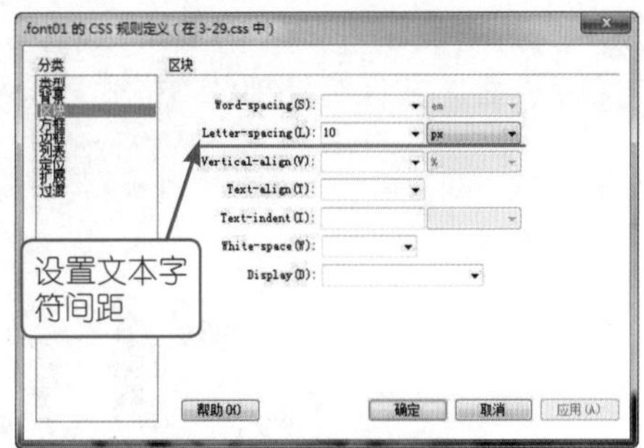

图3-79　设置“区块”选项

STEP 6 单击“确定”按钮，完成“CSS规则定义”对话框的设置，选中相应的文本，在“属性”面板上的“类”下拉列表中选择刚定义的CSS样式.font01应用，如图3-80所示。单击“CSS样式”面板上的“新建CSS规则”按钮，弹出“新建CSS规则”对话框，在“选择器类型”下拉列表中选择“类(可应用于任何HTML元素)”选项，设置如图3-81所示。

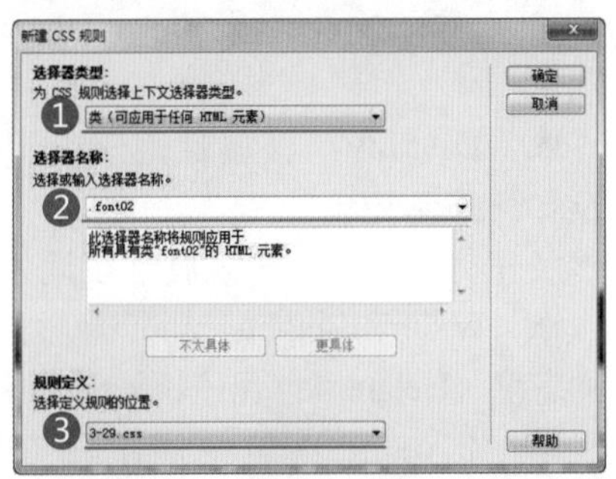

图3-80　“新建CSS规则”对话框

图3-81　应用CSS样式效果

STEP 7 单击“确定”按钮，弹出“CSS规则定义”对话框，在左侧的“分类”列表中选择“区块”选项，设置如图3-82所示。单击“确定”按钮，完成“CSS规则定义”对话框的设置，选中相应的段落文本，在“属性”面板上的“类”下拉列表中选择刚定义的CSS样式.font02应用，如图3-83所示。

图3-82　设置“区块”选项

图3-83　应用CSS样式

提 示

Text-indent属性用于设置段落文本首行缩进效果，该属性只针对段落文本起作用，也就是只有使用<p>与</p>标签包含的文本内容才会起作用，对没有使用<p>标签包含的文本不起作用。

STEP 8 为段落文本应用名为.font02的CSS样式，可以看到该段落首行缩进的效果，如图3-84所示。保存页面，并保存外部CSS样式表文件，在浏览器中预览页面，效果如图3-85所示。

图3-84　页面效果

图3-85　在浏览器中预览效果

知识 拓展

关于区块的CSS样式属性说明如下。

✱ Word-spacing：该属性用于设置单词间距，可以设置英文单词之间的距离。

✱ Letter-spacing：该属性用于设置字符间距，可以设置英文字母之间的距离。

✱ Vertical-align：该属性用于设置垂直对齐，包括baseline(基线)、sub(下标)、super(上标)、top(顶部)、text-top(文本顶对齐)、middle(中线对齐)、bottom(底部)、text-bottom(文本底对齐)以及自定义的数值和单位相结合的形式。

✱ Text-align：该属性用于设置文本的水平对齐方式，包括left(左对齐)、right(右对齐)，center(居中对齐)和justify(两端对齐)。

✱ Text-indent：该属性用于设置段落文本首行缩进，该选项是最重要的设置项目，中文段落文字的首行缩进就是由它来实现的。

✱ White-space：该属性用于设置空格，可以对源代码文字空格进行控制，有normal(正常)、pre(保留)和nowrap(不换行)3种选项。

✱ Display：该属性用于设置是否显示以及如何显示元素。

关于方框的CSS样式属性说明如下。

✱ Width和Height：Width属性用于设置元素的宽度，Height属性用于设置元素的高度。

✱ Float：该属性用于设置元素的浮动，Float实际上是指文字等对象的环绕效果，有left(左)、right(右)和none(无)3个选项。

✱ Clear：该属性用于清除元素浮动，在Clear下拉列表中共有left(左)、right(右)、both(两者)和none(无)4个选项。

✱ Padding：该属性用于设置元素的填充，如果对象设置了边框，则Padding指的是边框和其中内容之间的空白区域。

✱ Margin：该属性用于设置元素的边界，如果对象设置了边框，Margin是边框外侧的空白区域，用法与Padding(填充)相同。

实例30　设置边框和列表样式——制作新闻列表

实例 目的

本实例的目的是让大家掌握边框和列表CSS样式相关属性的设置方法，通过边框CSS样式的设置可以为网页中的元素添加边框效果，通过列表CSS样式的设置可以对网页中的列表元素进行控制。如图3-86所示为设置边框和列表样式的流程图。

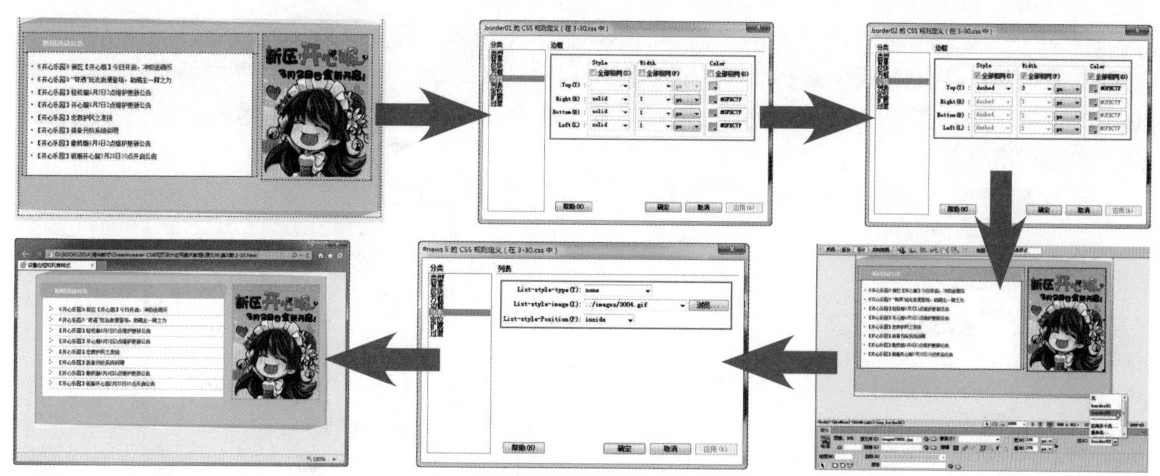

图3-86　操作流程图

实例 重点

★ 掌握边框CSS样式属性的设置　　★ 掌握列表CSS样式属性的设置

实例 步骤

STEP 1 执行“文件>打开”命令，打开页面“光盘\素材\第3章\3-30.html”，效果如图3-87所示。单击“CSS样式”面板上的“新建CSS规则”按钮，弹出“新建CSS规则”对话框，在“选择器类型”下拉列表中选择“类(可应用于任何HTML元素)”选项，设置如图3-88所示。

图3-87　打开页面

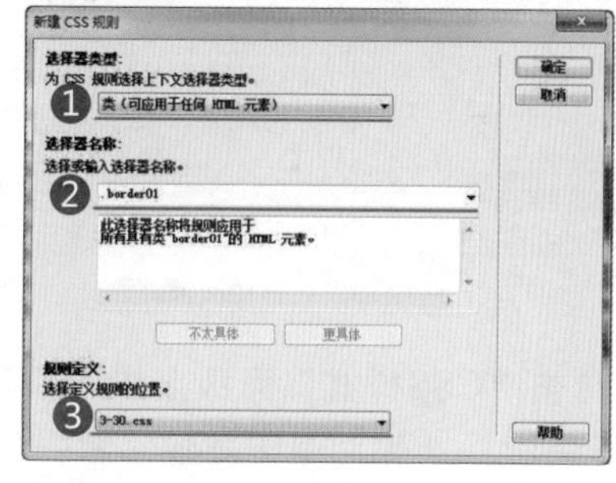

图3-88　设置“新建CSS规则”对话框

STEP 2 单击“确定”按钮，弹出“CSS规则定义”对话框，在左侧的“分类”列表中选择“边框”选项，设置如图3-89所示。单击“确定”按钮，在网页中选择ID名为news的Div，在“属性”面板上的“类”下拉列表中选择刚定义的CSS样式.border01应用，如图3-90所示。

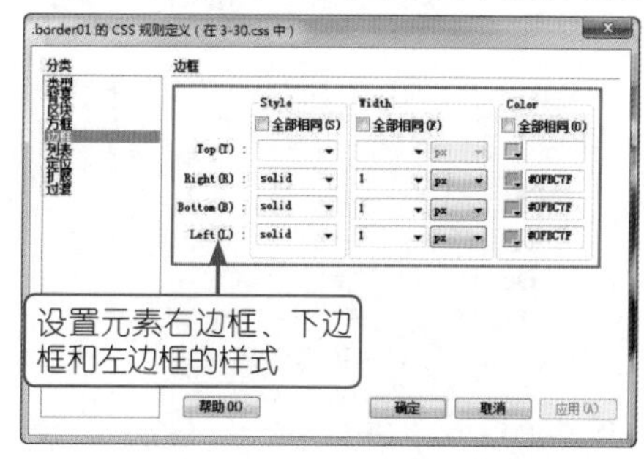

图3-89　设置“边框”选项

图3-90　应用CSS样式

STEP 3 单击“CSS样式”面板上的“新建CSS规则”按钮，弹出“新建CSS规则”对话框，在“选择器类型”下拉列表中选择“类(可应用于任何HTML元素)”选项，设置如图3-91所示。单击“确定”按钮，弹出“CSS规则定义”对话框，在左侧的“分类”列表中选择“边框”选项，设置如图3-92所示。

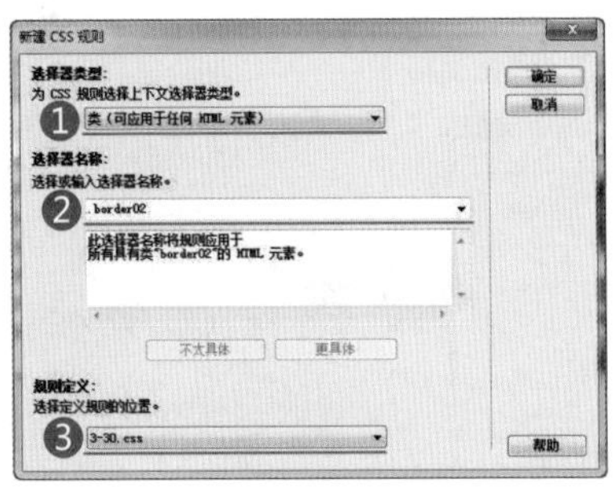

图3-91 设置“新建CSS规则”对话框

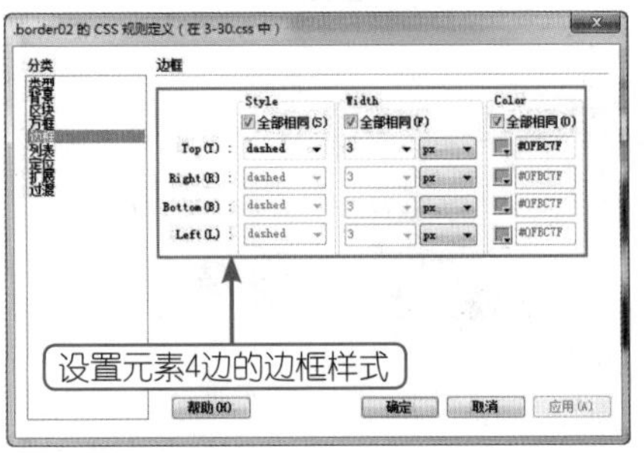

图3-92 设置“边框”选项

STEP 4 单击“确定”按钮，单击选中页面中相应的图像，在“属性”面板上的“类”下拉列表中选择刚定义的CSS样式.border02应用，如图3-93所示。转换到代码视图中，可以看到ID名为news的Div中的项目列表标签，如图3-94所示。

图3-93 应用CSS样式

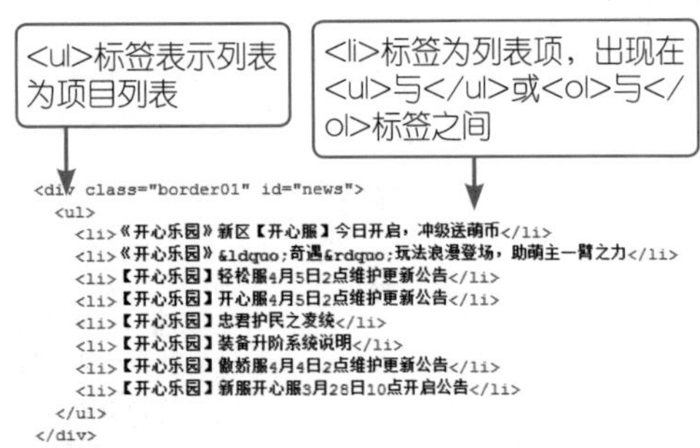

图3-94 项目列表标签

STEP 5 单击“CSS样式”面板上的“新建CSS规则”按钮，弹出“新建CSS规则”对话框，在“选择器类型”下拉列表中选择“复合内容(基于选择的内容)”选项，设置如图3-95所示。单击“确定”按钮，弹出“CSS规则定义”对话框，在左侧的“分类”列表中选择“边框”选项，设置如图3-96所示。

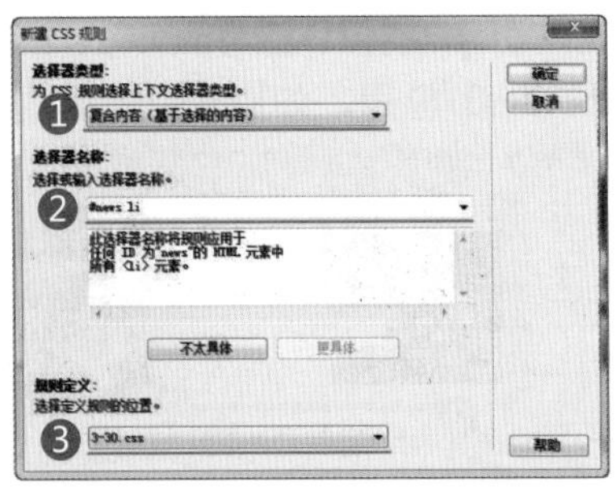

图3-95 设置“新建CSS规则”对话框

图3-96 设置“边框”选项

STEP 6 在左侧的“分类”列表中选择“列表”选项，设置如图3-97所示。单击“确定”按钮，完成“CSS规则定义”对话框的设置，可以看到网页中项目列表的效果，如图3-98所示。

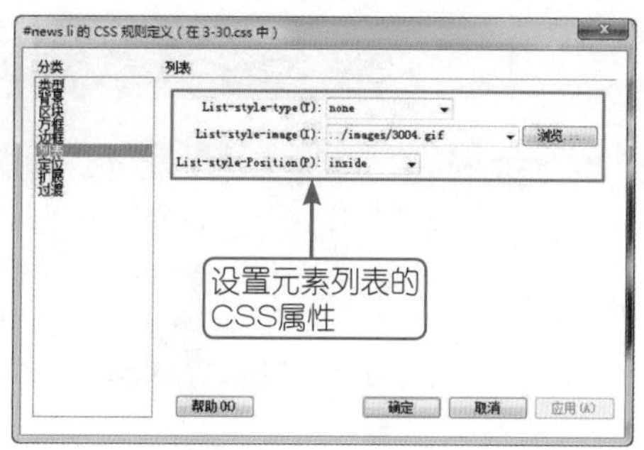

图3-97 设置“列表”选项

图3-98 页面效果

STEP 7 执行“文件>保存”命令，保存页面，并保存外部CSS样式表文件，在浏览器中预览页面，效果如图3-99所示。

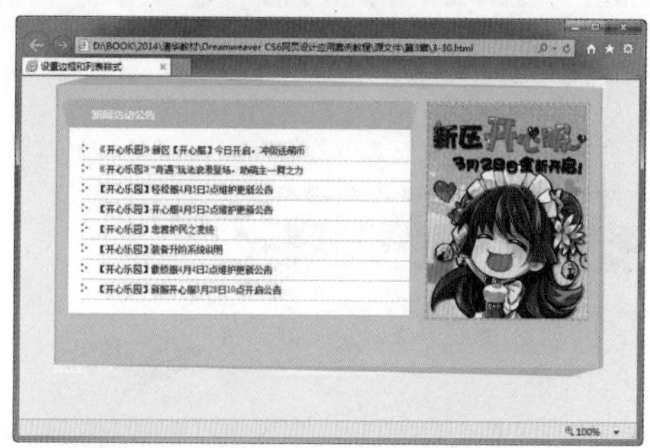

图3-99 在浏览器中预览页面效果

提 示

列表CSS样式属性只针对网页中的项目列表或编号列表起作用，而不会对非列表元素起作用。

知识拓展

关于边框的CSS样式属性说明如下。

✱ Style：该属性用于设置元素边框的样式，包括none(无)、dotted(点划线)、dashed(虚线)、solid(实线)、double(双线)、groove(槽状)、ridge(脊状)、inset(凹陷)、outset(凸出)。

✱ Width：该属性用于设置元素边框的宽度，可以选择相对值thin(细)、medium(中)、thick(粗)，也可以设置边框的宽度值和单位。

✱ Color：该属性用于设置元素边框的颜色。

关于列表的CSS样式属性说明如下。

✱ List-style-type：该属性用于设置列表的类型，可以选择disc(圆点)、circle(圆圈)、square(方块)、decimal(数字)、lower-roman(小写罗马数字)、upper-roman(大写罗马数字)、lower-alpha(小写字母)、upper-alpha(大写字母)、none(无)9个选项。

✱ List-style-image：该属性用于设置项目符号图像，在该下拉列表框中可以选择图像作为项目的引导符号。

✱ List-style-Position：该属性用于设置列表图像位置，决定列表项目缩进的程度。选择outside(外)，则列表贴近左侧边框，选择inside(内)则列表缩进，该项设置效果不明显。

实例31 设置定位和扩展样式——制作个人作品页面

实例目的

本实例的目的是让大家掌握定位和扩展CSS样式相关属性的设置方法，定位样式在使用DIV+CSS布局制作页面时常常会使用，它用于对页面元素进行定位和布局。扩展样式主要用于一些扩展设置，包括分页、鼠标视觉效果和滤镜视觉效果。如图3-100所示为设置定位和扩展样式的流程图。

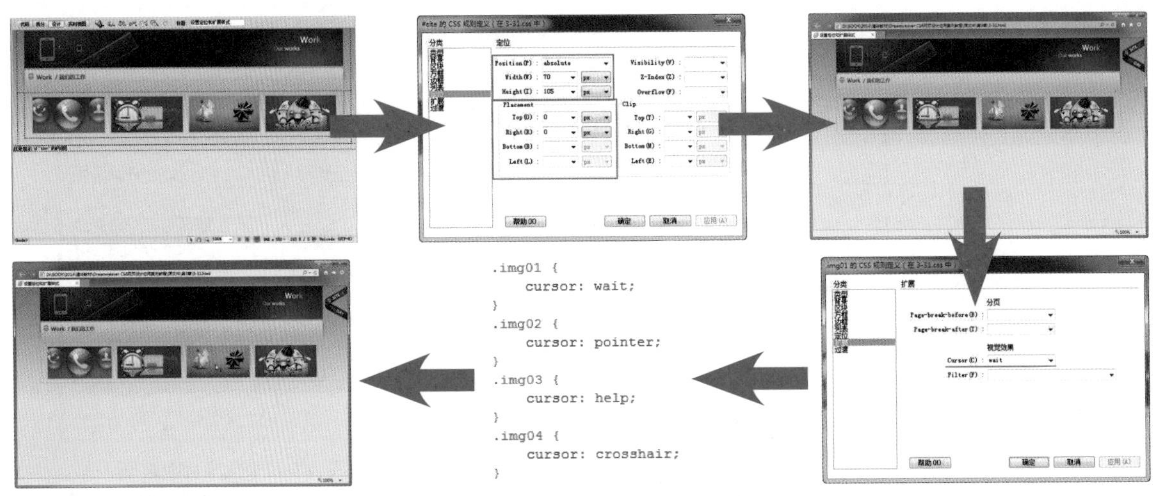

图3-100 操作流程图

实例 重点

- 掌握定位CSS样式属性的设置
- 掌握扩展CSS样式属性的设置

实例 步骤

STEP 1 执行“文件>打开”命令，打开页面“光盘\素材\第3章\3-31.html”，效果如图3-101所示。光标移至名为site的Div中，将多余文字删除，插入图像“光盘\素材\第3章\images\3108.png”，如图3-102所示。

图3-101 打开页面

图3-102 插入图像

STEP 2 打开“CSS样式”面板，单击“新建CSS规则”按钮，弹出“新建CSS规则”对话框，在“选择器类型”下拉列表中选择“ID(仅应用于一个HTML元素)”选项，设置如图3-103所示。单击“确定”按钮，弹出“CSS规则定义”对话框，选择“定位”选项，设置如图3-104所示。

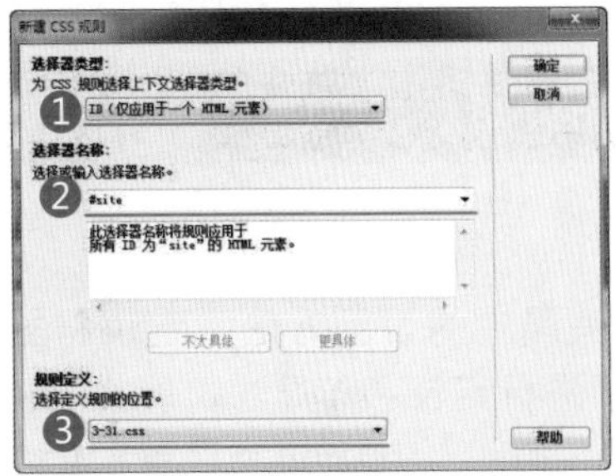

图3-103 “新建CSS规则”对话框

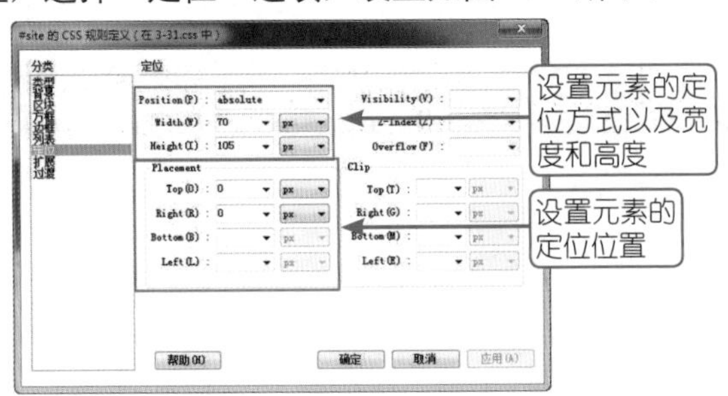

图3-104 设置“定位”选项

STEP 3 单击“确定”按钮，完成“CSS规则定义”对话框的设置，效果如图3-105所示。保存页面，在浏览器中预览页面，效果如图3-106所示。

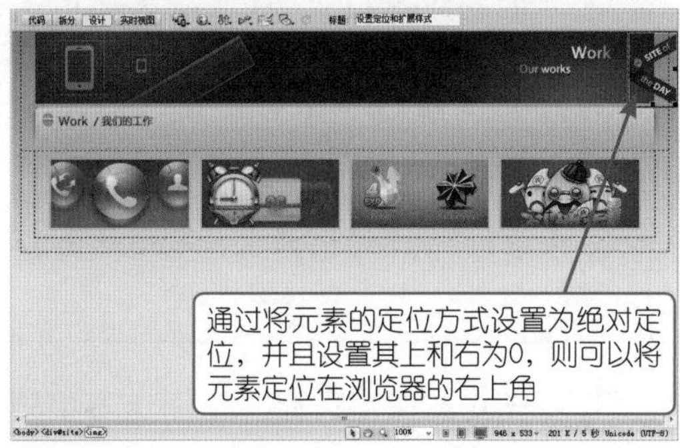

图3-105 页面效果

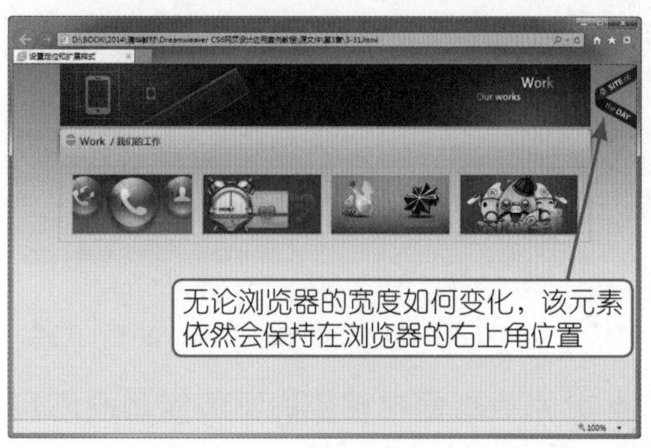

图3-106 在浏览器中预览页面

STEP 4 单击“新建CSS规则”按钮，弹出“新建CSS规则”对话框，在“选择器类型”下拉列表中选择“类(可应用于任何HTML元素)”选项，设置如图3-107所示。单击“确定”按钮，弹出“CSS规则定义”对话框，选择“扩展”选项，设置如图3-108所示。

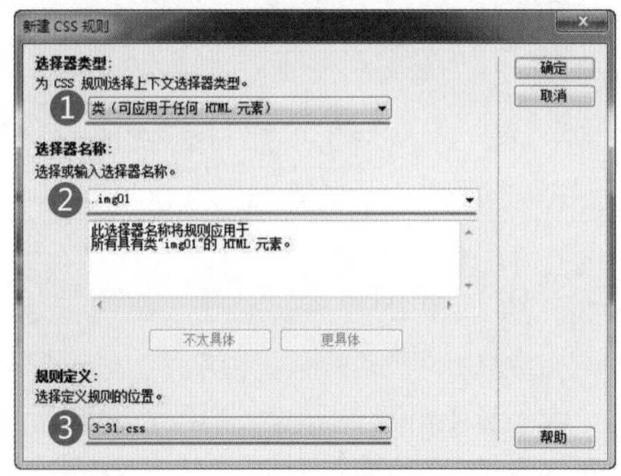

图3-107 “新建CSS规则”对话框

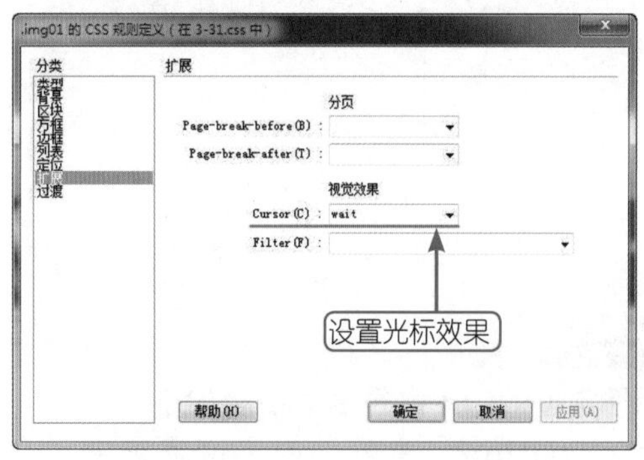

图3-108 设置“扩展”对话框

STEP 5 单击“新建CSS规则”按钮，弹出“新建CSS规则”对话框，在“选择器类型”下拉列表中选择“类(可应用于任何HTML元素)”选项，设置如图3-109所示。单击“确定”按钮，弹出“CSS规则定义”对话框，选择“扩展”选项，设置如图3-110所示。

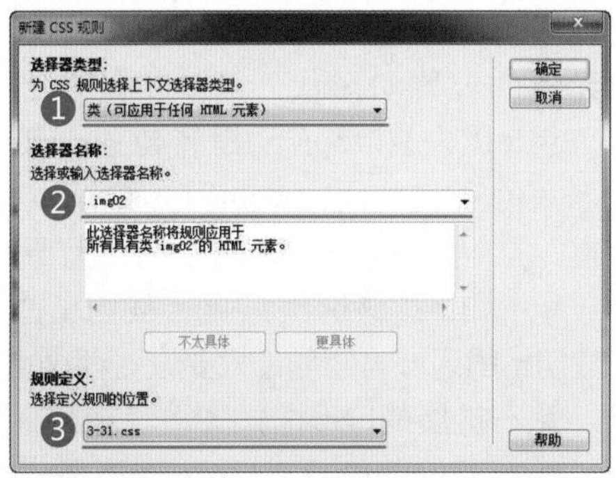

图3-109 “新建CSS规则”对话框

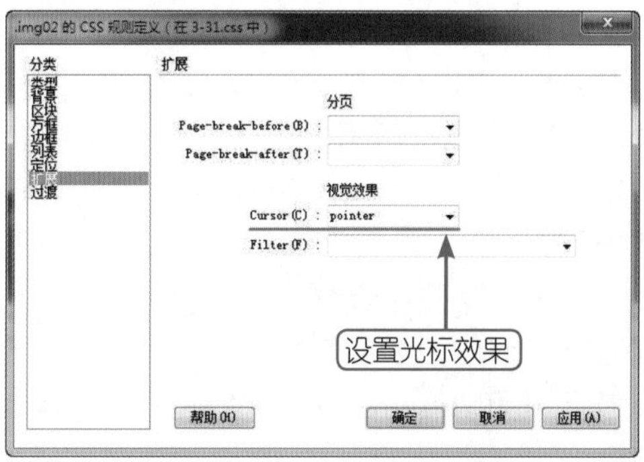

图3-110 设置“扩展”对话框

STEP 6 使用相同的方法，可以创建出.img03和.img04类CSS样式，如图3-111所示。转换到该页面所链接的外部CSS样式表文件中，可以看到所创建的类CSS样式的代码，如图3-112所示。

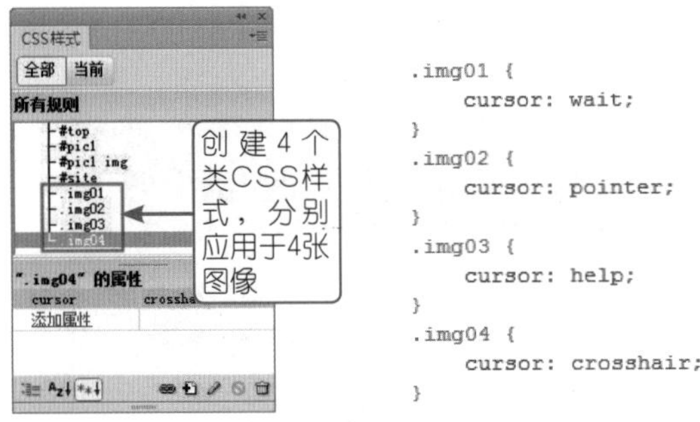


```
.img01 {
    cursor: wait;
}
.img02 {
    cursor: pointer;
}
.img03 {
    cursor: help;
}
.img04 {
    cursor: crosshair;
}
```

图3-111 “CSS样式”面板　图3-112 CSS样式代码

提 示

在“扩展”选项中的Filter属性用于设置CSS滤镜效果，但由于目前许多新版本的浏览器已经不再支持CSS滤镜，CSS滤镜所实现的效果逐渐会被最新的CSS 3中新增的CSS属性所取代，所以在这里我们不再介绍关于CSS滤镜的相关内容。

STEP 7 分别为页面中相应的图像应用刚刚定义的类CSS样式，保存页面，在浏览器中预览页面，效果如图3-113所示。

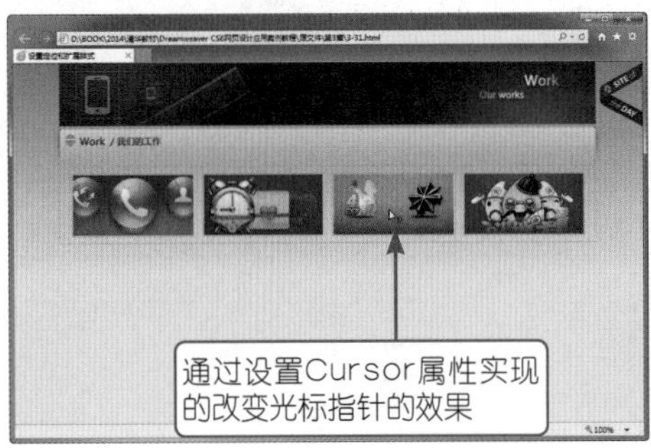

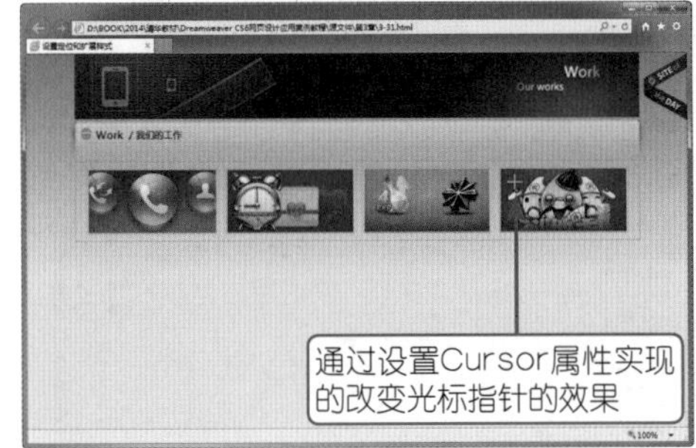

图3-113 在浏览器中预览页面效果

知识拓展

关于定位的CSS样式属性说明如下。

- Position：该属性用于设置元素的定位方式，有absolute(绝对)、fixed(固定)、relative(相对)和static(静态)4个选项。选择absolute选项，表示绝对定位，此时编辑窗口的左上角的顶点为元素定位时的原点；选择fixed选项，直接输入定位的光标位置，当用户滚动页面时，内容将在此位置保持固定；选择relative选项，表示相对定位，输入的各选项数值都是相对于元素原来在网页中的位置进行的设置。这一设置无法在Dreamweaver编辑窗口中看到效果；选择static选项，表示固定定位，元素的位置不移动。
- Width和Height：用于设置元素的高度和宽度。
- Visibility：该属性用于设置元素的可见性，下拉列表框中包括了inherit(继承)、visible(可见)和hidden(隐藏)3个选项。
- Z-Index：该属性用于设置元素的先后顺序和覆盖关系。
- Overflow：该属性用于设置元素内容溢出的处理方式，有visible(可见)、hidden(隐藏)、scroll(滚动)和auto (自动)4个选项。
- Placement：用于设置元素的定位属性，因为元素是矩形的，需要两个点准确描绘元素的位置和形状，第一个是左上角的顶点，用left(左)和top(上)设置位置，第二个是右下角的顶点，用bottom(下)和right(右)进行设置，这4项都是以网页左上角点为原点的。
- Clip：该选项只显示裁切出的区域。若裁切出的区域为矩形，只要设置两个点即可。

关于扩展的CSS样式属性说明如下。

- Page-break-before：该属性用于设置在元素之前添加分页符，在该选项的下拉列表中提供了4个选项，分别是auto(自动)、always(总是)、left(左)和right(右)。

✱ Page-break-after：该属性用于设置在元素之后添加分页符。

✱ Cursor：该属性用于设置光标在网页中的视觉效果，通过样式改变鼠标形状，当鼠标放在被此选项设置修饰过的区域上时，形状会发生改变。具体的形状包括：crosshair(交叉十字)、text(文本选择符号)、wait(Windows等待形状)、pointer(手形)、default(默认的鼠标形状)、help(带问号的鼠标)、e-resize(向东的箭头)、ne-resize(指向东北的箭头)、n-resize(向北的箭头)、nw-resize(指向西北的箭头)、w-resize(向西的箭头)、sw-resize(向西南的箭头)、s-resize(向南的箭头)、se-resize(向东南的箭头)、auto(正常鼠标)。

✱ Filter：该属性用于为元素添加滤镜效果。CSS中自带了许多滤镜，合理应用这些滤镜可以做出其他软件(如Photoshop)所做出的效果。

| 实例32 CSS类选区——制作弹出广告页面 

实例 目的

CSS类选区是Dreamweaver CS6中新增的功能，其作用是可以将多个类CSS样式应用于页面中的同一个元素，操作起来非常方便，本实例的目的是让大家理解CSS类选区并掌握CSS类选区的使用方法。如图3-114所示为使用CSS类选区的流程图。

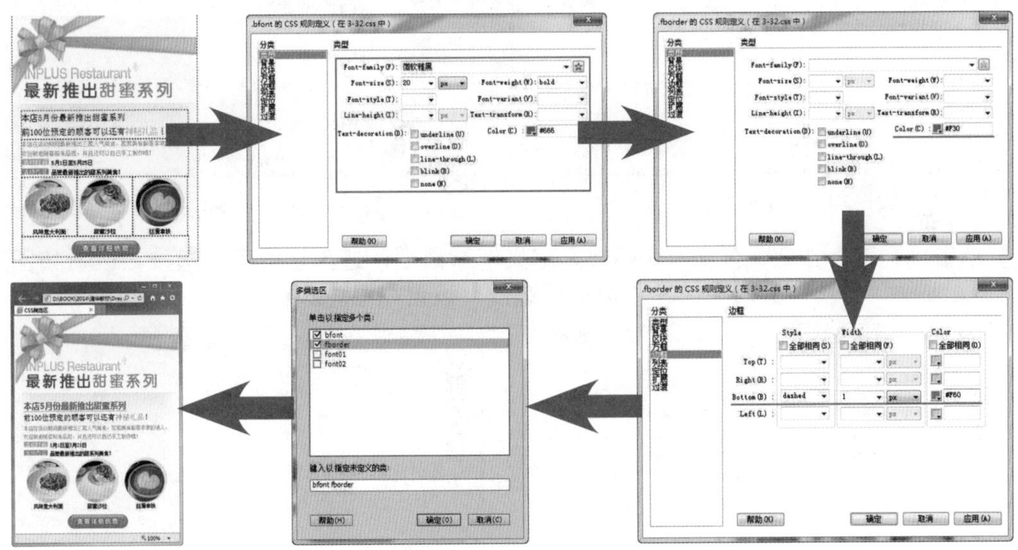

图3-114 操作流程图

实例 重点

✱ 理解什么是CSS类选区

✱ 掌握CSS类选区的使用方法

实例 步骤

STEP 1 执行“文件>打开”命令，打开页面“光盘\素材\第3章\3-32.html”，效果如图3-115所示。单击“新建CSS规则”按钮，弹出“新建CSS规则”对话框，在“选择器类型”下拉列表中选择“类(可应用于任何HTML元素)”选项，设置如图3-116所示。

图3-115　打开页面

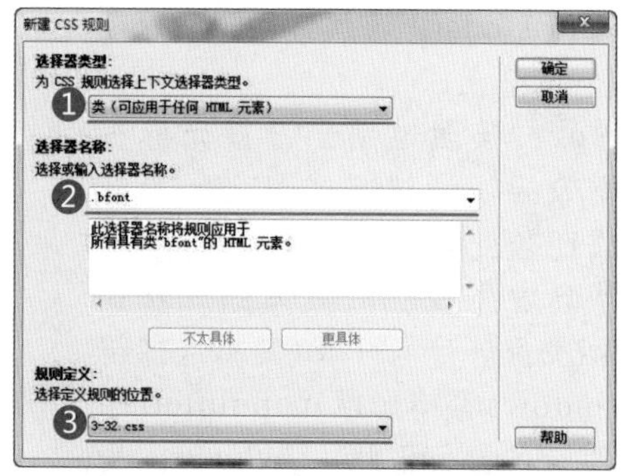

图3-116　“新建CSS规则”对话框

STEP 2 单击“确定”按钮，弹出“CSS规则定义”对话框，选择“类型”选项，设置如图3-117所示。单击“新建CSS规则”按钮，弹出“新建CSS规则”对话框，在“选择器类型”下拉列表中选择“类(可应用于任何HTML元素)”选项，设置如图3-118所示。

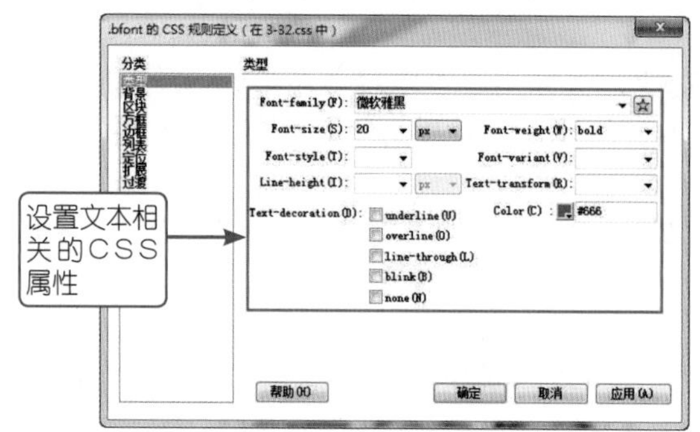

图3-117　设置“类型”选项

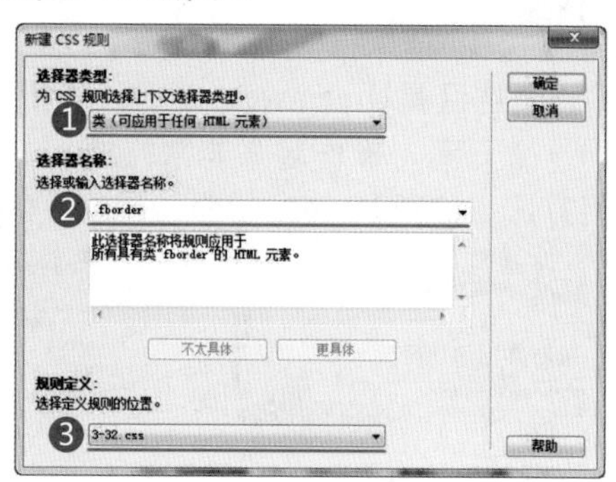

图3-118　“新建CSS规则”对话框

STEP 3 单击“确定”按钮，弹出“CSS规则定义”对话框，选择“类型”选项，设置如图3-119所示。在左侧的“分类”列表中选择“边框”选项，设置如图3-120所示。

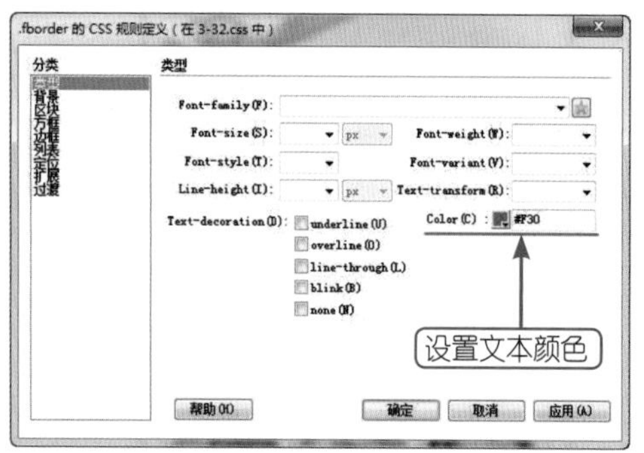

图3-119　设置“类型”选项

图3-120　设置“边框”选项

STEP 4 单击“确定”按钮，完成“CSS规则定义”对话框的设置。在网页中选中需要应用类CSS样式的文字，如图3-121所示。在“属性”面板上的“类”下拉列表中选择“应用多个类”选项，如图3-122所示。

STEP 5 弹出“多类选区”对话框，选中需要为选中的文字应用的多个类CSS样式，如图3-123所示。单击“确定”按钮，即可将选中的多个类CSS样式应用于所选中的文字，如图3-124所示。

图3-121 选中文字

图3-122 选择“应用多个类”选项

图3-123 “多类选区”对话框

图3-124 应用多个类CSS样式效果

提 示

在“多类选区”对话框中，将显示当前页面的CSS样式中所有的类CSS样式，而ID样式、标签样式、复合样式等其他的CSS样式并不会显示在该对话框的列表中，从列表中选择需要为选中元素应用的多个类CSS样式即可。

STEP 6 转换到代码视图中，可以看到为刚选中的文字应用多个类CSS样式的代码效果，如图3-125所示。保存页面，在浏览器中预览页面，效果如图3-126所示。

使用class属性应用类CSS样式，如果应用多个类CSS样式，则样式名称使用空格分隔

```
<div id="box">
  <div id="title"><span class="bfont fborder">本
店5月份最新推出甜蜜系列</span><br />
    前100位预定的顾客可以还有<span class="font01">神
秘礼品</span>！ </div>
  <div id="text"><span class="font02">本店在活动
期间最新推出三款人气美食，款款美食都是非常的诱人
，欢迎新老顾客前来品尝，并且还可以自己手工制作哦！</span>
<br />
```

图3-125 应用多个类CSS样式

图3-126 在浏览器中预览页面效果

技 巧

在名为.fborder的类CSS样式中与名为.bfont的类CSS样式定义中，都定义了color属性，并且两个color属性的值并不相同，这样，同时应用这两个类CSS样式时，color属性就会发生冲突，应用类CSS样式有一个靠近原则，即当两个CSS样式中的属性发生冲突时，将应用靠近元素的CSS样式中的属性，则在这里就会应用.fborder的类CSS样式中定义的color属性。

实例33 Web字体——制作个人网站欢迎页面

实例 目的 

在Dreamweaver CS6中新增的Web字体功能，通过Web字体功能可以加载特殊的字体，从而在网页中实现特殊的文字效果。本实例的目的是让大家掌握Web字体的使用方法。如图3-127所示为使用Web字体的流程图。

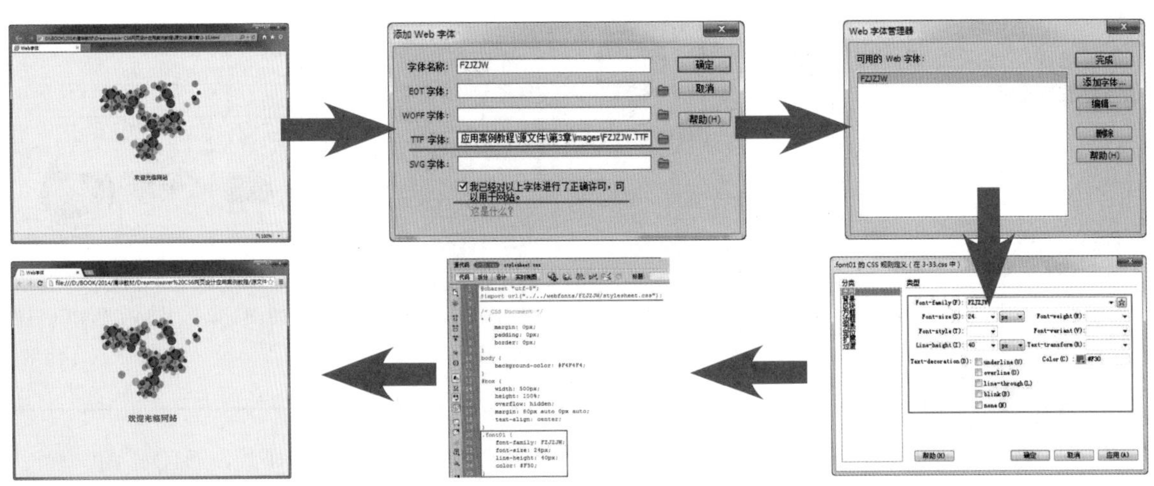

图3-127　操作流程图

实例 重点

★ 理解Web字体的功能与原理　　★ 掌握在网页中使用Web字体的方法

实例 步骤

STEP 1 执行“文件>打开”命令，打开页面“光盘\素材\第3章\3-33.html”，页面效果如图3-128所示。在浏览器中预览页面，可以看到网页中文字的效果，如图3-129所示。

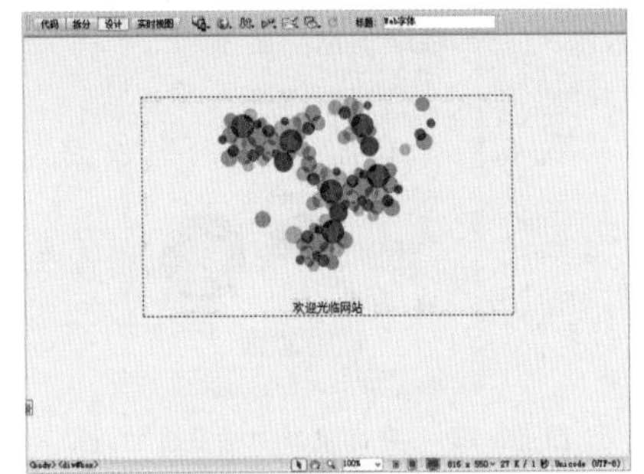

图3-128　页面效果

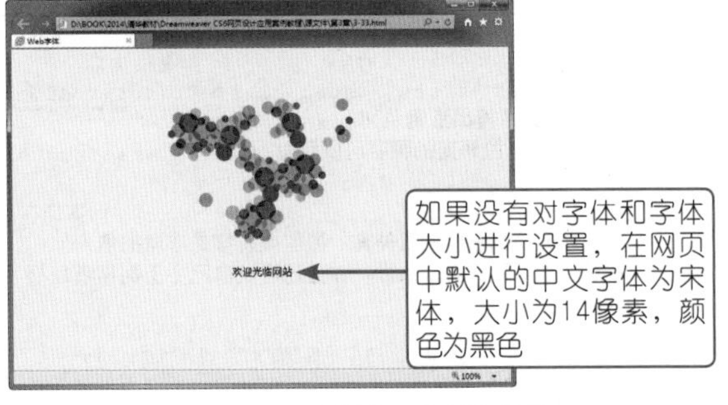

图3-129　在浏览器中预览效果

STEP 2 执行“修改>Web字体”命令，弹出“Web字体管理器”对话框，单击“添加字体”按钮，弹出“添加Web字体”对话框，如图3-130所示。单击“TTF字体”选项后的“浏览”按钮，弹出“打开”对话框，选择需要添加的字体，如图3-131所示。

图3-130　“添加Web字体”对话框

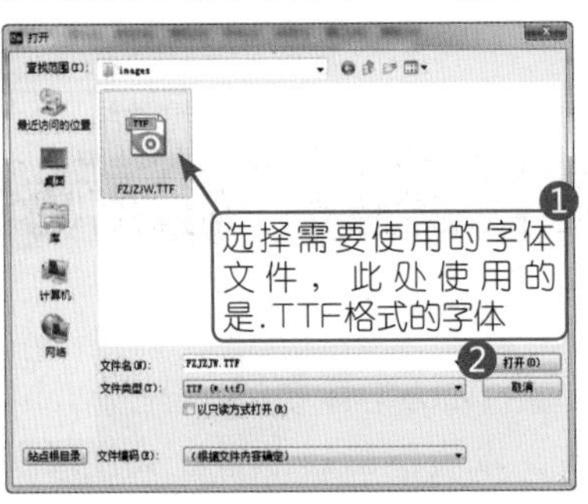

图3-131　“打开”对话框

提 示

在“添加Web字体”对话框中，可以添加4种格式的字体文件，分别单击各字体格式选项后的“浏览”按钮，即可添加相应格式的字体。

STEP 3 单击“打开”按钮，添加该字体，选中相应的复选框，如图3-132所示。单击“确定”按钮，即可将所选择的字体添加到“Web字体管理器”对话框中，如图3-133所示。

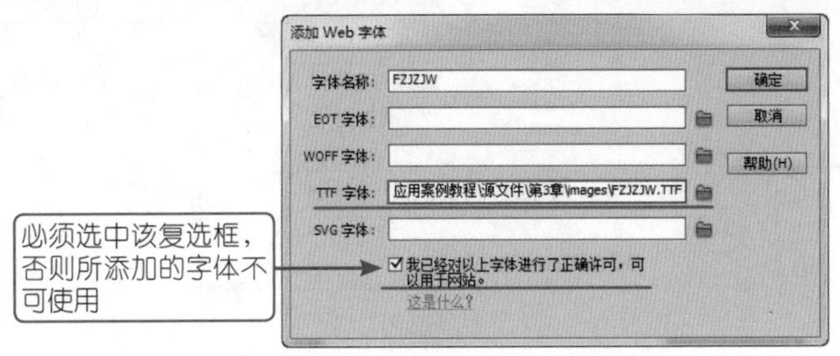

图3-132 “添加Web字体”对话框

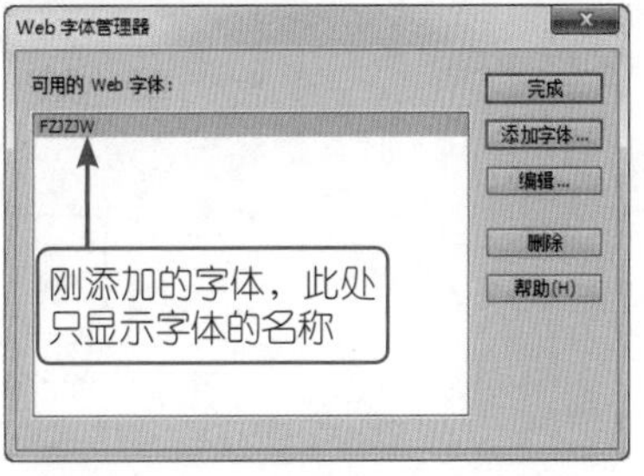

图3-133 “Web字体管理器”对话框

STEP 4 单击“完成”按钮，即可完成Web字体的添加。打开“CSS样式”面板，单击“新建CSS规则”按钮，弹出“新建CSS规则”对话框，设置如图3-134所示。单击“确定”按钮，弹出“CSS规则定义”对话框，在font-family下拉列表中选择刚定义的Web字体，如图3-135所示。

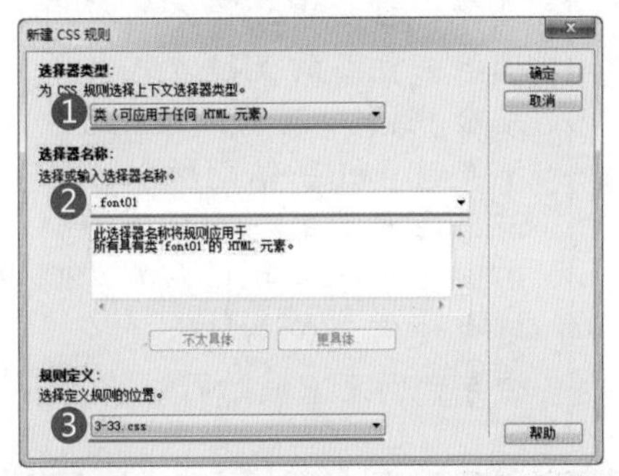

图3-134 设置“新建CSS规则”对话框

图3-135 设置font-family属性

STEP 5 在“CSS规则定义”对话框中对其他选项进行设置，如图3-136所示。单击“确定”按钮，完成CSS样式的设置，转换到该网页所链接的外部CSS样式文件中，可以在页面头部看到所添加的代码，如图3-137所示。

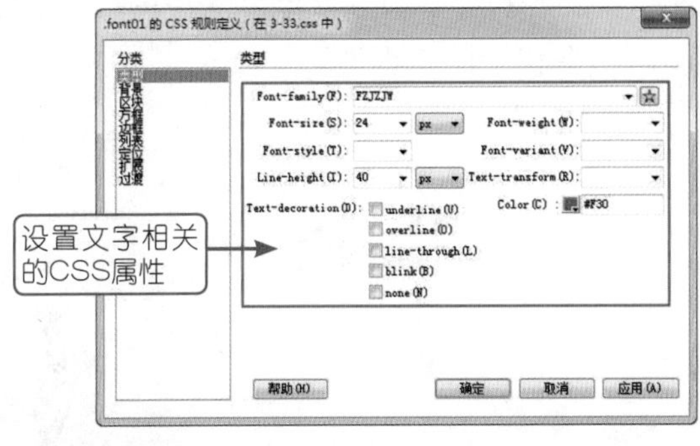

图3-136 设置“CSS规则定义”对话框

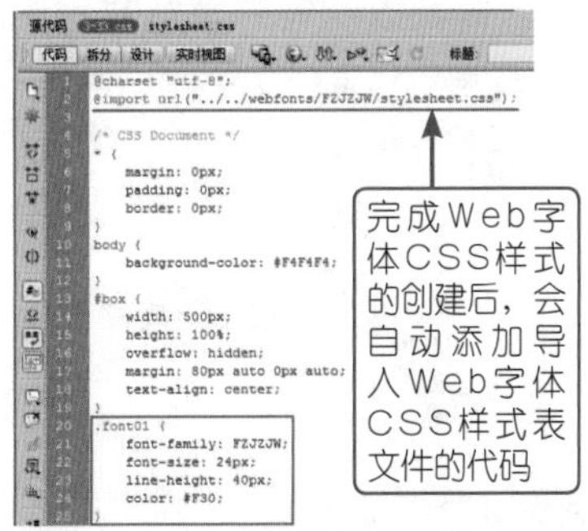

图3-137 自动添加的CSS样式代码

提 示

在CSS样式中定义了字体为所添加的Web字体，则会在当前站点的根目标中自动创建名为webfonts的文件夹，并在该文件夹中创建以Web字体名称命名的文件夹，如图3-138所示。在该文件夹中自动创建了所添加的Web字体文件和CSS样式表文件，如图3-139所示。

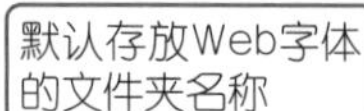

图3-138 webfonts文件夹

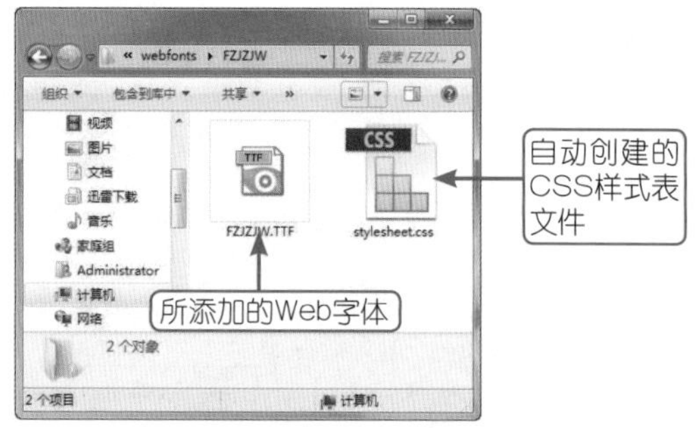

图3-139 Web字体文件夹

STEP 6 返回设计视图，选中相应的文字，在“属性”面板上的“类”下拉列表中选择刚定义的名为font01的类CSS样式应用，如图3-140所示。保存页面，在Chrome浏览器中预览页面，可以看到使用Web字体的效果，如图3-141所示。

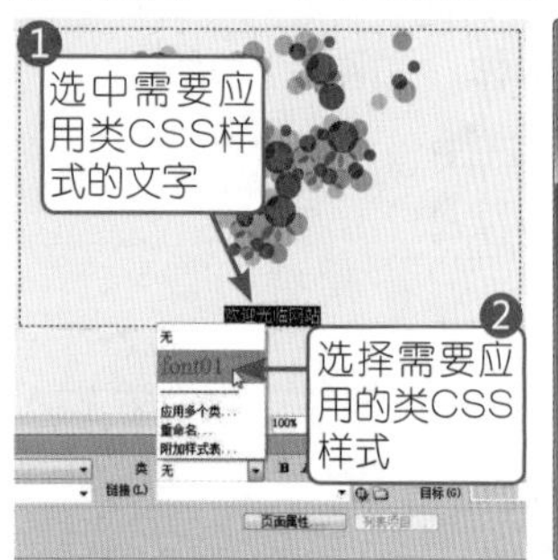

图3-140 应用CSS样式

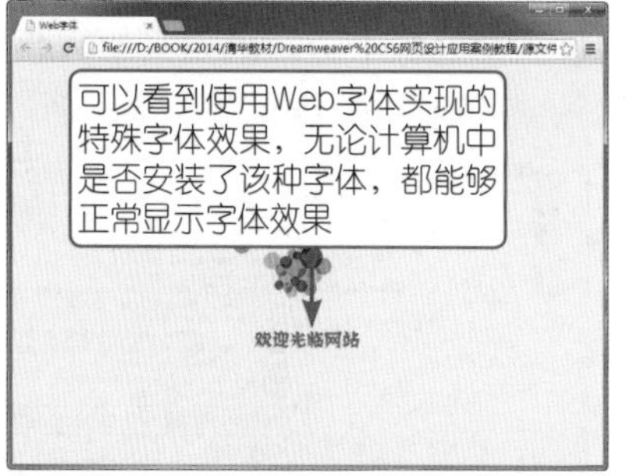

图3-141 在Chrome浏览器中预览效果

提 示

目前，对于Web字体的应用很多浏览器的支持方式并不完全相同，例如，IE8就并不支持Web字体，所以，目前，在网页中还是要尽量少用Web字体。并且如果在网页中使用的Web字体过多，会导致网页下载时间过长。

实例34 CSS盒模型——制作卡通网站页面

实例 目的

盒模型是使用DIV+CSS对网页元素进行控制，这是一个非常重要的概念，只有很好地理解和掌握CSS盒模型以及其中属性的用法，才能更好地对网页中的元素位置进行控制。本实例的目的是让大家理解CSS盒模型。如图3-142所示为网页盒模型的流程图。

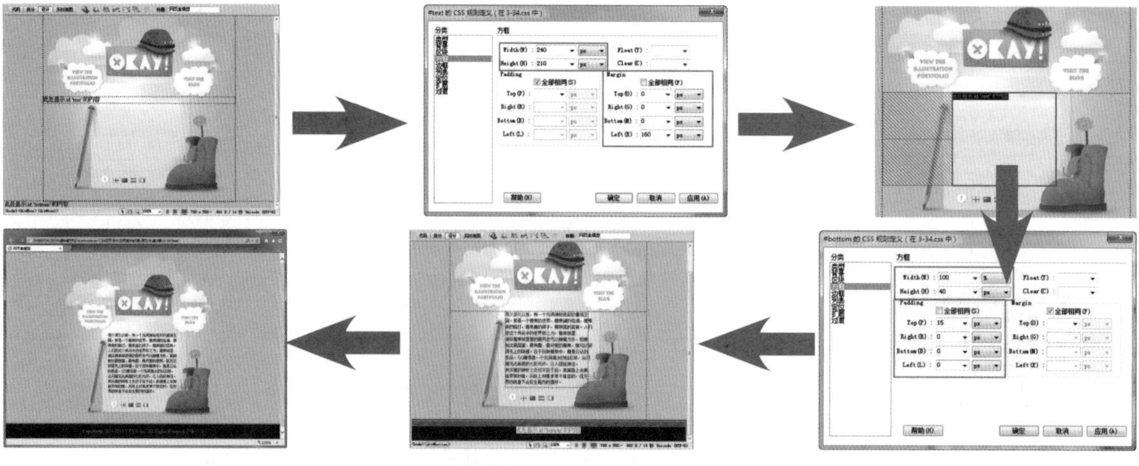

图3-142 操作流程图

实例 重点

- 理解CSS盒模型的原理
- 掌握CSS盒模型核心属性
- 掌握CSS盒模型在网页制作过程中的应用

实例 步骤

STEP 1 执行“文件>打开”命令，打开页面“光盘\素材\第3章\3-34.html”，页面效果如图3-143所示。打开“CSS样式”面板，单击“新建CSS规则”按钮，弹出“新建CSS规则”对话框，设置如图3-144所示。

图3-143　打开页面

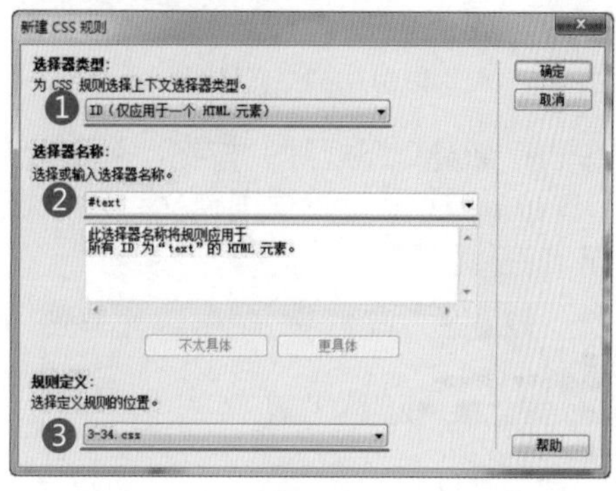

图3-144　“新建CSS规则”对话框

STEP 2 单击“确定”按钮，弹出“CSS规则定义”对话框，在“分类”列表中选择“类型”选项，设置如图3-145所示。在“分类”列表中选择“方框”选项，设置如图3-146所示。

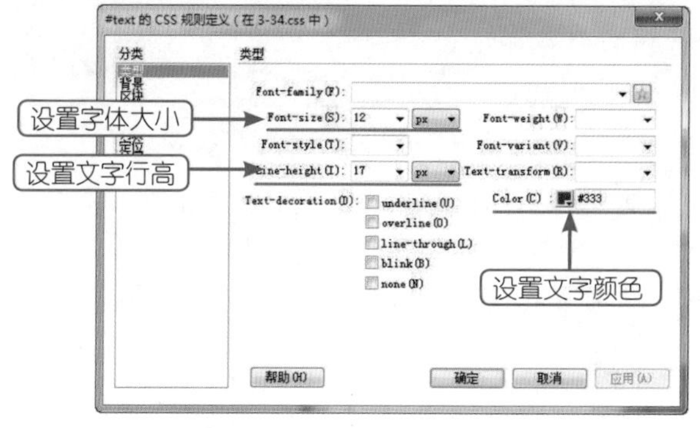

图3-145　设置“类型”选项

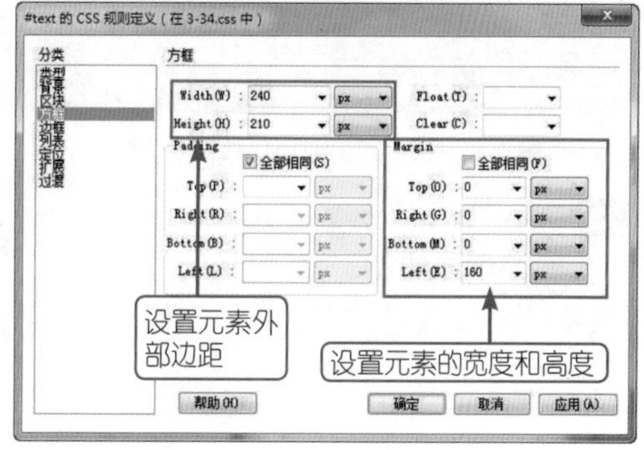

图3-146　设置“方框”选项

提示

margin(边界)用来设置页面中元素和元素之间的距离，即定义元素周围的空间范围，是页面排版中一个比较重要的概念。margin属性包含4个子属性，分别是margin-top、margin-right、margin-bottom和margin-left，用于控制元素四周的边距。

STEP 3 单击“确定”按钮，完成“CSS规则定义”对话框的设置，选中页面中ID名为text的Div，可以看到该Div效果，如图3-147所示。光标移至名为text的Div中，将多余文字删除，在该Div中输入相应的文字，如图3-148所示。

图3-147 页面效果

图3-148 输入文字

STEP 4 单击“新建CSS规则”按钮，弹出“新建CSS规则”对话框，设置如图3-149所示。单击“确定”按钮，弹出“CSS规则定义”对话框，在“分类”列表中选择“类型”选项，设置如图3-150所示。

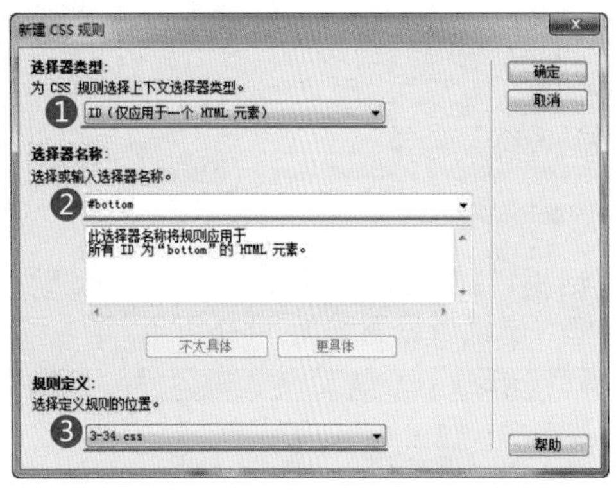

图3-149 “新建CSS规则”对话框

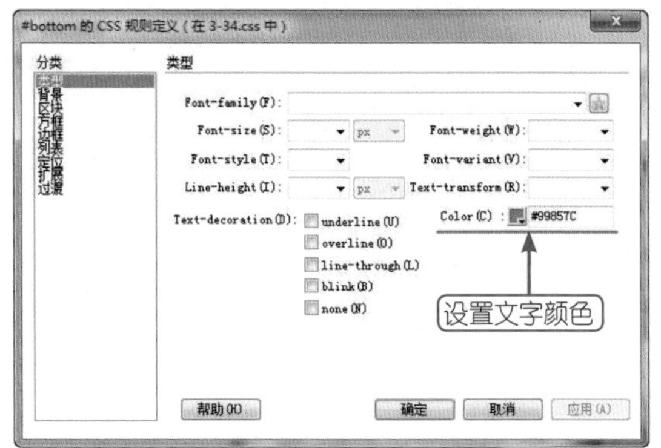

图3-150 设置“类型”选项

STEP 5 在“分类”列表中选择“背景”选项，设置如图3-151所示。在“分类”列表中选择“区块”选项，设置如图3-152所示。

图3-151 设置“背景”选项

图3-152 设置“区块”选项

STEP 6 在“分类”列表中选择“方框”选项，设置如图3-153所示。在“分类”列表中选择“边框”选项，设置如图3-154所示。

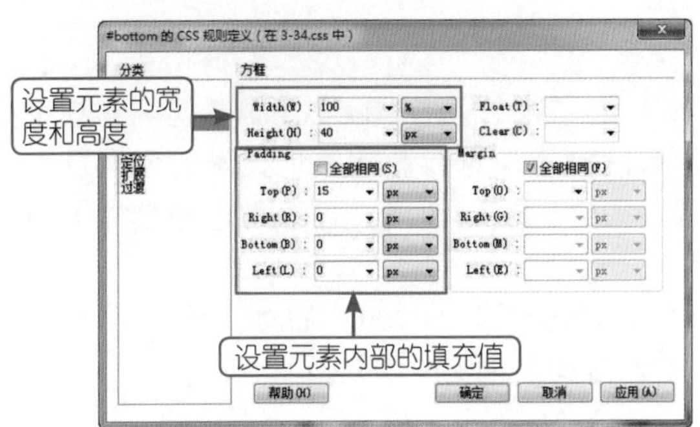

图3-153　设置“方框”选项

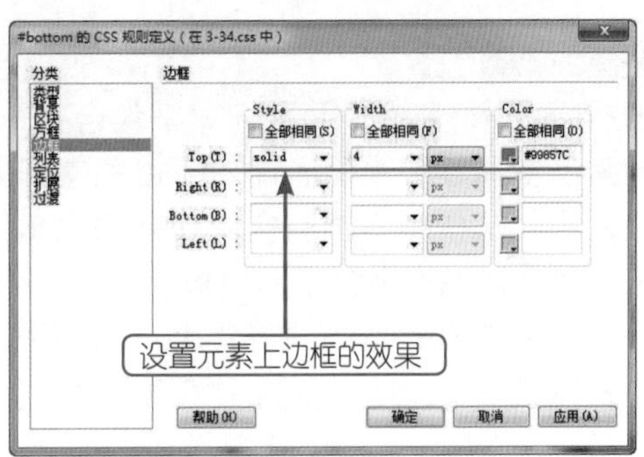

图3-154　设置“边框”选项

提 示

在CSS中，可以通过设置padding属性定义内容与边框之间的距离，即内边距。padding属性值可以是一个具体的长度，也可以是一个相对于上级元素的百分比，但不可以使用负值。padding属性可以为盒子定义上、右、下、左各边填充的值，分别是padding-top(上填充)、padding-right(右填充)、padding-bottom(下填充)和padding-left(左填充)。

STEP 7 单击“确定”按钮，完成“CSS规则定义”对话框的设置，选中页面中ID名为bottom的Div，可以看到该Div效果，如图3-155所示。光标移至名为bottom的Div中，将多余文字删除，在该Div中输入相应的文字，如图3-156所示。

图3-155　页面效果

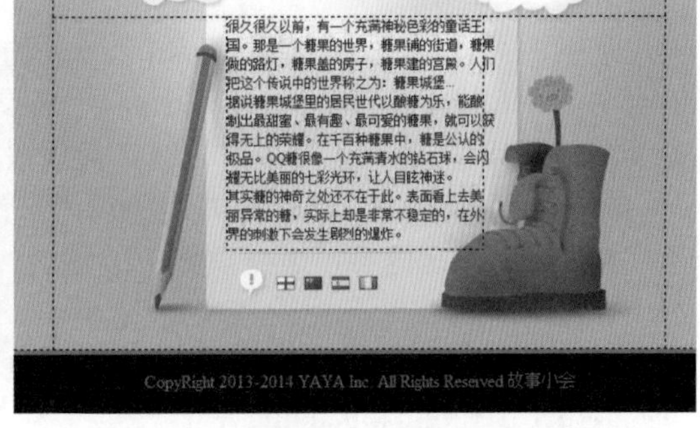

图3-156　输入文字

STEP 8 执行“文件>保存”命令，保存页面，并保存外部CSS样式表文件，在浏览器中预览页面，效果如图3-157所示。

图3-157　在浏览器中预览页面效果

提 示

在给padding设置值时，如果提供4个参数值，将按顺时针的顺序作用于上、右、下、左四边；如果只提供1个参数值，则将作用于四边；如果提供2个参数值，则第1个参数值作用于上、下两边，第2个参数值作用于左、右两边；如果提供3个参数值，第1个参数值作用于上边，第2个参数值作用于左、右两边，第3个参数值作用于下边。

知识拓展

在CSS中，所有的页面元素都包含在一个矩形框内，这个矩形框就称为盒模型。盒模型描述了元素及其属性在页面布局中所占的空间大小，因此盒模型可以影响其他元素的位置及大小。一般来说，这些被占据的空间往往都比单纯的内容要大。换句话说，可以通过整个盒子的边框和距离等参数来调节盒子的位置。

盒模型是由margin(边界)、border(边框)、padding(填充)和content(内容)几个部分组成的，此外，在盒模型中，还具备高度和宽度两个辅助属性，盒模型如图3-158所示。

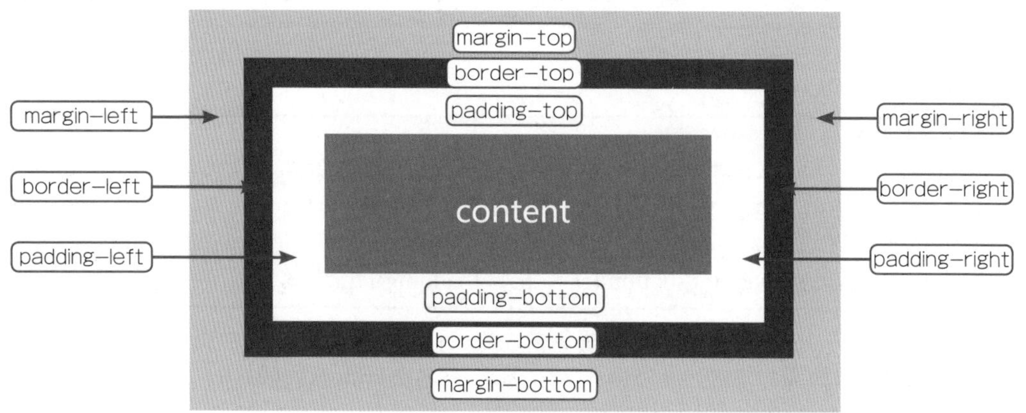

图3-158　盒模型效果

从图中可以看出，盒模型包含4个部分的内容。

- margin：边界或称为外边距，用来设置内容与内容之间的距离。
- border：边框，内容边框线，可以设置边框的粗细、颜色和样式等。
- padding：填充或称为内边距，用来设置内容与边框之间的距离。
- content：内容，是盒模型中必需的一部分，可以放置文字、图像等内容。

一个盒子的实际高度或宽度是由content+padding+border+margin组成的。在CSS中，可以通过设置width或height属性来控制content部分的大小，并且对于任何一个盒子，都可以分别设置4边的border、margin和padding。

提 示

关于盒模型还有以下几点需要注意：(1)边框默认的样式(border-style)可设置为不显示(none)。(2)填充值(padding)不可为负数。(3)内联元素，例如<a>，定义上下边界不会影响到行高。(4)如果盒中没有内容，则即使定义了宽度和高度都为100%，实际上只占0%，因此不会被显示，此处在使用DIV+CSS布局的时候需要特别注意。

第4章

Dreamweaver CS6

在网页中创建链接

一个网站是由多个页面组成的，页面之间就是依靠超链接来确定相互的导航关系。超链接是网页页面中最重要的元素之一，是一个网站的灵魂与核心。网页中的超链接分为文本超级链接、电子邮件超链接、图像超链接和热点超链接等，本章中将向读者介绍如何在Dreamweaver中创建各种类型的超链接。

本章重点

- 创建文字和图像超链接
- 创建空链接和下载链接
- 创建E-mail链接
- 创建脚本链接
- 创建锚记链接
- 创建热点链接

实例35 创建基础链接——文字和图像超链接

实例 目的

本实例的目的是让大家掌握在网页中创建文字和图像链接。文字链接即以文字作为媒介的链接，它是网页中最常被使用的链接方式，具有文件小、制作简单和便于维护的特点。图像也是常被使用的链接媒体，它和文字链接非常相似。如图4-1所示是在网页中创建文字和图像超链接的流程。

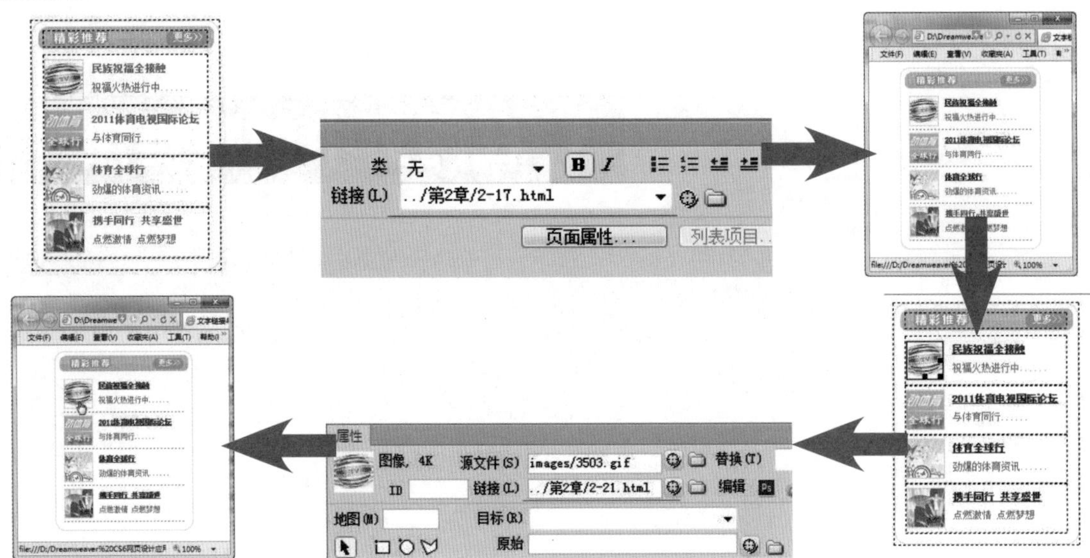

图4-1 操作流程图

实例 重点

- 掌握创建文字链接的方法
- 掌握创建图像链接的方法
- 掌握创建链接的三种方法

实例 步骤

STEP 1 执行“文件>打开”命令，打开页面“光盘\素材\第4章\4-35.html”，页面效果如图4-2所示。在页面中选中“民族祝福全接触”文字，在“属性”面板中可以看到有一个“链接”文本框，如图4-3所示。

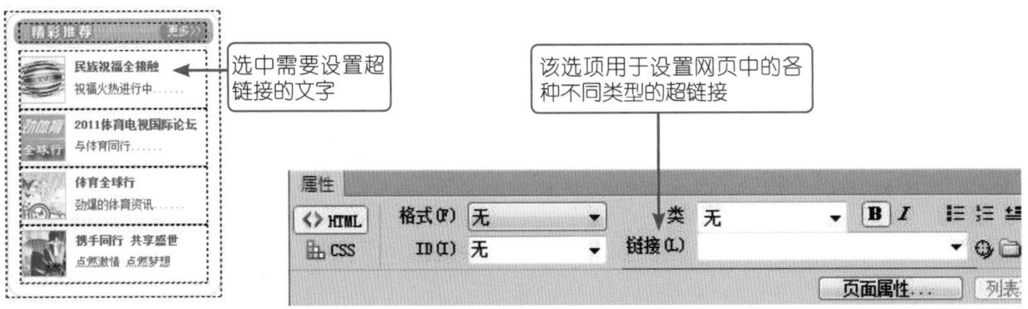

图4-2 页面效果　　图4-3 “属性”面板

STEP 2 为文字创建链接有3种方法，第一种方法是用鼠标拖动“链接”文本框后面的“指向文件”按钮至“文件”面板中需要链接的HTML页面，如图4-4所示。松开鼠标，链接地址即插到了“链接”文本框中，如图4-5所示。

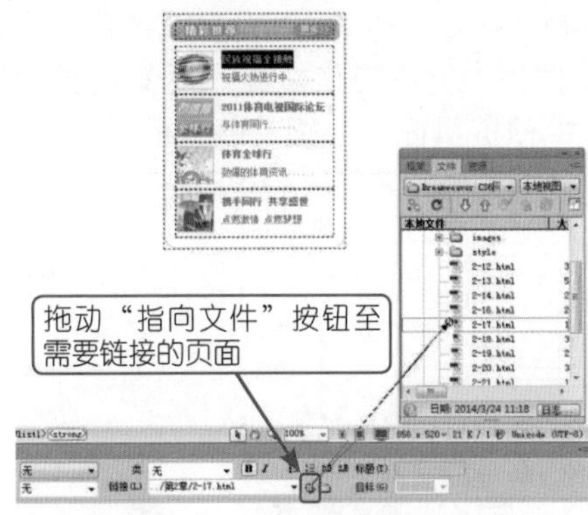

图4-4　拖动“指向文件”按钮

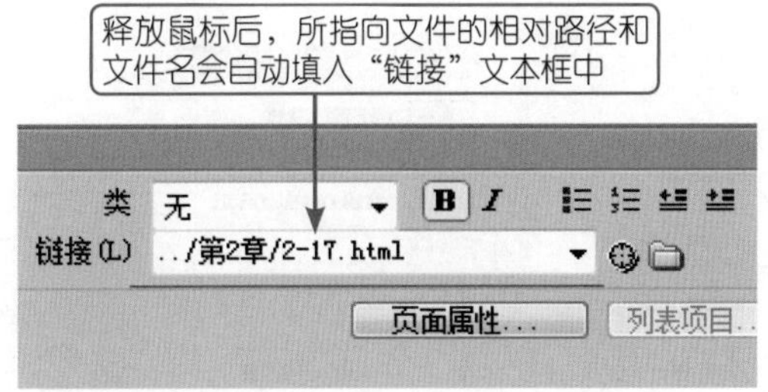

图4-5　在“链接”文本框中显示链接地址

STEP 3 第二种方法是单击“链接”文本框后的“浏览文件”按钮，如图4-6所示。弹出“选择文件”对话框，从中选择需要链接的html页面，如图4-7所示。单击“确定”按钮，“链接”文本框中就会出现链接地址。

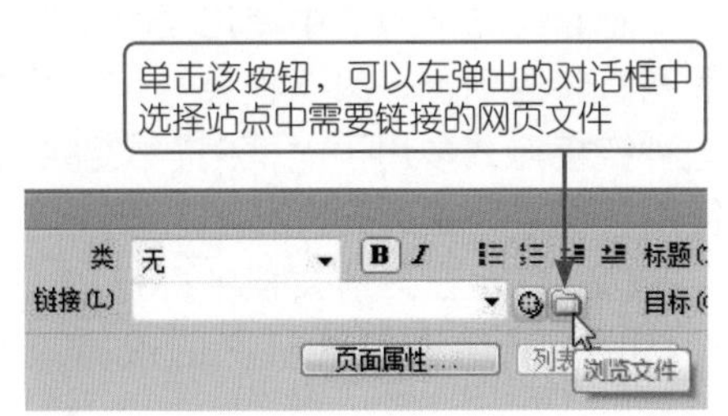

图4-6　单击“浏览文件”按钮

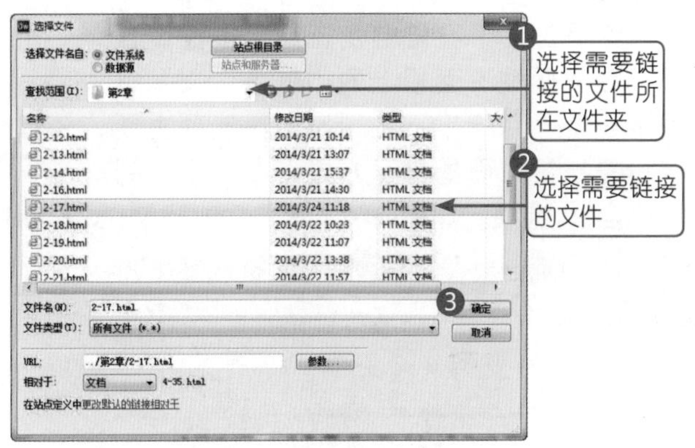

图4-7　“选择文件”对话框

STEP 4 第三种方法是直接在“链接”文本框中输入HTML页面的地址，如图4-8所示。单击“属性”面板中的“页面属性”按钮，弹出“页面属性”对话框，在其左侧的“分类”列表中选择“链接(CSS)”选项，设置如图4-9所示，设置完成，单击“确定”按钮。

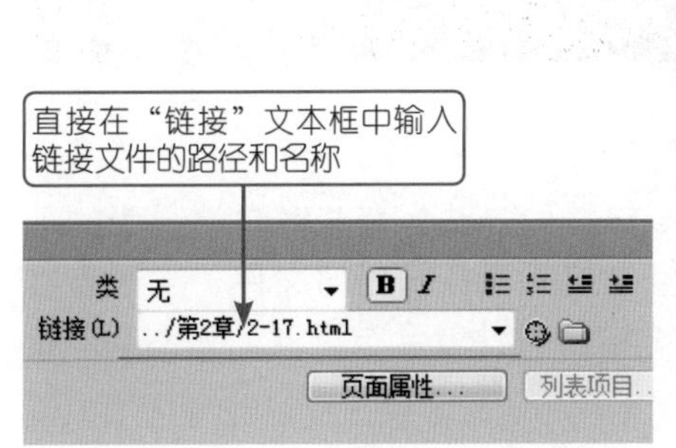

图4-8　单击“浏览文件”按钮

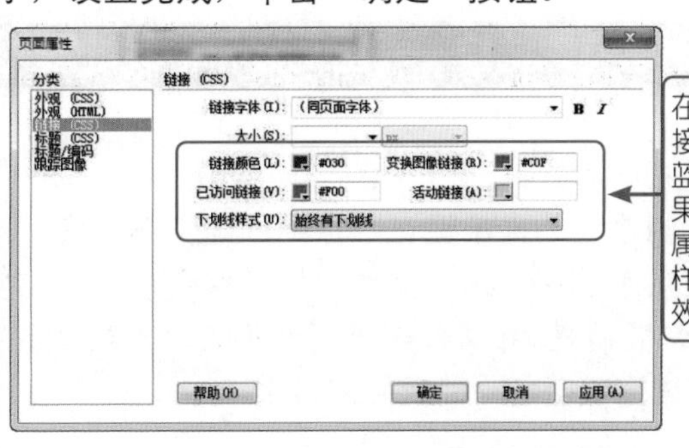

图4-9　“页面属性”对话框

STEP 5 使用相同的方法，可以为网页中的其他文字设置链接，保存页面，在浏览器中预览页面，可以单击页面中的文字链接，查看链接效果，如图4-10所示。返回网页设计视图中，选择需要设置超链接的图像，如图4-11所示。

STEP 6 在“属性”面板上的“链接”文本框中输入链接的文件地址，也可以使用之前讲过的“指向文件”和“浏览文件”的方法，如图4-12所示。使用相同的方法，完成对其他图像的链接制作，执行“文件>保存”命令，保存页面，在浏览器中预览页面，如图4-13所示。

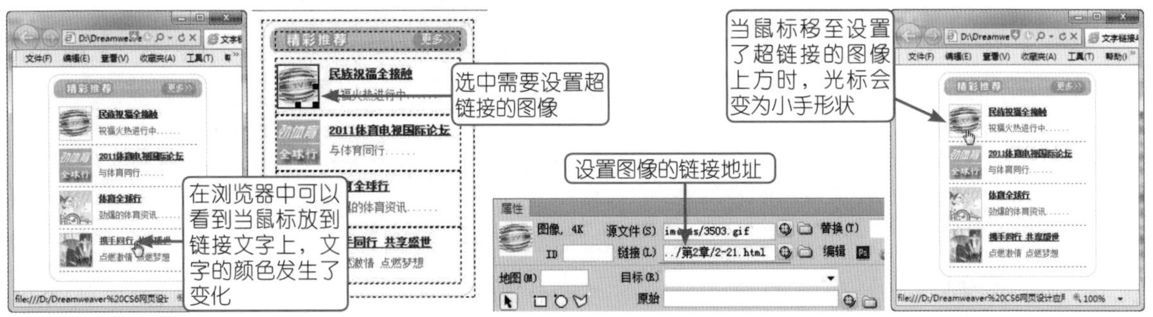

图4-10 预览页面图　　4-11 选中图像　　图4-12 设置“链接”属性　　图4-13 预览页面

知识 拓展

无论是为文字设置链接还是为图像设置链接，在“属性”面板上的“链接”文本框旁都有一个“目标”下拉列表，该选项主要用于设置链接页面的打开方式，在该下拉列表中包含5个选项，如图4-14所示。

图4-14 “目标”下拉列表

✱ _blank：打开一个新的浏览器窗口，原来的网页窗口仍然存在，这种方法可以应用在用户希望保留主要的窗口时。

✱ new：与_blank类似，将链接的页面以一个新的浏览器打开。

✱ _parent：如果网页中使用“框架”，新链接的网页将回到上一级“框架”所在的窗口中，这种链接方式多用于“框架”文件中需要回到使用“框架”首页的情况。

✱ _self：表示在当前文档中打开。

✱ _top：表示在链接所在的最高级窗口中打开。

如果没有为链接指定一种打开方式，则默认情况下，链接在原浏览器窗口中打开。

实例36 创建特殊链接——空链接和下载链接

实例 目的

本实例的目的是让大家掌握在网页中创建空链接和下载链接的方法。有些客户端行为的动作，需要有超链接来调用，这时就需要用到空链接，单击空链接不会打开任何文件。当被连接的文件是.exe文件或者是.zip文件等浏览器不支持的类型时，这些文件就会被下载。如图4-15所示是在页面中创建空链接和下载链接的流程。

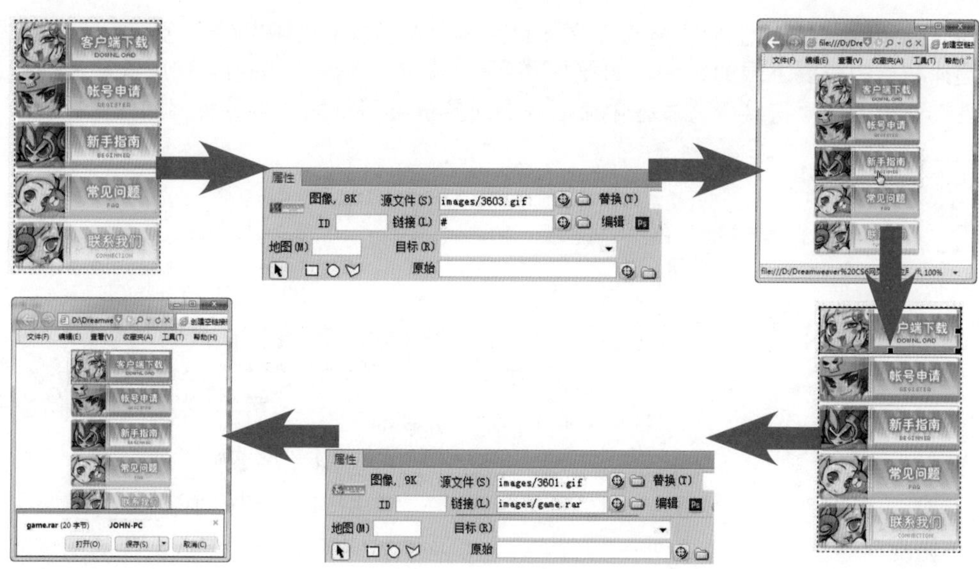

图4-15　操作流程图

实例 重点

- 理解什么是空链接
- 了解文件下载链接
- 掌握创建空链接的方法
- 掌握创建下载链接的方法

实例 步骤

STEP 1 执行“文件>打开”命令，打开页面“光盘\素材\第4章\4-36.html”，页面效果如图4-16所示。单击选中“新手指南”图像，在“属性”面板上的“链接”文本框中输入空链接#，如图4-17所示。

STEP 2 执行“文件>保存”命令，保存页面。在浏览器中预览页面，单击刚设置的空链接图像，将刷新当前的页面，如图4-18所示。返回网页设计视图中，单击选中“客户端下载”图像，如图4-19所示。

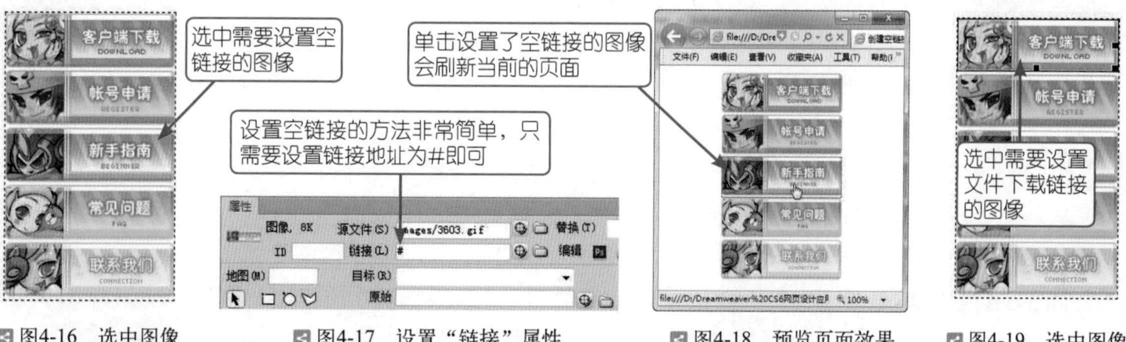

图4-16　选中图像　　图4-17　设置“链接”属性　　图4-18　预览页面效果　　图4-19　选中图像

提 示

所谓空链接，就是没有目标端点的链接。利用空链接，可以激活文件中链接对应的对象和文本，当文本或对象被激活后，可以为之添加行为，比如鼠标经过后变化图片，或者使某一Div显示。

STEP 3 单击“属性”面板上的“链接”文本框后的“浏览文件”按钮，弹出“选择文件”对话框，选择站点中需要下载的文件，如图4-20所示。单击“确定”按钮，完成链接文件的选择。在“属性”面板上的“链接”文本框中可以看到所要链接下载的文件名称，如图4-21所示。

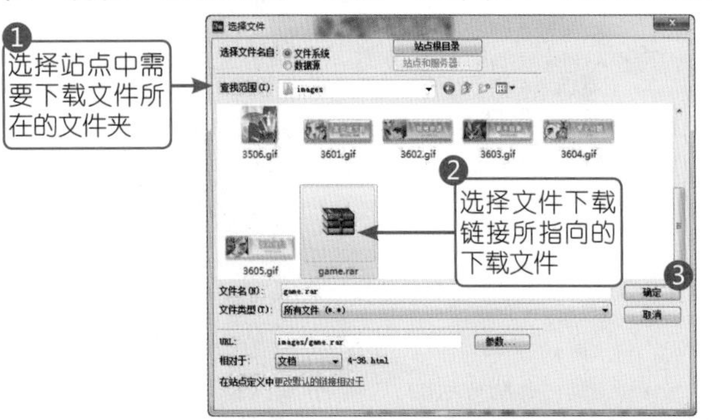

图4-20 “选择文件”对话框

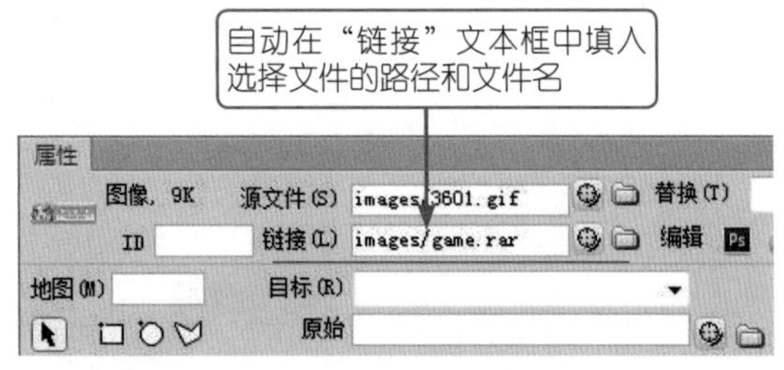

图4-21 “属性”面板中的“链接”文本框

STEP 4 创建文件下载链接还有另外一种方法。在页面中选中需要设置下载文件的图像或文字，在“属性”面板上拖动“链接”文本框后的“指向文件”按钮到“文件”面板中的下载文件，即可创建下载的链接，如图4-22所示。执行“文件>保存”命令，保存页面，在浏览器中预览页面，单击“客户端下载”图像链接，弹出“文件下载”对话框，如图4-23所示。

STEP 5 单击“保存”按钮，弹出“另存为”对话框，单击“保存”按钮，所链接的下载文件即可保存到该位置，如图4-24所示。

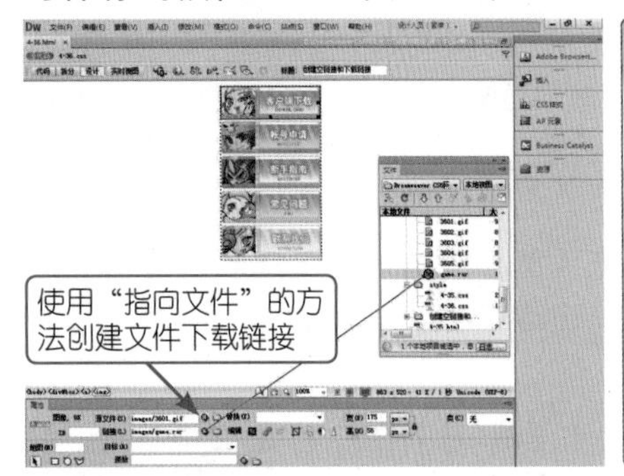

图4-22 拖动“指向文件”按钮创建文件下载链接

图4-23 “下载文件”对话框

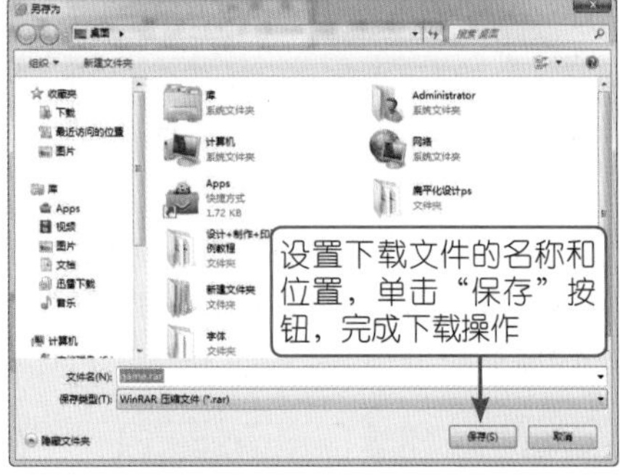

图4-24 “另存为”对话框

知识拓展

每一个文件都有自己的存放位置和路径，理解一个文件到要链接的另一个文件之间的路径关系是创建链接的根本。在Dreamweaver CS6中，可以很容易地选择文件链接的类型并设置路径。

链接路径主要可以分为相对路径、绝对路径和根路径三种形式。

★ 相对路径

相对路径最适合网站的内部链接。只要是属于同一网站之下的，即使不在同一个目录下，相对路径也非常适合。

如果链接到同一目录下，则只需输入要链接文档的名称。要链接到下一级目录中的文件，只需先输入目录名，然后加“/”，再输入文件名。如果要链接到上一级目录中的文件，则先输入“../”，再输入目录名、文件名。

例如，通常我们在Dreamweaver中制作网页时使用的大多数路径都属于相对路径，在网页中插入的图像以及在CSS样式中设置的背景图像等，如图4-25所示。

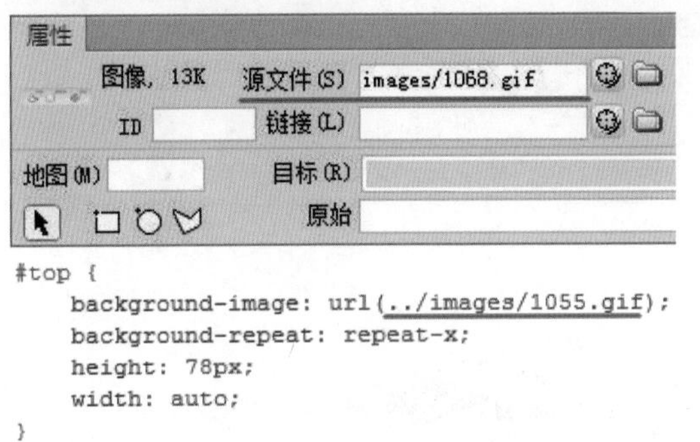

图4-25 网页中使用的相对路径

绝对路径

绝对路径为文件提供了完整的路径，包括使用的协议(如http、ftp、rtsp等)。常见的绝对路径如http://www.sina.com.cn、ftp://202.116.234.1/等，如图4-26所示。

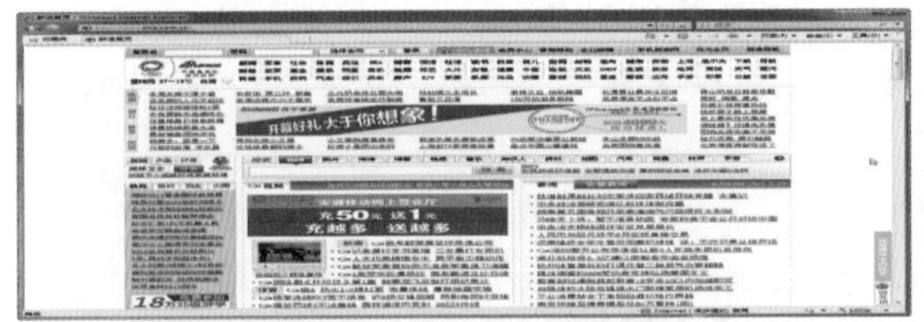

图4-26 绝对地址路径

尽管本地链接也可以使用绝对路径，但不建议采用这种方式，因为一旦将该站点移动到其他服务器，则所有本地绝对路径链接都将断开。采用绝对路径的好处是，它同链接的源端点无关。只要网站的地址不变，无论文件在站点中如何移动，都可以正常实现跳转。另外，如果希望链接其他站点上的内容，就必须使用绝对路径，如图4-27所示。

图4-27 绝对路径

提 示

被链接文档的完整URL就是绝对路径，包括所使用的传输协议。从一个网站的网页链接到另一个网站的网页时，绝对路径是必须使用的，以保证当一个网站的网址发生变化时，被引用的另一个页面的链接还是有效的。

根路径

根路径同样适用于创建内部链接，但大多数情况下，不建议使用此种路径形式。通常只在以下两种情况下使用，一种是当站点的规模非常大，放置于几个服务器上时；另一种情况是当一个服务器上同时放置几个站点时。

根路径以“\”开始，然后是根目录下的目录名，如图4-28所示为一个根路径链接。

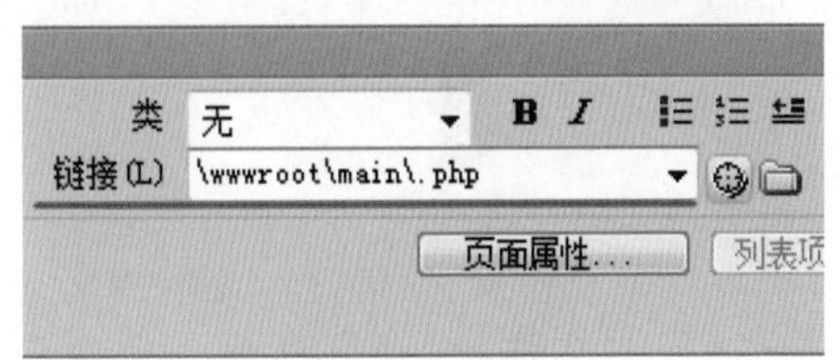

图4-28 根路径

实例37 创建电子邮件链接——网页中的E-mail链接

实例 目的

我们浏览网页时经常会看到在网页的最下方留下站长或公司的E-mail地址，当网友对网站有意见或建议时，就可以直接单击E-mail超链接，给网站的相关人员发送邮件。E-mai超链接可以建立在文字中，也可以建立在图像中。本实例的目的是让大家掌握在网页中创建E-mail链接的方法。如图4-29所示是在页面中创建E-mail链接的流程。

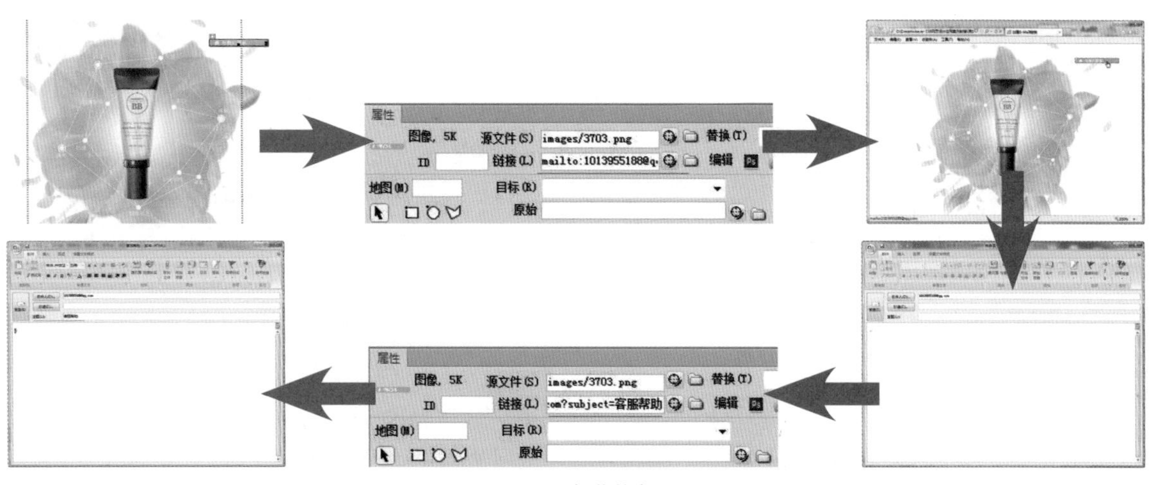

图4-29　操作流程图

实例 重点

- E-mail链接的格式
- 创建E-mail链接方法
- 为E-mail链接添加邮件主题

实例 步骤

STEP 1 执行“文件>打开”命令，打开页面“光盘\素材\第4章\4-37.html”，页面效果如图4-30所示。单击页面中的“与我们联系”图像，在“属性”面板上的“链接”文本框中输入语句mailto:1013955188@qq.com，如图4-31所示。

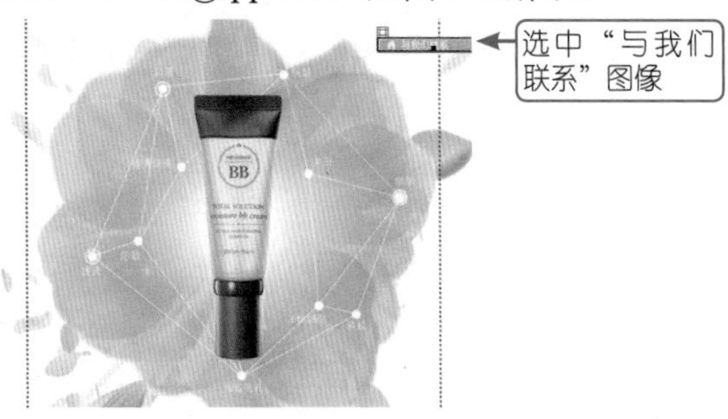

图4-30　页面效果

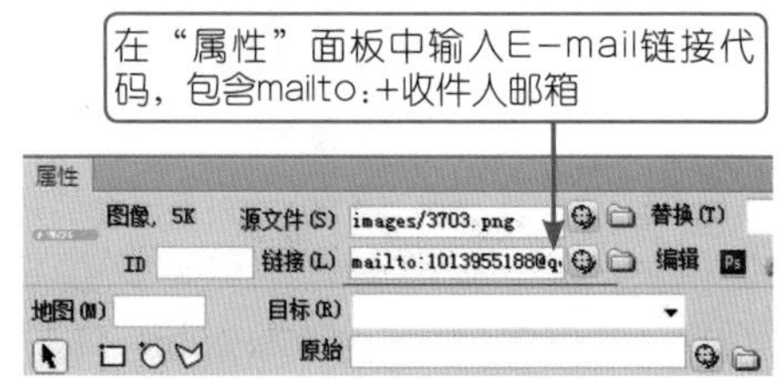

图4-31　“属性”面板

STEP 2 执行“文件>保存”命令，保存页面，在浏览器中预览页面，效果如图4-32所示。单击“与我们联系”图像，弹出系统默认的邮件收发软件，效果如图4-33所示。

图4-32　预览页面

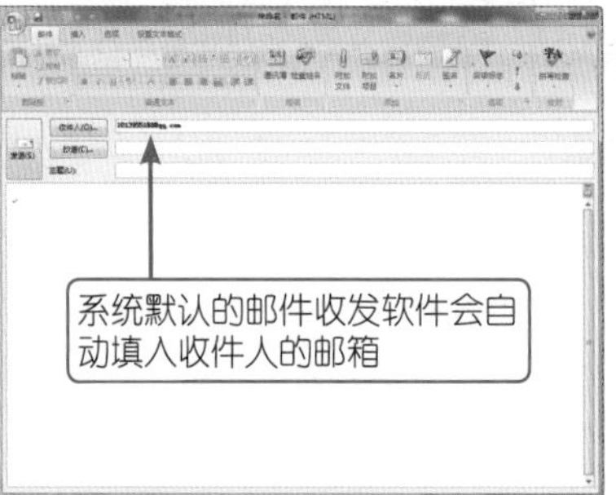

图4-33　邮件撰写窗口

提 示

用户在设置时还可以为浏览者加入邮件的主题。方法是在输入电子邮件地址后面加入“?subject=要输入的主题”的语句，实例中主题可以写“客服帮助”完整的语句为mailto:1013955188@qq.com?subject=客服帮助。

STEP 3 选中刚刚设置E-mail链接的图像，在其后面输入“?subject=客服帮助”，如图4-34所示。保存页面，在浏览器中预览页面，单击页面中的图像，弹出系统默认的邮件收发软件并自动填写邮件主题，如图4-35所示。

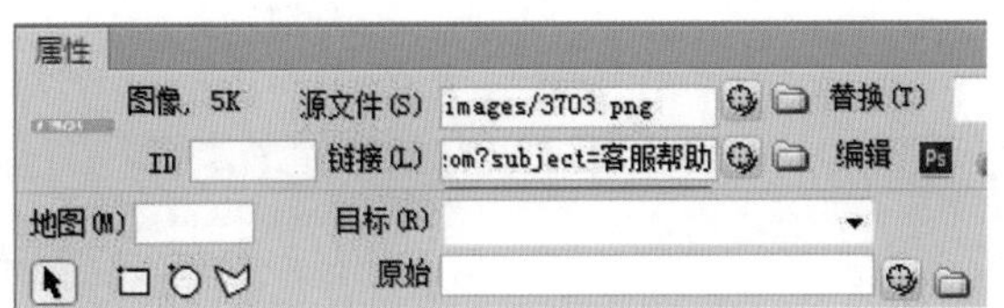

图4-34　“属性”面板

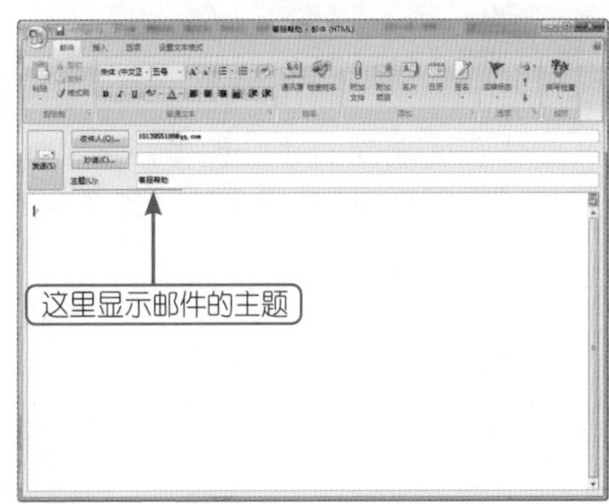

图4-35　邮件撰写窗口

提 示

设置E-mail链接除了可以直接在“属性”面板上的“链接”文本框中进行设置外，还可以单击“插入”面板上的“电子邮件链接”按钮，如图4-36所示。弹出“电子邮件链接”对话框，在“文本”文本框中输入链接的文字，在“电子邮件”文本框中输入需要链接的电子邮件地址，如图4-37所示。

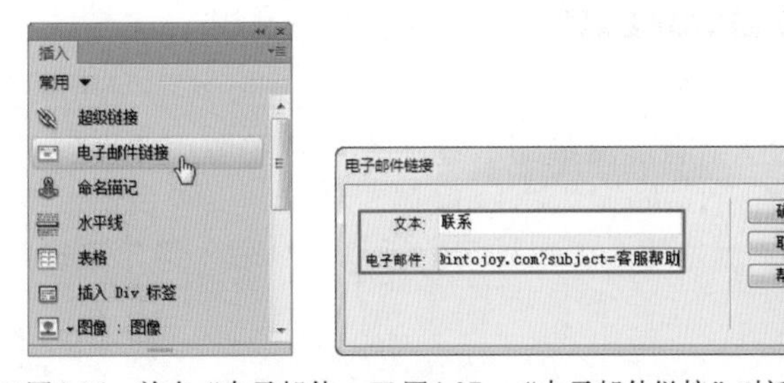

图4-36　单击“电子邮件链接”按钮　　图4-37　“电子邮件链接”对话框

实例38　创建脚本链接——关闭浏览器窗口链接

实例目的

本实例的目的是让大家掌握在网页中创建脚本链接的方法。脚本链接对多数人来说是比较陌生的词汇，脚本链接一般用于提供给浏览者关于某个方面的额外信息，而不用于离开当前页面。如图4-38所示是在页面中创建脚本链接的流程。

图4-38　操作流程图

实例 重点

✱ 了解脚本链接　　　　✱ 掌握创建脚本链接的方法

实例 步骤

STEP 1 执行“文件>打开”命令，打开页面“光盘\素材\第4章\4-38.html”，页面效果如图4-39所示。选中页面底部的close图像，在“属性”面板上的“链接”文本框中输入JavaScript脚本链接代码JavaScript:window.close()，如图4-40所示。

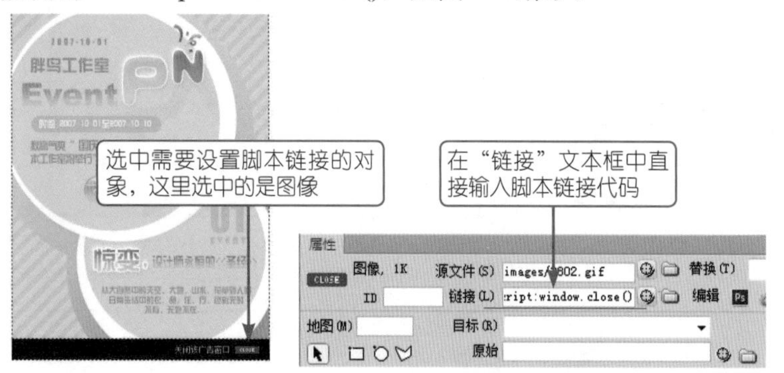

图4-39　页面效果　　　　图4-40　设置脚本链接

提 示

此处为该图像设置的是一个关闭窗口的JavaScript脚本代码，当用户单击该图像时，就会执行该JavaScript脚本代码。

STEP 2 选中刚刚设置脚本链接的close图像，转换到代码视图中，可以看到脚本链接的代码，如图4-41所示。执行“文件>保存”命令，保存页面，在浏览器中预览页面，单击设置了脚本链接的图像，浏览器会弹出提示对话框，单击“是”按钮后就可以关闭窗口了，如图4-42所示。

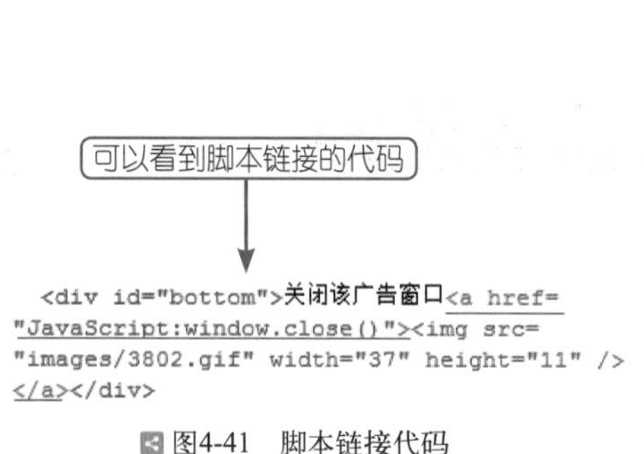

图4-41　脚本链接代码

单击close图像，浏览器弹出是否关闭该窗口对话框

图4-42　页面效果

实例39　创建锚记链接——实现跳转到网页指定位置

实例 目的

本实例的目的是让大家掌握在网页中创建锚记链接的方法。锚记链接是指一个页面不同位置处的链接。可以在页面的某个分项内容的标题上设置锚点，然后在页面上的某个分项内容的标题上设置锚点的链接，那么用户就可以通过链接快速地跳转到感兴趣的内容。如图4-43所示是在页面中创建锚记链接的流程。

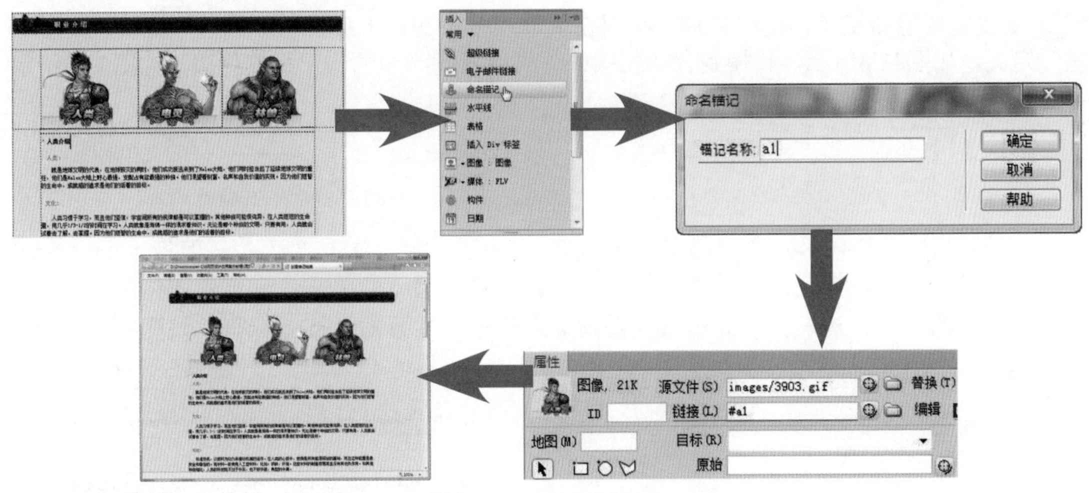

图4-43 操作流程图

实例 重点

- 掌握在网页中插入锚记的方法
- 了解锚记命名规则
- 掌握设置锚记链接的方法

实例 步骤

STEP 1 执行“文件>打开”命令，打开页面“光盘\素材\第4章\4-39.html”，效果如图4-44所示。将光标移至“人类介绍”文字后，单击“插入”面板上的“命名锚记”按钮，如图4-45所示。

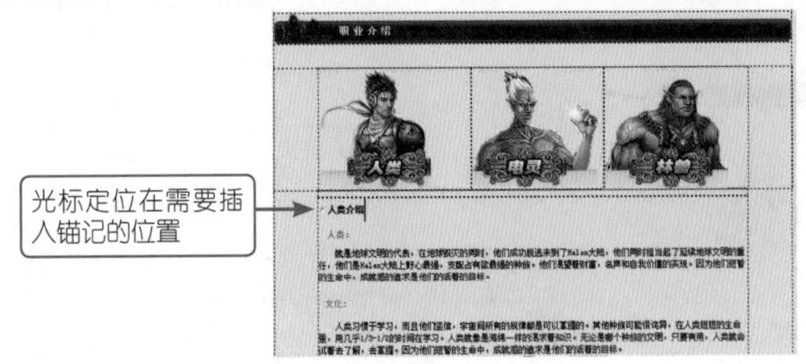

图4-44 页面效果

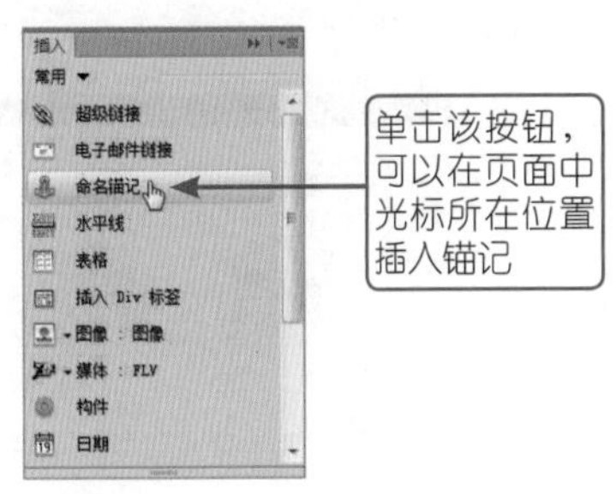

图4-45 单击“命名锚记”按钮

STEP 2 弹出“命名锚记”对话框，在“锚记名称”文本框中输入锚记的名称，如图4-46所示。单击“确定”按钮，在光标所在位置插入一个锚记标签，如图4-47所示。

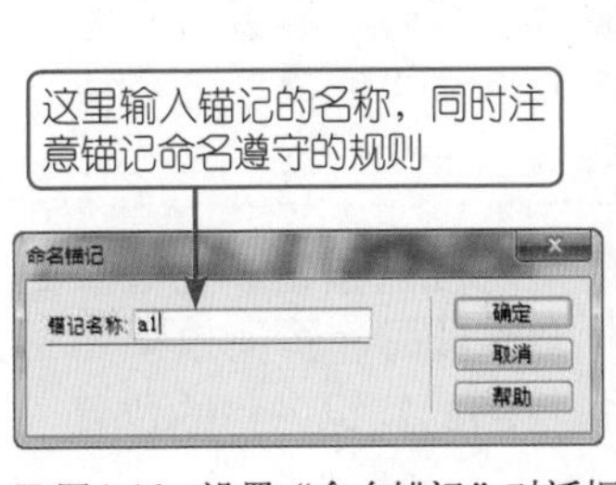

图4-46 设置“命名锚记”对话框

图4-47 插入锚记标签

提 示

在为锚记命名时应该注意遵守以下规则，锚记名称可以是中文、英文或者数字的组合，但锚记名称中不能含有空格，并且锚记名称不能以数字开头。

STEP 3 如果需要重新定义锚记的名称，可以在页面中单击锚记图标，在“属性”面板上对锚记名称重新定义，如图4-48所示。转换到代码视图中，可以看到添加的锚记标签代码，如图4-49所示。

图4-48 锚记“属性”面板

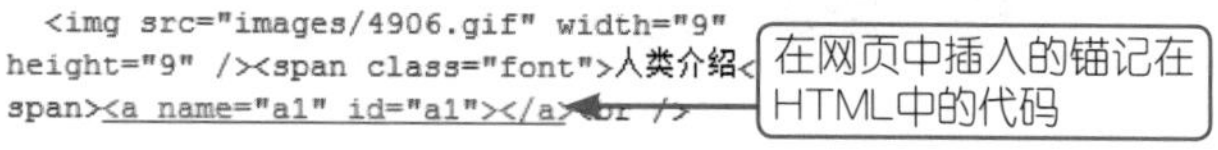

图4-49 插入的锚记代码

STEP 4 返回设计视图中，将光标移至“电灵介绍”文字后，单击“插入”面板上的“命名锚记”按钮，弹出“命名锚记”对话框，设置“锚记名称”为a2，单击“确定”按钮，如图4-50所示。使用相同的制作方法，在页面中其他需要插入锚记的位置插入锚记标签，如图4-51所示。

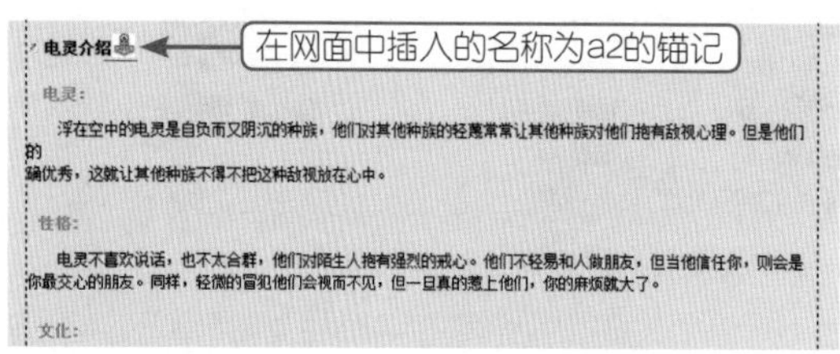

图4-50 插入锚记标签

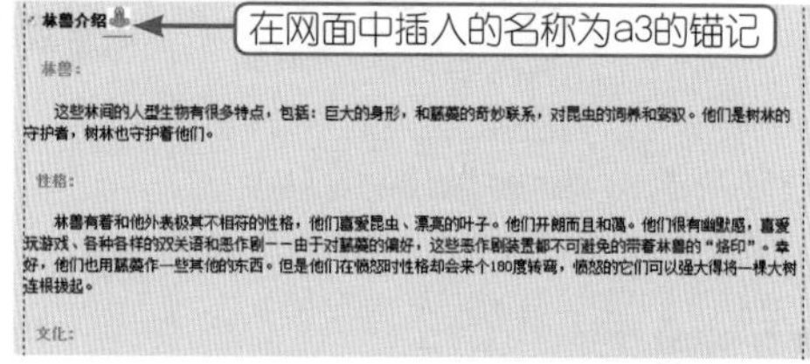

图4-51 插入锚记标签

提 示

如果在Dreamweaver CS6设计视图中看不到插入的锚记标记，可以执行“查看>可视化助理>不可见元素”命令，勾选该项，即可在Dreamweaver CS6设计视图中看到该锚记，在浏览器中浏览页面时是不可见的。

STEP 5 选中页面头部需要链接a1锚记的图像，如图4-52所示。在“属性”面板上的“链接”文本框中输入一个数字符号#和锚记的名称，如图4-53所示。

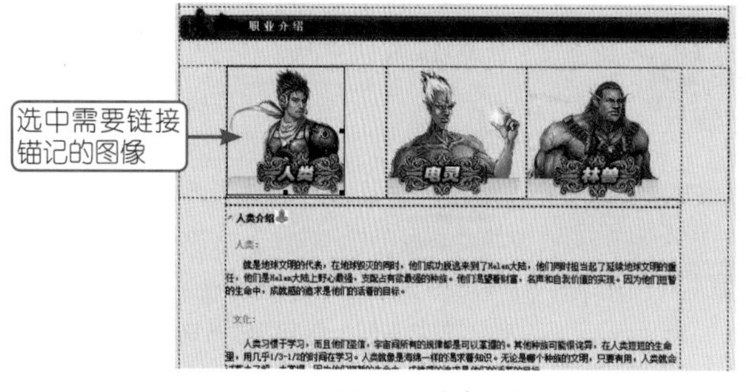

图4-52 选中图像

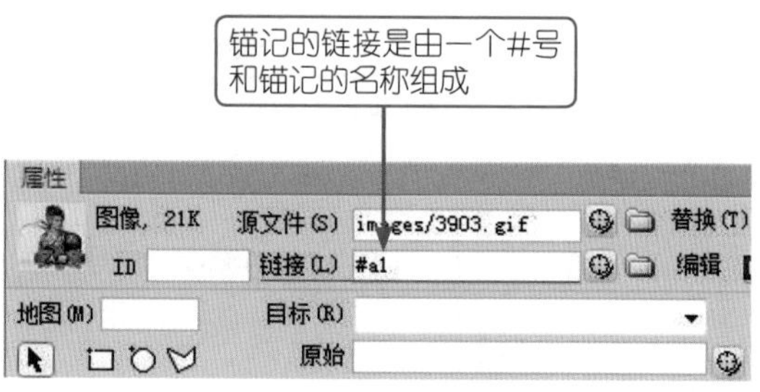

图4-53 设置锚记链接

提 示

除了可以直接在“链接”文本框中输入锚记链接外，还可以采用前面介绍的指向页面的方法。选中页面中需要设置锚记链接的图像或文字，在“属性”面板上拖动“链接”文本框后的“指向文件”按钮到页面中的锚记上，则链接将指向这个锚记。

STEP 6 使用相同的制作方法，选中页面中相应的图像设置链接到页面中相应的锚记。完成页面锚记链接的设置，执行“文件>保存”命令，保存页面，在浏览器中预览页面，页面效果如图4-54所示。单击页面中设置了锚记链接的元素，页面将自动跳转到该链接到的锚记名称的位置，如图4-55所示。

图4-54　选中图像

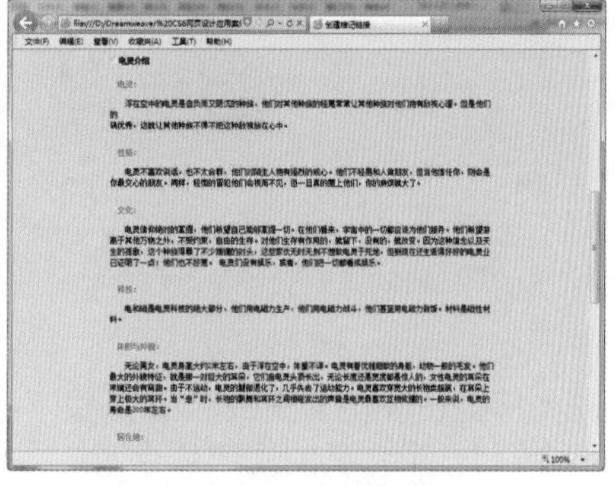

图4-55　设置锚记链接

提 示

如果要链接到同一个文件夹内其他文档页面的锚记，可以在“链接”文本框后输入“文件名#锚记名”。例如需要链接到4-35.html页面中的a1锚记，可以设置“链接”为4-35.html#a1。

实例40　创建热点链接——在同一图像中创建多个不同链接

实例 目的

本实例的目的是让大家掌握在网页中创建热点链接的方法。热点链接可以将图像的某一部分设为链接，这要通过设置图像映射来实现。图像映射就是在一张图片上多个不同的区域拥有不同的链接地址。热点链接的原理就是利用HTML语言在图片上定义一定的形状区域，然后给这些区域加上链接，这些区域被称为热点。如图4-56所示是在页面中创建热点链接的流程。

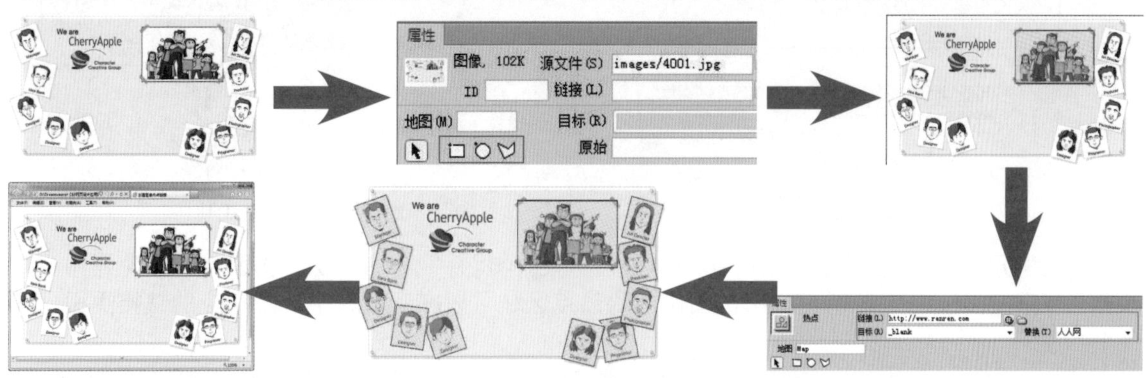

图4-56　操作流程图

实例 重点

- 了解图像热点工具
- 掌握创建热点区域的方法
- 掌握对热点区域进行设置的方法

实例 步骤

STEP 1 执行“文件>打开”命令，打开页面“光盘\素材\第4章\4-40.html”，效果如图4-57所示。选中页面中的图像，单击“属性”面板中的“矩形热点工具”按钮，如图4-58所示。

图4-57　页面效果

图4-58　热点区工具

STEP 2 移动光标至图像上合适的位置，按下鼠标左键在图像上拖动鼠标，绘制一个合适的矩形热点区域，松开鼠标弹出提示对话框，如图4-59所示。单击“确定”按钮，在图像上得到一个矩形热点区域，如图4-60所示。

图4-59　提示对话框

图4-60　绘制矩形热点区域

> **提　示**
>
> 在“属性”面板中单击“指针热点工具”按钮，可以在图像上移动热点的位置，改变热点的小大和形状。还可以在“属性”面板中单击“多边形热点工具”按钮和“椭圆形热点工具”按钮，以创建多边形和椭圆形的热点。

STEP 3 单击“属性”面板上的“指针热点工具”按钮，选中刚绘制的矩形热点区域，可以调整矩形热点区域的位置，在“属性”面板上进行设置，如图4-61所示。使用相同的制作方法，可以在图像中创建多个热点区域，并分别进行相应的设置，如图4-62所示。

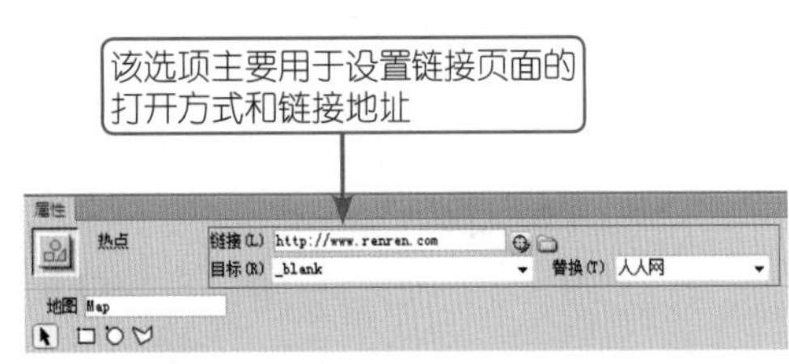

图4-61　页面效果

图4-62　热点区工具

STEP 4 完成页面中图像映射链接的制作，执行“文件>保存”命令，保存页面，在浏览器中预览页面，页面效果如图4-63所示。单击图像中的热点区域可以在新窗口中打开相应的链接页面，如图4-64所示。

图4-63　在浏览器中预览效果

图4-64　打开链接页面

第5章

Dreamweaver CS6

| 在网页中创建表格和框架

表格是早期对网页进行排版布局的工具，随着DIV+CSS布局方式的兴起，表格在网页中的应用逐渐回归其本来的用途，用于处理表格式数据。框架是一个比较早出现的HTML对象，框架的作用就是把浏览器窗口划分为若干个区域，每个区域可以分别显示不同的网页。使用框架可以非常方便地完成导航工作，而且各个框架之间决不存在干扰问题。

| 本章重点

- 表格排序
- 导入表格数据
- 隔行变色单元格
- 制作IFrame框架页面
- 链接IFrame框架页面
- 插入Spry菜单栏
- 插入Spry选项卡式面板
- 插入Spry可折叠面板
- 插入Spry折叠式
- 插入Spry工具提示

实例41 表格排序——对网页中表格数据排序

实例 目的

在网页中的表格内部常常有大量的数据，Dreamweaver CS6可以方便地将表格内的数据排序。本实例的目的是让大家掌握使用“排序表格”命令对网页中的表格数据进行排序的方法，如图5-1所示为进行表格排序的流程图。

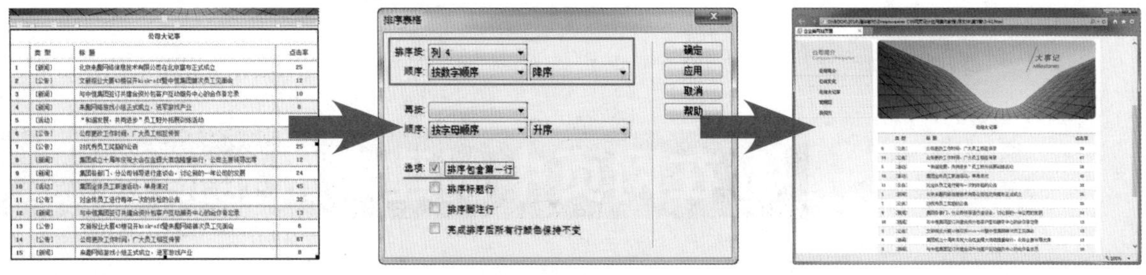

图5-1 操作流程图

实例 重点

- 掌握选择表格和单元格的方法
- 掌握“排序表格”命令的使用方法

实例 步骤

STEP 1 执行“文件>打开”命令，打开页面“光盘\素材\第5章\5-41.html”，效果如图5-2所示。在浏览器中预览该页面，效果如图5-3所示。

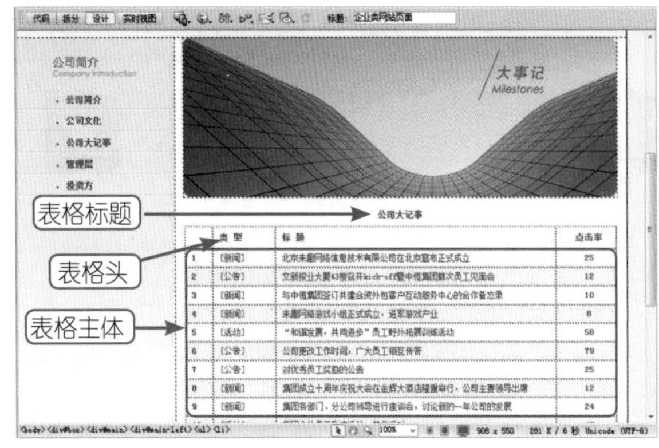

图5-2 打开页面

默认的表格排序效果

图5-3 在浏览器中预览页面

提 示

表格由行、列、单元格3个部分组成，使用表格可以排列页面中的文本、图像及各种对象。表格的行、列、单元格都可以复制、粘贴。并且在表格中还可以插入表格，一层层的表格嵌套使设计更加灵活。

STEP 2 将光标移至表格的左上角，当鼠标指针变为形状时单击鼠标左键，选择需要排序的表格，如图5-4所示。执行“命令>排序表格”命令，弹出“排序表格”对话框，在这里我们需要对表格中的数据按点击率从高到低进行排序，设置如图5-5所示。

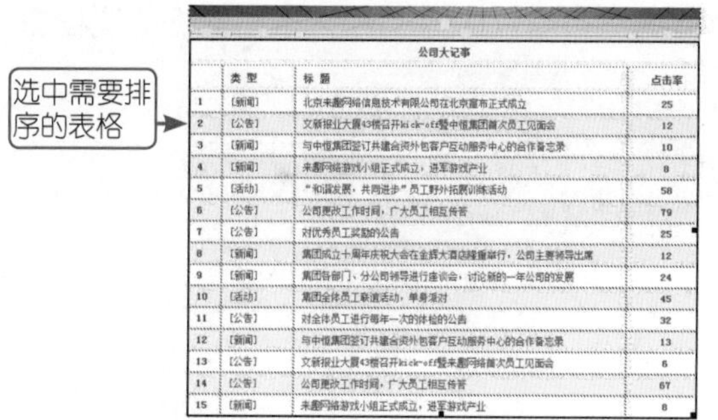

图5-4　选中表格

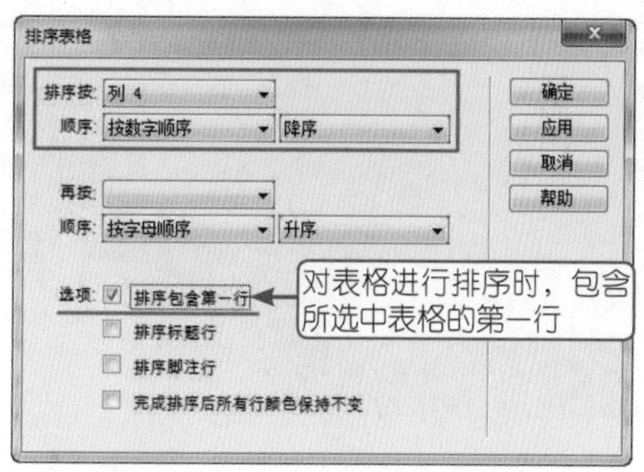

图5-5　设置“排序表格”对话框

提　示

在“排序按”选项的下拉列表中选择排序需要最先依据的列，根据所选中的表格所包含的列数不同，在该下拉列表中的选项也不相同。在“顺序”选项后的第一个下拉列表框中，可以选择排序的顺序选项。其中“按字母排序”可以按字母的方式进行排序；“按数字排序”可以按数字本身的大小作为排序依据的方式。在第二个下拉列表框中，可以选择排序的方向，可以从字母A～Z，从数字0～9，即以“升序”排列。也可以从字母Z～A，从数字9～0，即以“降序”排列。

STEP 3 单击“确定”按钮，对选中的表格进行排序，如图5-6所示。完成表格排序的操作，保存页面，在浏览器中预览页面，效果如图5-7所示。

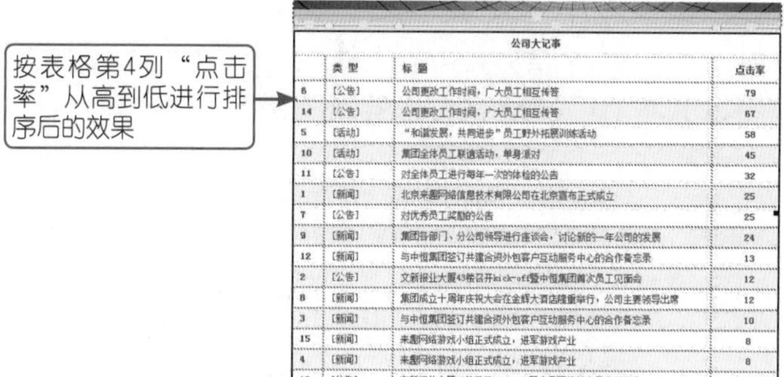

图5-6　表格排序后的效果

图5-7　在浏览器中预览页面

提　示

在网页中选择表格的方法有多种，可以将光标放置在单元格内，用鼠标单击表格上方，在弹出菜单中选择“选择表格”选项即可选中表格。还可以在表格内部中单击鼠标右键，在弹出菜单中选择“表格>选择表格”命令，同样可以选中表格。

| 实例42　导入表格数据——在网页中导入外部数据

实例 目的

本实例的目的是让大家掌握使用Dreamweaver向网页中导入表格式数据内容的方法。在Dreamweaver中，可以将Word等软件处理的数据放到网上，先从Word等软件中将文件另存为文本格式的文件，再将这些数据导入为网页中的表格数据。如图5-8所示为导入表格数据的流程图。

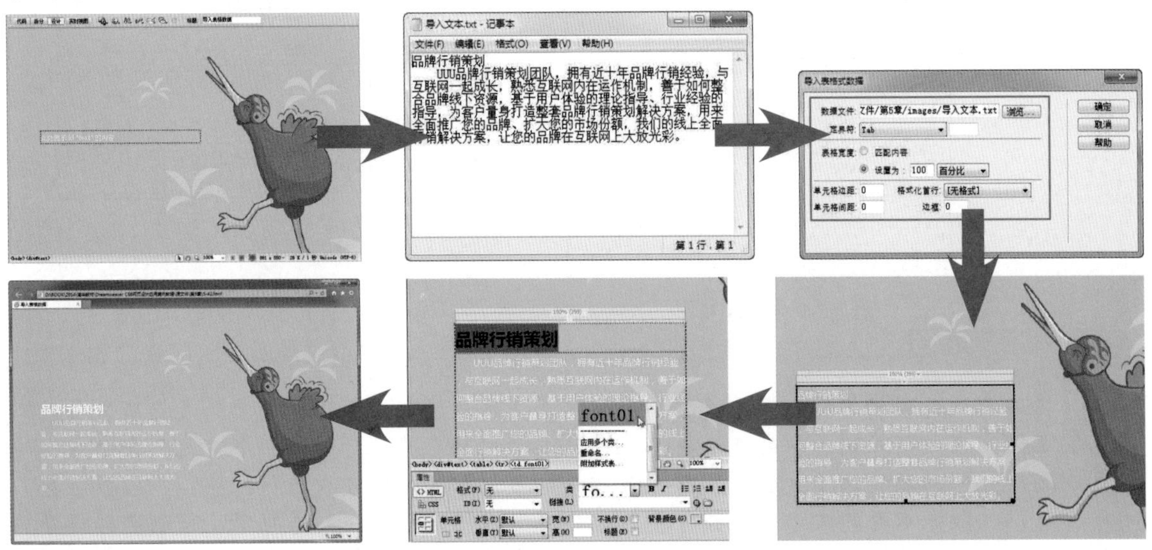

图5-8 操作流程图

实例 重点

- 掌握导入表格数据的方法
- 掌握“导入表格式数据”对话框的设置

实例 步骤

STEP 1 执行“文件>打开”命令，打开页面“光盘\素材\第5章\5-42.html”，效果如图5-9所示。在该页面中将导入文本文件内容，打开“导入文本.txt”文件，可以看到所要导入的文本内容，如图5-10所示。

图5-9 打开页面

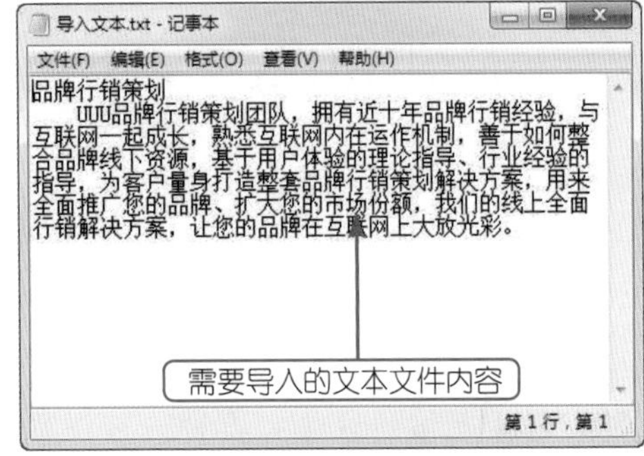

图5-10 导入的文本文件

提 示

在网页中导入文本文件时，文本文件的文字编码格式需要与网页的文字编辑格式统一，否则导入到网页中的文本内容将显示为乱码。默认情况下，在Dreamweaver CS6中新建的HTML页面文字编码格式为UTF-8，这就要求文本文件中的编码格式也为UTF-8。

STEP 2 将光标移至页面中名为text的div中，将多余文字删除，执行“文件>导入>表格式数据”命令，弹出“导入表格式数据”对话框，设置如图5-11所示。单击“确定”按钮，即可将选择的文本文件中的数据导入到页面中，如图5-12所示。

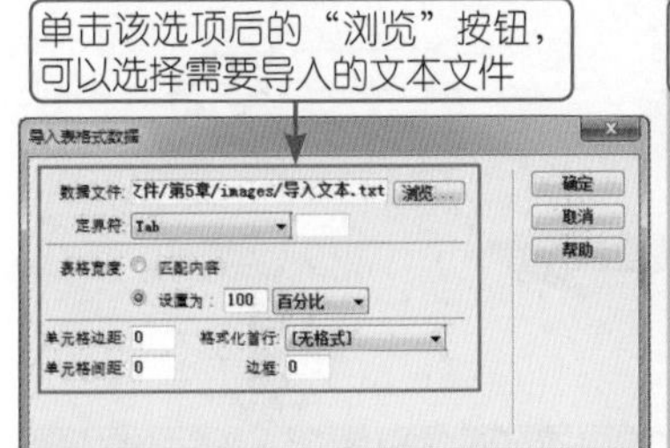

图5-11 设置“导入表格式数据”对话框

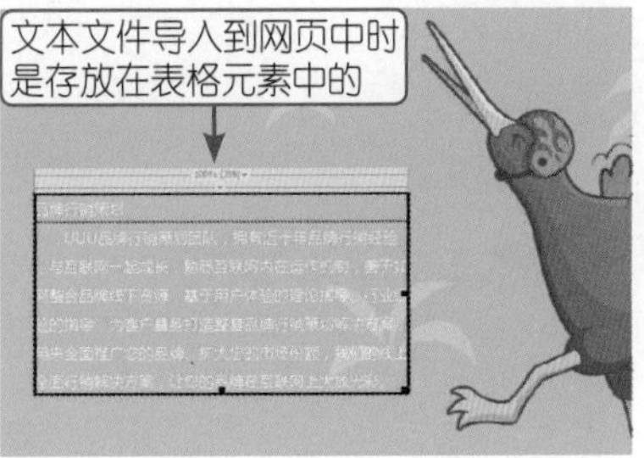

图5-12 导入表格式数据效果

提 示

“定界符”下拉列表框用来说明这个数据文件的各数据间的分隔方式，供Dreamweaver CS6正确地区分各数据。在该下拉列表中有5个选项，分别为Tab、逗点、分号、引号和“其他”。

STEP 3 转换到该文本所链接的外部CSS样式文件中，创建名为.font01的类CSS样式，如图5-13所示。返回设计视图，选中相应的文字，在“类”下拉列表中选择刚定义的类CSS样式font01应用，如图5-14所示。

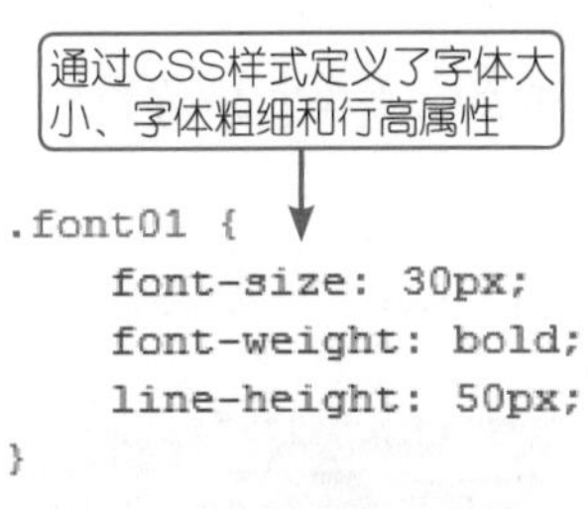


```
.font01 {
    font-size: 30px;
    font-weight: bold;
    line-height: 50px;
}
```

图5-13 CSS样式代码

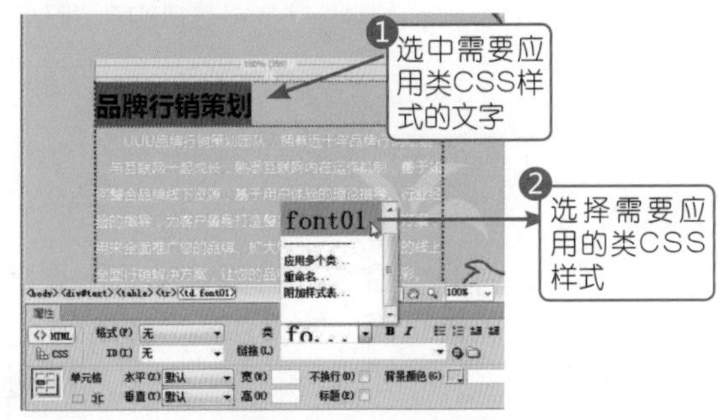

图5-14 应用CSS样式

STEP 4 完成表格数据的导入，执行“文件>保存”命令，保存页面，并保存外部CSS样式表文件，在浏览器中预览页面，效果如图5-15所示。

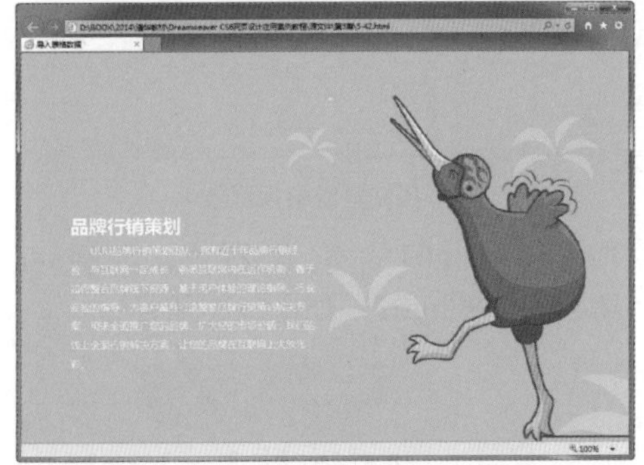

图5-15 在浏览器中预览页面效果

提 示

使用Dreamweaver制作网站页面时，不但可以在网页中导入表格数据，还可以将网页中的表格数据导出为文本文件。如果要导出表格数据，需要把鼠标指针放置在表格中任意单元格中。执行“文件>导出>表格”命令，弹出“导出表格”对话框，在该对话框中进行设置，即可导出表格内容。

实例43 隔行变色单元格——制作游戏新闻列表

实例目的

本实例的目的是让大家掌握通过CSS样式实现单元格隔行变色的效果，通过表格数据隔行变色的效果，使得奇数行和偶数行的背景色不一样，从而达到数据的一目了然。如图5-16所示为实现隔行变色单元格的流程图。

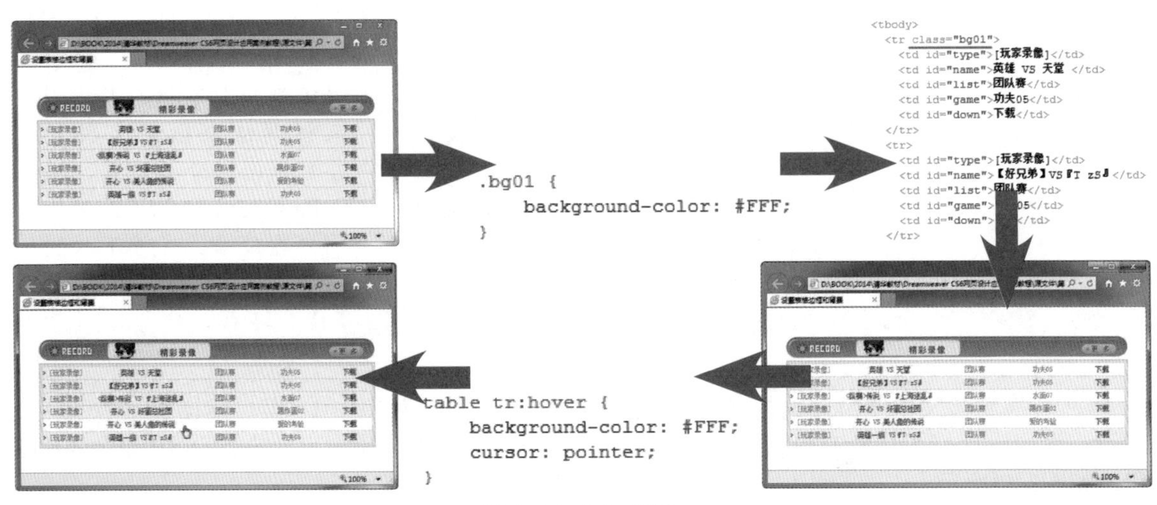

图5-16　操作流程图

实例 重点

- 掌握实现单元格隔行变色的方法
- 掌握动态改变单元格背景色的方法

实例 步骤

STEP 1 执行“文件>打开”命令，打开页面“光盘\素材\第5章\5-43.html”，页面效果如图5-17所示。在浏览器中预览该页面，效果如图5-18所示。

图5-17　打开页面

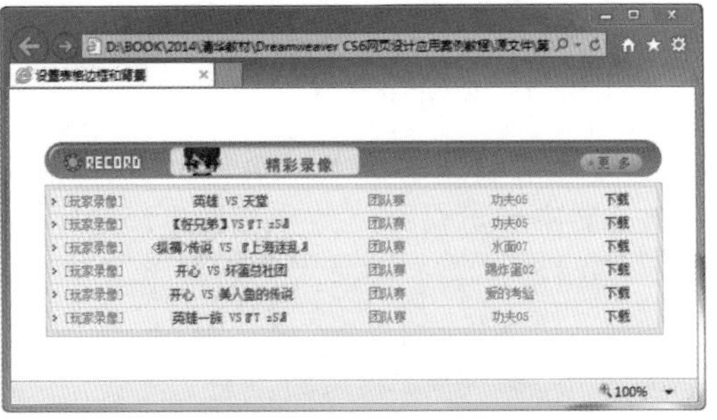

图5-18　在浏览器中预览效果

STEP 2 转换到该文件所链接的外部CSS样式文件中，创建名为.bg01的类CSS样式，如图5-19所示。返回页面的代码视图中，在隔行的<tr>标签中应用类CSS样式bg01，如图5-20所示。

图5-19　CSS样式代码　　图5-20　隔行应用CSS样式

> **提 示**
>
> 此处应用名为bg01的类CSS样式时，是为表格中单元行标签<tr>应用，并且是隔行应用该CSS样式，这样才能够实现隔行背景色不同的表格效果。

STEP 3 返回页面设计视图，效果如图5-21所示。保存页面，并保存外部CSS样式文件，在浏览器中预览页面，可以看到隔行变化的表格效果，如图5-22所示。

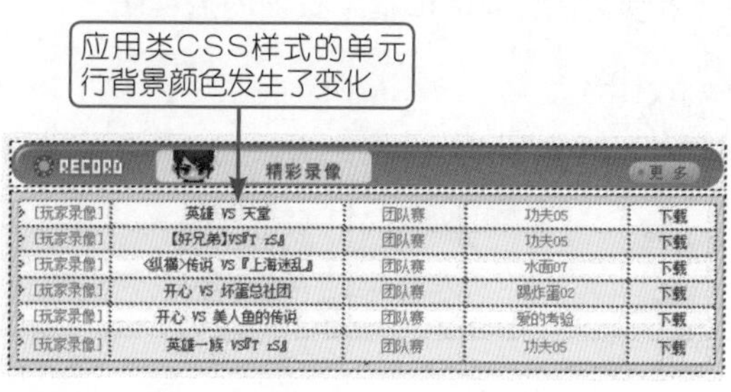

图5-21 页面效果

图5-22 在浏览器中预览效果

STEP 4 除了可以实现静态的隔行变色单元格效果，还可以通过CSS样式实现动态的单元格变色效果。转换到网页代码视图中，将刚刚添加在<tr>标签中的CSS样式应用代码删除，如图5-23所示。转换到该文件所链接的外部CSS样式文件中，创建名为table tr:hover的CSS样式，如图5-24所示。

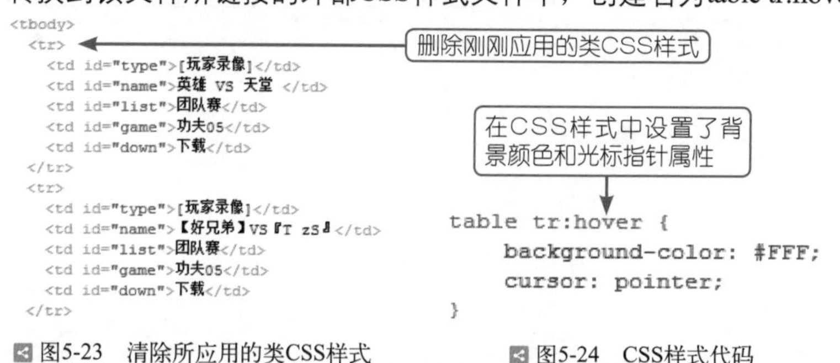

```
<tbody>
  <tr>
    <td id="type">[玩家录像]</td>
    <td id="name">英雄 VS 天堂 </td>
    <td id="list">团队赛</td>
    <td id="game">功夫05</td>
    <td id="down">下载</td>
  </tr>
  <tr>
    <td id="type">[玩家录像]</td>
    <td id="name">【好兄弟】VS『T zS』</td>
    <td id="list">团队赛</td>
    <td id="game">功夫05</td>
    <td id="down">下载</td>
  </tr>
```

```
table tr:hover {
    background-color: #FFF;
    cursor: pointer;
}
```


图5-23 清除所应用的类CSS样式

图5-24 CSS样式代码

提 示

变色表格的功能主要是通过CSS样式中的hover伪类来实现的，这里定义的CSS样式，是定义了<table>标签中的<tr>标签的hover伪类，定义了背景颜色和光标指针的形状。

STEP 5 执行“文件>保存”命令，保存页面，并保存外部CSS样式文件，在浏览器中预览页面，可以看到CSS实现的变色表格效果，如图5-25所示。

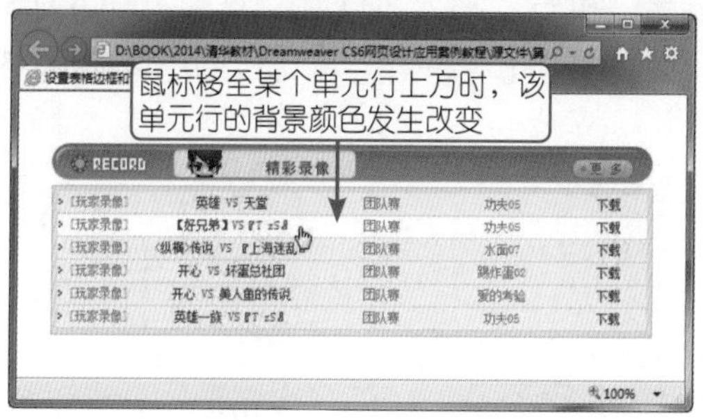

图5-25 在浏览器中预览变色表格的效果

提 示

在网页中使用表格来表现数据内容时，有时数据量比较大，表格的行和列就比较多。通过CSS样式，可以实现一些表格的特殊效果，从而使数据信息更加有条理，不至于非常凌乱。

实例44 制作IFrame框架页面——制作旅游网站页面

实例目的

本实例的目的是让大家掌握IFrame框架页面的制作方法，IFrame框架是一种特殊的框架技术，

IFrame框架比框架更加容易控制网站的内容。如图5-26所示为制作IFrame框架页面的流程图。

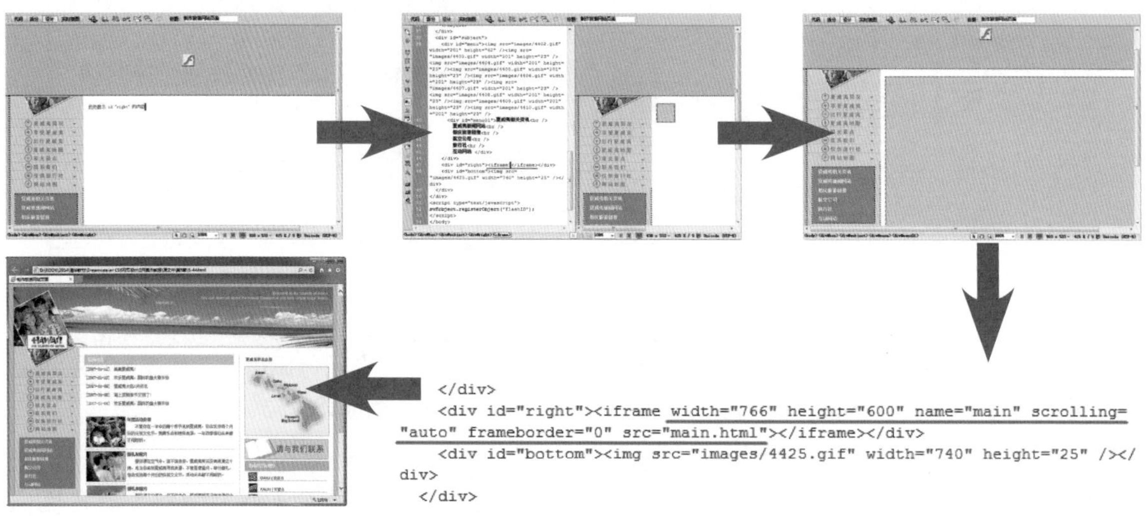

图5-26　操作流程图

实例 重点

- 掌握插入IFrame框架的方法
- 掌握对IFrame框架属性进行设置的方法
- 掌握使用IFrame框架链接网页

实例 步骤

STEP 1 执行“文件>打开”命令，打开页面“光盘\素材\第5章\5-44.html”，效果如图5-27所示。将光标移至名为right的Div中，将多余文字删除，执行“插入>HTML>框架>IFRAME”命令，在页面中插入一个浮动框架。这时页面会自动转换到拆分模式，并在代码中生成<iframe></iframe>标签，如图5-28所示。

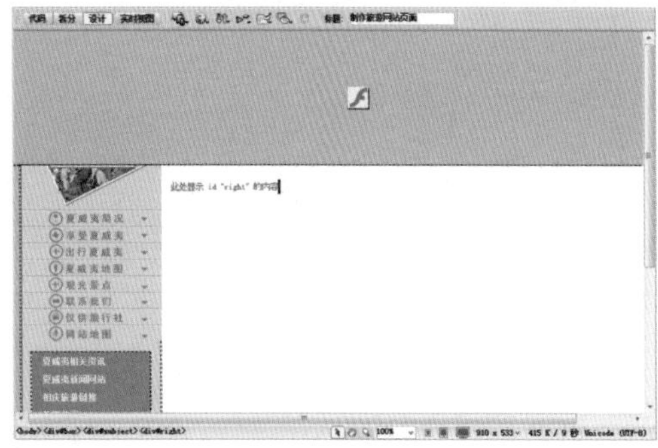

图5-27　页面效果

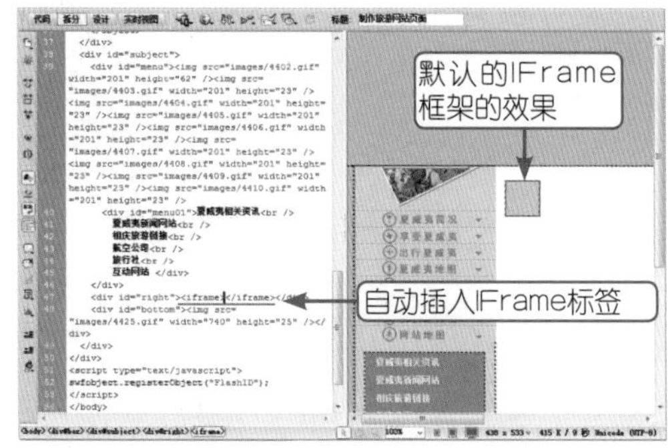

图5-28　插入IFRAME框架

STEP 2 在代码视图中的<iframe>标签中，输入相应的代码，如图5-29所示。

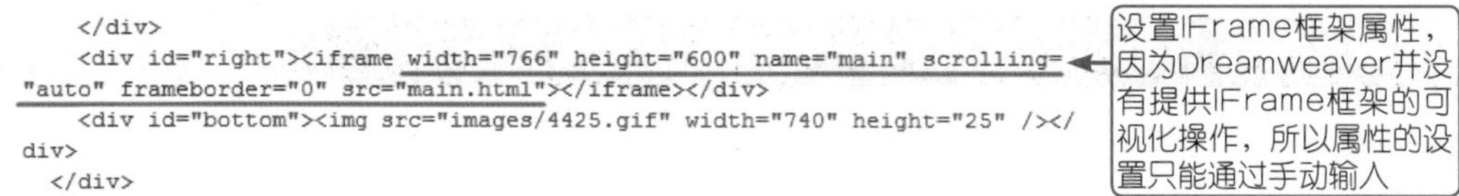

图5-29　添加相应的代码

提 示

其中，<iframe>为IFrame框架的标签，src属性代表在这个IFrame框架中显示的页面，name属性为IFrame框架的名称，width属性为IFrame框架的宽度，height属性为IFrame框架的高度，scrolling属性为IFrame框架滚动条是否显示，frameborder属性为IFrame框架边框显示属性。

STEP 3 这里所链接的main.html页面是事先制作完成的页面，页面效果如图5-30所示。页面中插入IFrame框架的位置会变为灰色区域，而main.html页面就会出现在IFrame框架内部，如图5-31所示。

图5-30 main.html页面效果

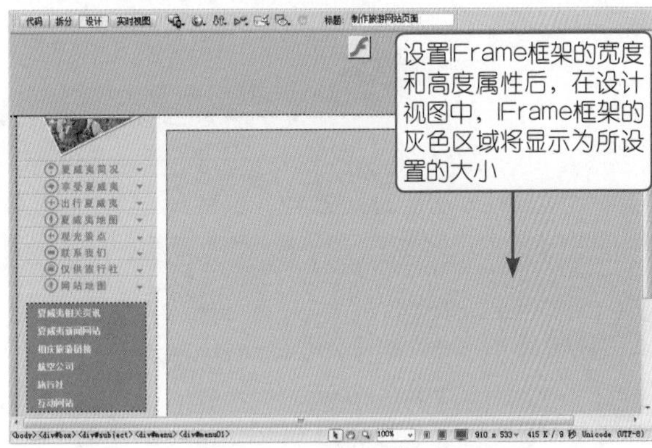

图5-31 页面中的浮动框架

STEP 4 执行“文件>保存”命令，保存页面。在浏览器预览整个框架页面，可以看到页面的效果，如图5-32所示。

该部分为IFrame框架页面，在Dreamweaver的设计视图中是不会显示IFrame框架页面的实际内容的，只有在浏览器中预览页面，才会显示

图5-32 在浏览器中预览效果

实例45 链接IFrame框架页面——制作旅游网站二级页面

实例 目的

本实例的目的是让大家掌握IFrame框架页面链接的设置方法，IFrame框架页面的链接设置与

普通链接的设置基本相同，不同的是设置打开的“目标”属性要与IFrame框架的名称相同。如图5-33所示为链接IFrame框架页面的流程图。

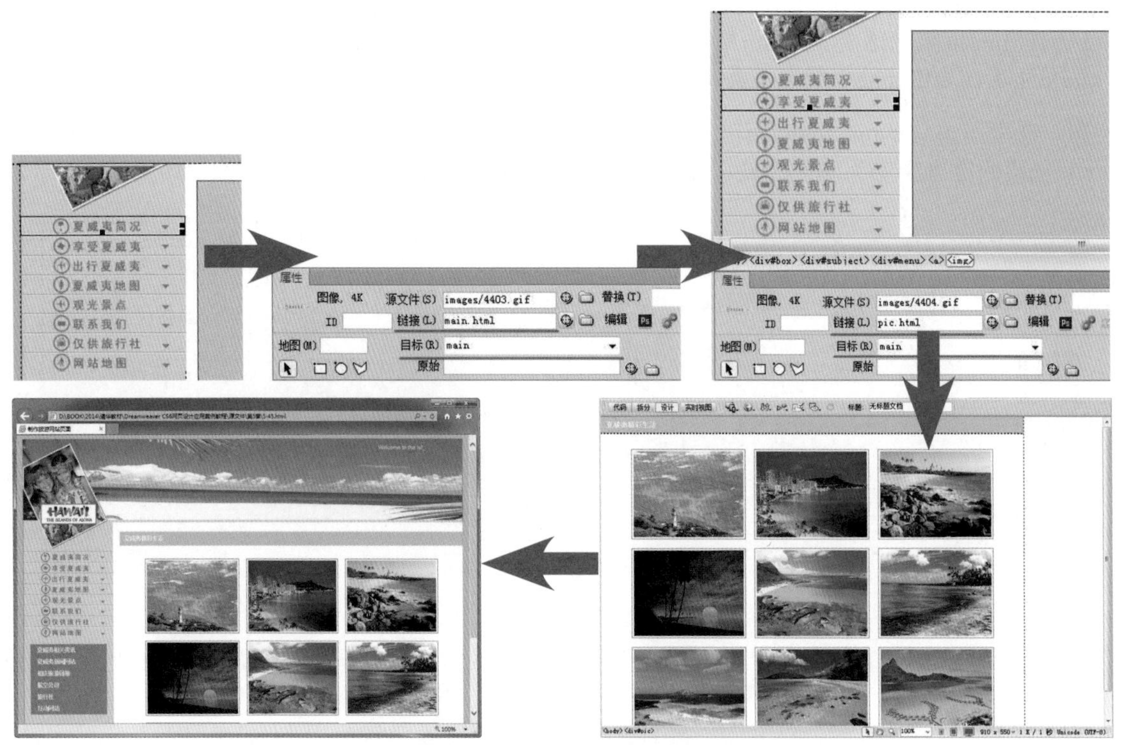

图5-33　操作流程图

实例 重点

★ 掌握设置IFrame框架链接的方法

实例 步骤

STEP 1 执行“文件>打开”命令，打开页面“光盘\素材\第5章\5-45.html”，选中页面左侧的“夏威夷简况”图像，如图5-34所示。在“属性”面板上设置“链接”地址为main.html，在“目标”文本框中输入main，如图5-35所示。

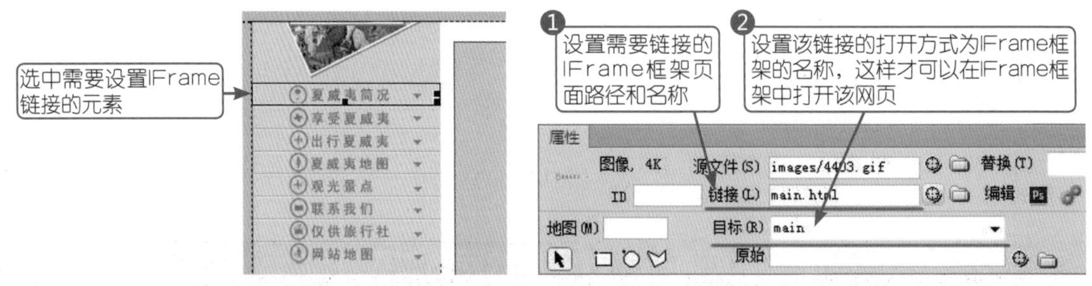

图5-34　选择图像　　图5-35　“属性”面板

STEP 2 使用相同的方法，选中“享受夏威夷”图像，在“属性”面板上对其相关属性进行设置，如图5-36所示。这里的pic.html也是制作好的页面，页面效果如图5-37所示。

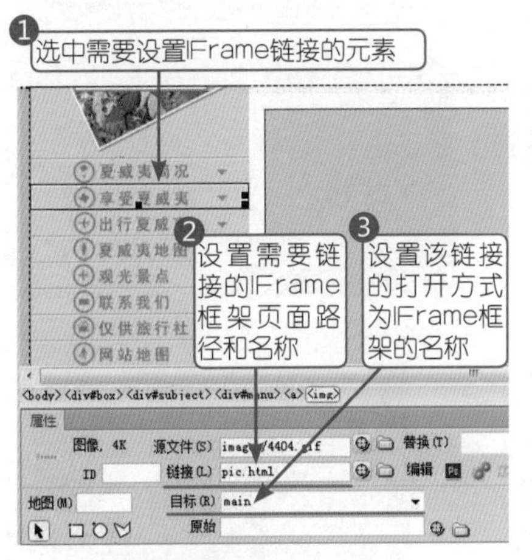

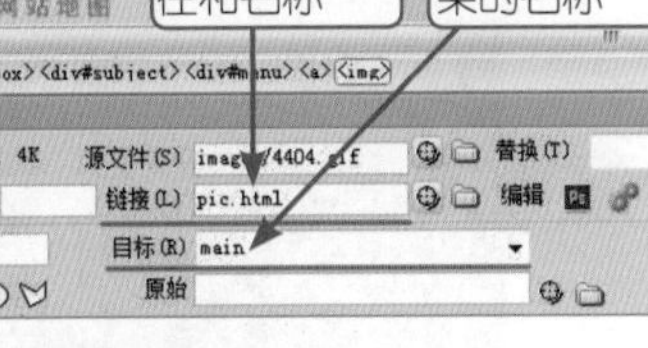

图5-36　“属性”面板

图5-37　页面效果

提 示

链接的“目标”设置为main，与<IFrame>标签中name=" main"的定义必须保持一致，从而保证链接的页面在IFrame框架中打开。

STEP 3 执行“文件>保存”命令，保存页面，在浏览器预览整个浮动框架页面，效果如图5-38所示。单击“海水鱼”图像，在IFrame框架中会显示pic.html页面的内容，如图5-39所示。

图5-38　在浏览器中预览页面

图5-39　在IFrame框架中打开新页面

实例46　插入Spry菜单栏——制作下拉导航菜单

实例目的

本实例的目的是让大家掌握使用Spry菜单栏构件制作网页下拉导航菜单的方法，使用Spry菜单栏可以在紧凑的空间中显示大量的导航信息，并且使浏览者能够清楚网站中的站点目录结构。当用户将鼠标移至某个菜单按钮上时，将显示相应的子菜单。如图5-40所示为制作下拉导航菜单的流程图。

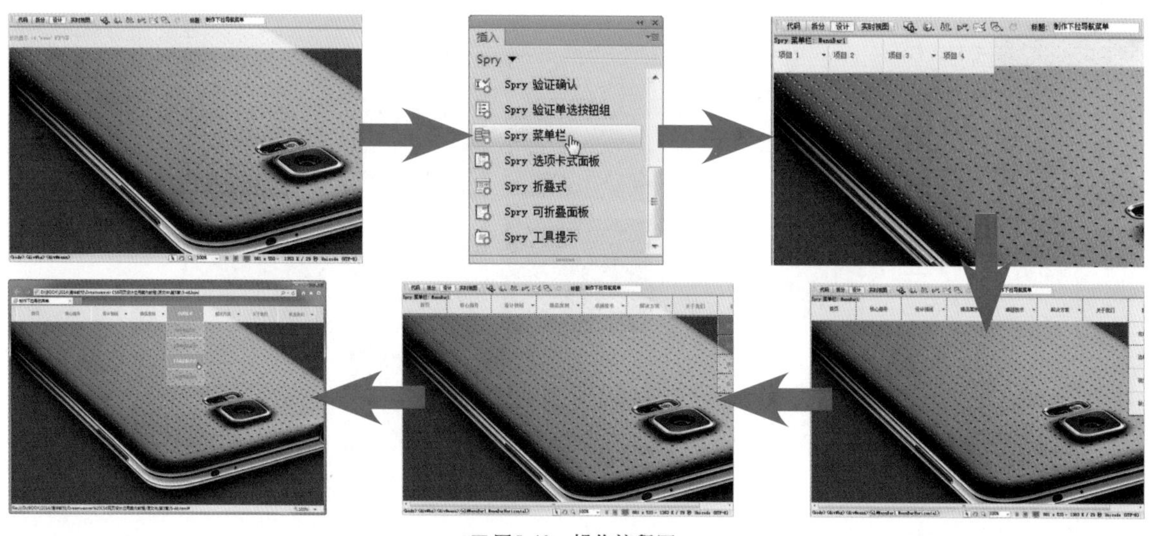

图5-40　操作流程图

实例 重点

- 掌握插入Spry菜单栏的方法
- 掌握修改Spry菜单栏选项的方法
- 掌握通过CSS样式对Spry菜单栏进行设置的方法

实例 步骤

STEP 1 执行“文件>打开”命令，打开页面“光盘\素材\第5章\5-46.html”，页面效果如图5-41所示。将光标移至名为menu的Div中，将多余文字删除，单击“插入”面板上“Spry”选项卡中的“Spry菜单栏”选项，如图5-42所示。

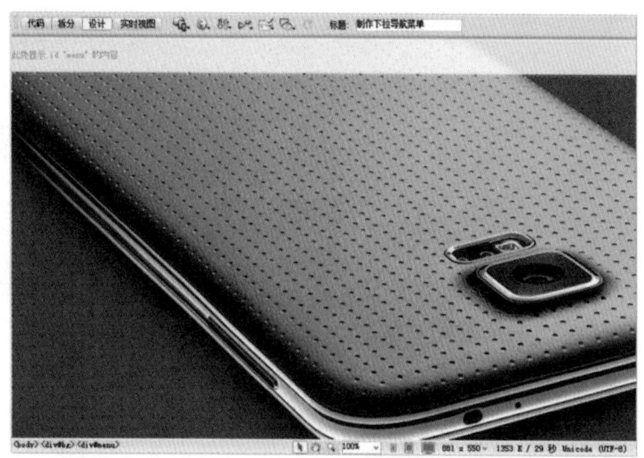

图5-41　页面效果

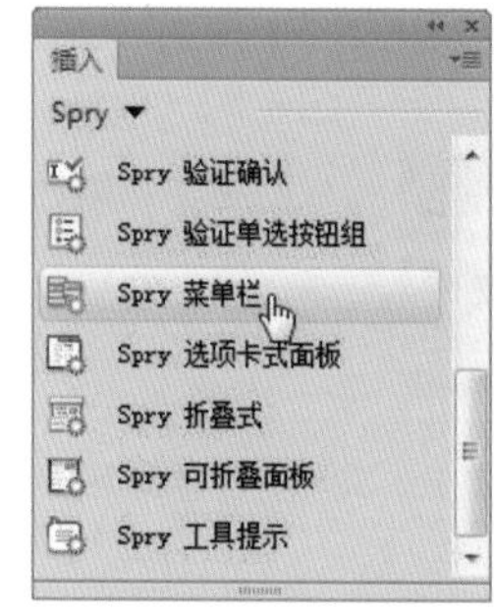

图5-42　“插入”面板

提 示

当在页面中插入Spry构件时，Dreamweaver会自动在该页面所属站点的根目录下创建一个名为SpryAssets的目录，并将相应的CSS样式表文件和JavaScript脚本文件保存在该文件夹中。另外，在命名上，与Spry构件相关联的CSS样式表和JavaScript脚本文件应与该Spry构件的命名相一致，从而有利于区别哪些文件应用于哪些构件。

STEP 2 弹出“Spry菜单栏”对话框，设置如图5-43所示。单击“确定”按钮，即可在页面中插入Spry菜单栏，效果如图5-44所示。

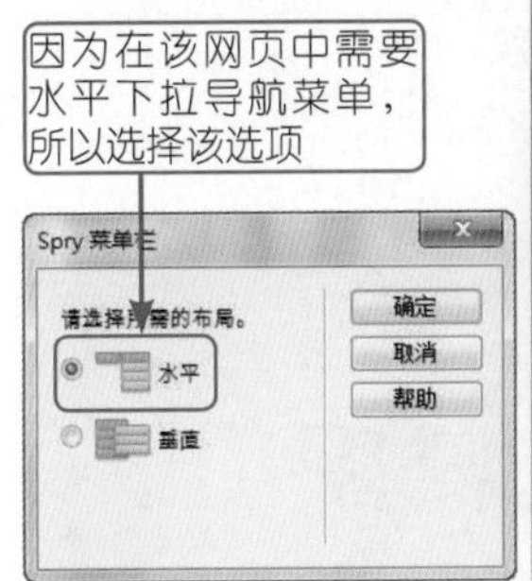

图5-43　“Spry菜单栏”对话框

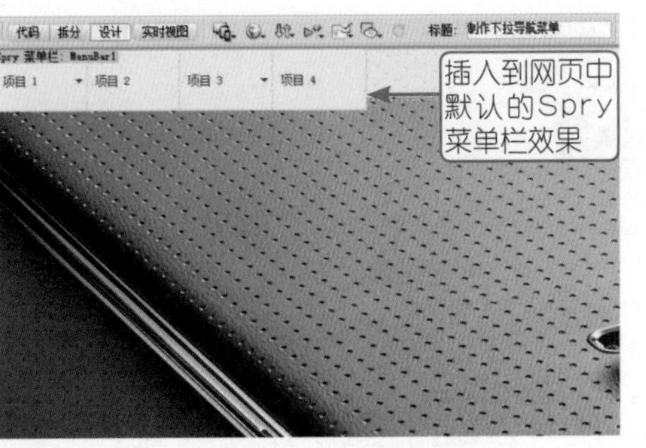

图5-44　页面效果

提　示

在页面中插入Spry构件之前，需要将该页面进行保存，否则将会弹出提示对话框，提示用户必须先存储页面。在页面中插入Spry菜单栏的另一种方法是通过执行“插入>Spry>Spry菜单栏”命令。

STEP 3 选中刚插入的Spry菜单栏，在“属性”面板上的“主菜单项”列表框中选中“项目1”选项，可以在“子菜单项”列表框中看到该菜单项下的子菜单项，如图5-45所示。在“子菜单项”列表框中选中需要删除的项目，单击其上方的“删除菜单项”按钮▬，删除选中的子菜单项，如图5-46所示。

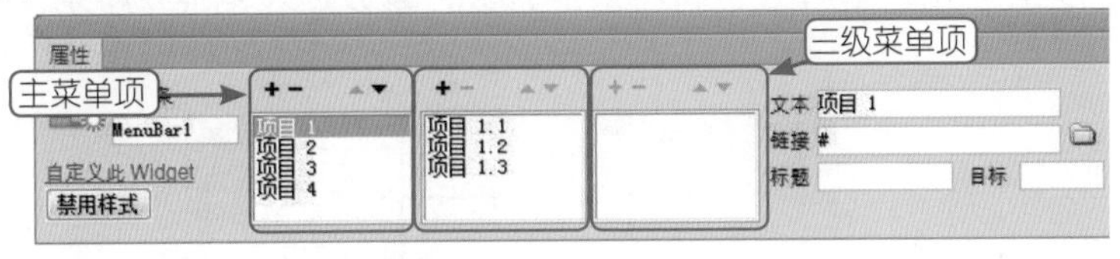

图5-45　“属性”面板

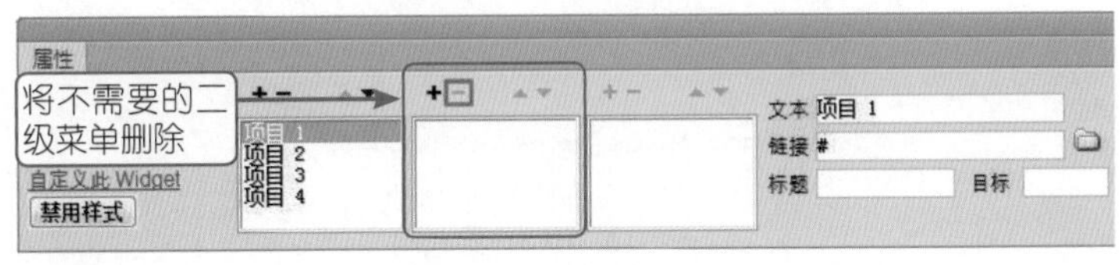

图5-46　删除菜单项

提　示

在“属性”面板的中间位置有3个列表，从左至右分别为“主菜单项”、“子菜单项”和“3级菜单项”，在每个菜单项列表中可以对相应的菜单项进行添加、删除以及调整顺序等操作。

STEP 4 在“主菜单项”列表框中选中“项目1”选项，在“文本”文本框中修改该菜单项的名称，如图5-47所示。使用相同的制作方法，修改其他各主菜单项的名称，如图5-48所示。

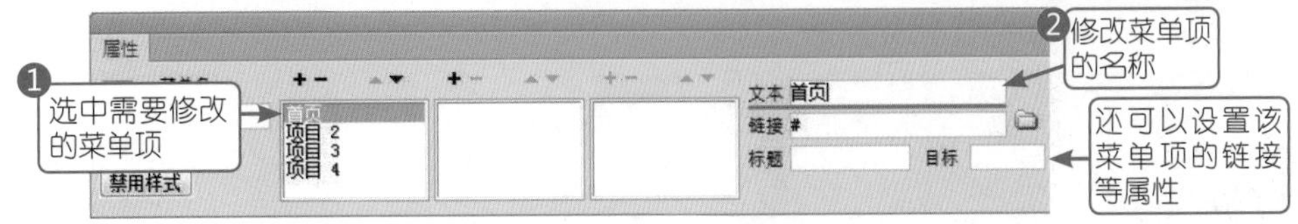

图5-47　修改菜单项名称

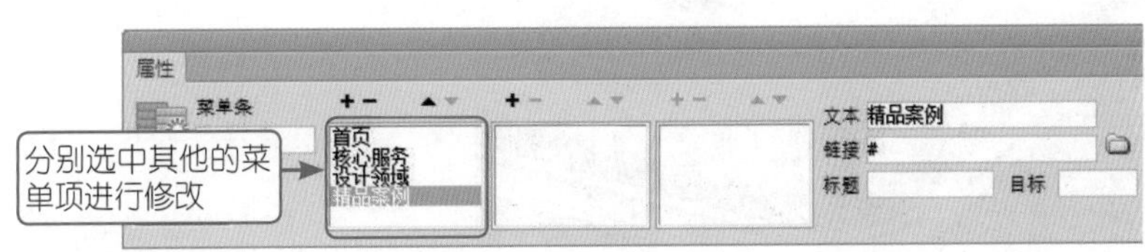

图5-48　修改菜单项名称

STEP 5 单击“主菜单项”列表框上的“添加菜单项”按钮✚，添加主菜单项并修改其名称，如图5-49所示。在“主菜单项”列表框中选中第二个主菜单项，在“子菜单项”列表框中可以添加相应的子菜单项，如图5-50所示。使用相同的制作方法，完成Spry菜单栏中各菜单项的设置。

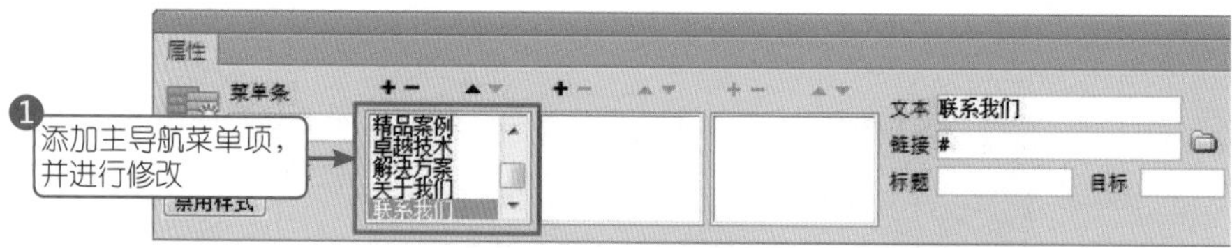

图5-49　添加主菜单项

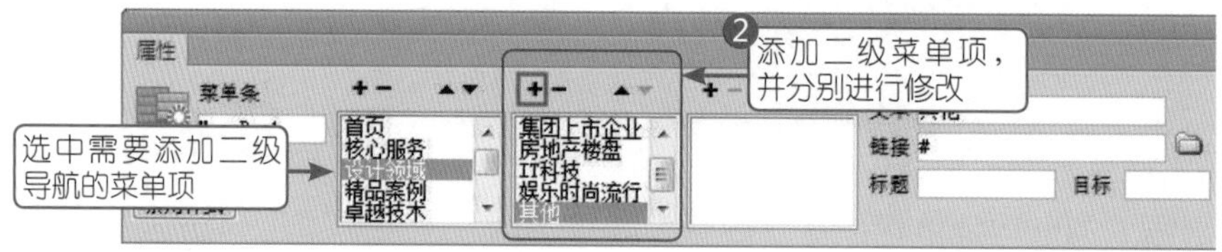

图5-50　添加子菜单项

STEP 6 切换到Spry菜单栏的外部CSS样式表文件SpryMenuBarHorizontal.css文件中，找到ul.MenuBarHorizontal li样式表，如图5-51所示。对样式进行相应的修改，修改后如图5-52所示。

```
ul.MenuBarHorizontal li
{
    margin: 0;
    padding: 0;
    list-style-type: none;
    font-size: 100%;
    position: relative;
    text-align: left;
    cursor: pointer;
    width: 8em;
    float: left;
}
```

图5-51　CSS样式代码

```
ul.MenuBarHorizontal li
{
    margin: 0;
    padding: 0;
    list-style-type: none;
    font-size: 100%;
    position: relative;
    text-align: center;
    cursor: pointer;
    float: left;
    width: 120px;
    height: 48px;
    background-color: rgba(255,255,255,0.2);
}
```

该CSS样式表主要用于控制导航菜单项的默认效果

图5-52　CSS样式代码

STEP 7 返回到设计视图，可以看到下拉菜单的效果，如图5-53所示。找到ul.MenuBarHorizontal ul样式表，将其删除，如图5-54所示。

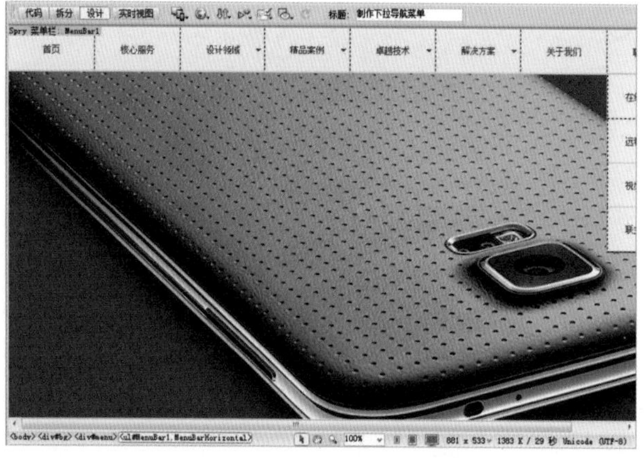

图5-53　下拉菜单的效果

```
ul.MenuBarHorizontal ul
{
    border: 1px solid #CCC;
}
```

图5-54　CSS样式代码

STEP 8 再找到ul.MenuBarHorizontal a样式表，如图5-55所示。对样式进行相应的修改，修改后如图5-56所示。

```
ul.MenuBarHorizontal a
{
    display: block;
    cursor: pointer;
    background-color: #EEE;
    padding: 0.5em 0.75em;
    color: #333;
    text-decoration: none;
}
```

图5-55 CSS样式代码

```
ul.MenuBarHorizontal a
{
    display: block;
    cursor: pointer;
    text-decoration: none;
    color: #7E7E7E;
    font-weight: bold;
    text-align: center;
    border: solid 1px #FFF;
    margin-right: 1px;
}
```

图5-56 CSS样式代码

STEP 9 返回到设计视图，可以看到下拉菜单的效果，如图5-57所示。再找到ul.MenuBarHorizontal ul样式表，如图5-58所示。

图5-57 下拉菜单的效果

```
ul.MenuBarHorizontal ul
{
    margin: 0;
    padding: 0;
    list-style-type: none;
    font-size: 100%;
    z-index: 1020;
    cursor: default;
    width: 8.2em;
    position: absolute;
    left: -1000em;
}
```

图5-58 CSS样式代码

STEP10 对样式进行相应的修改，修改后如图5-59所示。再找到ul.MenuBarHorizontal ul li样式表，如图5-60所示。

```
ul.MenuBarHorizontal ul
{
    margin: 0;
    padding: 0;
    list-style-type: none;
    font-size: 100%;
    z-index: 1020;
    cursor: default;
    width: 120px;
    position: absolute;
    left: -1000em;
}
```

图5-59 CSS样式代码

```
ul.MenuBarHorizontal ul li
{
    width: 8.2em;
}
```

图5-60 CSS样式代码

STEP11 对样式进行相应的修改，修改后如图5-61所示。相同的方法，再找到相应的样式表，如图5-62所示。

```
ul.MenuBarHorizontal ul li
{
    width: 120px;
}
```

图5-61 CSS样式代码

```
ul.MenuBarHorizontal a.MenuBarItemHover,
ul.MenuBarHorizontal a.MenuBarItemSubmenuHover,
ul.MenuBarHorizontal a.MenuBarSubmenuVisible
{
    background-color: #33C;
    color: #FFF;
}
```

图5-62 CSS样式代码

STEP12 对样式进行相应的修改，修改后如图5-63所示。返回到设计视图中，执行“文件>保存”命令，弹出“复制相关文件”对话框，如图5-64所示。

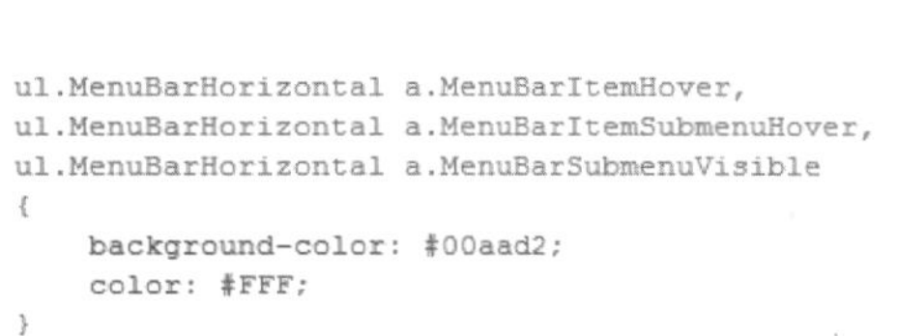

```
ul.MenuBarHorizontal a.MenuBarItemHover,
ul.MenuBarHorizontal a.MenuBarItemSubmenuHover,
ul.MenuBarHorizontal a.MenuBarSubmenuVisible
{
    background-color: #00aad2;
    color: #FFF;
}
```

图5-63　CSS样式代码

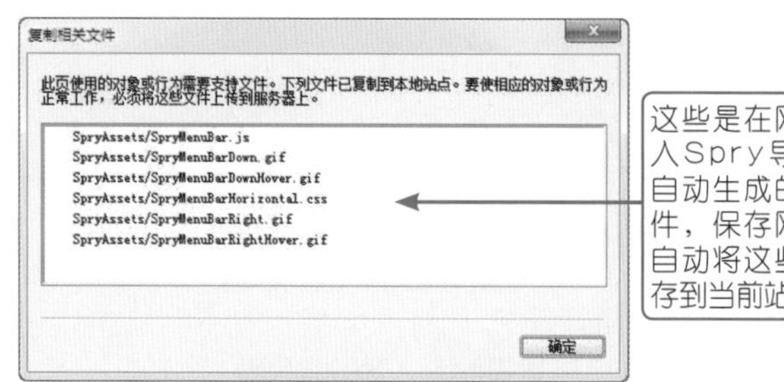

图5-64　“复制相关文件”对话框

STEP13 单击“确定”按钮，按F12键即可在浏览器中预览页面，可以看到所制作的网页导航下拉菜单的效果，如图5-65所示。

图5-65　在浏览器中预览下拉导航菜单效果

| 实例47　插入Spry选项卡式面板——制作选项卡式新闻列表

实例 目的

Spry选项卡式面板构件是一组面板，用来将较多内容放置在紧凑的空间中，当浏览者单击不同的选项卡时，即可打开构件相应的面板。本实例的目的是让大家掌握使用Spry选项卡式面板制作选项卡式新闻列表的方法。如图5-66所示为制作选项卡式新闻列表的流程图。

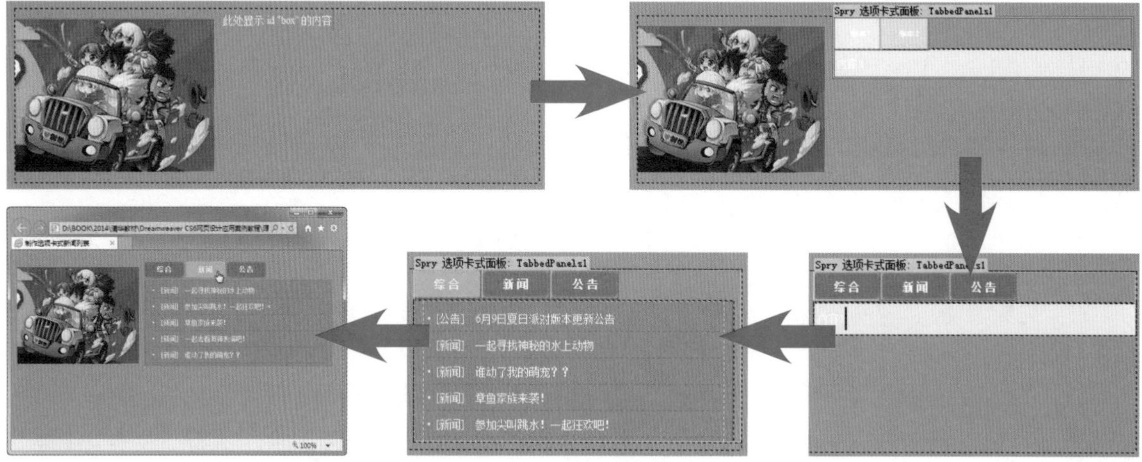

图5-66　操作流程图

实例 重点

- 掌握插入Spry选项卡式面板的方法
- 掌握修改Spry选项卡式面板选项的方法
- 掌握通过CSS样式对Spry选项卡式面板进行设置的方法

实例 步骤

STEP 1 执行“文件>打开”命令，打开页面“光盘\素材\第5章\5-47.html”，页面效果如图5-67所示。将光标移至名为box的Div中，将多余文字删除，单击“插入”面板上Spry选项卡中的“Spry选项卡式面板”按钮，插入Spry选项卡式面板，如图5-68所示。

图5-67 页面效果

图5-68 插入Spry选项卡式面板

STEP 2 单击选中刚插入的Spry选项卡式面板，在“属性”面板中为其添加标签，如图5-69所示。可以看到Spry选项卡式面板的效果，如图5-70所示。

图5-69 “属性”面板

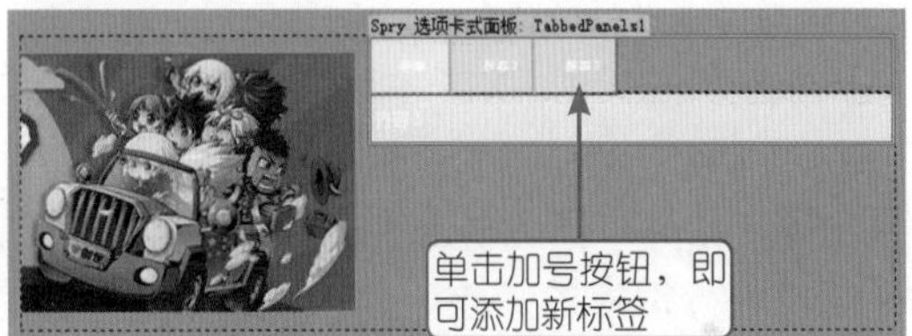

图5-70 Spry选项卡式面板的效果

提 示

在该列表中显示了Spry选项卡式面板的各面板，单击其上方的“添加面板”按钮，可添加面板；在列表中选中某个面板，单击列表上方的“删除面板”按钮，即可删除该面板。另外，还可以调整面板的前后顺序。

STEP 3 切换到Spry选项卡式面板的外部CSS样式表文件SpryTabbedPanels.css中，找到.TabbedPanelsTab样式表，如图5-71所示。对样式进行相应的修改，修改后如图5-72所示。

```
.TabbedPanelsTab {
    position: relative;
    top: 1px;
    float: left;
    padding: 4px 10px;
    margin: 0px 1px 0px 0px;
    font: bold 0.7em sans-serif;
    background-color: #DDD;
    list-style: none;
    border-left: solid 1px #CCC;
    border-bottom: solid 1px #999;
    border-top: solid 1px #999;
    border-right: solid 1px #999;
    -moz-user-select: none;
    -khtml-user-select: none;
    cursor: pointer;
}
```

图5-71 CSS样式代码

```
.TabbedPanelsTab {
    position: relative;
    top: 1px;
    float: left;
    width: 74px;
    height: 30px;
    background-image: url(4702.gif);
    background-repeat: no-repeat;
    list-style-type: none;
    font-weight: bold;
    line-height: 30px;
    text-align: center;
    margin-right: 3px;
    margin-bottom: 3px;
    -moz-user-select: none;
    -khtml-user-select: none;
    cursor: pointer;
}
```

图5-72 修改后CSS样式代码

提 示

首先修改的.TabbedPanelsTab样式表，主要定义了选项卡式面板标签的默认状态，接着修改的.TabbedPanelsTabSelected样式表，主要定义了选项卡面板中当前选中标签的状态，最后修改的.TabbedPanelsContentGroup样式表，定义了选项卡式面板内容部分的外观。

STEP 4 返回到设计视图，修改各标签中的文字内容，如图5-73所示。切换到SpryTabbedPanels.css文件中，找到.VTabbedPanels .TabbedPanelsTabSelected样式表，如图5-74所示。

图5-73 页面效果

```
.VTabbedPanels .TabbedPanelsTabSelected {
    background-color: #EEE;
    border-bottom: solid 1px #999;
}
```

图5-74 CSS样式代码

STEP 5 对样式进行相应的修改，修改后如图5-75所示。返回到设计视图，可以看到Spry选项卡式面板的效果，如图5-76所示。

```
.VTabbedPanels {
    width: 74px;
    height: 30px;
    background-image: url(4703.gif);
    background-repeat: no-repeat;
}
.TabbedPanelsTabSelected {
    width: 74px;
    height: 30px;
    background-image: url(4703.gif);
    background-repeat: no-repeat;
}
```

图5-75 修改后CSS样式代码

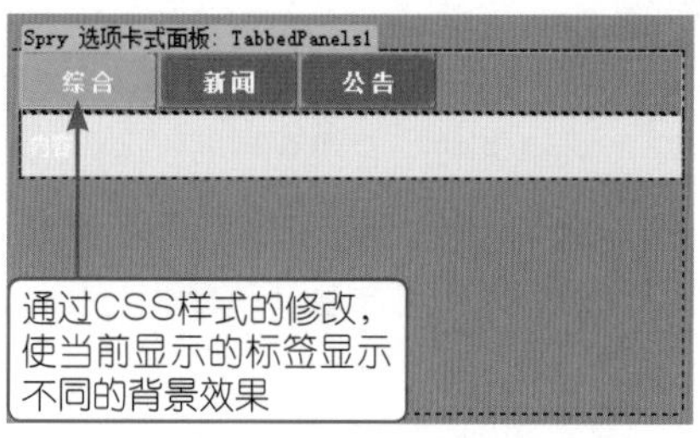

图5-76 Spry选项卡式面板的效果

STEP 6 切换到SpryTabbedPanels.css文件中，找到.TabbedPanelsContentGroup样式表，如图5-77所示。对样式进行相应的修改，修改后如图5-78所示。

```
.TabbedPanelsContentGroup {
    clear: both;
    border-left: solid 1px #CCC;
    border-bottom: solid 1px #CCC;
    border-top: solid 1px #999;
    border-right: solid 1px #999;
    background-color: #EEE;
}
```

图5-77 CSS样式代码

```
.TabbedPanelsContentGroup {
    clear: both;
    width: 335px;
    background-color: #2D77C5;
    border: solid 1px #0053AF;
    padding-left: 10px;
    padding-right: 10px;
}
```

图5-78 修改后CSS样式代码

STEP 7 返回到设计视图中，可以看到页面的效果，如图5-79所示。将光标移至第1个标签的内容中，将“内容1”文字删除，输入相应的段落文本，如图5-80所示。

图5-79 页面效果

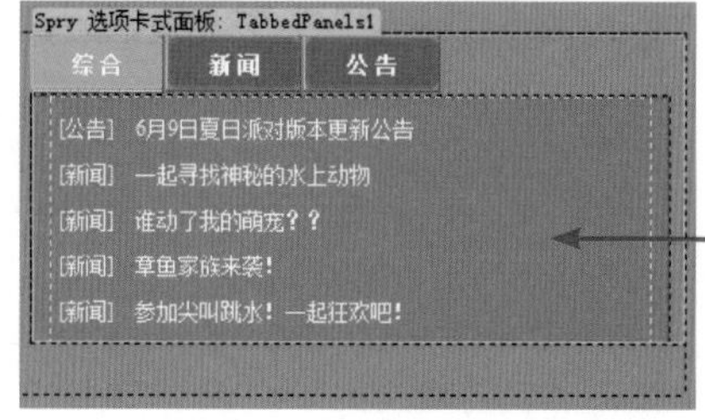

图5-80 输入段落文本

STEP 8 选中刚刚输入的段落文本，单击“属性”面板上的“项目列表”按钮，将段落文本创建为项目列表，如图5-81所示。转换到代码视图中，可以看到项目列表的标签，如图5-82所示。

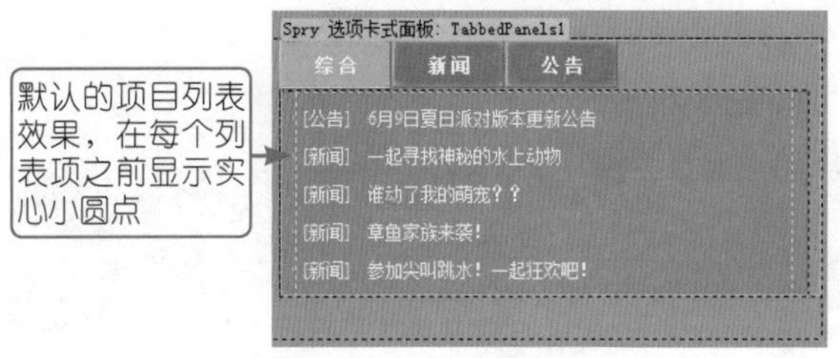

图5-81 创建项目列表

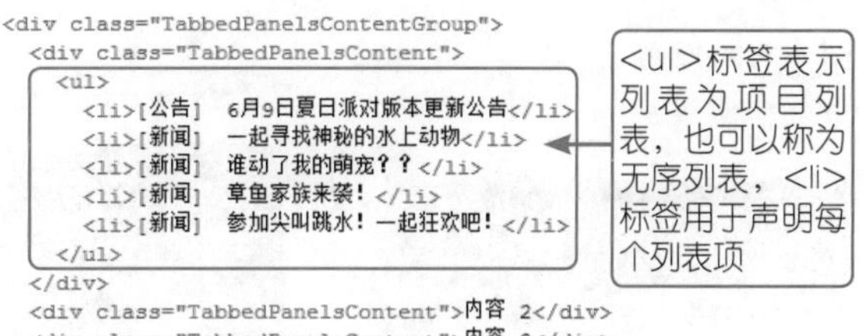

```
<div class="TabbedPanelsContentGroup">
  <div class="TabbedPanelsContent">
    <ul>
      <li>[公告] 6月9日夏日派对版本更新公告</li>
      <li>[新闻] 一起寻找神秘的水上动物</li>
      <li>[新闻] 谁动了我的萌宠？？</li>
      <li>[新闻] 章鱼家族来袭！</li>
      <li>[新闻] 参加尖叫跳水！一起狂欢吧！</li>
    </ul>
  </div>
  <div class="TabbedPanelsContent">内容 2</div>
  <div class="TabbedPanelsContent">内容 3</div>
```


图5-82 项目列表的标签代码

STEP 9 切换到该网页所链接的外部CSS样式表文件中，创建名为#box li的CSS样式，如图5-83所示。返回到设计视图，页面的效果如图5-84所示。

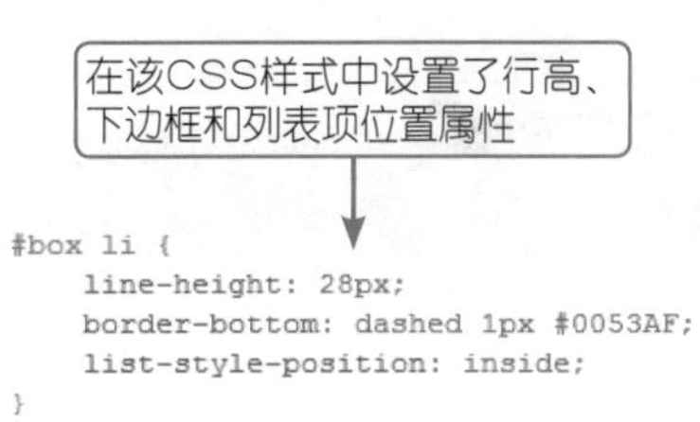


```
#box li {
    line-height: 28px;
    border-bottom: dashed 1px #0053AF;
    list-style-position: inside;
}
```

图5-83 CSS样式代码

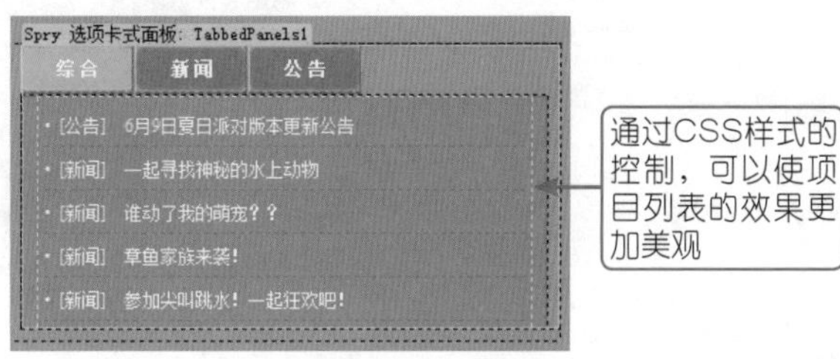

图5-84 页面效果

提 示

在Dreamweaver的设计视图中选中Spry选项卡式面板，在其“属性”面板上的“面板”列表中选择需要制作的标签，即可在设计视图中对该标签中的内容进行编辑和修改。

STEP10 使用相同的方法，完成其他两个标签中内容的制作，执行“文件>保存”命令，保存该页面，在浏览器中测试Spry选项卡式面板的效果，如图5-85所示。

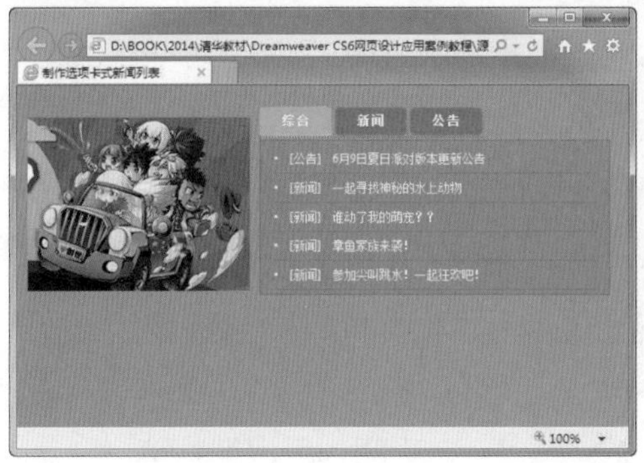

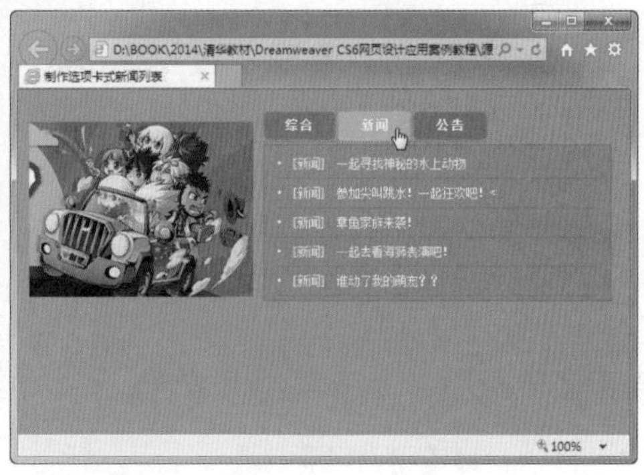

图5-85 在浏览器中预览效果

实例48 插入Spry可折叠面板——制作可折叠栏目

实例目的

如果网页中某一栏目展示的内容较多，可以使用Spry可折叠面板的形式，可以有效地充分利用网页空间，需要显示该栏目内容时可以让其显示，不需要显示该栏目内容时可以让其隐藏。本实例的目的是让大家掌握使用Spry可折叠面板制作网页中可折叠栏目的方法。如图5-86所示为制作可折叠栏目的流程图。

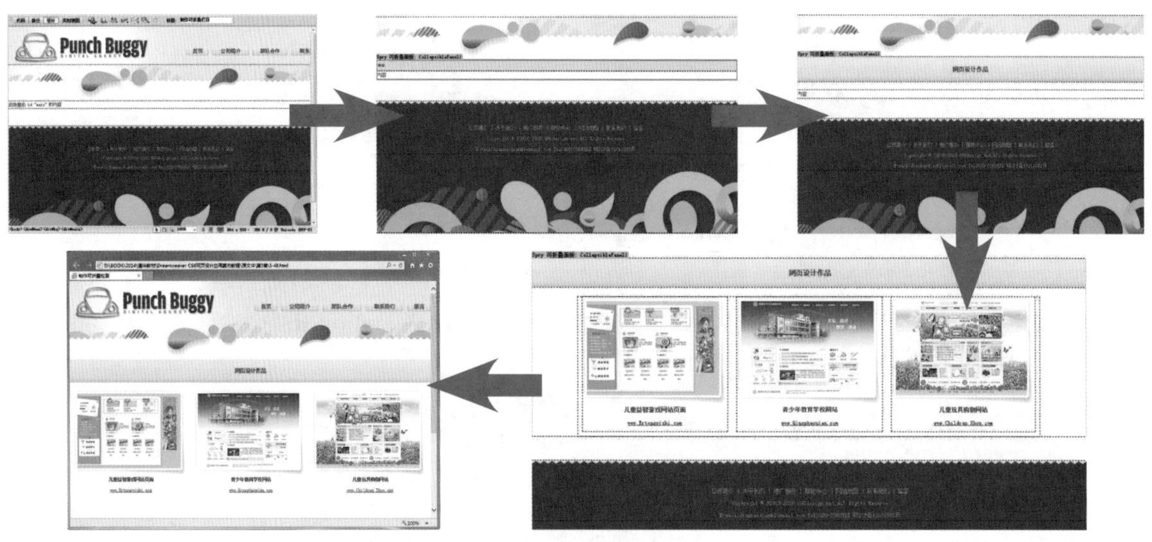

图5-86　操作流程图

实例 重点

- 掌握插入Spry可折叠面板的方法
- 掌握通过CSS样式对Spry可折叠面板进行设置的方法

实例 步骤

STEP 1 执行“文件>打开”命令，打开页面“光盘\素材\第5章\5-48.html”，页面效果如图5-87所示。将光标移至名为main的Div中，将多余文字删除，单击“插入”面板上Spry选项卡中的“Spry可折叠面板”按钮，插入Spry可折叠面板，如图5-88所示。

图5-87　页面效果

图5-88　插入可折叠面板

提 示

在Spry可折叠面板的“属性”面板上有一个“启用动画”选项，选中该复选框，浏览者在单击该面板选项卡时，该面板将缓缓地平滑打开和关闭；如果没有选中该复选框，则浏览者在单击该面板选项卡时，可折叠面板会迅速打开和关闭，默认情况下，选中该复选框。

STEP 2 切换到Spry可折叠面板的外部CSS样式表文件SpryCollapsiblePanel.css中，找到.CollapsiblePanel样式表，如图5-89所示。对样式进行相应的修改，修改后如图5-90所示。

STEP 3 再找到.CollapsiblePanelTab样式表，如图5-91所示。对样式进行相应的修改，修改后如图5-92所示。

```
.CollapsiblePanel {
    margin: 0px;
    padding: 0px;
    border-left: solid 1px #CCC;
    border-right: solid 1px #999;
    border-top: solid 1px #999;
    border-bottom: solid 1px #CCC;
}
```

图5-89　CSS样式代码

```
.CollapsiblePanel {
    margin: 0px;
    padding: 0px;
}
```

图5-90　CSS样式代码

```
.CollapsiblePanelTab {
    font: bold 0.7em sans-serif;
    background-color: #DDD;
    border-bottom: solid 1px #CCC;
    margin: 0px;
    padding: 2px;
    cursor: pointer;
    -moz-user-select: none;
    -khtml-user-select: none;
}
```

图5-91　CSS样式代码

```
.CollapsiblePanelTab {
    width: 100%;
    height: 60px;
    font-size: 14px;
    font-weight: bold;
    line-height: 60px;
    background-image: url(4808.png);
    background-repeat: repeat-x;;
    background-color: #FFF;
    text-align: center;
    margin-bottom: 20px;
    cursor: pointer;
    -moz-user-select: none;
    -khtml-user-select: none;
}
```

图5-92　CSS样式代码

STEP 4 返回到设计视图，修改标签中的文字内容，可以看到Spry可折叠面板的效果，如图5-93所示。切换到Spry可折叠面板的外部CSS样式表文件SpryCollapsiblePanel.css中，找到.CollapsiblePanelContent样式表，如图5-94所示。

图5-93　页面效果

```
.CollapsiblePanelContent {
    margin: 0px;
    padding: 0px;
}
```

图5-94　CSS样式代码

STEP 5 对样式进行相应的修改，修改后如图5-95所示。返回到设计视图，可以看到Spry可折叠面板的效果，如图5-96所示。

```
.CollapsiblePanelContent {
    margin: 0px auto;
    padding: 0px;
    width: 984px;
    height: 289px;
    font-weight: bold;
    color: #903;
    text-align: center;
}
```

图5-95　CSS样式代码

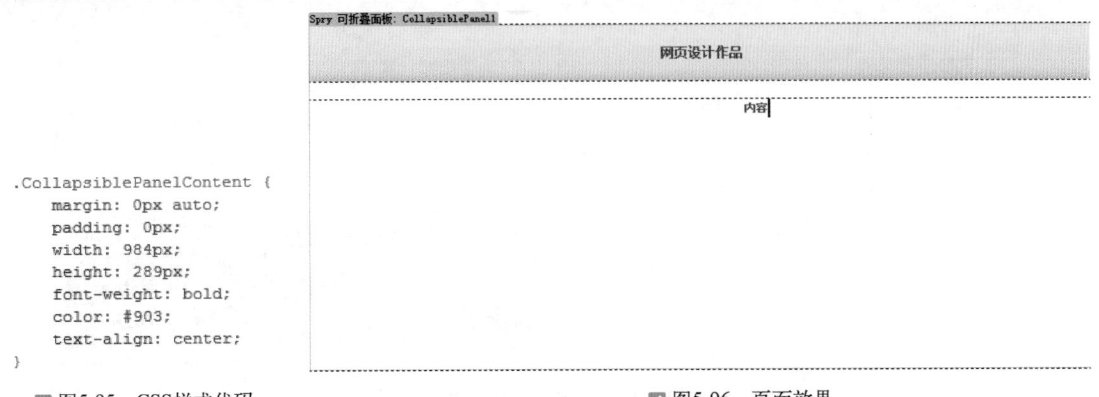

图5-96　页面效果

STEP 6 将光标移至该标签中，将多余文字删除，插入名为pic的Div，切换到该网页所链接的外部CSS样式表文件中，创建名为#pic的CSS样式，如图5-97所示。返回到设计视图，页面效果如图5-98所示。

STEP 7 将光标移至名为pic的Div中，将多余文字删除，插入图像并输入文字，如图5-99所示。切换到该网页所链接的外部CSS样式表文件中，创建名为.font的类CSS样式，如图5-100所示。

图5-97　CSS样式代码　　图5-98　页面效果　　图5-99　页面效果　　图5-100　CSS样式代码

STEP 8 返回到设计视图，为相应文字应用该样式，如图5-101所示。使用相同的方法完成其他相似内容的制作，页面效果如图5-102所示。

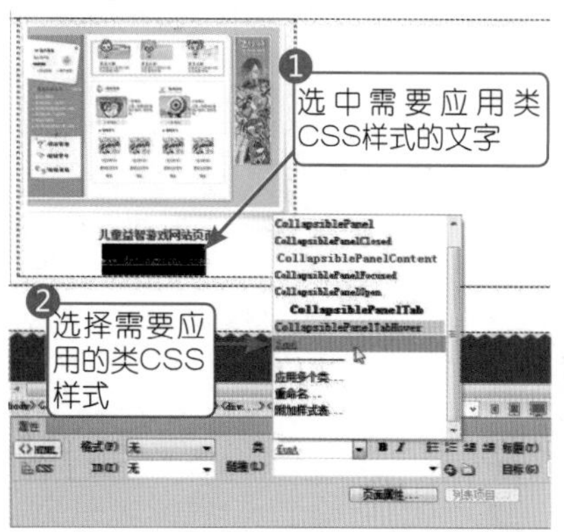

图5-101　应用类CSS样式　　图5-102　页面效果

STEP 9 执行“文件>保存”命令，保存该页面，在浏览器中测试Spry可折叠面板的效果，如图5-103所示。

图5-103　在浏览器中预览效果

提 示

在网页中插入的Spry折叠式面板，默认状态为打开状态，如果希望其默认状态为关闭状态，可以在“属性”面板上设置“默认状态”选项，该选项主要用于设置在浏览器中浏览该Spry可折叠面板时，可折叠面板的默认状态，在该下拉列表中同样有两个选项，分别为“打开”和“已关闭”，默认情况下，选择“打开”选项。

实例49　插入Spry折叠式——制作作品展示页面

实例 目的

Spry折叠式面板是一系列可以在收缩的空间内存储内容的面板，在网页中，Spry折叠式面板的运用可以为页面减少占用空间，并且折叠式面板的动画效果能够加强页面的互动性，使得浏览者对网页的操作更加灵活。本实例的目的是让大家掌握使用Spry折叠式制作作品展示页面的方法。如图5-104所示为制作作品展示页面的流程图。

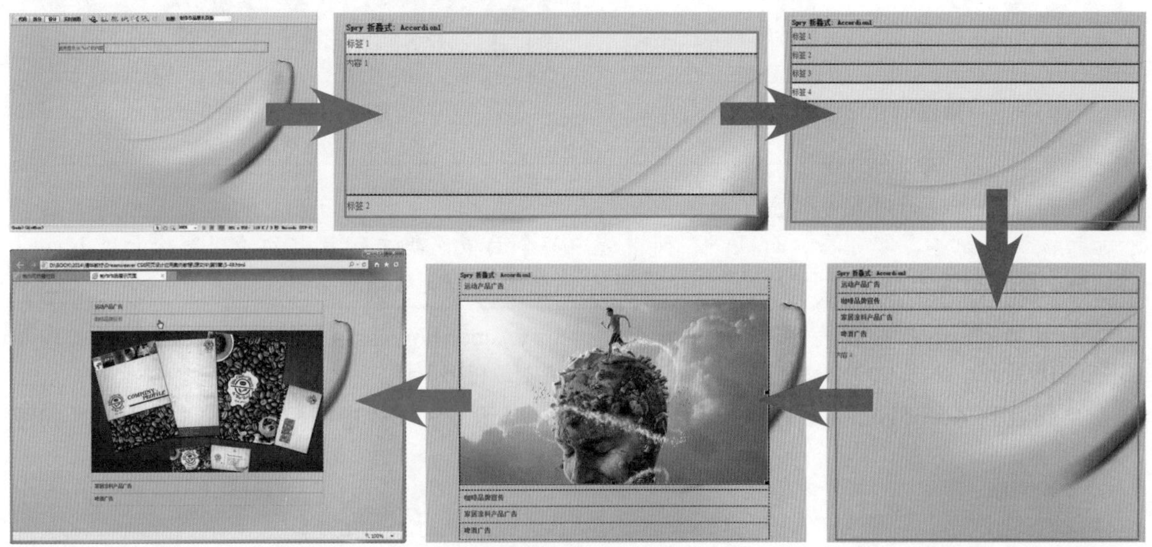

图5-104　操作流程图

实例 重点

- 掌握插入Spry折叠式的方法
- 掌握修改Spry折叠式选项的方法
- 掌握通过CSS样式对Spry折叠式进行设置的方法

实例 步骤

STEP 1 执行“文件>打开”命令，打开页面“光盘\素材\第5章\5-49.html”，页面效果如图5-105所示。将光标移至名为box的Div中，将多余文字删除，单击“插入”面板上“Spry”选项卡中的“Spry折叠式”按钮，插入Spry折叠式，如图5-106所示。

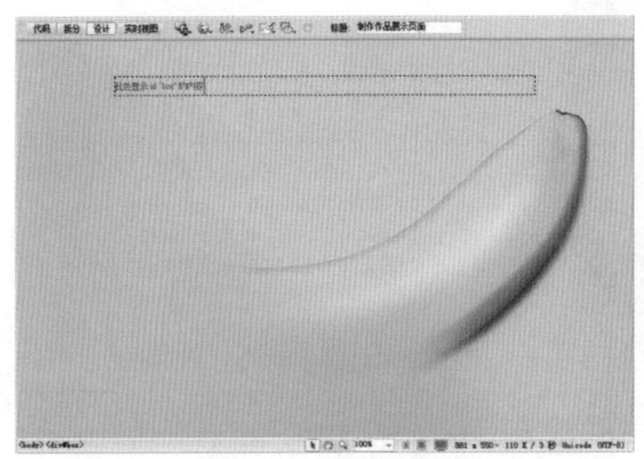

图5-105　页面效果

图5-106　插入Spry折叠式

STEP 2 单击选中刚插入的Spry折叠式，在“属性”面板中为其添加标签，如图5-107所示。可以看到Spry折叠式的效果，如图5-108所示。

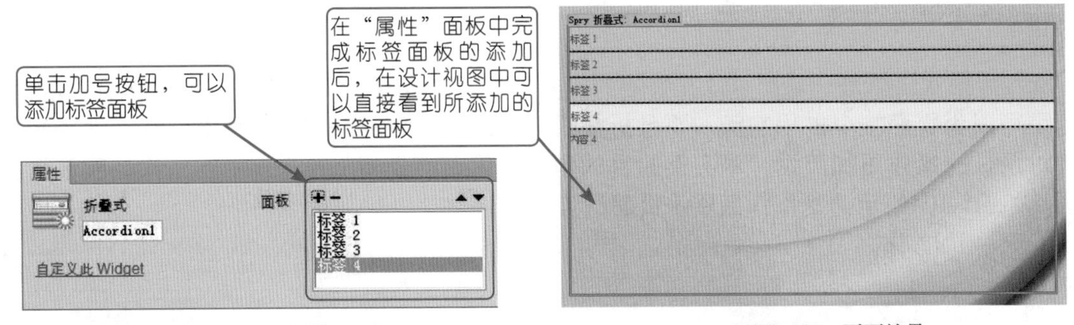

图5-107 “属性”面板

图5-108 页面效果

提 示

在“面板”选项的列表中列出了所选中的Spry折叠式构件中的各面板，单击其上方的“添加面板”按钮＋，即可添加面板；在列中选中某个面板，单击列表上方的“删除面板”按钮－，即可将选中的面板删除；另外，还可以调整面板的前后顺序。

STEP 3 切换到Spry折叠式的外部CSS样式表文件SpryAccordion.css中，找到.Accordion样式表，如图5-109所示。对样式进行相应的修改，修改后如图5-110所示。

STEP 4 再找到.AccordionPanelTab样式表，如图5-111所示。对样式进行相应的修改，修改后如图5-112所示。

```
.Accordion {
    border-left: solid 1px gray;
    border-right: solid 1px black;
    border-bottom: solid 1px gray;
    overflow: hidden;
}
```

图5-109 CSS样式代码

```
.Accordion {
    overflow: hidden;
}
```

图5-110 CSS样式代码

```
.AccordionPanelTab {
    background-color: #CCCCCC;
    border-top: solid 1px black;
    border-bottom: solid 1px gray;
    margin: 0px;
    padding: 2px;
    cursor: pointer;
    -moz-user-select: none;
    -khtml-user-select: none;
}
```

图5-111 CSS样式代码

```
.AccordionPanelTab {
    height: 30px;
    font-weight: bold;
    padding-left: 10px;
    border-top: solid 1px #FF3300;
    margin: 0px;
    cursor: pointer;
    -moz-user-select: none;
    -khtml-user-select: none;
}
```

图5-112 CSS样式代码

STEP 5 返回到设计视图，可以看到Spry折叠式的效果，如图5-113所示。切换到Spry折叠式面板的外部CSS样式表文件SpryAccordion.css中，找到.AccordionPanelContent样式表，如图5-114所示。

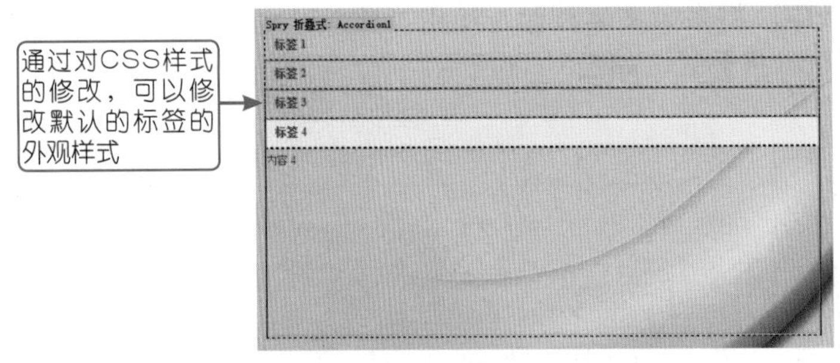

图5-113 页面效果

```
.AccordionPanelContent {
    overflow: auto;
    margin: 0px;
    padding: 0px;
    height: 200px;
}
```

图5-114 CSS样式代码

STEP 6 对样式进行相应的修改，修改后如图5-115所示。再找到.AccordionPanelTabHover和.AccordionPanelOpen .AccordionPanelTabHover样式表，如图5-116所示。

```
.AccordionPanelContent {
    width: 600px;
    height: 360px;
    padding-top: 10px;
    border-top: solid 1px #999;
    overflow: auto;
    margin: 0px;
}
```

图5-115 CSS样式代码

```
.AccordionPanelTabHover {
    color: #555555;
}
.AccordionPanelOpen .AccordionPanelTabHover {
    color: #555555;
}
```

图5-116 CSS样式代码

STEP 7 对样式进行相应的修改，修改后如图5-117所示。再将名为.AccordionPanelOpen .AccordionPanelTab、.AccordionFocused .AccordionPanelTab和.AccordionFocused .AccordionPanelOpen .AccordionPanelTab的样式表删除，如图5-118所示。

```
.AccordionPanelTabHover {
    color: #F30;
}
.AccordionPanelOpen .AccordionPanelTabHover {
    color: #F30;
}
```

图5-117 CSS样式代码

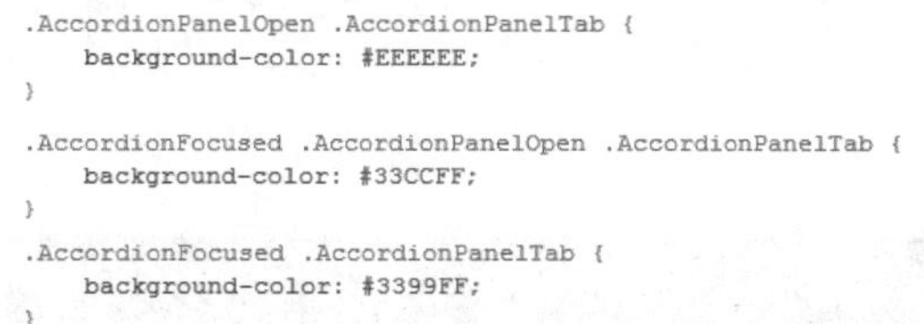

```
.AccordionPanelOpen .AccordionPanelTab {
    background-color: #EEEEEE;
}
.AccordionFocused .AccordionPanelOpen .AccordionPanelTab {
    background-color: #33CCFF;
}
.AccordionFocused .AccordionPanelTab {
    background-color: #3399FF;
}
```

图5-118 删除相应的CSS样式

STEP 8 返回到设计视图，修改各个标签的文字内容，可以看到Spry折叠式的效果，如图5-119所示。单击选中Spry折叠式，在“属性”面板上的“面板”选项区中选择第一个面板，如图5-120所示。

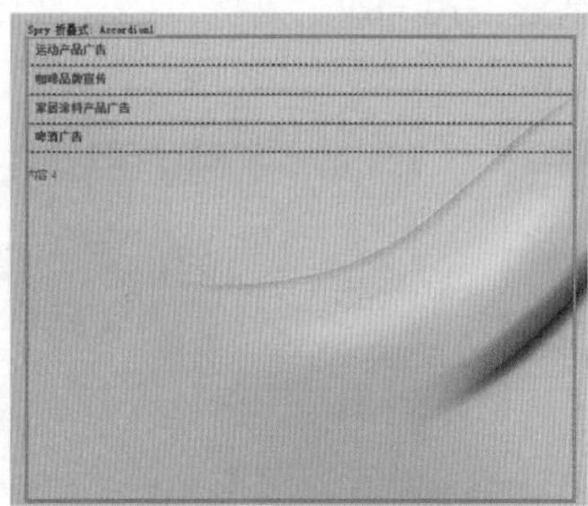

图5-119 修改标签文字

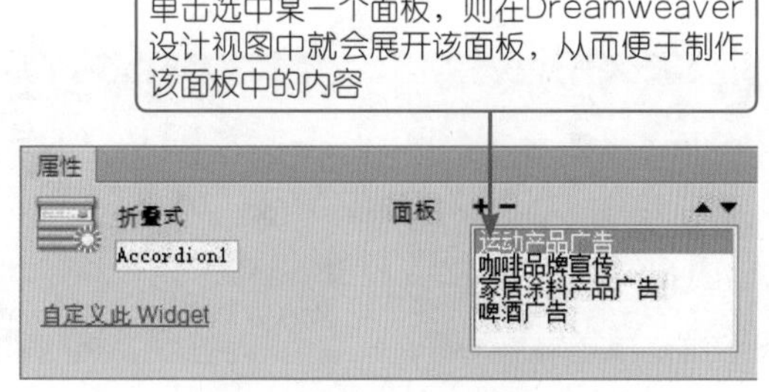

图5-120 选择需要编辑的面板

STEP 9 将光标移至第1个标签的内容中，将“内容1”文字删除，插入图像，如图5-121所示。使用相同的制作方法，可以完成其他标签中内容的制作，如图5-122所示。

图5-121 修改标签内容

图5-122 制作其他标签内容

STEP10 执行“文件>保存”命令，保存该页面，在浏览器中测试Spry折叠式的效果，如图5-123所示。

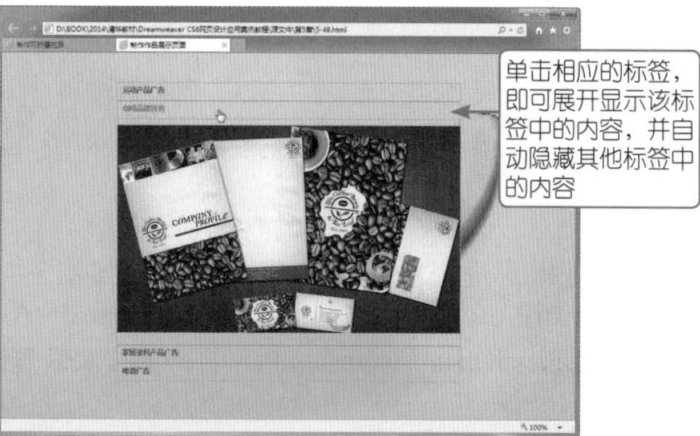

图5-123　在浏览器中预览效果

实例50　插入Spry工具提示——制作摄影图片网页

实例 目的

在网页中常常可以看到当鼠标移至某张图像或某段文字上时，会自动在网页中相应的位置显示提示信息，提示信息可以是文字也可以是图片或其他的内容，这样的效果使用Dreamweaver中的Spry工具提示可以轻松实现。本实例的目的是让大家掌握使用Spry工具提示制作摄影图片网页的方法。如图5-124所示为制作摄影图片网页的流程图。

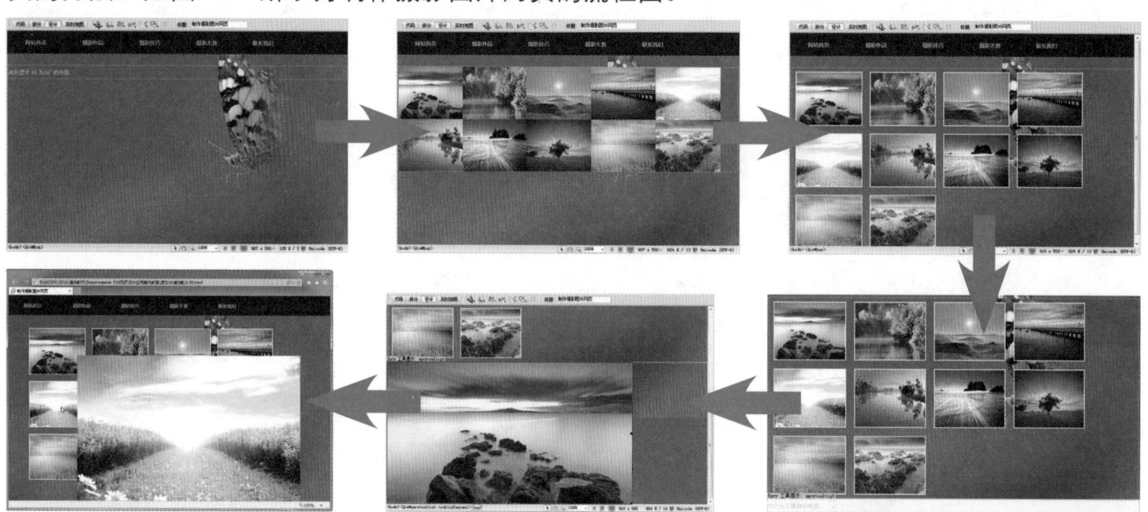

图5-124　操作流程图

实例 重点

- 掌握插入Spry工具提示的方法
- 掌握修改Spry工具提示选项的方法
- 掌握通过CSS样式对Spry工具提示进行设置的方法

实例 步骤

STEP 1 执行“文件>打开”命令，打开页面“光盘\素材\第5章\5-50.html”，页面效果如图5-125所示。将光标移至名为box的Div中，将多余文字删除，依次插入相应的素材图像，如图5-126所示。

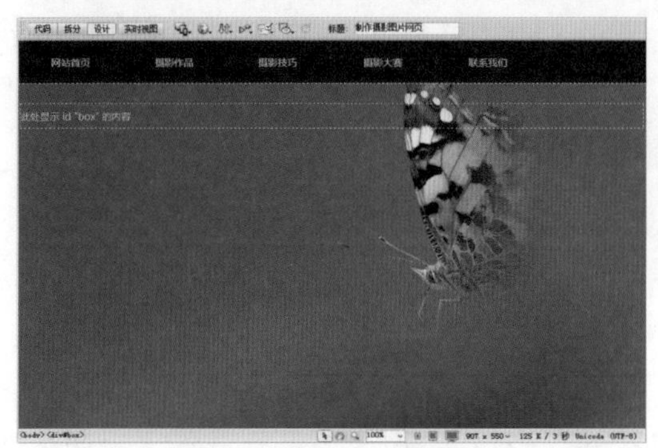

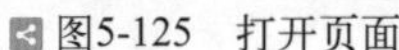
图5-125　打开页面

图5-126　插入图像

STEP 2 切换到165.css文件中，创建名为#box img的CSS规则，如图5-127所示。返回到设计视图中，可以看到页面的效果，如图5-128所示。

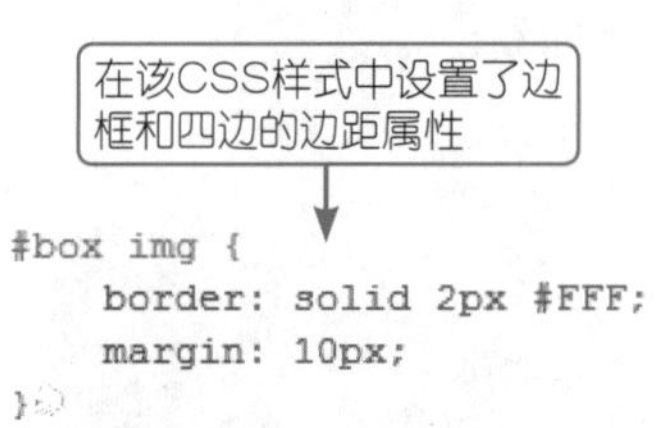

图5-127　CSS样式代码

图5-128　页面效果

STEP 3 单击选中第1张图像，单击“插入”面板上Spry选项卡中的“Spry工具提示”按钮，如图5-129所示。即可插入Spry工具提示，如图5-130所示。

图5-129　单击“Spry工具提示”按钮

图5-130　插入Spry工具提示

提 示

在网页中插入的Spry工具提示包含三个元素，分别是：工具提示器、激活工具提示的页面元素和构造函数脚本。工具提示器包含在用户激活工具提示时要显示的内容；构造函数脚本是实现Spry工具提示功能的JavaScript脚本。

STEP 4 单击选中刚插入的Spry工具提示，在“属性”面板上对其相关属性进行设置，如图5-131所示。切换到Spry工具提示的外部CSS样式表文件SpryTooltip.css中，找到.tooltipContent样式表，如图5-132所示，将该CSS样式删除。

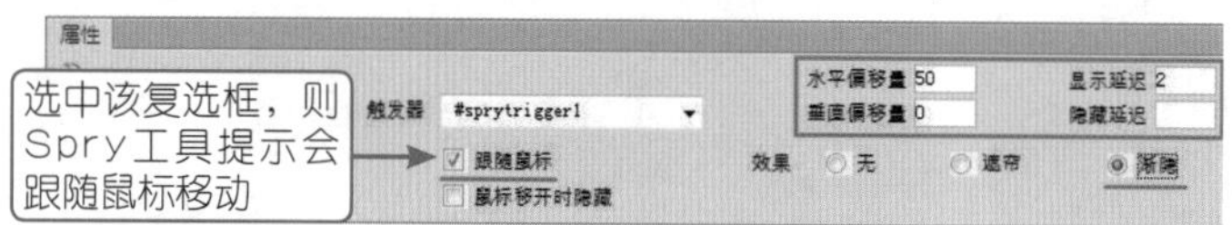

图5-131 设置“属性”面板

```
.tooltipContent
{
    background-color: #FFFFCC;
}
```

图5-132 CSS样式代码

提 示

在网页中插入Spry工具提示时，Dreamweaver会使用Div标签创建一个工具提示容器，并使用span标签环绕激活工具提示的页面元素。对于Spry工具提示和激活工具提示的元素标签，用户可以在插入Spry工具提示后再进行修改。

STEP 5 返回到设计视图，将光标移至Spry工具提示标签中，将多余文字删除，插入图像“光盘\素材\第5章\images\5012.jpg”，如图5-133所示。使用相同的方法为其他图像插入Spry工具提示，并完成制作，如图5-134所示。

图5-133 插入图像

图5-134 页面效果

STEP 6 执行“文件>保存”命令，保存该页面，在浏览器中测试Spry工具提示的效果，如图5-135所示。

图5-135 在浏览器中预览Spry工具提示效果

第6章

Dreamweaver CS6

在网页中插入表单元素

表单是Internet用户同服务器进行信息交流的最重要的工具。通常，一个表单中会包含多个对象，有时它们也被称为控件，如用于输入文本的文本域、用于发送命令的按钮、用于选择项目的单选按钮和复选框，以及用于显示选项列表的列表框等。本章主要向读者介绍如何使用Dreamweaver中的各种表单按钮制作网页中常见的表单页面。

本章重点

- 插入表单域和文本字段
- 插入单选按钮组
- 插入选择（列表/表单）
- 插入跳转菜单
- Spry验证登录表单
- 综合应用表单元素

实例51　插入表单域和文本字段——制作网站登录页面

实例 目的

在实际运用中，表单元素很少单独使用，一般一个表单中会有各种类型的表单元素。在网页中，最常见的就是网站的登录窗口。本实例的目的是让大家掌握网站登录页面的制作方法。如图6-1所示是制作网站登录页面的流程。

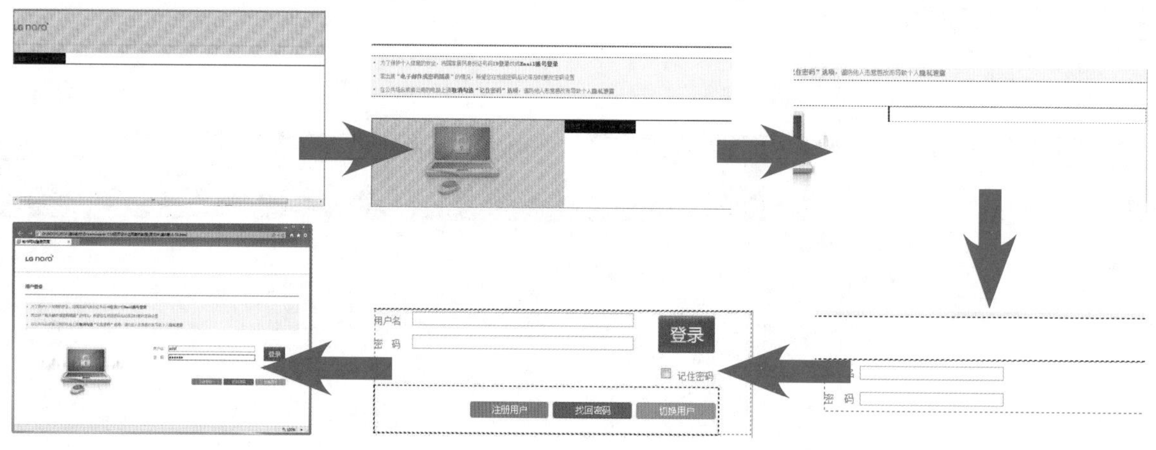

图6-1　操作流程图

实例 重点

- 在网页中插入表单域
- 在网页中插入文本域
- 在网页中插入密码域
- 在网页中插入图像域

实例 步骤

STEP 1 执行“文件>新建”命令，新建一个HTML页面，如图6-2所示。将该页面保存为“光盘\源文件\第6章\6-51.html”。使用相同方法新建外部CSS样式表文件，将其保存为“光盘\源文件\第6章\style\6-51.css”。单击“CSS样式”面板上的“附加样式表”按钮，在弹出的“链接外部样式表”对话框中进行相应的设置，如图6-3所示。

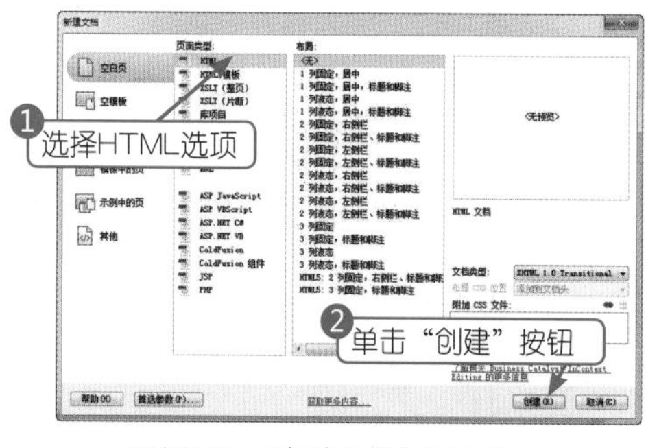

图6-2　“新建文档”对话框

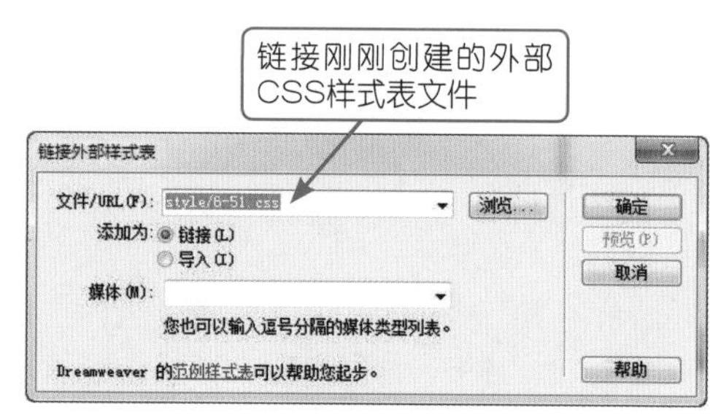

图6-3　“链接外部样式表”对话框

STEP 2 切换到外部CSS样式表文件中，创建名为*的通配符CSS样式和名为body的标签CSS样式，如图6-4所示。返回设计页面中，可以看到页面的效果，如图6-5所示。

图6-4 CSS样式代码　　图6-5 页面效果

STEP 3 将光标置于页面中，插入名为box的Div，切换到外部CSS样式表文件中，创建名为#box的CSS样式，如图6-6所示。返回到设计视图中，可以看到页面的效果，如图6-7所示。

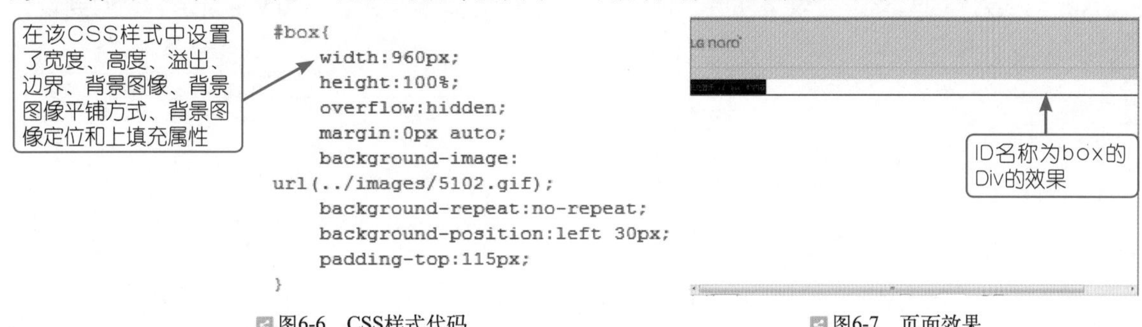

图6-6 CSS样式代码　　图6-7 页面效果

STEP 4 将光标移至名为box的Div中，将多余文字删除，插入名为title的Div，将多余文字删除，切换到外部CSS样式表文件中，创建名为#title的CSS样式，如图6-8所示。返回到设计视图中，可以看到页面的效果，如图6-9所示。

图6-8 CSS样式代码　　图6-9 页面效果

STEP 5 在名为title的Div之后插入名为text的Div，切换到外部CSS样式表文件中，创建名为#text的CSS样式，如图6-10所示。返回到设计视图中，可以看到页面的效果，如图6-11所示。

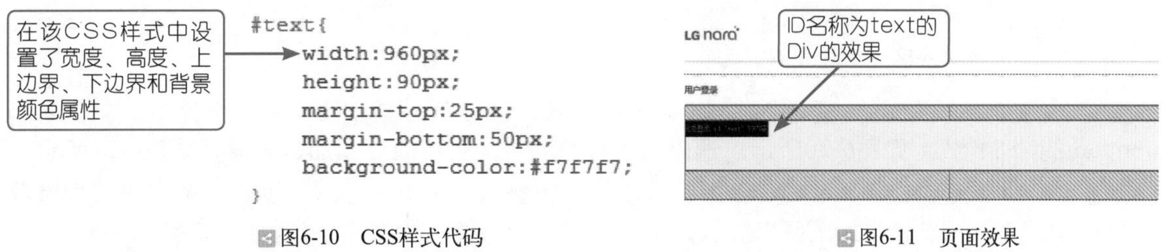

图6-10 CSS样式代码　　图6-11 页面效果

STEP 6 将光标移至名为text的Div中，将多余文字删除，并输入相应的段落文字，如图6-12所示。选中刚输入的段落文字，单击“属性”面板上的“项目列表”按钮，生成项目列表，在代码视图中可以看到项目列表代码，如图6-13所示。

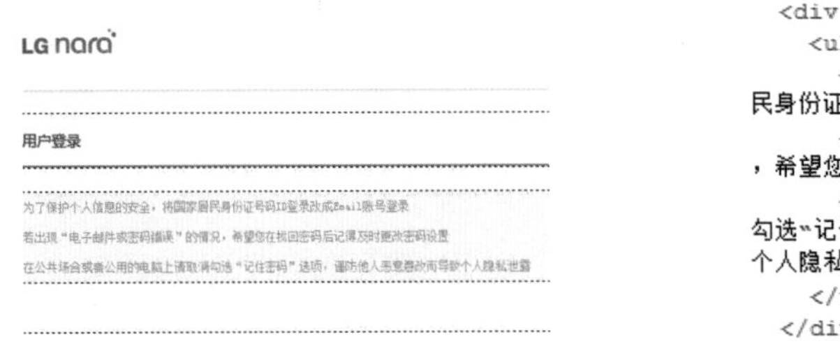

图6-12 输入段落文字

```
<div id="text">
  <ul>
    <li>为了保护个人信息的安全，将国家居
民身份证号码ID登录改成Email账号登录</li>
    <li>若出现“电子邮件或密码错误”的情况
，希望您在找回密码后记得及时更改密码设置</li>
    <li>在公共场合或者公用的电脑上请取消
勾选“记住密码”选项，谨防他人恶意篡改而导致
个人隐私泄露</li>
  </ul>
</div>
```

图6-13 代码视图

STEP 7 切换到外部CSS样式表文件中，创建名为#text li的CSS样式，如图6-14所示。返回到设计视图中，可以看到页面的效果，如图6-15所示。

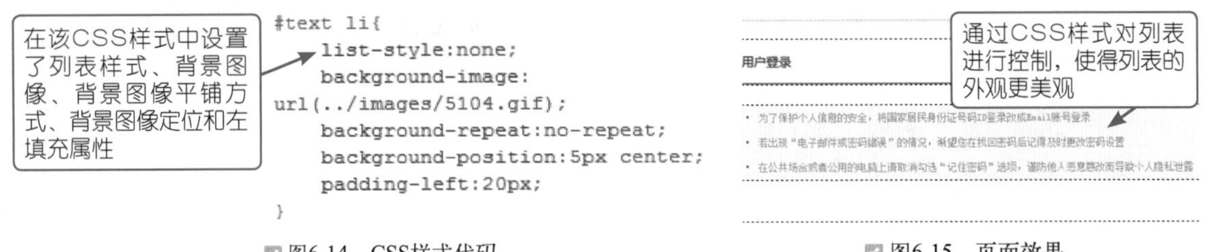

图6-14 CSS样式代码　　图6-15 页面效果

STEP 8 切换到外部CSS样式表文件中，创建名为.font的类CSS样式，如图6-16所示。返回设计视图中，选中页面中相应的文字，在“类”下拉列表中选择刚定义的类CSS样式.font应用，效果如图6-17所示。

图6-16 CSS样式代码　　图6-17 页面效果

STEP 9 切换到外部CSS样式表文件中，创建名为.font01的类CSS样式，如图6-18所示。返回到设计视图中，选中页面中相应的文字，在“类”下拉列表中选择刚定义的类CSS样式.font01应用，效果如图6-19所示。

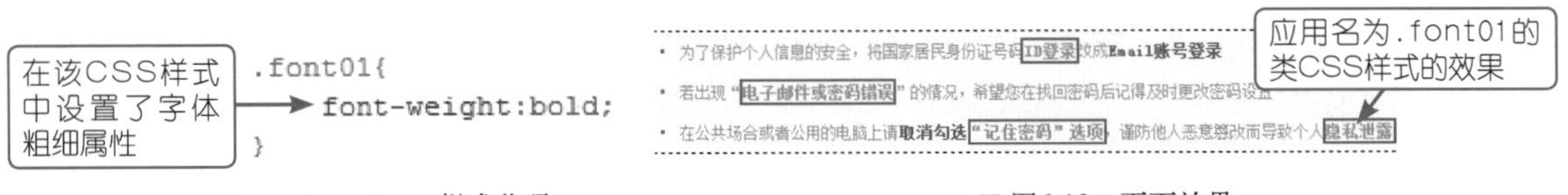

图6-18 CSS样式代码　　图6-19 页面效果

STEP10 在名为text的Div之后插入名为bottom的Div，切换到外部CSS样式表文件中，创建名为#bottom的CSS样式，如图6-20所示。返回到设计视图中，可以看到页面的效果，如图6-21所示。

STEP11 将光标移至名为bottom的Div中，将多余文字删除，单击“插入”面板上的“表单”选项卡中的“表单”按钮，如图6-22所示。在该Div中插入红色虚线的表单区域，如图6-23所示。

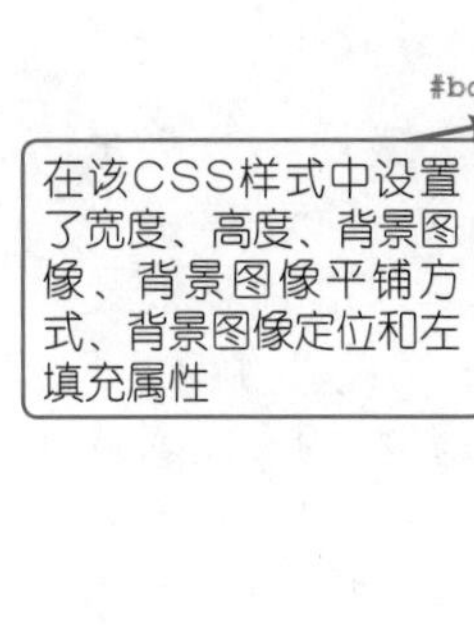


```
#bottom{
width:510px;
height:200px;
background-image:url(../images/5105.gif);
background-repeat:no-repeat;
background-position:left center;
padding-left:450px;
```

图6-20　CSS样式代码

图6-21　页面效果

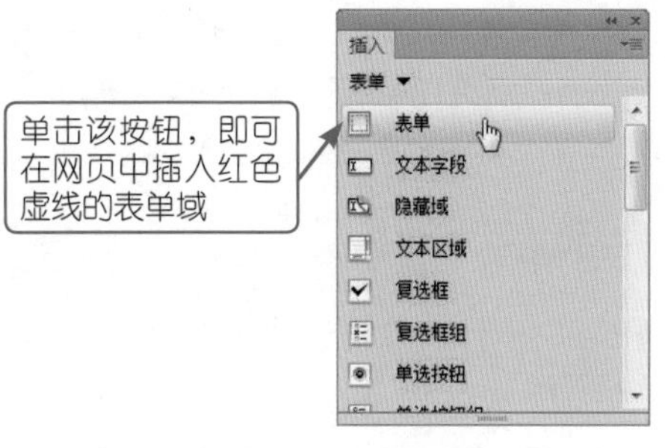

图6-22　单击“表单”按钮

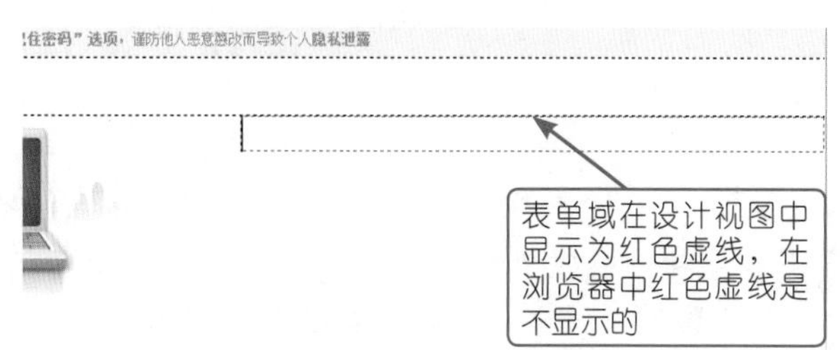

图6-23　插入表单区域

提　示

表单是网页中所包含的单元，如同HTML表格。所有的表单元素都包含在<form>与</form>标签中。表单与表格不同之处是页面中可以插入多个表单，但是不可以像表格一样嵌套表单，表单是无法嵌套的。

表单可以认为是从Web访问者那里收集信息的一种方法，它不仅可以收集访问者的浏览印象，还可以做更多的事情，例如，在访问者登记注册免费邮件时，可以用表单来收集个人资料，在电子商场购物时，收集每个网上顾客具体购买的商品信息，甚至在使用搜索引擎查找信息时，查询的关键词都是通过表单提交到服务器上的。表单具有调查数据、搜索信息等功能。一般的表单由两部分组成，一是描述表单元素的HTML源代码；二是客户端的脚本，或者服务器端用来处理用户所填写信息的程序。

STEP12 将光标移至表单域中，单击“插入”面板板上的“表单”选项卡中的“文本字段”按钮，如图6-24所示。弹出“输入标签辅助功能属性”对话框，设置如图6-25所示。

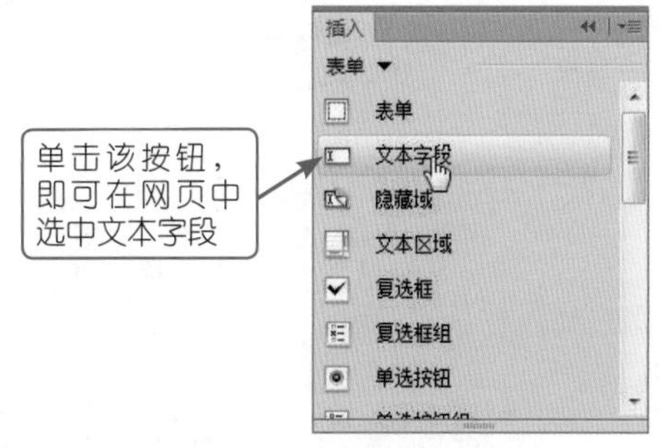

图6-24　单击“文本字段”按钮

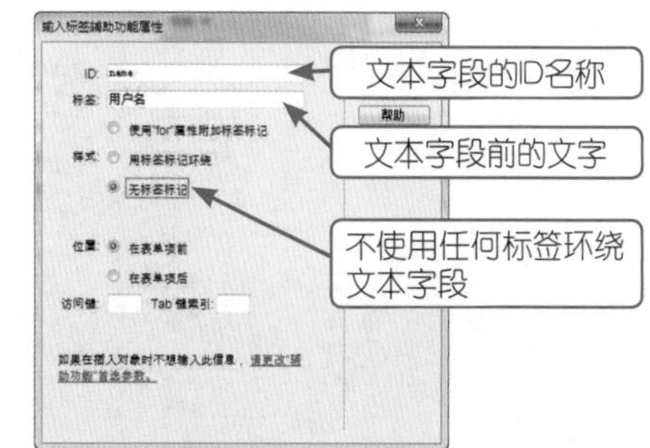

图6-25　设置“输入标签辅助功能属性”对话框

STEP13 单击“确定”按钮，在页面中插入文本字段，如图6-26所示。将光标移至刚插入的文本字段后，按快捷键Shift+Enter，插入换行符，单击“插入”面板上的“表单”选项卡中的“文本字段”按钮，弹出“输入标签辅助功能属性”对话框，设置如图6-27所示。

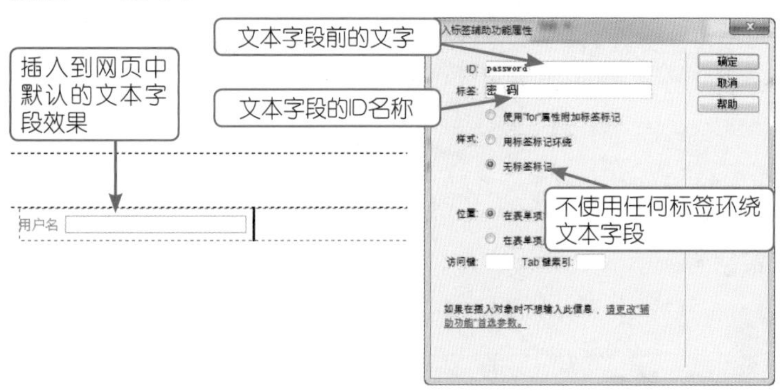

图6-26　插入文本字段　　图6-27　设置“输入标签辅助功能属性”对话框

提　示

如果在表单区域外插入文本域，Dreamweaver会弹出一个提示框，提示用户插入表单域，单击“是”按钮，Dreamweaver会在插入文本域的同时在它周围创建一个表单域。这种情况不仅针对于文本域时会出现，针对其他表单的表单元素也同样会出现。

STEP14 单击“确定”按钮，在网页中插入文本字段，如图6-28所示。单击选中刚插入的文本字段，在“属性”面板上设置“类型”为“密码”，如图6-29所示。

图6-28　页面效果　　图6-29　设置“属性”面板

STEP15 切换到外部CSS样式表文件中，创建名为#name,#password的CSS样式，如图6-30所示。返回到设计视图中，可以看到文本字段的效果，如图6-31所示。

图6-30　CSS样式代码　　图6-31　页面效果

STEP16 将光标移至“用户名”文字前，单击“插入”面板上的“表单”选项卡中的“图像域”按钮，如图6-33所示。在弹出的“选择图像源文件”对话框中选择相应的图像，如图6-33所示。

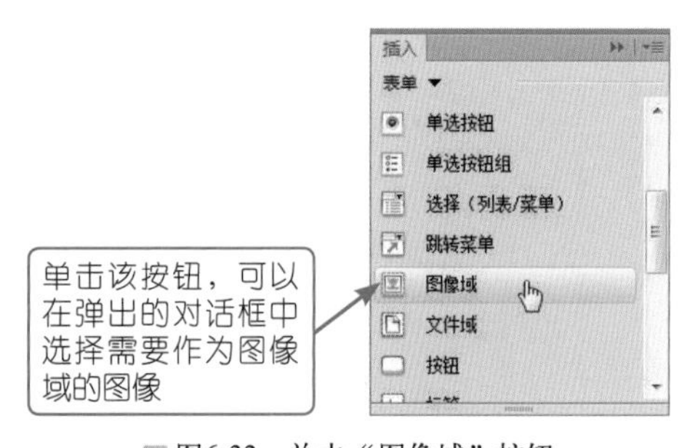

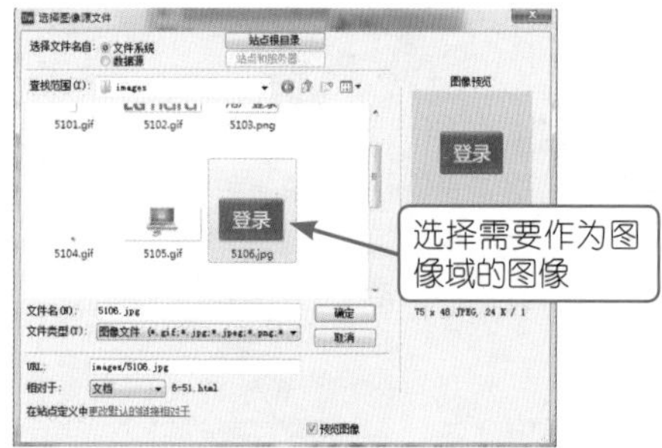

图6-32　单击“图像域”按钮　　图6-33　“选择图像源文件”对话框

STEP17 单击“确定”按钮，弹出“输入标签辅助功能属性”对话框，设置如图6-34所示。单击“确定”按钮，插入图像域，效果如图6-35所示。

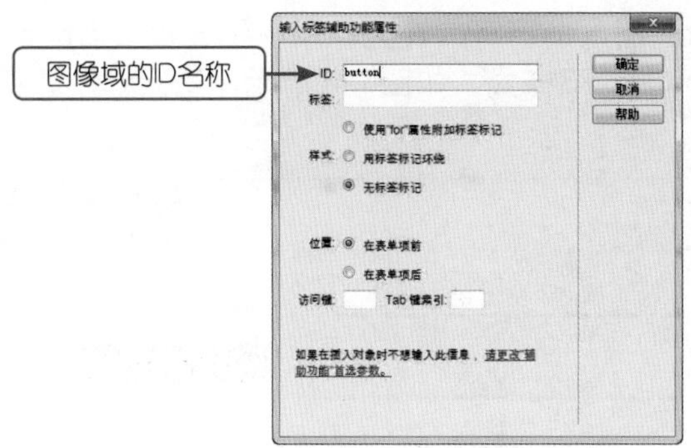

图6-34　设置“输入标签辅助功能属性”对话框

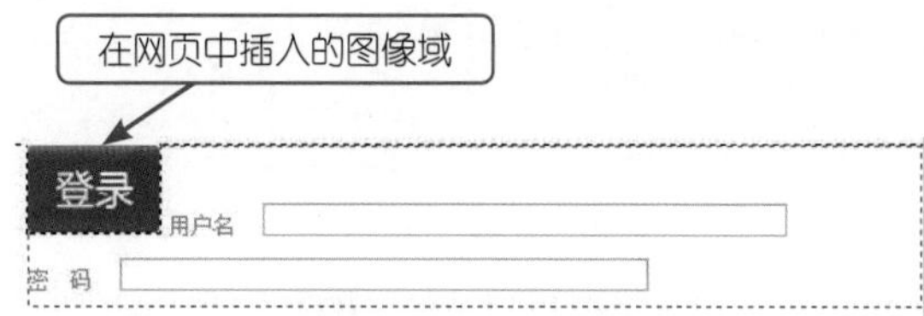

图6-35　插入图像域

STEP18 切换到外部CSS样式表文件中，创建名为#button的CSS样式，如图6-36所示。返回到设计视图中，可以看到图像域的效果，如图6-37所示。

图6-36　CSS样式代码　　图6-37　页面效果

STEP19 将光标移至密码域后，按快捷键Shift+Enter，插入换行符，单击“插入”面板上的“表单”选项卡中的“复选框”按钮，如图6-38所示。弹出“输入标签辅助功能属性”对话框，设置如图6-39所示。

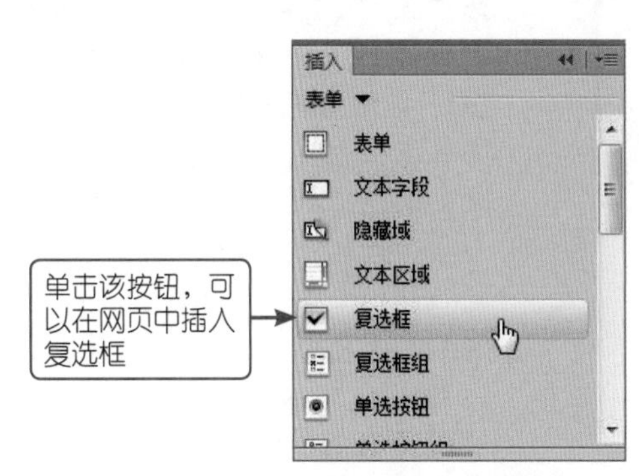

图6-38　单击“复选框”按钮

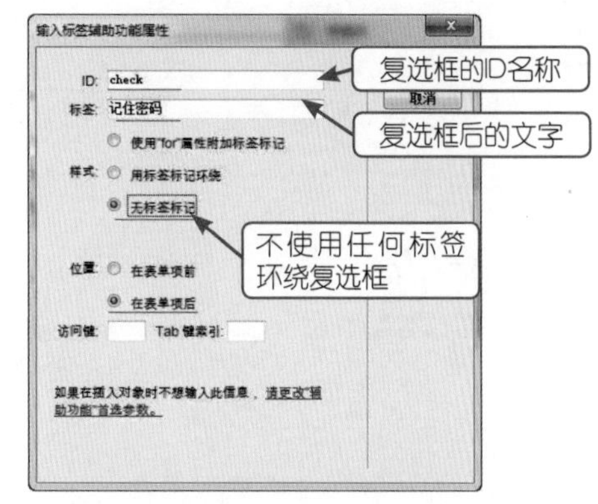

图6-39　设置“输入标签辅助功能属性”对话框

STEP20 单击“确定”按钮，插入复选框。切换到外部CSS样式表文件中，创建名为#check的CSS样式，如图6-40所示。返回到设计视图中，可以看到复选框的效果，如图6-41所示。

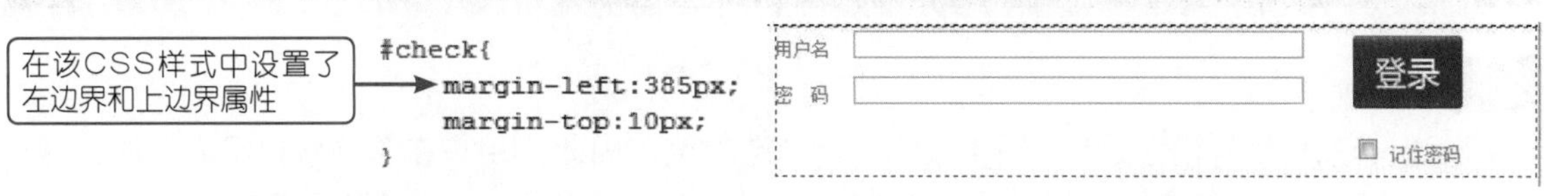

图6-40　CSS样式代码　　图6-41　页面效果

STEP21 将光标移至复选框后，按快捷键Shift+Enter，插入换行符，在光标所在位置插入名为pic的Div，切换到外部CSS样式表文件中，创建名为#pic的CSS样式，如图6-42所示。返回到设计视图中，可以看到页面的效果，如图6-43所示。

图6-42　CSS样式代码　　图6-43　页面效果

STEP22 将光标移至名为pic的Div中，删除多余文字，插入相应的图像，切换到外部CSS样式表文件中，创建名为#pic img的CSS样式，如图6-44所示。返回到设计视图中，可以看到页面的效果，如图6-45所示。

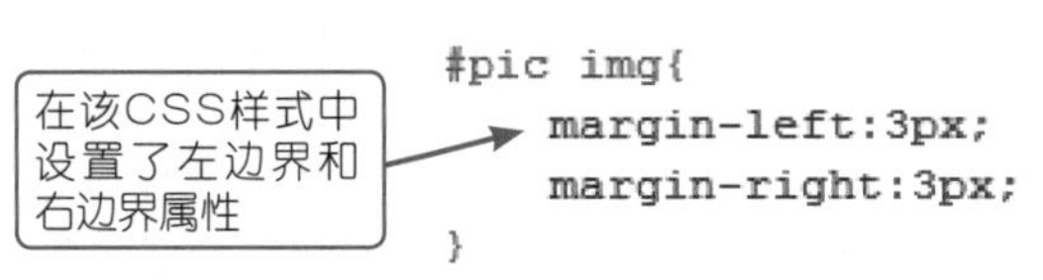

图6-44　CSS样式代码

图6-45　页面效果

STEP23 完成网站登录页面的制作，执行“文件>保存”命令，保存页面，在浏览器中预览页面，效果如图6-46所示。

图6-46　在浏览器中预览页面效果

提 示

当访问者将信息输入表单并单击“提交”按钮时，这些信息将被发送到服务器上，服务器端脚本或应用程序在该处对这些信息进行处理，服务器通过将请求信息发送回用户，或基于该表单内容执行一些操作来进行响应。通常，通过通用网关接口（CGI）脚本、ColdFusion页、JSP、PHP或ASP来处理信息，如果不使用服务器端脚本或应用程序来处理表单数据，就无法收集这些数据。

| 实例52　插入单选按钮组——制作网站投票

实例 目的

单选按钮作为一个组使用，提供彼此排斥的选项值，因此，用户在单选按钮组内只能选择一个选项。本实例的目的是让大家掌握单选按钮组的使用。如图6-47所示是制作网站投票的流程。

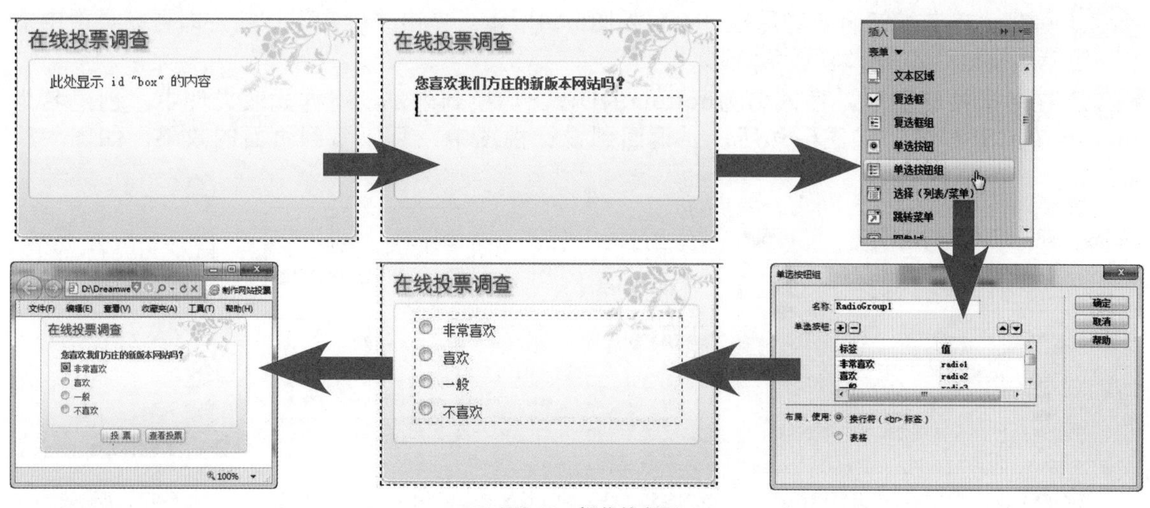

图6-47　操作流程图

实例 重点

★ 了解单选按钮和单选按钮组　　★ 掌握插入单选按钮组的方法

实例 步骤

STEP 1 执行“文件>打开”命令，打开“光盘\素材\第6章\6-52.html”，页面效果如图6-48所示。将光标移至名为box的Div中，将多余文字删除，在页面中输入相应的文字，如图6-49所示。

STEP 2 切换到代码视图中，为文字添加粗体标签<strong>，如图6-50所示。返回到设计视图中，可以看到文字已经加粗显示，如图6-51所示。

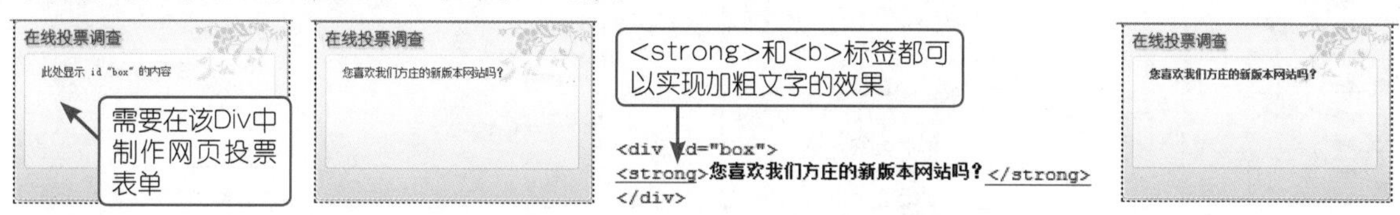

图6-48　打开页面　图6-49　在页面中输入文字　图6-50　添加标签　图6-51　页面效果

STEP 3 将光标移至文字后，按快捷键Shift+Enter，插入换行符，单击“插入”面板上“表单”选项卡中的“表单”按钮，插入表单域，如图6-52所示。将光标移至表单域中，单击“表单”选项卡中的“单选按钮组”按钮，如图6-53所示。

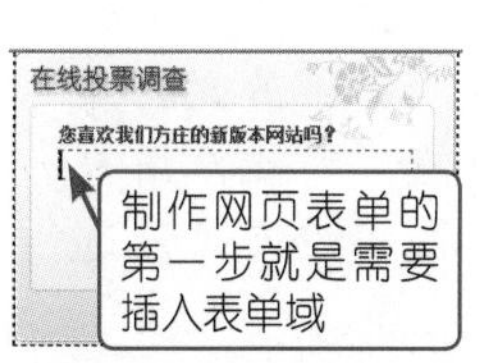

图6-52　插入表单域

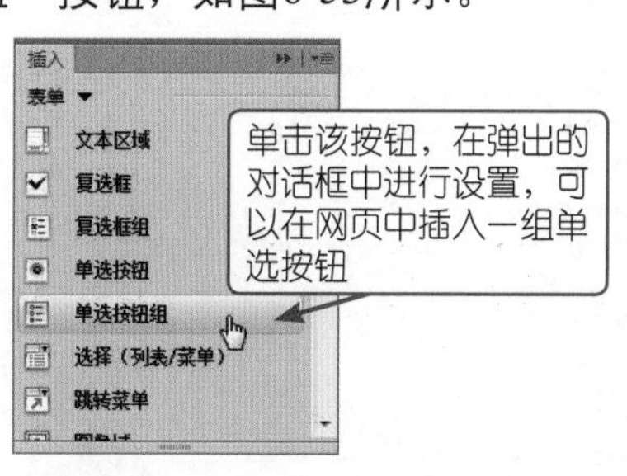

图6-53　单击“单选按钮组”按钮

提 示

如果插入表单域后，在Dreamweaver设计视图中并没有显示红色的虚线框，执行“查看>可视化助理>不可见元素”命令，即可在设计视图中看到红色虚线的表单域。红色虚线的表单域在浏览器中浏览时是看不到的。

STEP 4 弹出“单选按钮组”对话框，设置如图6-54所示。单击“确定”按钮，即可在页面中插入一组单选按钮，如图6-55所示。

STEP 5 在单选按钮组后，插入名为bottom的Div，切换到外部CSS样式表文件中，创建名为#bottom的CSS样式，如图6-56所示。返回到设计视图中，可以看到页面的效果，如图6-57所示。

图6-54 设置“单选按钮组”对话框

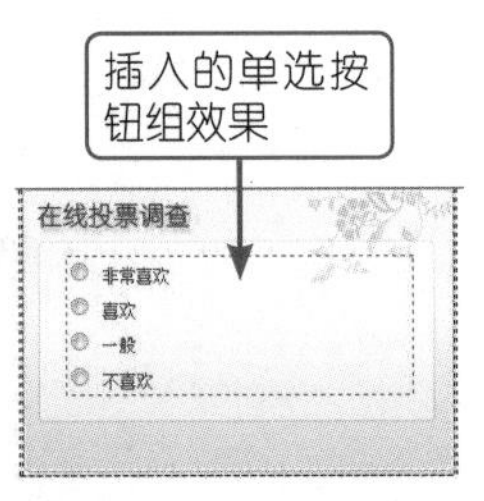

图6-55 插入单选按钮

```
#bottom {
    width: 128px;
    height: 20px;
    padding-top: 15px;
    padding-left: 58px;
    padding-right: 58px;
}
```

图6-56 CSS样式代码

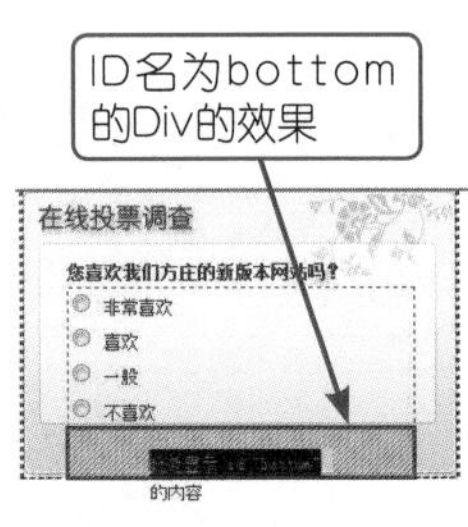

图6-57 页面效果

STEP 6 将光标移至名为bottom的Div中，将多余文字删除，单击“插入”面板上的“表单”选项卡中的“图像域”按钮，如图6-58所示。在弹出的“选择图像源文件”对话框中选择相应的图像，如图6-59所示。

STEP 7 单击“确定”按钮，弹出“输入标签辅助功能属性”对话框，设置如图6-60所示。单击“确定”按钮，插入图像域，如图6-61所示。

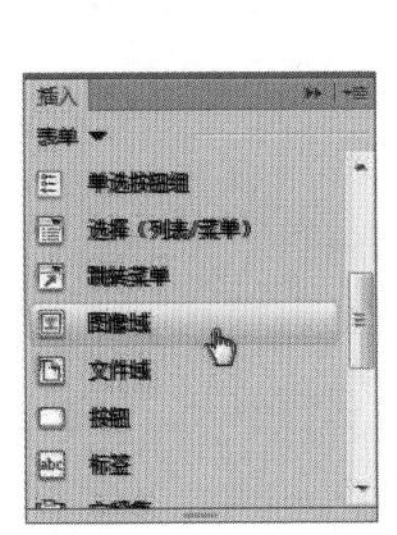

图6-58 单击“图像域”按钮

图6-59 “选择图像源文件”对话框

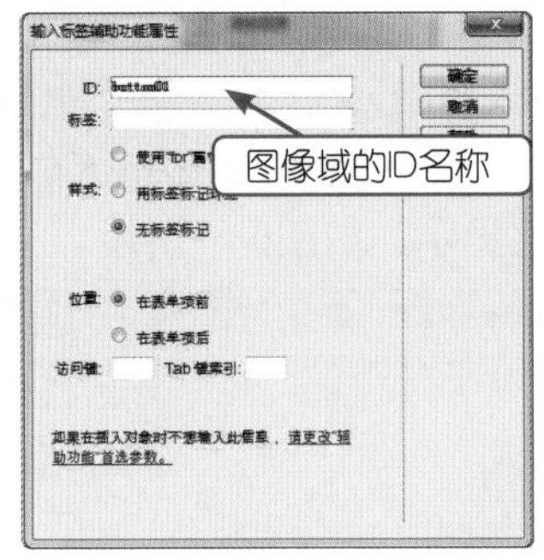

图6-60 设置“输入标签辅助功能属性”对话框

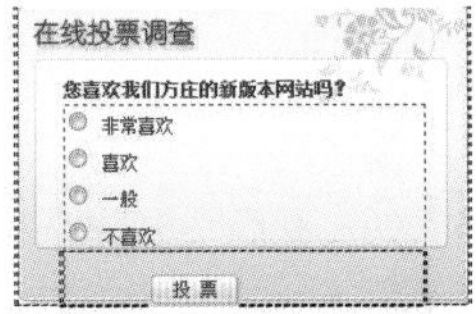

图6-61 插入图像域

STEP 8 将光标移至图像域后，插入相应的图像，如图6-62所示。执行“文件>保存”命令，保存页面，在浏览器中预览页面，效果如图6-63所示。

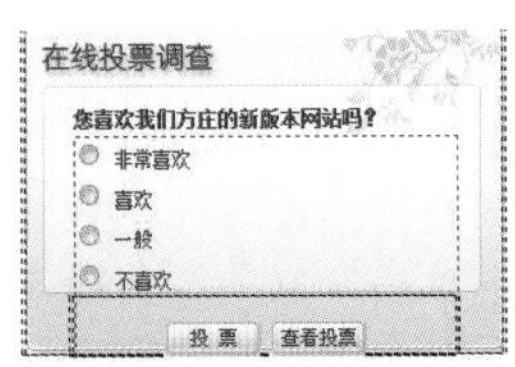

图6-62 插入图像

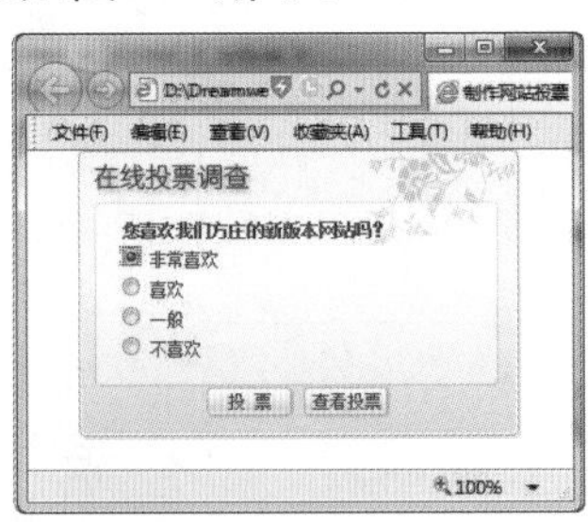

图6-63 预览效果

提 示

当单选按钮作为一个组使用时，提供彼此排斥的选项值，因此，用户在单选按钮组内只能选择一个选项。

实例53　插入选择(列表/菜单)——制作网站搜索栏

实例目的

本实例的目的是让大家掌握插入选择(列表/菜单)表单元素的方法。列表和菜单可以列举出很多选项供浏览者选择，其最大的好处就是可以在有限的空间为用户提供更多的选择，非常节省版面。其中列表提供一个滚动条，它使用户能够浏览许多项，并进行多重选择，下拉菜单默认仅显示一项，该项为活动选项，用户可以单击打开菜单，但只能选择其中一项。如图6-64所示是制作网站搜索栏的流程。

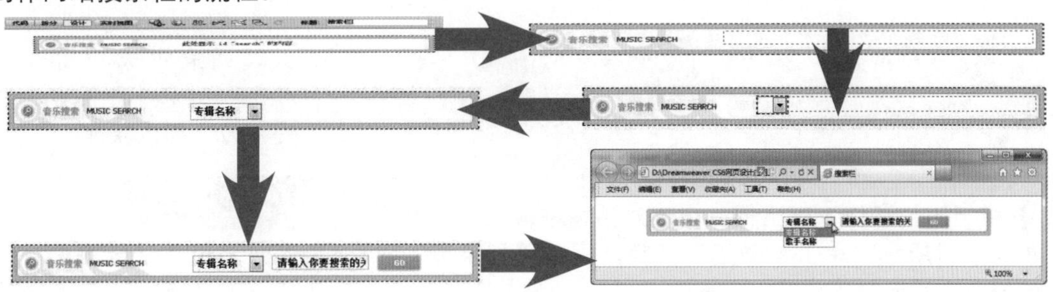

图6-64　操作流程图

实例重点

- 掌握插入选择(列表/菜单)的方法
- 掌握添加列表项的方法
- 掌握通过CSS样式控制列表菜单

实例步骤

STEP 1 执行“文件>打开”命令，打开“光盘\素材\第6章\6-53.html”，页面效果如图6-65所示。将光标移至名为search的Div中，将多余文字删除，插入表单域，如图6-66所示。

图6-65　打开页面　　图6-66　插入表单域

STEP 2 将光标移至表单域中，单击“插入”面板上的“表单”选项卡中的“选择(列表/菜单)”按钮，如图6-67所示。弹出“输入标签辅助功能属性”对话框，设置如图6-68所示。

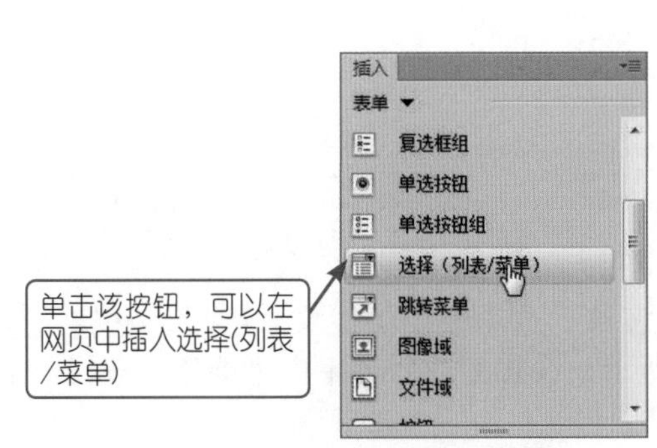

图6-67　单击“选择(列表/菜单)”按钮

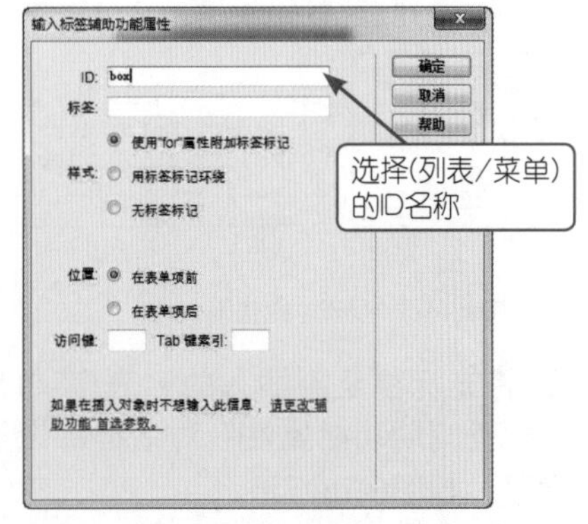

图6-68　设置“输入标签辅助功能属性”对话框

STEP 3 单击“确定”按钮，即可在页面中插入选择(列表/菜单)，如图6-69所示。选中刚插入的列表，单击“属性”面板上的“列表值”按钮，如图6-70所示。

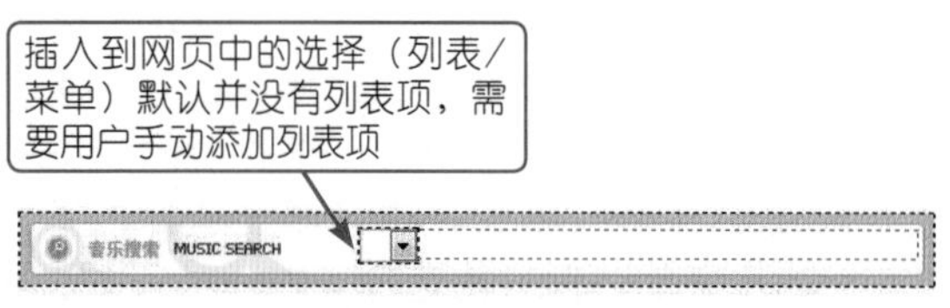

图6-69　插入列表/菜单

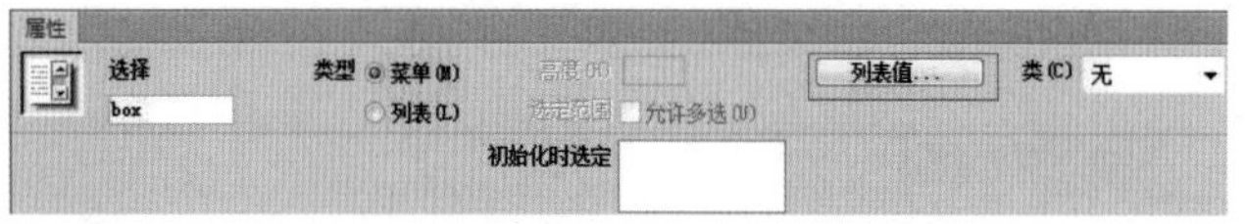

图6-70　“属性”面板

提 示

为什么称该表单元素为“列表/菜单”呢？因为它有两种可以选择的类型，分别为“列表”和“菜单”。“菜单”是浏览者单击时产生展开效果的下拉菜单；而“列表”则显示为一个列有项目的可滚动列表，使浏览者可以从该列表中选择项目。“列表”也是一种菜单，通常被称为“列表菜单”。

STEP 4 弹出“列表值”对话框，在该对话框中输入相应的项目，如图6-71所示。单击“确定”按钮，完成“列表值”对话框的设置，页面效果如图6-72所示。

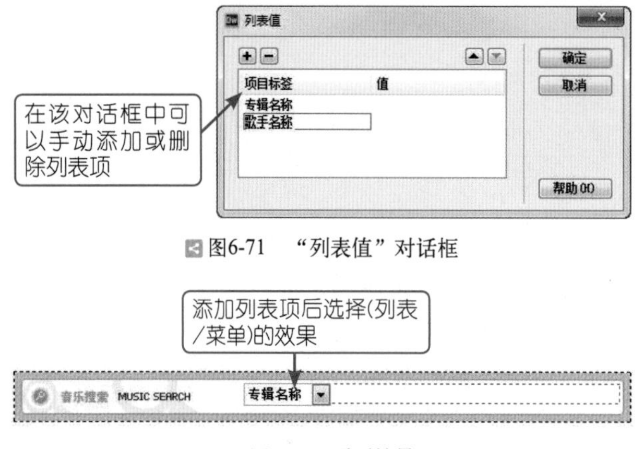

图6-71　“列表值”对话框

图6-72　页面效果

提 示

在“列表值”对话框中，用户可以进行列表/菜单中项目的操作，单击“添加项”按钮，可以向列表中添加一个项目，然后在“项目标签”选项中输入该项目的说明文字，最后在“值”选项中输入传回服务器端的表单数据。单击“删除项”按钮，可以从列表中删除一个项目。单击“在列表中上移项”按钮或“在列表中下移项”按钮可以对这些项目进行上移或下移的排序操作。

STEP 5 切换到外部CSS样式表文件中，创建名为#box的CSS样式，如图6-73所示。返回到设计视图中，可以看到选择(列表/菜单)的效果，如图6-74所示。

图6-73　CSS样式代码　　图6-74　页面效果

STEP 6 将光标移至刚插入的列表/菜单后，单击“表单”选项卡中的“文本字段”按钮，弹出“输入标签辅助功能属性”对话框，设置如图6-75所示。设置完成后，单击“确定”按钮，插入文本字段，如图6-76所示。

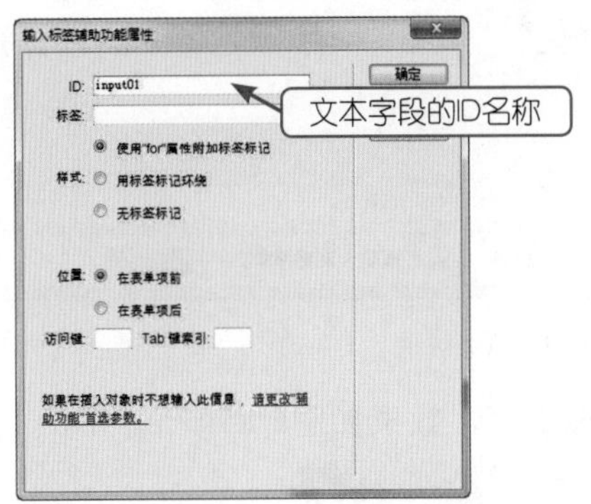

图6-75　设置“输入标签辅助功能属性”对话框

图6-76　页面效果

STEP 7 选中刚插入的文本域，在“属性”面板上的“初始值”文本框中输入文字，如图6-77所示。切换到外部CSS样式表文件中，创建名为#input01的CSS样式，如图6-78所示。

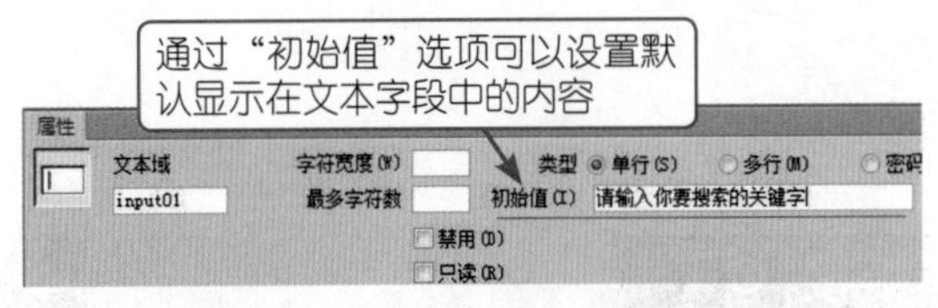

图6-77　“文本域”的“属性”面板

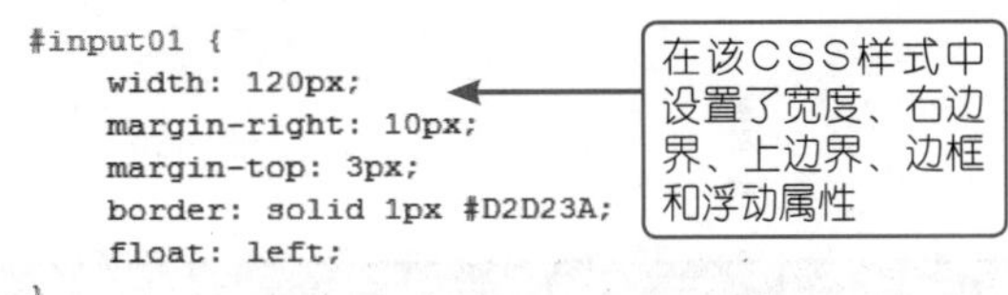

```
#input01 {
    width: 120px;
    margin-right: 10px;
    margin-top: 3px;
    border: solid 1px #D2D23A;
    float: left;
}
```


图6-78　CSS样式代码

STEP 8 返回到设计视图中，可以看到页面效果，如图6-79所示。将光标移至刚输入的文本字段后，单击“表单”选项卡中的“图像域”按钮，弹出“选择图像源文件”对话框，如图6-80所示。

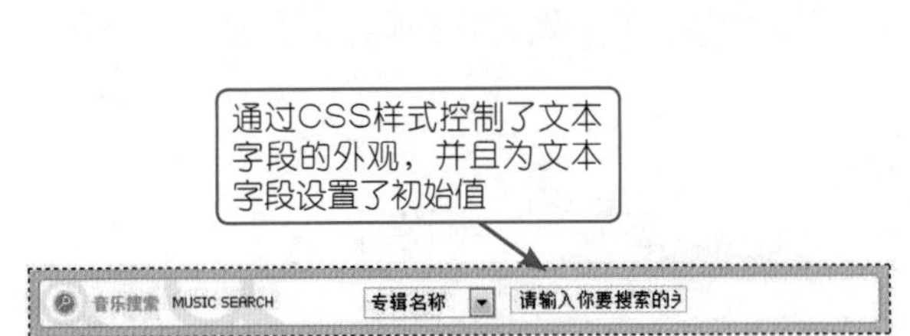

图6-79　页面效果

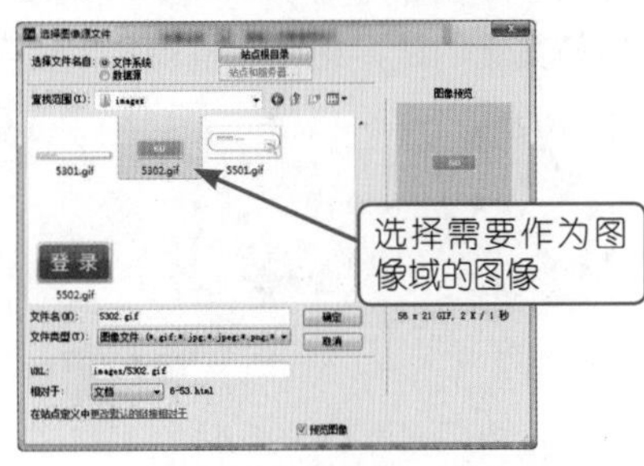

图6-80　“选择图像源文件”对话框

STEP 9 单击“确定”按钮，弹出“输入标签辅助功能属性”对话框，设置如图6-81所示。单击“确定”按钮，在页面中插入图像域，如图6-82所示。

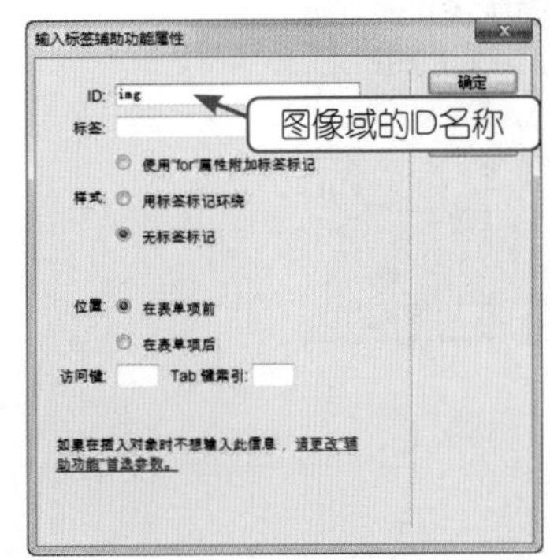

图6-81　设置“输入标签辅助功能属性”对话框

图6-82　页面效果

STEP10 切换到外部CSS样式表文件中，创建名为#img的CSS样式，如图6-83所示。返回到设计视图中，可以看到页面效果，如图6-84所示。

图6-83 CSS样式代码　　图6-84 页面效果

STEP11 执行“文件>保存”命令，保存页面，在浏览器中预览页面，效果如图6-85所示。

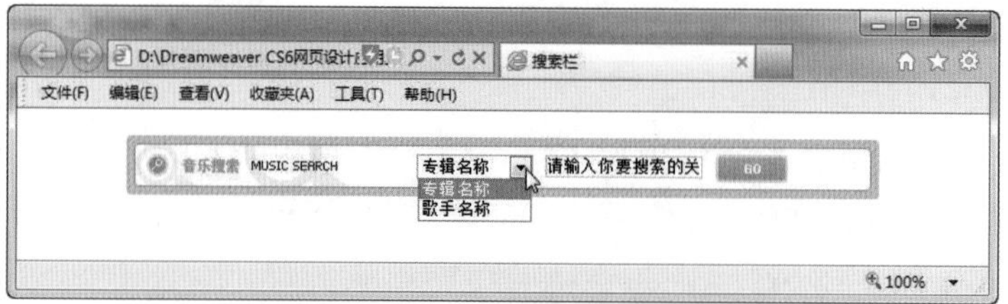

图6-85 在浏览器中预览页面

实例54 插入跳转菜单——制作网站友情链接

实例目的

本实例的目的是让大家掌握在网页中插入和设置跳转菜单的方法。跳转菜单是创建链接的一种形式，但与真正的链接相比，跳转菜单能节省很大的空间。如图6-86所示是制作网站友情链接的流程。

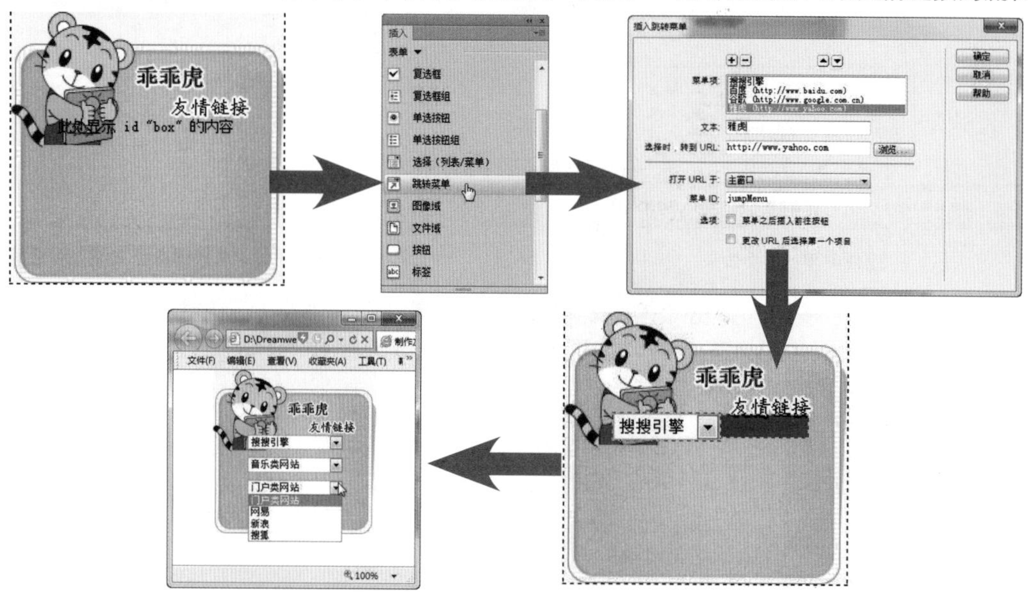

图6-86 操作流程图

实例重点

- 了解跳转菜单的功能
- 掌握插入跳转菜单的方法
- 掌握跳转菜单的设置

实例 步骤

STEP 1 执行“文件>打开”命令，打开“光盘\素材\第6章\6-54.html”，页面效果如图6-87所示。将光标移至名为box的Div中，将多余文字删除，插入表单域，如图6-88所示。

图6-87　页面效果

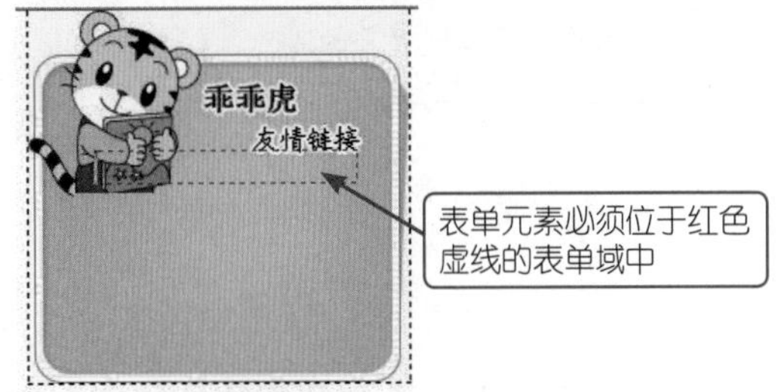

图6-88　插入表单域

STEP 2 将光标移至表单域中，单击“插入”面板上的“表单”选项卡中的“跳转菜单”按钮，如图6-89所示。弹出“插入跳转菜单”对话框，设置如图6-90所示。

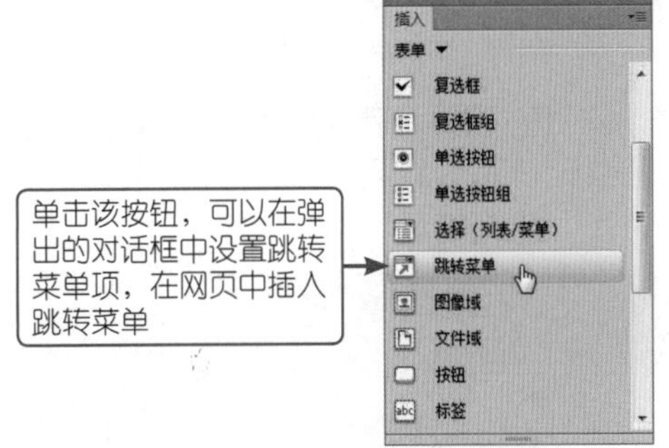

图6-89　单击“跳转菜单”按钮

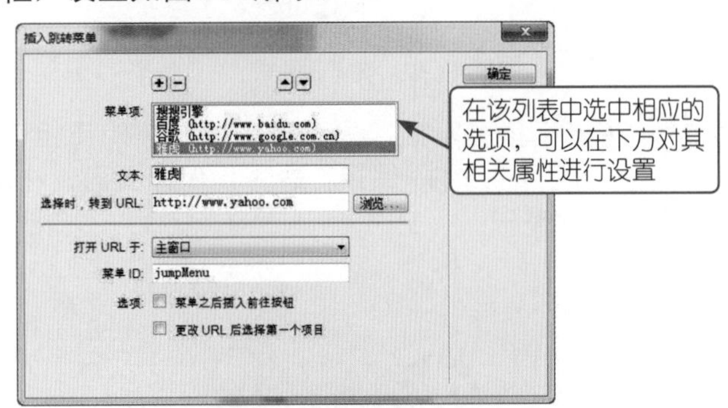

图6-90　“插入跳转菜单”对话框

提 示

在“菜单项”选项的列表中列出了所有存在的菜单。在“文本”文本框中输入要在菜单列表中显示的文本。在“选择时，转到URL”文本框中可以直接输入选择该选项时跳转到的网页地址，也可以单击“浏览”按钮，在弹出的“选择文件”对话框中选择要链接到的文件，既可以是一个URL的绝对地址，也可以是相对地址的文件。在“打开URL于”下拉列表中可以选择文件的打开位置，其中包括“主窗口”和“框架”两个选项。如果选择“主窗口”选项，则在同一窗口中打开文件；如果选择“框架”选项，则在所选框架中打开文件。为了便于记忆，可以在“菜单ID”文本框中输入菜单项的名称。如果选中“菜单之后插入前往按钮”选项，即可在页面中的“跳转菜单”后添加一个“前往”按钮。如果选择“更改URL后选择第一个项目”选项，可以使用菜单选择提示(如：“请选择文章类型：”)。

STEP 3 设置完成后，单击“确定”按钮，即可在页面中插入跳转菜单，如图6-91所示。切换到外部CSS样式表文件中，创建名为.link1的类CSS样式，如图6-92所示。

STEP 4 返回网页设计视图中，为刚插入的跳转菜单应用该类CSS样式，效果如图6-93所示。单击“属性”面板上的“列表值”按钮，即可弹出“列表值”对话框，如图6-94所示。在该对话框中可以对相关参数进行修改。

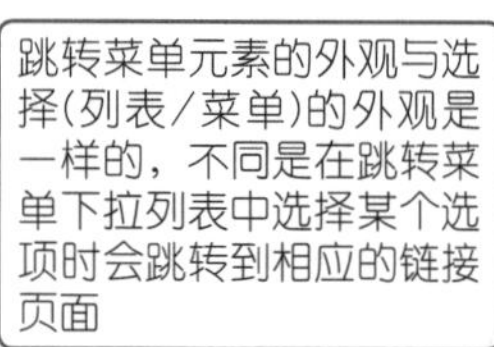

图6-91　插入跳转菜单

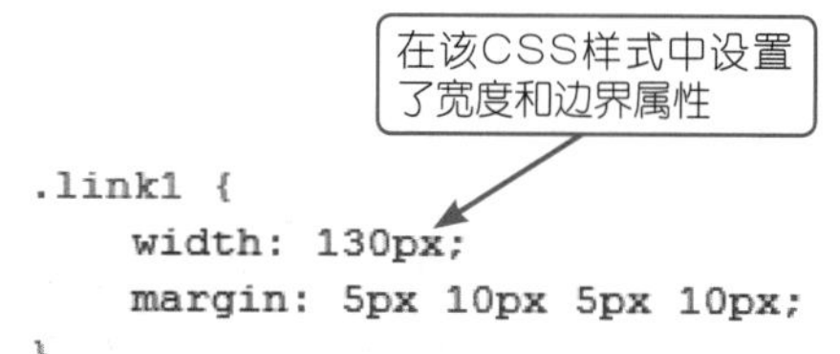

图6-92　CSS样式代码

图6-93　页面效果

图6-94　“列表值”对话框

STEP 5 将光标移至刚插入的跳转菜单后，使用相同的方法，插入其他相应的跳转菜单，如图6-95所示。执行“文件>保存”命令，保存页面，在浏览器中预览页面，可以看到跳转菜单的效果，如图6-96所示。

图6-95　页面效果

图6-96　预览效果

提 示

跳转菜单是创建链接的一种形式，但与真正的链接相比，跳转菜单可能节省很大的空间。跳转菜单从表单中的菜单发展而来，浏览者单击扩展按钮打开下拉菜单，在菜单中选择链接，即可连接到目标网页。

实例55　Spry验证表单——验证登录表单 

实例目的

本实例的目的是让大家掌握如何使用Spry验证表单对网页中的表单元素进行合法性验证。在真正登录和注册页面中，当我们填写信息后，程序都会验证表单内容的合法性，这里就需要用到Spry验证表单了。如图6-97所示是验证登录表单的流程。

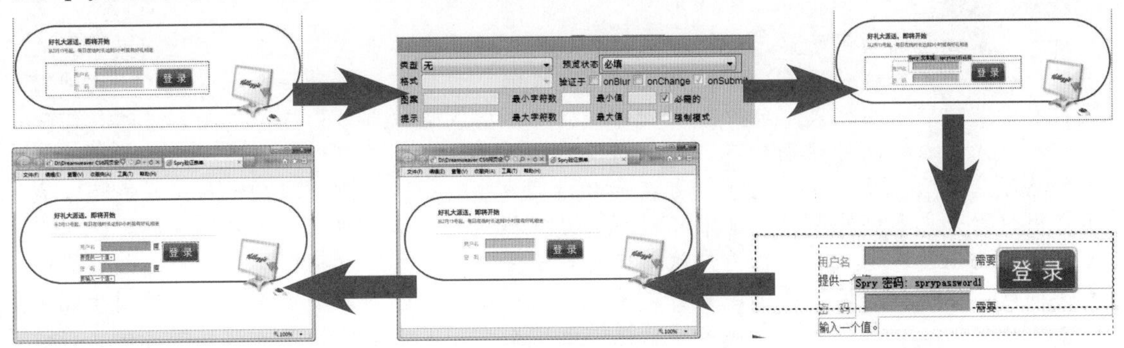

图6-97　操作流程图

实例 重点

✱ 了解Spry验证表单　✱ 掌握Spry验证文本域的使用　✱ 掌握Spry验证密码域的使用

实例 步骤

STEP 1 执行“文件>打开”命令，打开“光盘\素材\第6章\6-55.html”，页面效果如图6-98所示。选中第一个文本字段，单击“插入”面板上的“表单”选项卡中的“Spry验证文本域”按钮，效果如图6-99所示。

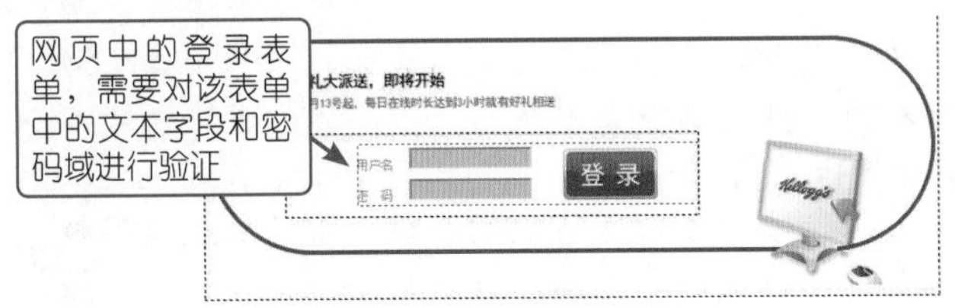

图6-98　页面效果

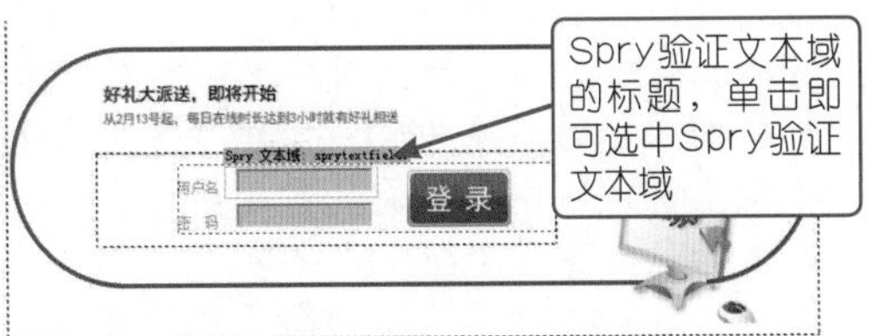

图6-99　添加Spry验证文本域

STEP 2 保持该文本字段的选中状态，在“属性”面板中将该文本字段设置为必填项，如图6-100所示。设置完成后，可以看到该文本字段的效果，如图6-101所示。

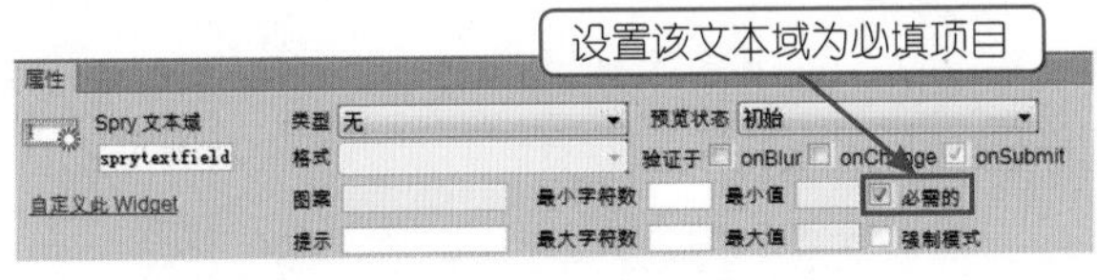

图6-100　“属性”面板

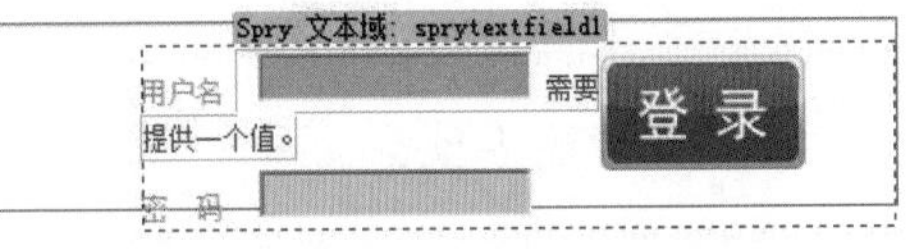

图6-101　文本字段的效果

STEP 3 选中第2个文本字段，单击“插入”面板上的“表单”选项卡中的“Spry验证密码”按钮，添加Spry验证密码，效果如图6-102所示。保持该文本字段的选中状态，在“属性”面板上对相关属性进行设置，如图6-103所示。

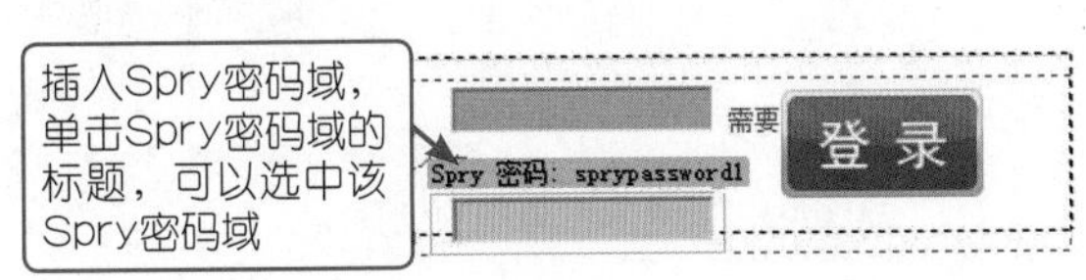

图6-102　添加Spry验证密码

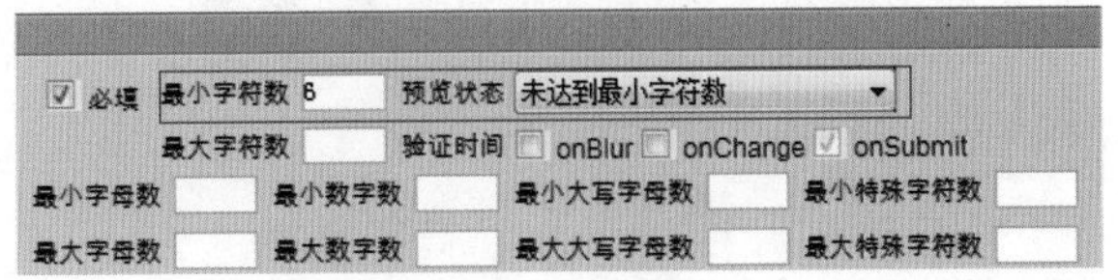

图6-103　“属性”面板

提 示

“Spry文本域”选项用于显示Spry验证文本域的名称。在“类型”选项的下拉列表中包含多种Spry验证文本域的设置类型，大多数类型限定文本域只能接受一个标准格式。在“预览状态”选项的下拉列表中包含了“初始”、“必填”和“有效”三个选项，当选择不同的选项时，文本域的外观则会进行相应的改变。“格式”选项可以根据不同的类型设置不同的格式。“验证于”选项用于设置在什么情况发生时检查表单。选中onBlur复选框，表示在用户单击文本域外侧时。选中onChange复选框，表示在用户改变文本域中的内容时。选中onSubmit复选框，表示在用户试图提交表单时。“图案”选项用于设置自定义格式的具体模式。“提示”选项用于设置自定义格式的提示文字。“最小字符数”选项用于指定文本域接受的最小字符数。“最大字符数”选项用于指定文本域接受的最大字符数。“最小值”选项用于指定文本域所能接受的最小值。“最大值”选项用于指定文本域所能接受的最大值。“必需的”选项用于设置文本域为必填项目。“强制模式”选项用于限制用户输入文本域中不被要求的任何非法字符。

提 示

“Spry密码”选项显示Spry验证密码的名称。“必填”选项用于设置密码文本框为必填项目。“最小字符数”选项用于指定有效的密码所能接受的最小字符数。“最大字符数”选项用于指定有效的密码所能接受的最大字符数。“预览状态”选项用于设置密码框的状态。在该选项的下拉列表中包含了“初始”、“必填”和“有效”三个选项，当选择不同的选项时，密码框的外观则会有相应的改变。“验证时间”选项用于设置在什么情况发生时检查表单。选中onBlur复选框，表示在用户单击密码框外侧时。选中onChange复选框，表示在用户改变密码框中的内容时。选中onSubmit复选框，表示在用户试图提交表单时。“最小字母数”选项用于设置有效地密码所需的最小字母数(a、b、c等)。“最大字母数”选项用于设置有效地密码所需的最大字母数(a、b、c等)。“最小数字数”选项用于设置有效的密码所需的最小数字数(1、2、3等)。“最大数字数”选项用于设置有效的密码所需的最大数字数(1、2、3等)。“最小大写字母数”选项用于设置有效的密码所需的最小大写字母数(A、B、C等)。“最大大写字母数”选项用于设置有效的密码所需的最大大写字母数(A、B、C等)。“最小特殊字符数”选项用于设置有效的密码所需的最小特殊字符数(|、@、#等)。“最大特殊字符数”选项用于设置有效的密码所需的最大特殊字符数(|、@、#等)。

STEP 4 设置完成后，可以看到文本字段的效果，如图6-104所示。执行“文件>保存”命令，保存页面，在浏览器中预览页面效果，如图6-105所示。

图6-104 页面效果

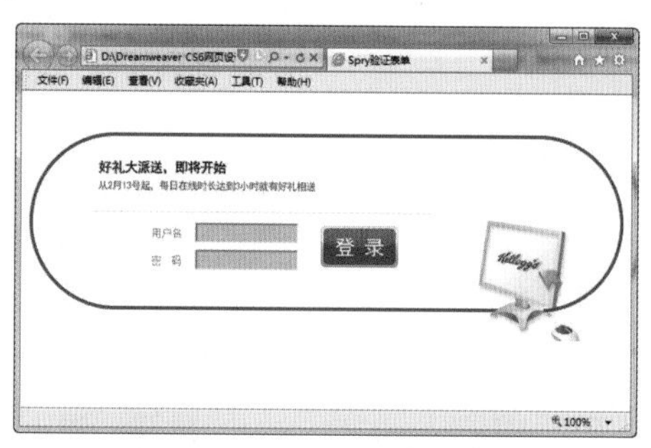

图6-105 在浏览器中预览页面

STEP 5 接下来开始对表单进行验证，当用户不输入用户名和密码时，单击“登录”按钮，效果如图6-106所示。当输入用户名后，不输入密码时，单击“登录”按钮，效果如图6-107所示。

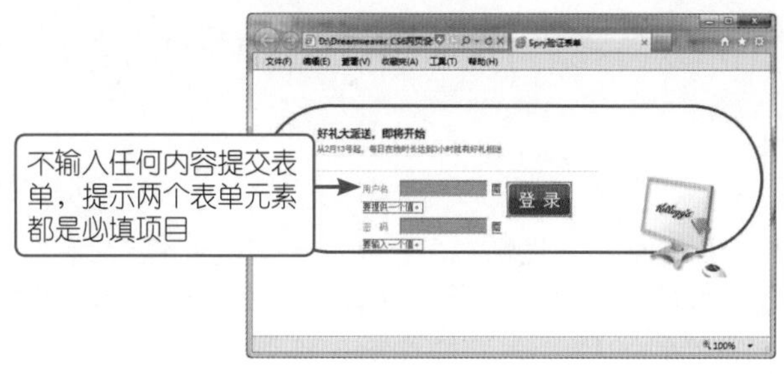

图6-106 预览页面

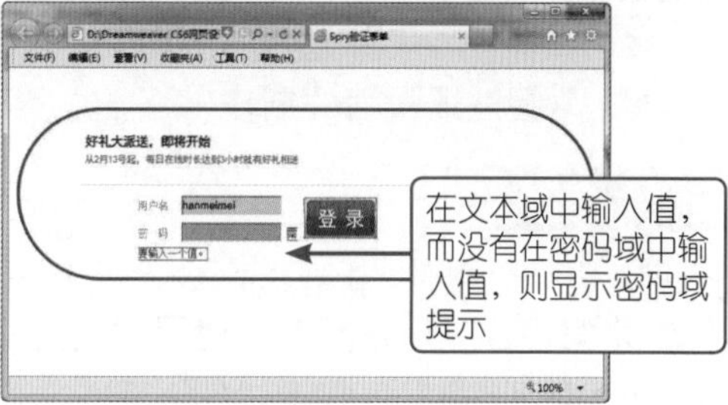

图6-107 预览页面

STEP 6 当在密码框中输入小于6位的密码时，单击“登录”按钮，效果如图6-108所示。

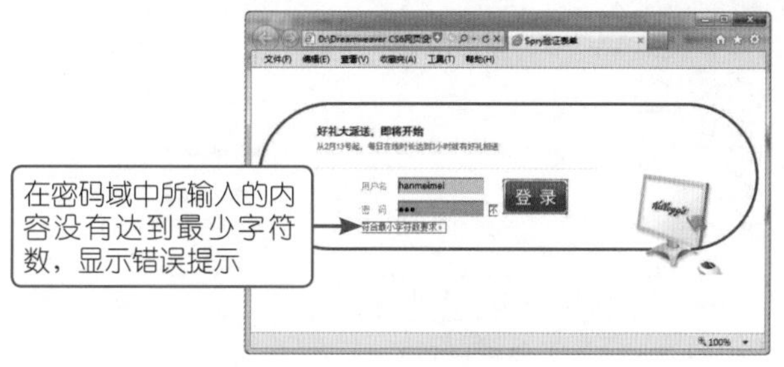

图6-108 预览页面

实例56 综合应用表单元素——制作用户注册页面

实例 目的

本实例的目的是让大家掌握各种表单元素在网页中的应用方法，注册页面中包含了网页中常用的所有表单元素，包括文本字段、列表菜单、单选按钮和图像域等，使用DIV+CSS的布局方式布局制作该页面，还要掌握如何使用CSS样式对表单元素进行控制。如图6-109所示是制作用户注册页面的流程。

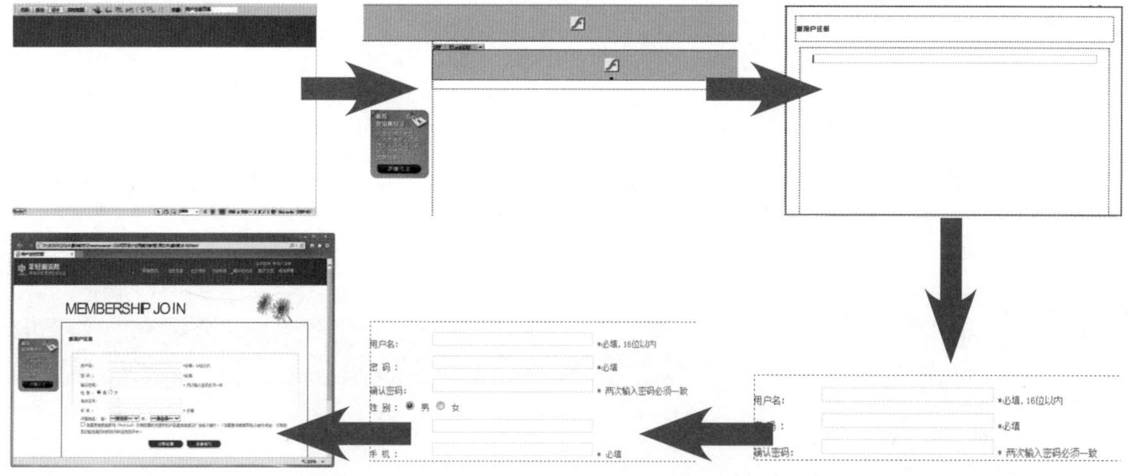

图6-109 操作流程图

实例 重点

- 掌握各种表单元素的应用
- 掌握CSS样式对表单元素进行控制的方法
- 掌握注册页面的制作

实例 步骤

STEP 1 执行“文件>新建”命令，新建一个HTML页面，如图6-110所示。将该页面保存为“光盘\素材\第6章\ 6-56.html”。使用相同方法新建外部CSS样式表文件，将其保存为“光盘\素材\第6章\style\6-56.css”。单击“CSS样式”面板上的“附加样式表”按钮，在弹出的“链接外部样式表”对话框中进行相应的设置，如图6-111所示。

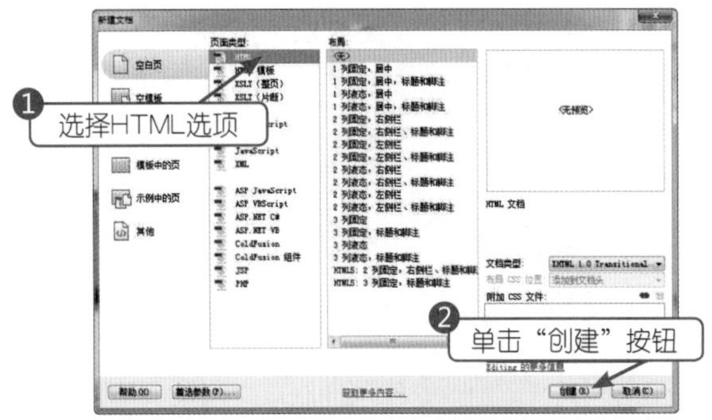

图6-110 “新建文档”对话框

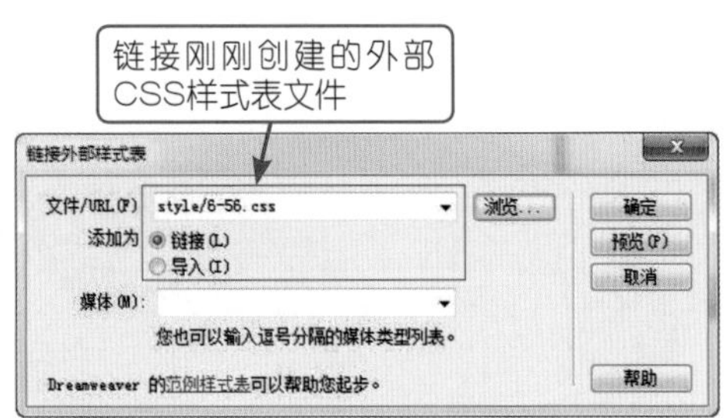

图6-111 “链接外部样式表”对话框

STEP 2 切换到外部CSS样式表文件中，创建名为*的通配符CSS样式和名为body的标签CSS样式，如图6-112所示。返回到设计页面中，可以看到页面的背景效果，如图6-113所示。

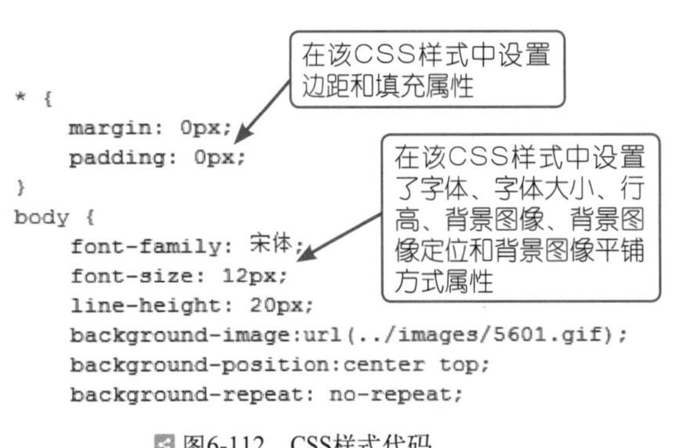

```
* {
    margin: 0px;
    padding: 0px;
}
body {
    font-family: 宋体;
    font-size: 12px;
    line-height: 20px;
    background-image:url(../images/5601.gif);
    background-position:center top;
    background-repeat: no-repeat;
```


图6-112 CSS样式代码

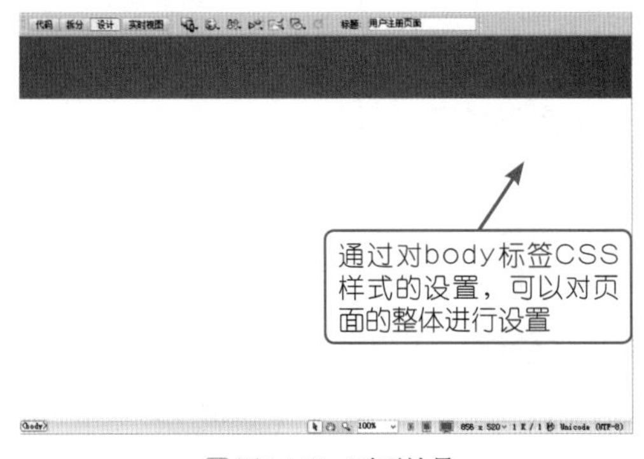

图6-113 页面效果

STEP 3 在页面中插入名为box的Div，切换到外部CSS样式表文件中，创建名为#box的CSS样式，如图6-114所示。返回到设计视图中，页面效果如图6-115所示。

```
#box {
    width: 966px;
    height: 100%;
    overflow: hidden;
}
```


图6-114 CSS样式代码

图6-115 页面效果

STEP 4 将光标移至名为box的Div中，删除多余的文字，在该Div中插入名为top的Div，切换到外部CSS样式表文件中，创建名为#top的CSS样式，如图6-116所示。返回到设计视图中，页面效果如图6-117所示。

图6-116　CSS样式代码　　图6-117　页面效果

STEP 5 将光标移至名为top的Div中，删除多余文字，在该Div中插入Flash动画“光盘\素材\第6章\images\5602.swf”，并设置该Flash动画的Wmode属性为“透明”，如图6-118所示。在名为top的Div之后插入名为main的Div，切换到外部CSS样式表文件中，创建名为#main的CSS样式，如图6-119所示。

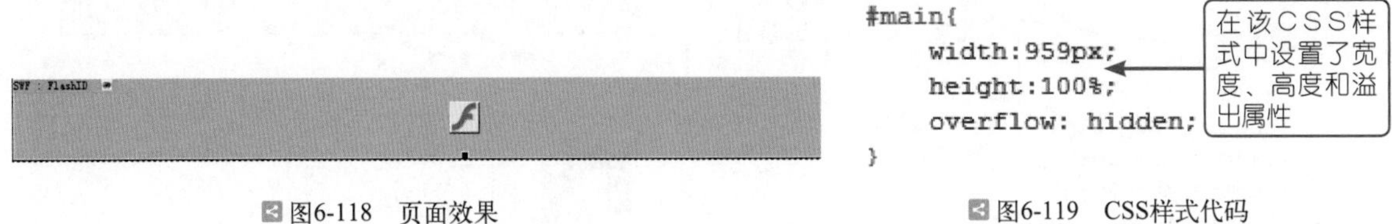

图6-118　页面效果　　图6-119　CSS样式代码

STEP 6 返回到设计视图中，页面效果如图6-120所示。将光标移至名为main的Div中，将多余文字删除，在该Div中插入名为left的Div，切换到外部CSS样式表文件中，创建名为#left的CSS样式，如图6-121所示。

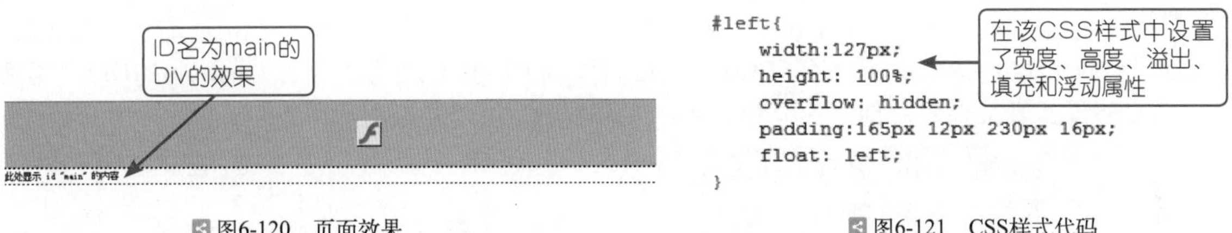

图6-120　页面效果　　图6-121　CSS样式代码

STEP 7 返回到设计视图中，页面效果如图6-122所示。将光标移至名为left的Div中，将多余文字删除，在该Div中插入图像“光盘\素材\第6章\ images\5603.gif”，如图6-123所示。

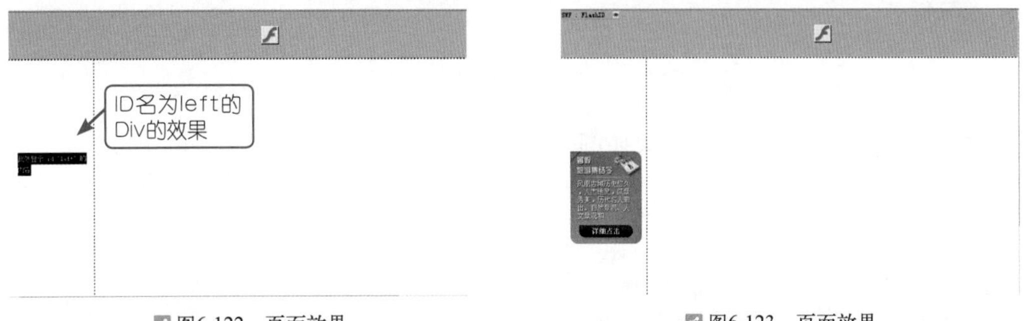

图6-122　页面效果　　图6-123　页面效果

STEP 8 在名为left的Div之后插入名为right的Div，切换到外部CSS样式表文件中，创建名为#right的CSS样式，如图6-124所示。返回到设计视图中，页面效果如图6-125所示。

STEP 9 将光标移至名为right的Div中，将多余文字删除，在该Div中插入名为top01的Div，切换到外部CSS样式表文件中，创建名为#top01的CSS样式，如图6-126所示。返回到设计视图中，页面效果如图6-127所示。

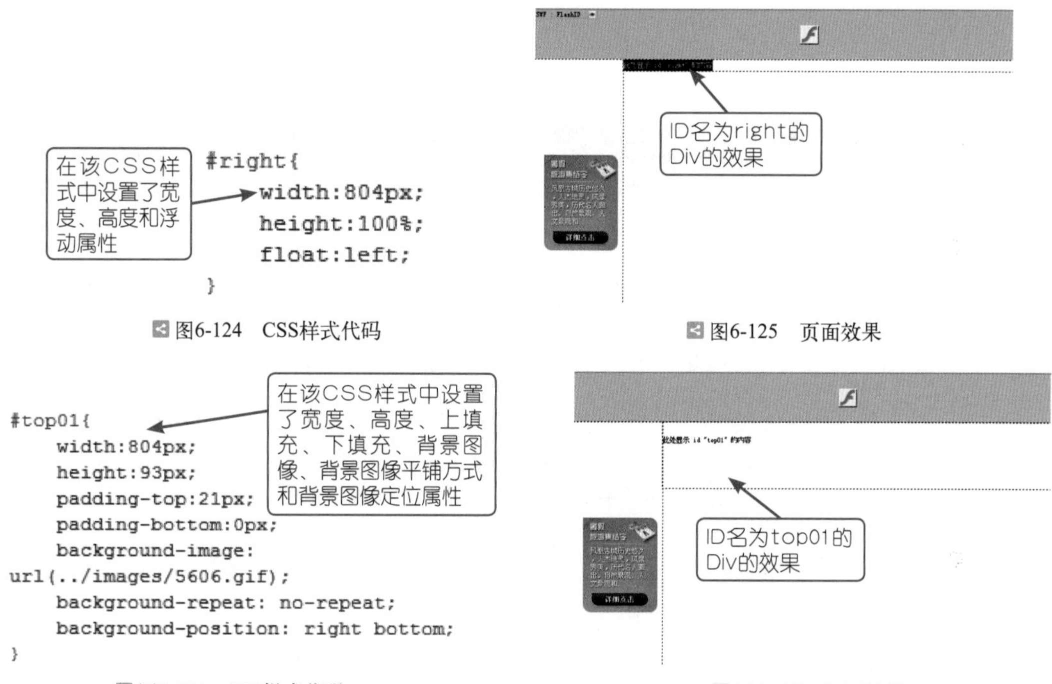

图6-124　CSS样式代码

图6-125　页面效果

图6-126　CSS样式代码

图6-127　页面效果

STEP10 将光标移至名为top01的Div中，将多余文字删除，在该Div中插入Flash动画“光盘\素材\第6章\images\5604.swf”，如图6-128所示。在名为top01的Div之后插入名为bottom的Div，切换到外部CSS样式表文件中，创建名为#bottom的CSS样式，如图6-129所示。

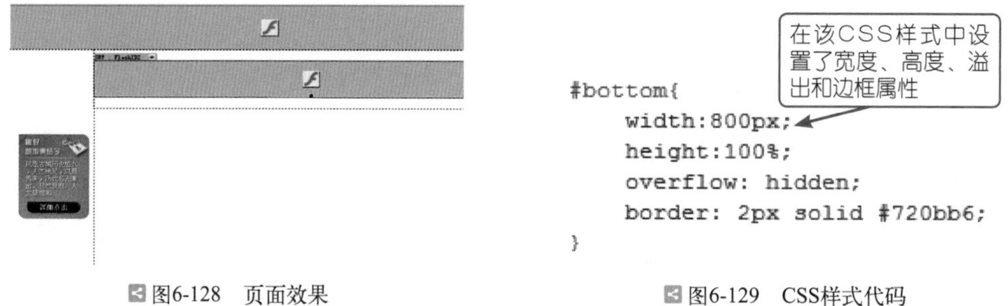

图6-128　页面效果

图6-129　CSS样式代码

STEP11 返回到设计视图中，页面效果如图6-130所示。将光标移至名为bottom的Div中，将多余文字删除，在该Div中插入名为top02的Div，切换到外部CSS样式表文件中，创建名为#top02的CSS样式，如图6-131所示。

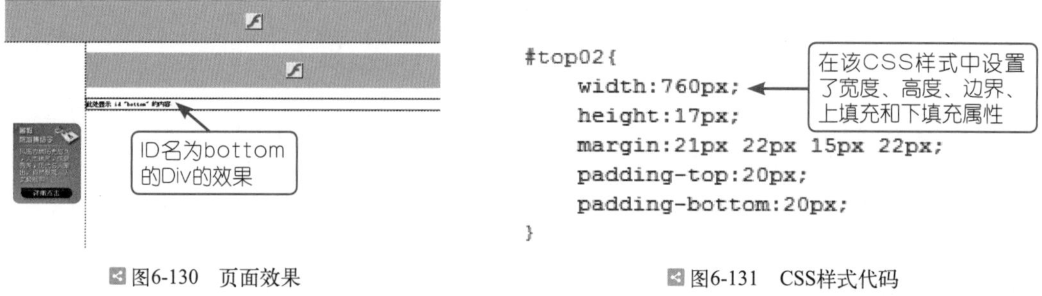

图6-130　页面效果

图6-131　CSS样式代码

STEP12 返回到设计视图中，页面效果如图6-132所示。将光标移至名为top02的Div中，将多余文字删除，在该Div中插入图像“光盘\素材\第6章\images\5605.gif”，如图6-133所示。

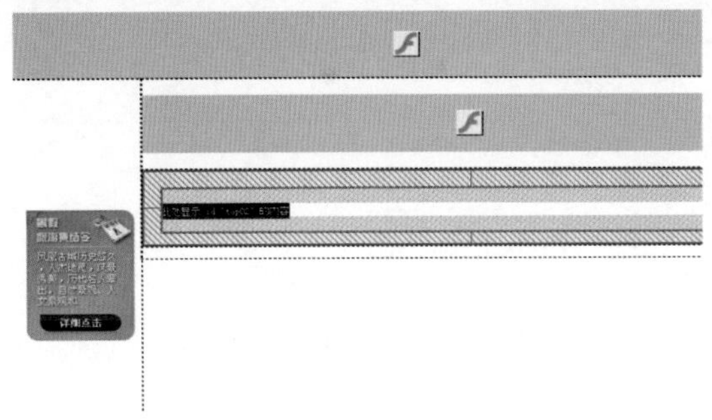

图6-132 页面效果

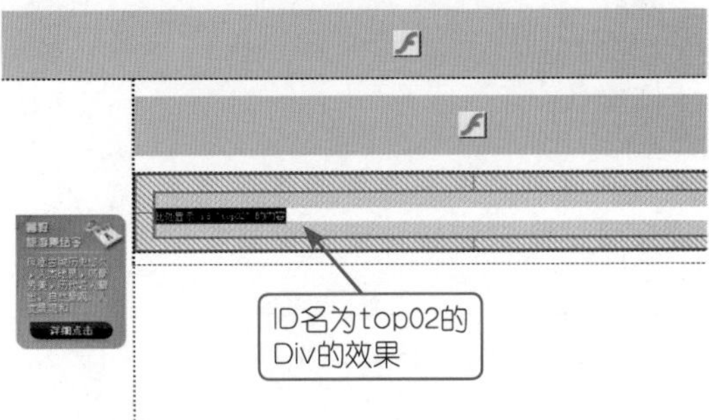

图6-133 页面效果

STEP13 在名为top02的Div之后插入名为bottom01的Div，切换到外部CSS样式表文件中，创建名为#bottom01的CSS样式，如图6-134所示。返回到设计视图中，页面效果如图6-135所示。

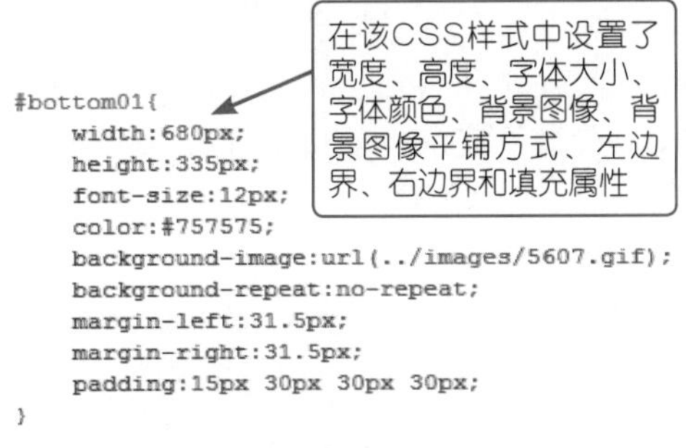

```
#bottom01{
    width:680px;
    height:335px;
    font-size:12px;
    color:#757575;
    background-image:url(../images/5607.gif);
    background-repeat:no-repeat;
    margin-left:31.5px;
    margin-right:31.5px;
    padding:15px 30px 30px 30px;
}
```


图6-134 CSS样式代码

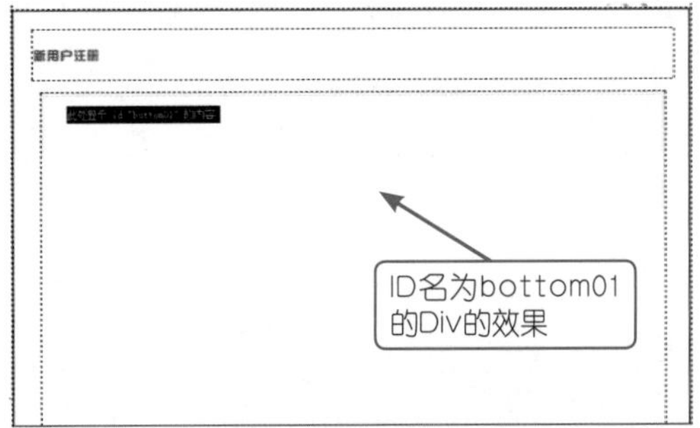

图6-135 页面效果

STEP14 将光标移至名为bottom01的Div中，将多余文字删除，单击“插入”面板上的“表单”选项卡中的“表单”按钮，插入表单域，如图6-136所示。将光标移至表单域中，单击“表单”选项卡中的“文本字段”按钮，弹出“输入标签辅助功能属性”对话框，设置如图6-137所示。

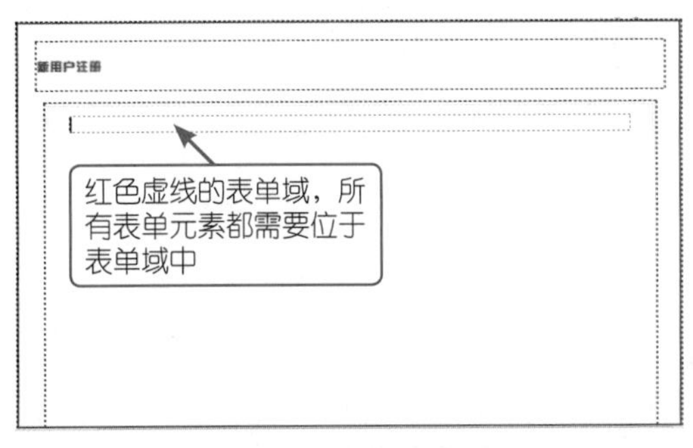

图6-136 插入表单

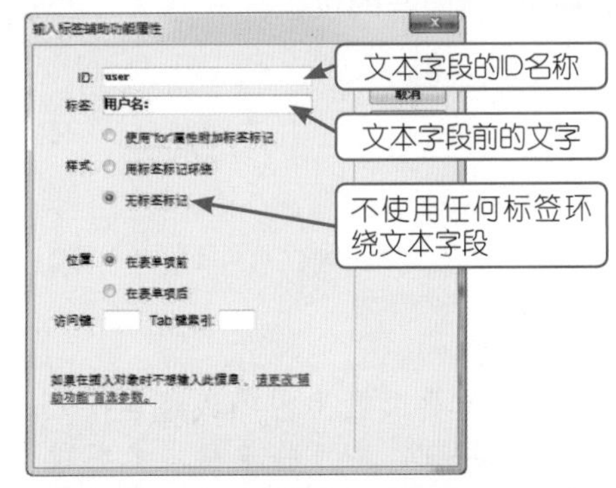

图6-137 “输入标签辅助功能属性”对话框

STEP15 单击“确定”按钮，插入文本字段，如图6-138所示。切换到外部CSS样式表文件中，创建名为#user的CSS样式，如图6-139所示。

STEP16 返回到设计视图中，页面效果如图6-140所示。将光标移至文本字段后，输入相应的文字，如图6-141所示。

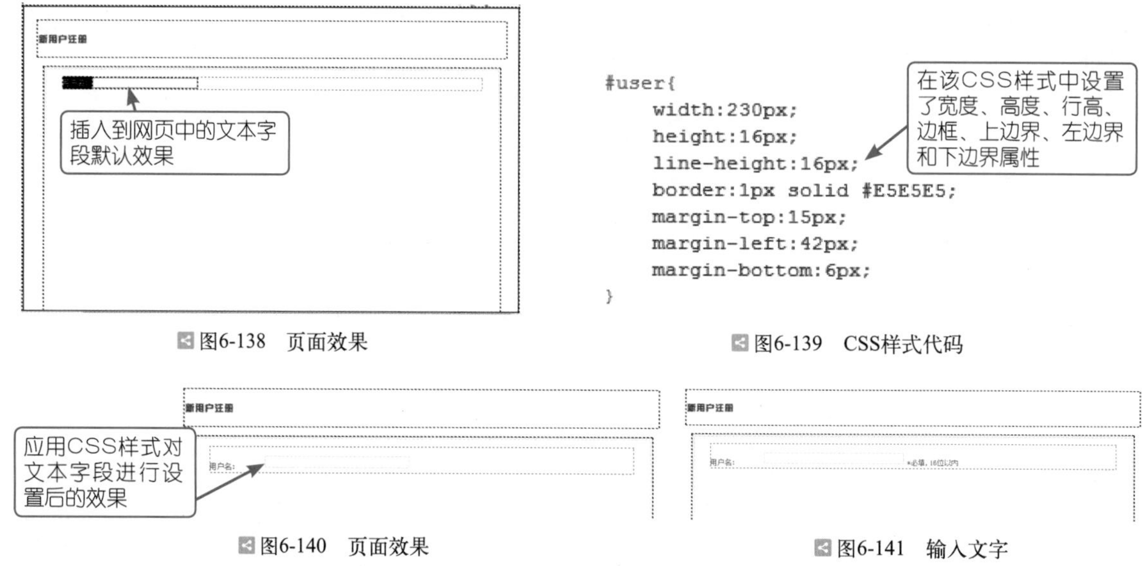

图6-138　页面效果

图6-139　CSS样式代码

图6-140　页面效果

图6-141　输入文字

STEP17 切换到外部CSS样式表文件中，创建名为.font01的类CSS样式，如图6-142所示。返回到设计视图中，选中页面中的*文字，在“类”下拉列表中选择刚定义的类CSS样式.font01应用，效果如图6-143所示。

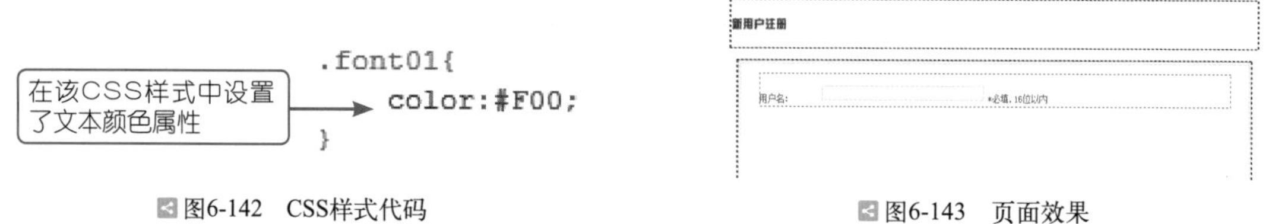

图6-142　CSS样式代码

图6-143　页面效果

STEP18 使用相同的方法，完成其他相似内容的制作，如图6-144所示。选中“密码”文字后的文本字段，在“属性”面板上对其相关属性进行设置，如图6-145所示。对“确认密码”文字后的文本字段进行同样的设置。

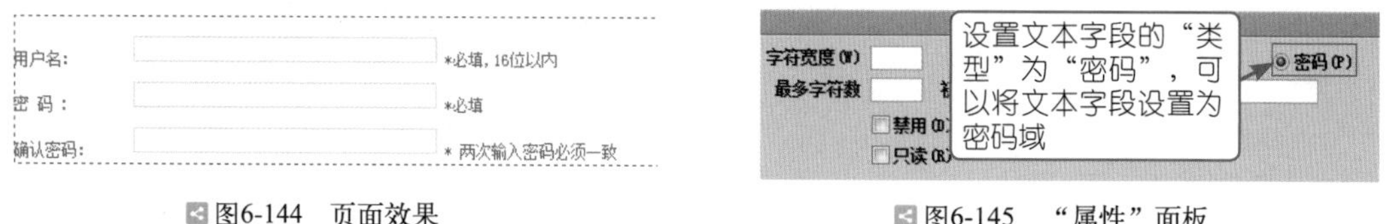

图6-144　页面效果

图6-145　“属性”面板

提 示

单击选择需要设置为密码域的单行文本字段，在“属性”面板上的类型选项区中单击选择“密码”按钮，即可将单行文本字段设置为密码域。在文本域“属性”面板上的“类型”选项中选择“多行”单选按钮，或者单击“插入”面板上的“表单”选项卡中的“文本区域”按钮，即可在光标所在位置插入一个多行文本域。

STEP19 将光标移至“确认密码”选项文字之后，按快捷键Shift+Enter，插入换行符，输入相应的文字，如图6-146所示。单击“表单”选项卡中的“单选按钮”按钮，弹出“输入标签辅助功能属性”对话框，设置如图6-147所示。

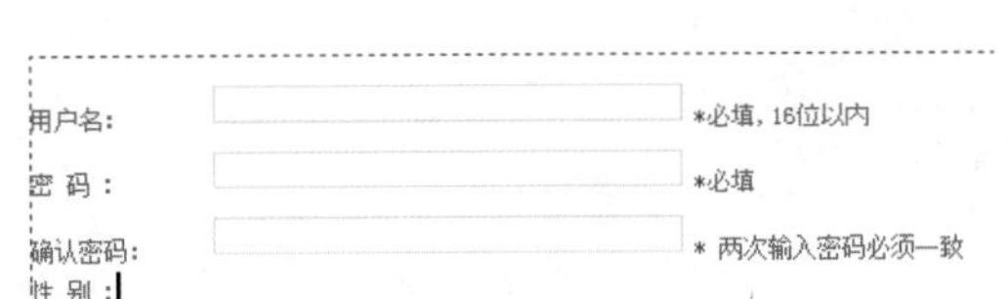

图6-146　输入文字

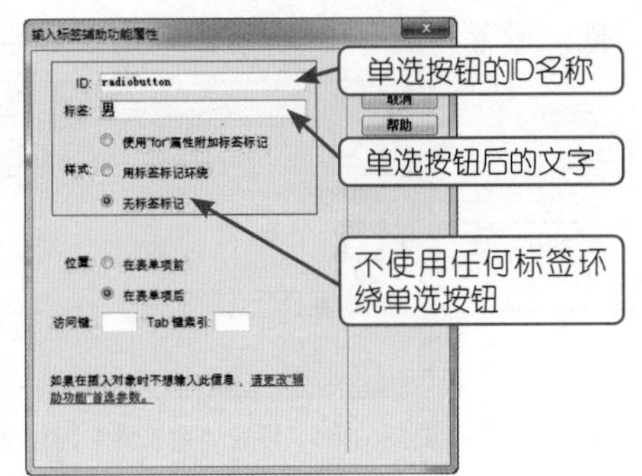

图6-147　设置“输入标签辅助功能属性”对话框

STEP20 单击“确定”按钮，即可插入一个单选按钮，效果如图6-148所示。选中刚插入的单选按钮，在“属性”面板上对其相关属性进行设置，如图6-149所示。

图6-148　插入单选按钮

图6-149　设置“属性”面板

STEP21 使用相同的方法，完成其他内容的制作，效果如图6-150所示。按快捷键Shift+Enter，插入换行符，输入相应的文字，如图6-151所示。

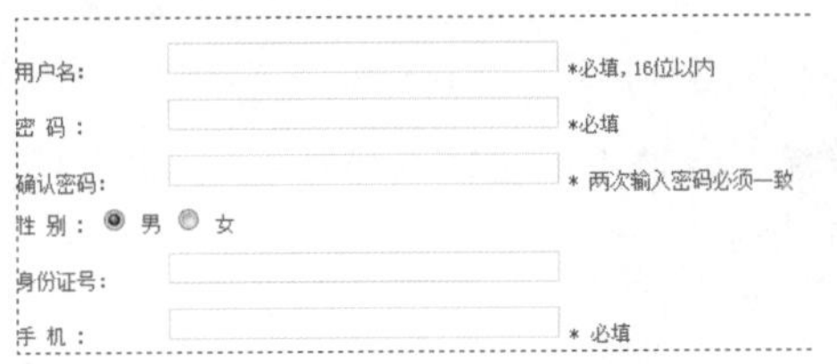

图6-150　页面效果

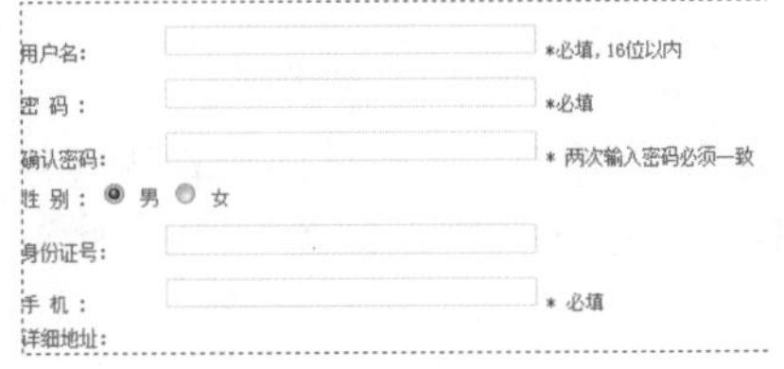

图6-151　输入文字

STEP22 单击“表单”选项卡中的“选择(列表/菜单)”按钮，弹出“输入标签辅助功能属性”对话框，设置如图6-152所示。单击“确定”按钮，即可在页面中插入选择(列表/菜单)，如图6-153所示。

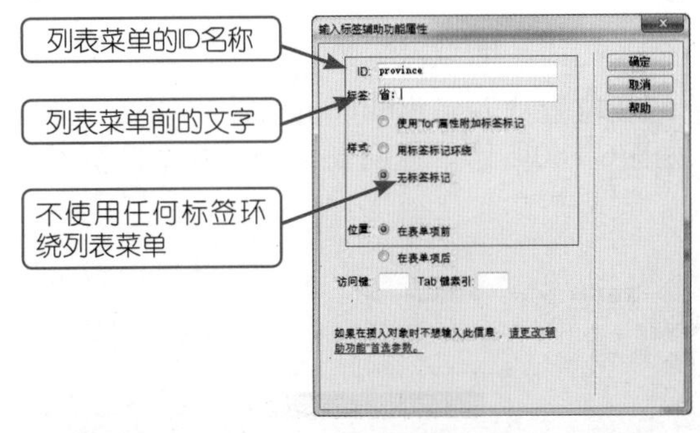

图6-152　设置“输入标签辅助功能属性”对话框

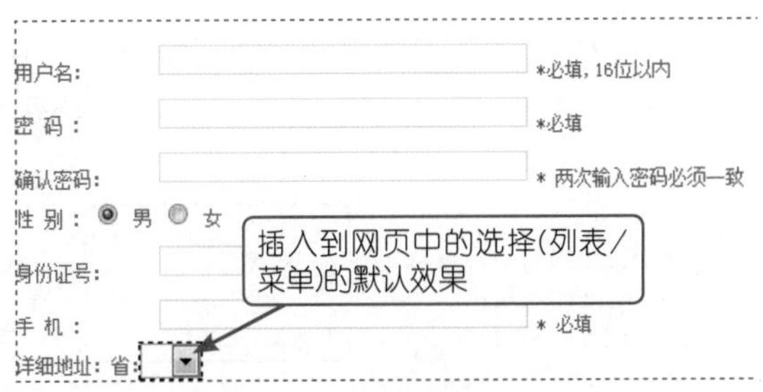

图6-153　页面效果

STEP23 单击选中该选择(列表/菜单)，单击“属性”面板上的“列表值”按钮，弹出“列表值”

对话框，设置如图6-154所示。单击“确定”按钮，效果如图6-155所示。

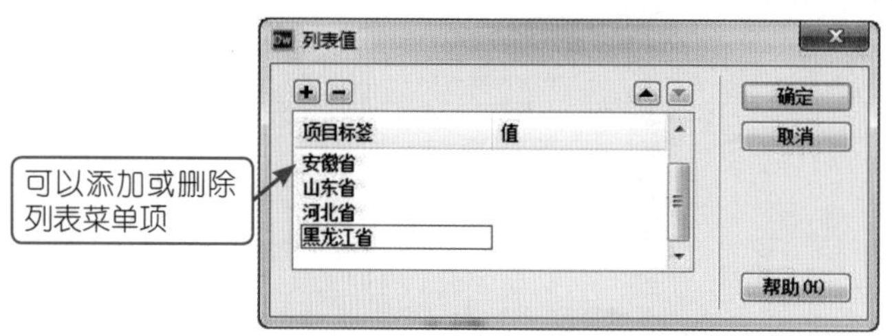

图6-154　设置“列表值”对话框

图6-155　页面效果

STEP24 使用相同的方法，完成其他相似内容的制作，如图6-156所示。按快捷键Shift+Enter，插入换行符，单击“插入”面板上的“表单”选项卡中的“复选框”按钮，弹出“输入标签辅助功能属性”对话框，如图6-157所示。

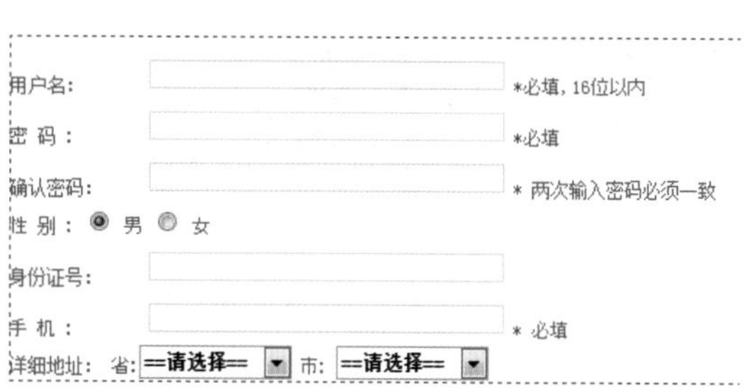

图6-156　页面效果

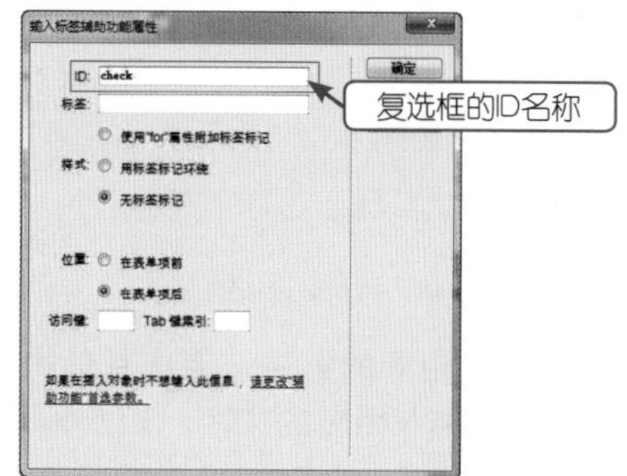

图6-157　设置“输入标签辅助功能属性”对话框

STEP25 单击“确定”按钮，即可在光标所在位置插入复选框，如图6-158所示。将光标移至复选框后，输入相应的文字，如图6-159所示。

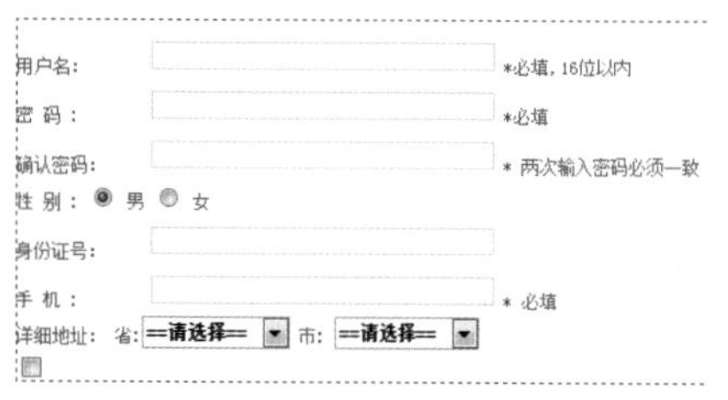
图6-158　页面效果

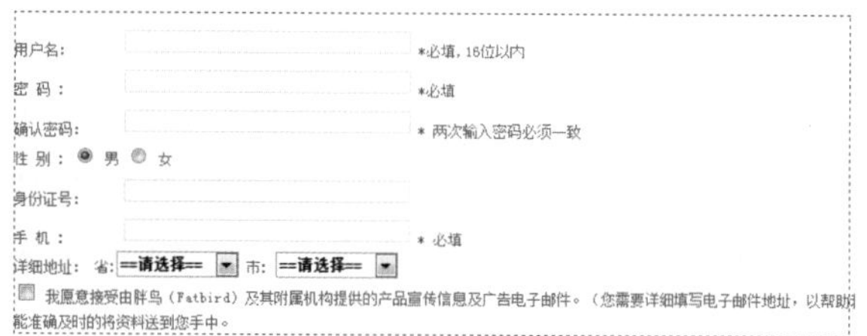
图6-159　输入文字

STEP26 按快捷键Shift+Enter，插入换行符，在光标所在位置插入名为button的Div，切换到外部CSS样式表文件中，创建名为#button的CSS样式，如图6-160所示。返回到设计视图中，页面效果如图6-161所示。

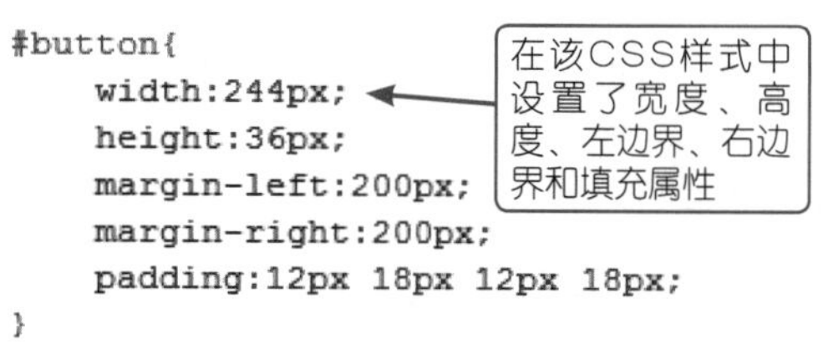

```
#button{
    width:244px;
    height:36px;
    margin-left:200px;
    margin-right:200px;
    padding:12px 18px 12px 18px;
}
```


图6-160　CSS样式代码

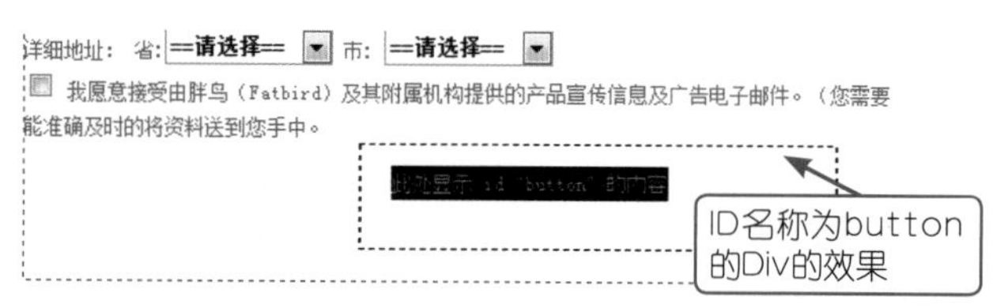

图6-161　页面效果

STEP27 将光标移至名为button的Div中，将多余文字删除，单击“插入”面板上的“表单”选项卡中的“图像域”按钮，弹出“选择图像源文件”对话框，选择相应的图像，如图6-162所示。单击“确定”按钮，弹出“输入标签辅助功能属性”对话框，设置如图6-163所示。

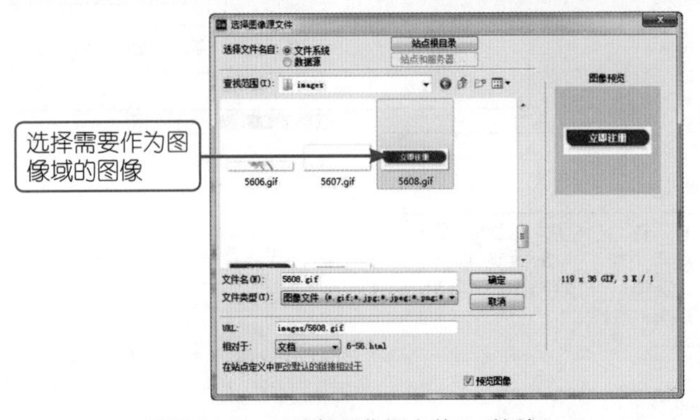

图6-162 “选择图像源文件”对话框

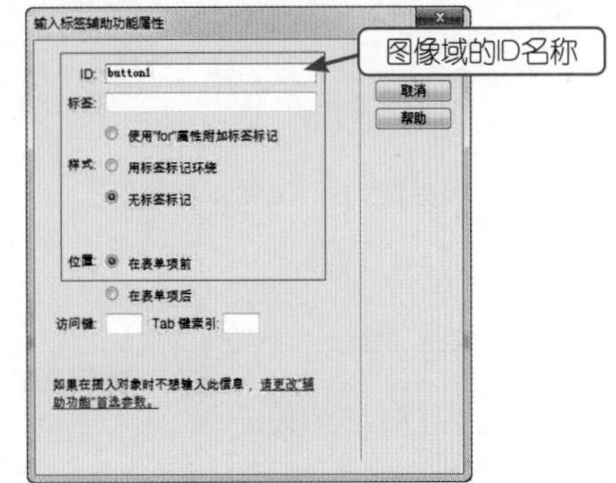

图6-163 设置“输入标签辅助功能属性”对话框

STEP28 单击“确定”按钮，即可在页面中插入图像域，效果如图6-164所示。使用相同的方法插入另一个图像域，效果如图6-165所示。

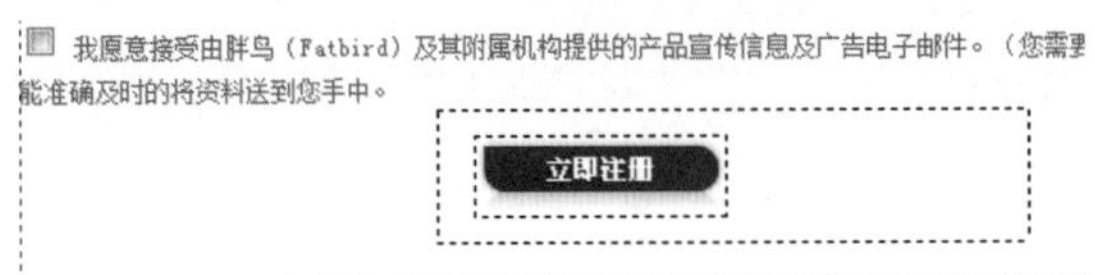

图6-164 页面效果

图6-165 页面效果

提 示

需要注意的是，默认的图像域按钮只有提交表单的功能，如果需要改变其用途，则需要在图像域标签中添加特殊的代码来实现。

STEP29 在名为main的Div之后插入名为last的Div，切换到外部CSS样式表文件中，创建名为#last的CSS样式，如图6-166所示。返回到设计视图中，页面效果如图6-167所示。

图6-166 CSS样式代码

图6-167 页面效果

STEP30 将光标移至名为last的Div中，将多余文字删除，在该Div中插入名为top03的Div，切换到外部CSS样式表文件中，创建名为#top03的CSS样式，如图6-168所示。返回到设计视图中，页面效果如图6-169所示。

STEP31 将光标移至名为top03的Div中，将多余文字删除，在页面中输入相应的文字，如图6-170所示。在名为top03的Div之后插入名为bottom02的Div，切换到外部CSS样式文件中，创建名为#bottom02的CSS样式，如图6-171所示。

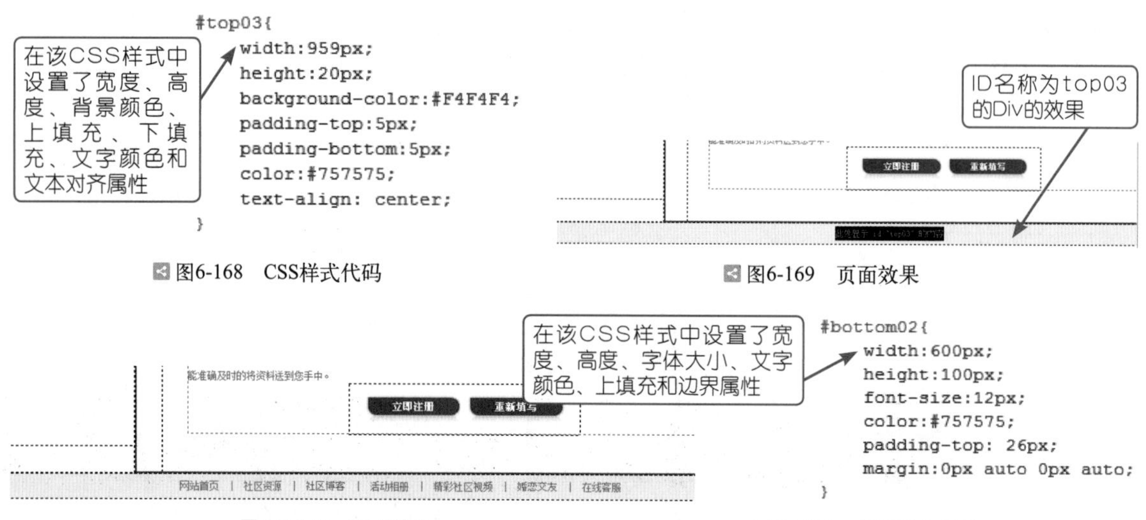

图6-168　CSS样式代码　　图6-169　页面效果

图6-170　页面效果　　图6-171　CSS样式代码

STEP32 返回到设计视图中，页面效果如图6-172所示。将光标移至名为bottom02的Div中，将多余文字删除，插入图像“光盘\素材\第6章\images\5610.gif”，效果如图6-173所示。

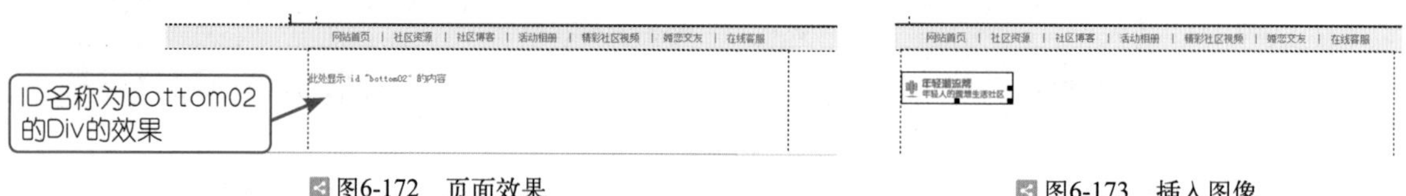

图6-172　页面效果　　图6-173　插入图像

STEP33 切换到外部CSS样式表文件中，创建名为#bottom02 img的CSS样式，如图6-174所示。返回到设计视图中，页面效果如图6-175所示。

图6-174　CSS样式代码　　图6-175　页面效果

STEP34 在页面中输入相应的文字，如图6-176所示。执行“文件>保存”命令，保存页面，在浏览器中预览页面效果，如图6-177所示。

图6-176　页面效果

图6-177　预览图像

第7章

Dreamweaver CS6

| 应用模板和库提高网站制作效率

模板和库都是提高网站制作效率的有力工具，模板是一种特殊类型的文档，其可以将具有相同版面布局的页面制作成一个模板，当需要制作大量相同布局的页面时，合理并有效地使用模板可以避免一些无谓的重复动作，大大提高网页设计者的工作效率。可以将网站中多个页面相同的元素制作成库项目，并存放在库中以便随时调用。本章将向读者介绍Dreamweaver中模板和库的使用方法和技巧。

| 本章重点

- 创建模板页面
- 创建可编辑和可选区域
- 创建基于模板的页面
- 编辑与更新模板
- 创建库项目
- 应用库项目

实例57 创建模板页面——红酒网站模板网页

实例目的

本实例的目的是让大家掌握如何在Dreamweaver中创建模板页面，模板是一种特殊类型的文档，用于设计布局比较“固定的”页面。可以创建基于模板的网页文件，这样该文件将继承所选模板的页面布局。如图7-1所示为创建模板页面的流程图。

图7-1 操作流程图

实例重点

- 掌握在Dreamweaver中创建模板页面的方法
- 理解Dreamweaver模板页面
- 了解模板页面的存放位置

实例步骤

STEP 1 执行“文件>打开”命令，打开制作好的页面“光盘\素材\第7章\7-57.html”，效果如图7-2所示。在浏览器中预览该页面，效果如图7-3所示。

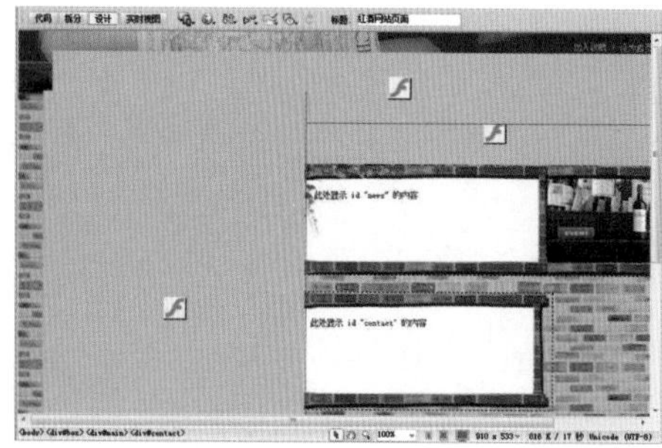

图7-2 页面效果

图7-3 在浏览器中预览页面

STEP 2 执行“文件>另存为模板”命令，如图7-4所示。或者单击“插入”面板中的“模板”按钮，在弹出菜单中选择“创建模板”命令，如图7-5所示。

提 示

在Dreamweaver CS6中，有两种方法可以创建网页模板。一种是将现有的网页文件另存为模板，然后根据需要再进行修改；另一种是直接新建一个空白模板，在其中插入需要显示的文档内容。模板实际上也是一种文档，扩展名为.dwt，存放在站点根目录下的Templates文件夹中，如果该Templates文件夹在站点中尚不存在，Dreamweaver将在保存新建模板时自动将其创建。

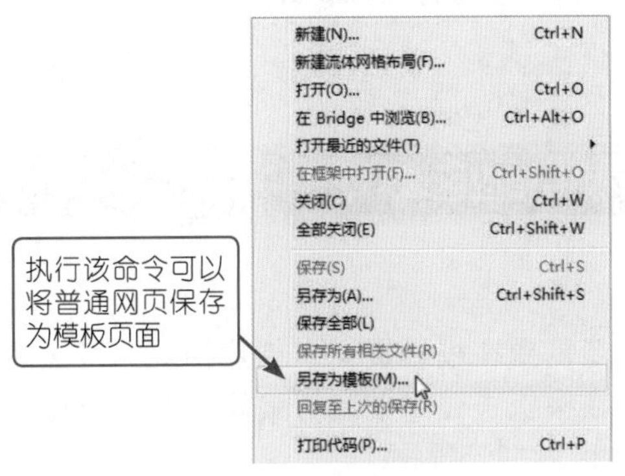

图7-4 菜单命令

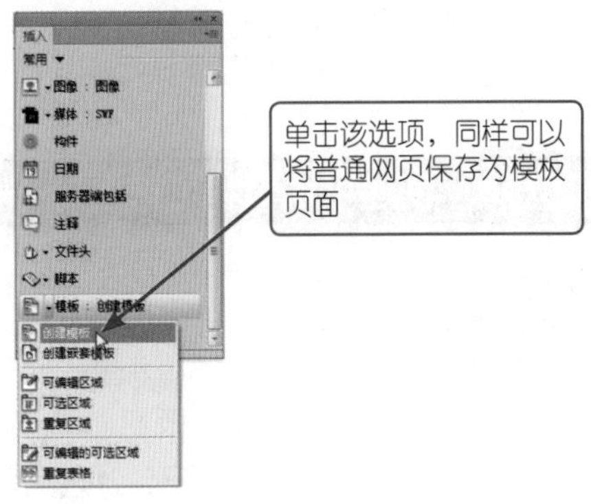

图7-5 “插入”面板

STEP 3 弹出“另存模板”对话框，如图7-6所示。单击“保存”按钮，弹出提示框，提示是否更新页面中的链接，如图7-7所示。

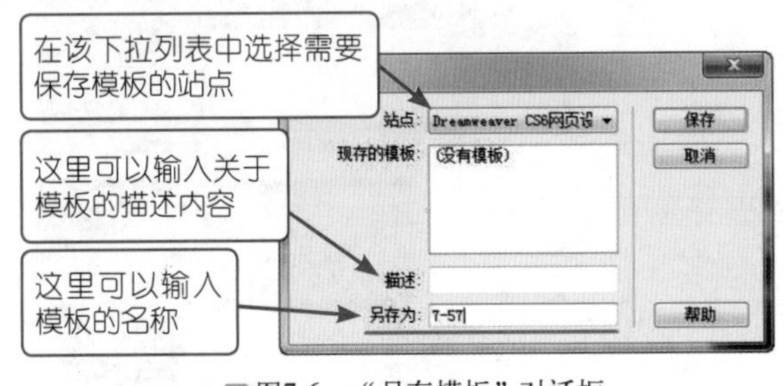

图7-6 “另存模板”对话框

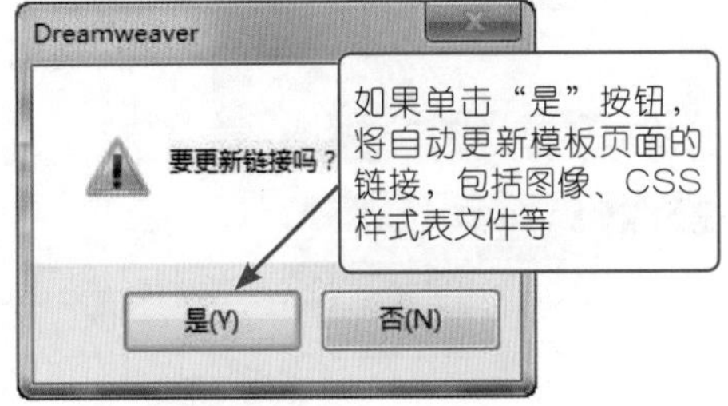

图7-7 提示对话框

提 示

在“另存模板”对话框中的“现存的模板”列表框中，列出了站点根目录下Templates文件夹中所有的模板文件，如果当前站点中还没有创建任何模板文件，则显示为(没有模板)。

STEP 4 单击“否”按钮，手动将页面相关的文件夹复制到Templates文件夹中，完成另存为模板的操作，模板文件即被保存在站点的Templates文件夹中，如图7-8所示。完成模板的创建后，可以看到刚刚打开的文件7-57.html的扩展名变为了.dwt，如图7-9所示，该文件的扩展名也就是网页模板文件的扩展名。

提 示

在Dreamweaver中，不要将模板文件移动到Templates文件夹外，不要将其他非模板文件存放在Templates文件夹中，同样也不要将Templates文件夹移动到本地根目录外，因为这些操作都会引起模板路径错误。

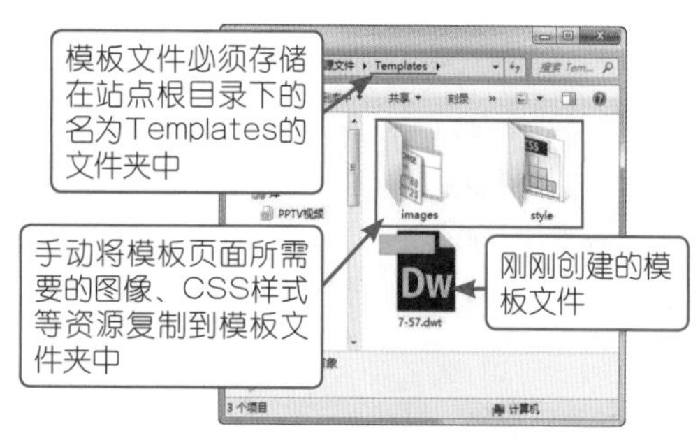

图7-8　Templates文件夹

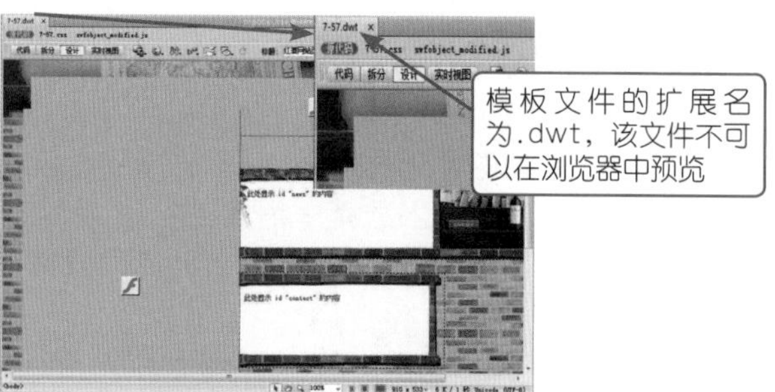

图7-9　模板文件扩展名

实例58　创建可编辑和可选区域——定义模板中相应区域

实例 目的

完成模板页面的创建后，模板还不可以使用，还需要在模板页面中创建相应的可编辑区域和可选区域等。本次实例的目的是让大家掌握如何在模板页面中创建可编辑区域、可选区域和可编辑的可选区域。如图7-10所示为定义模板中相应区域的流程图。

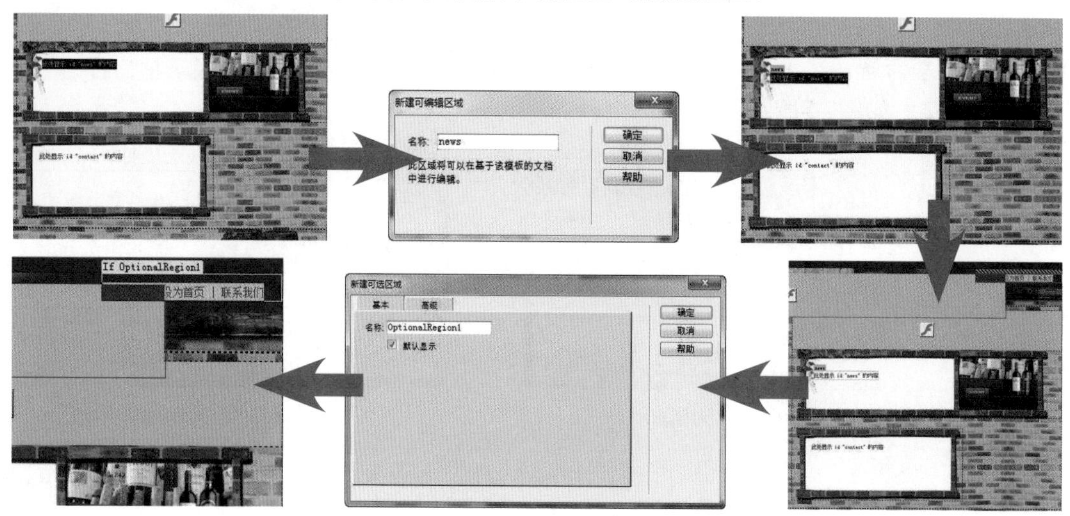

图7-10　操作流程图

实例 重点

- 掌握在模板页面中创建可编辑区域的方法
- 掌握在模板页面中创建可选区域的方法
- 掌握在模板页面中创建可编辑的可选区域的方法
- 理解可编辑区域、可选区域和可编辑的可选区域

实例 步骤

STEP 1 执行“文件>打开”命令，打开刚创建的模板页面“光盘\素材\Templates\7-57.dwt”，将光标移至名为news的Div中，选中文本，如图7-11所示。单击“插入”面板上的“创建模板”按钮右边的向下箭头，在弹出菜单中选择“可编辑区域”选项，如图7-12所示。

图7-11 选中文本

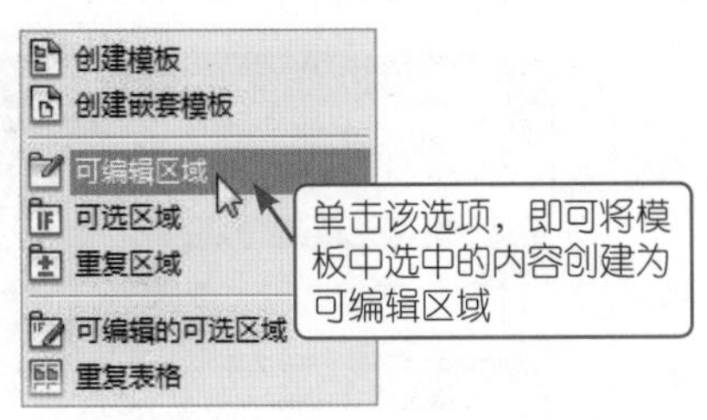

图7-12 选择“可编辑区域”选项

提 示

在模板页面中需要定义可编辑区域，可编辑区域可以控制模板页面中哪些区域可以编辑，哪些区域不可以编辑。

STEP 2 弹出“新建可编辑区域”对话框，在“名称”文本框中输入该区域的名称，如图7-13所示。单击“确定”按钮，可编辑区域即被插入到模板页面中，如图7-14所示。

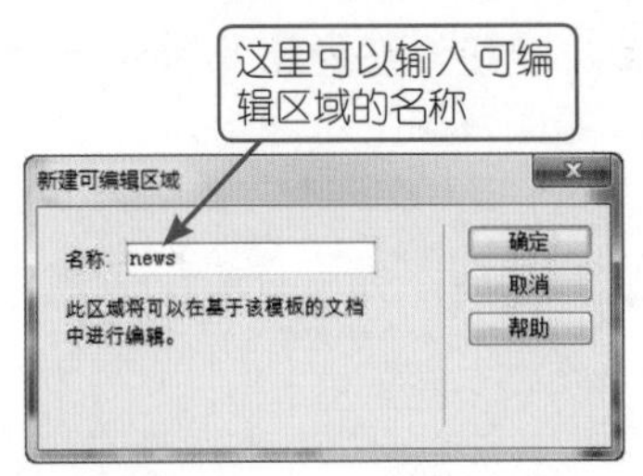

图7-13 “新建可编辑区域”对话框

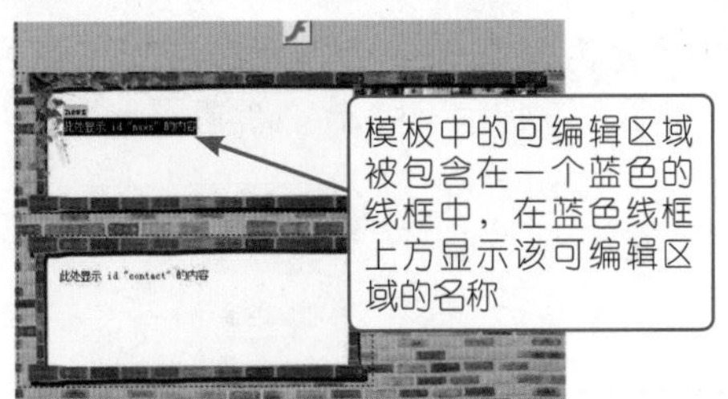

图7-14 插入可编辑区域

提 示

可编辑区域在模板页面中由高亮显示的矩形边框围绕，区域左上角的选项卡会显示该区域的名称，在为可编辑区域命名时，不能使用某些特殊字符，如单引号“'”等。

STEP 3 当需要选择可编辑区域时，直接单击可编辑区域上面的标签，即可选中可编辑区域，如图7-15所示。或执行“修改>模板”命令，从子菜单底部的列表中选择可编辑区域的名称即可，如图7-16所示。

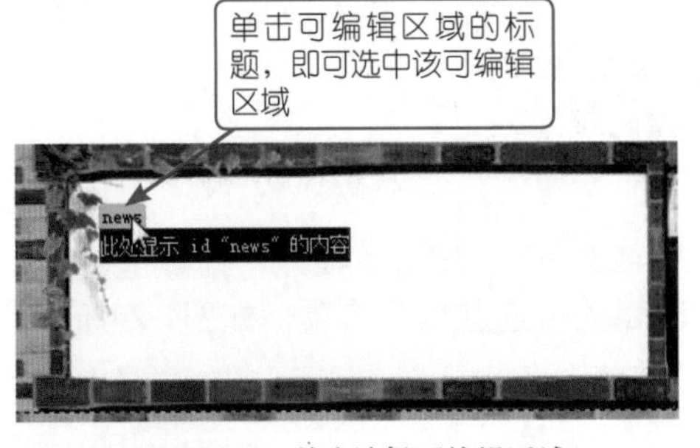

图7-15 单击选择可编辑区域

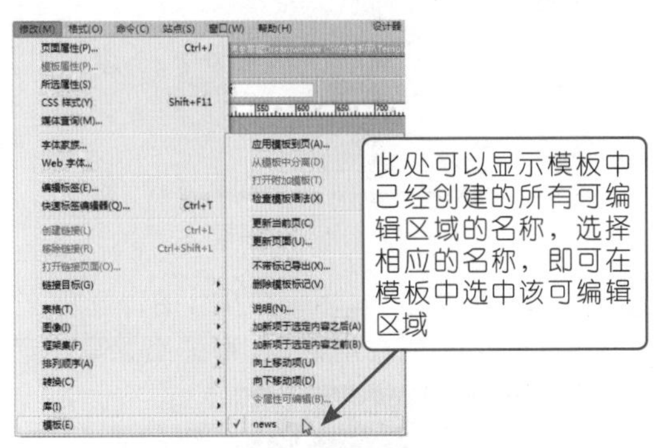

图7-16 执行菜单进行选择

提 示

如果需要删除某个可编辑区域和其内容，选择需要删除的可编辑区域后，按键盘上的Delete键，即可将选中的可编辑区域删除。

STEP 4 当选中可编辑区域后，在“属性”面板上可以修改其名称，如图7-17所示。选中模板页面右上角需要设置为可选区域的元素，如图7-18所示。

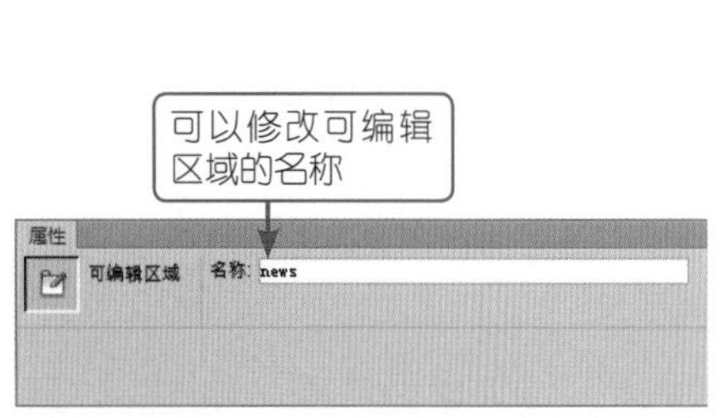

图7-17 “属性”面板

图7-18 选中网页元素

提 示

用户可以显示或隐藏可选区域，在这些区域中用户无法编辑其内容，可以设置该区域在所创建的基于模板的页面中是否可见。

STEP 5 单击“插入”面板中“创建模板”按钮右边的倒三角按钮，在弹出菜单中选择“可选区域”选项，如图7-19所示。弹出“新建可选区域”对话框，如图7-20所示。

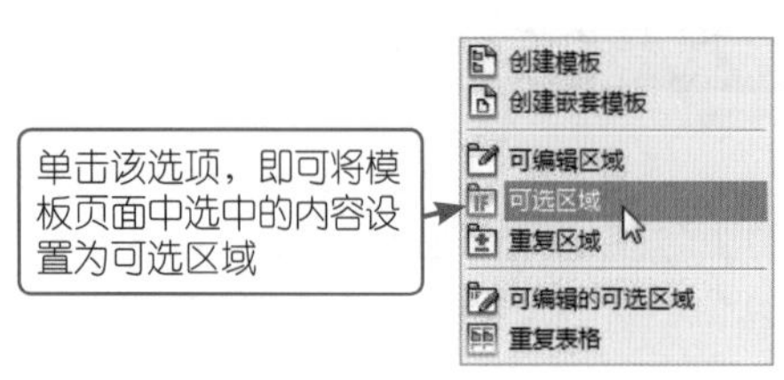

图7-19 单击“可选区域”选项

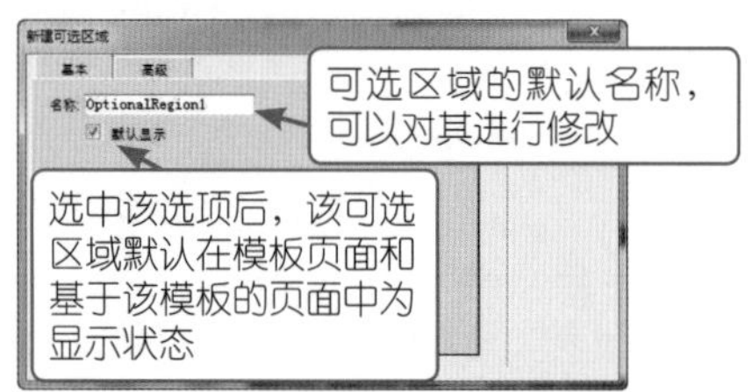

图7-20 “新建可选区域”对话框

STEP 6 单击“新建可选区域”对话框上的“高级”选项卡，可以切换到高级选项设置，如图7-21所示。通常采用默认设置，单击“确定”按钮，完成“新建可选区域”对话框的设置，在模板页面中定义可选区域，如图7-22所示。

图7-21 “新建可选区域”对话框

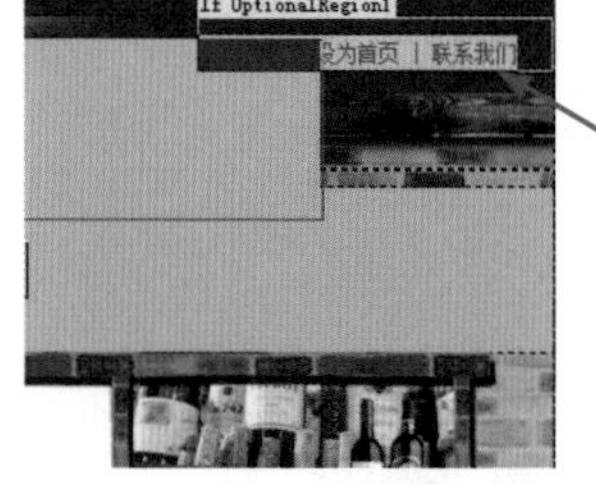

图7-22 定义可选区域

STEP 7 将光标移至名为contact的Div中，选中文本，如图7-23所示。单击“插入”面板上的“创建模板”按钮右边的倒三角按钮，在弹出菜单中选择“可编辑的可选区域”选项，如图7-24所示。

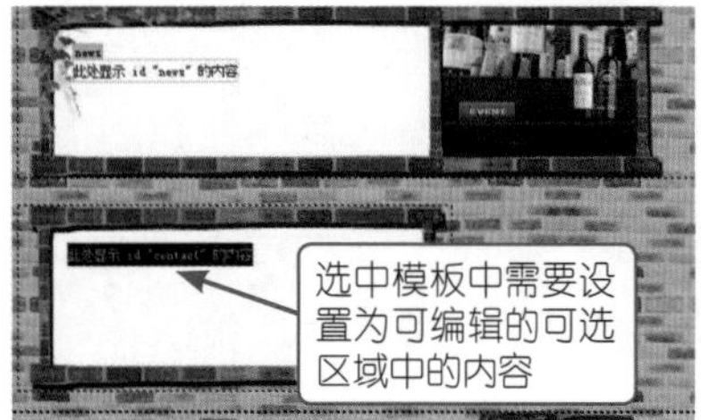

图7-23 选中需要定义的区域

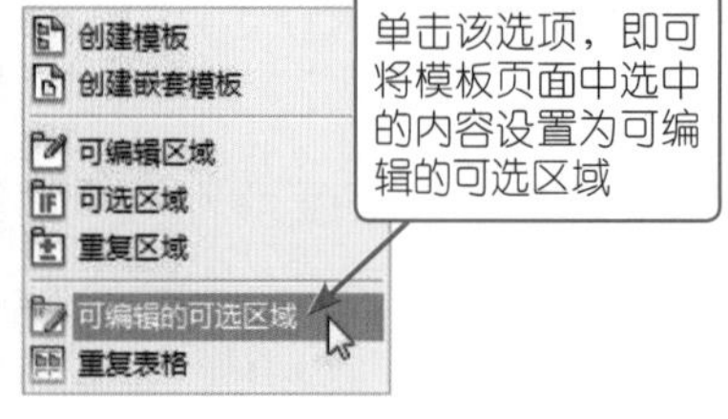

图7-24 选择“可编辑的可选区域”选项

提 示

将模板页面中的某一部分内容定义为可编辑可选区域，则该部分内容可以在基于模板的页面中设置是否显示或隐藏该区域，并且可以编辑该区域中的内容。

STEP 8 弹出“新建可选区域”对话框，如图7-25所示。单击“确定”按钮，完成“新建可选区域”对话框的设置，在页面中定义可编辑的可选区域，如图7-26所示。

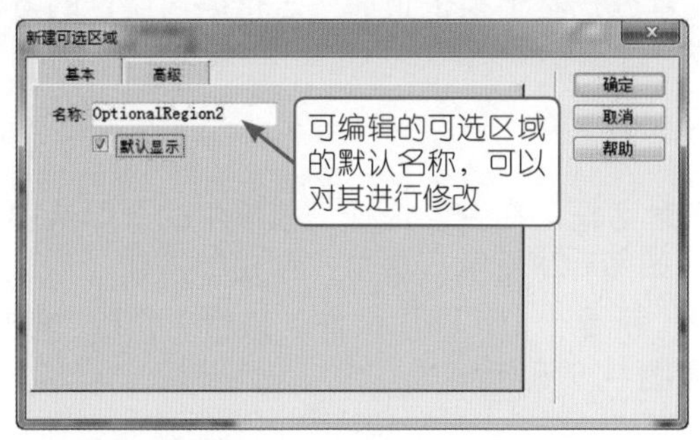

图7-25 “新建可选区域”对话框

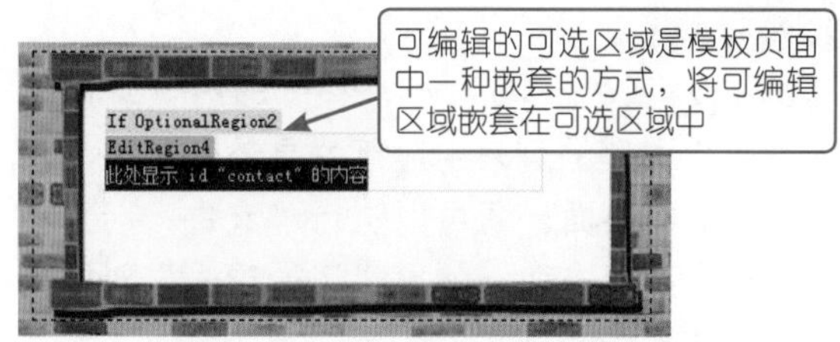

图7-26 定义可编辑可选区域

提 示

在页面中不论是定义可编辑区域还是可编辑可选区域，弹出的对话框都为“新建可选区域”对话框，其中选项也是完全相同的。

提 示

如果想要取消页面中的可编辑的可选区域，可以将该可编辑的可选区域选中，执行“修改>模板>删除模板标记”命令，即可取消页面中的可编辑的可选区域。

实例59 创建基于模板的页面——完成红酒网站制作

实例目的

本实例的目的是让大家掌握如何创建基于模板的页面。在Dreamweaver中，创建新页面时，如果在“新建文档”对话框中单击“模板中的页”选项卡，便可以创建出基于选中的模板创建的网页。如图7-27所示为创建基于模板页面的流程图。

图7-27 操作流程图

实例 重点

- 掌握两种创建基于模板页面的方法
- 掌握在基于模板页面中进行编辑制作的方法
- 掌握如何在基于模板的页面中隐藏可选区域

实例 步骤

STEP 1 执行“文件>新建”命令，弹出“新建文档”对话框，在左侧选择“模板中的页”选项，在“站点”右侧的列表中显示的是该站点中的模板，如图7-28所示。单击“创建”按钮，创建基于7-57模板的页面。还可以执行“文件>新建”命令，新建一个HTML文件，执行“修改>模板>应用模板到页”命令，弹出“选择模板”对话框，如图7-29所示。

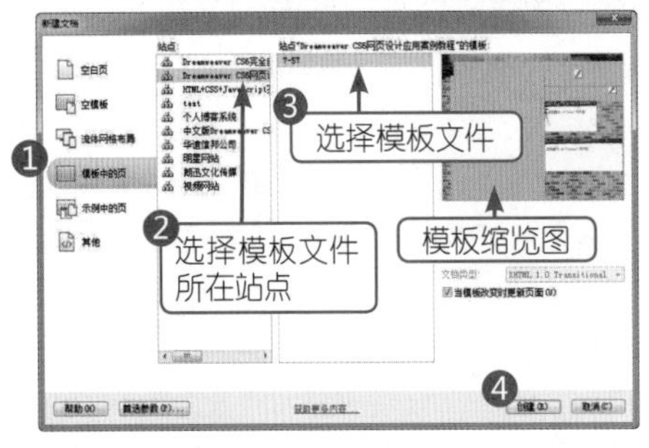

图7-28 “新建文档”对话框

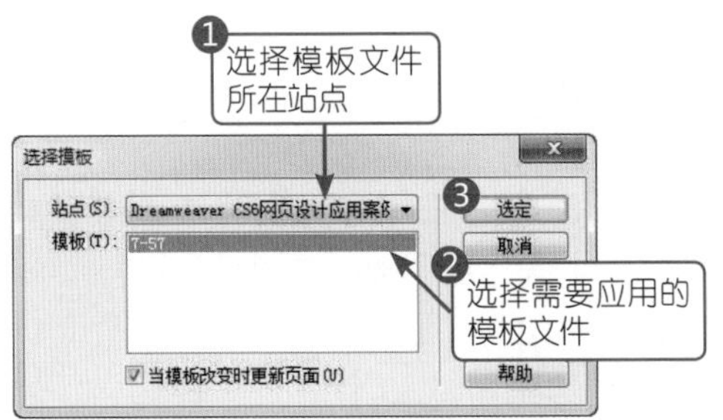

图7-29 “选择模板”对话框

提 示

在“站点”下拉列表中可以选择需要应用模板的所在站点，在“模板”文本框中可以选择需要应用的模板。

STEP 2 单击“确定”按钮，即可将选择的7-57模板应用到刚刚创建的HTML页面中，执行“文件>保存”命令，将页面保存为“光盘\素材\第7章\7-59.html”，页面效果如图7-30所示。

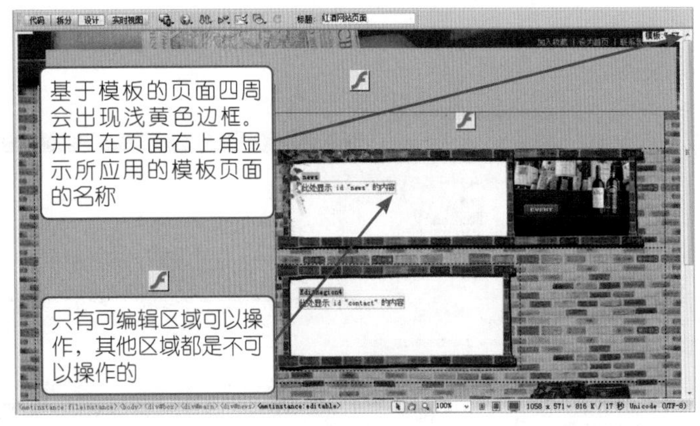

图7-30 页面效果

提 示

在Dreamweaver中，基于模板的页面，在设计视图中页面的四周会出现黄色边框，并且在窗口右上角显示模板的名称。在该页面中只有编辑区域的内容能够被编辑，可编辑区域外的内容被锁定，无法编辑。

提 示

将模板应用到页面中的其他方法，新建一个HTML文件，在“资源”页面中的“模板”类别中选中需要插入的模板，单击“应用”按钮；还可以将模板列表中的模板直接拖到网页中。

STEP 3 将光标移至名为news的可编辑区域中，将多余文字删除，在光标所在位置插入名为news-title的Div，如图7-31所示。转换到该网页所链接的外部CSS样式表文件中，创建名为#news-title的CSS样式，如图7-32所示。

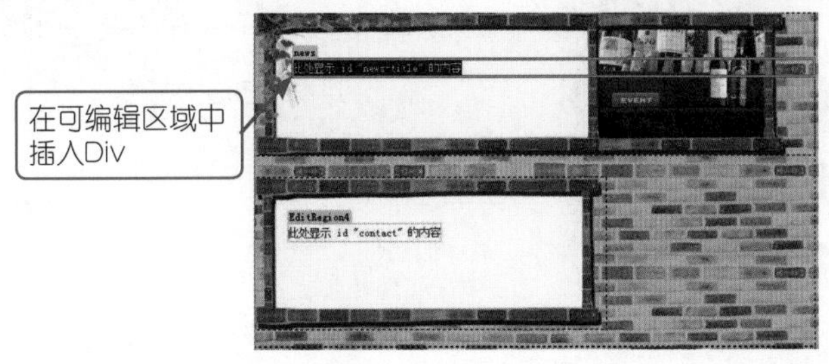

图7-31　插入Div

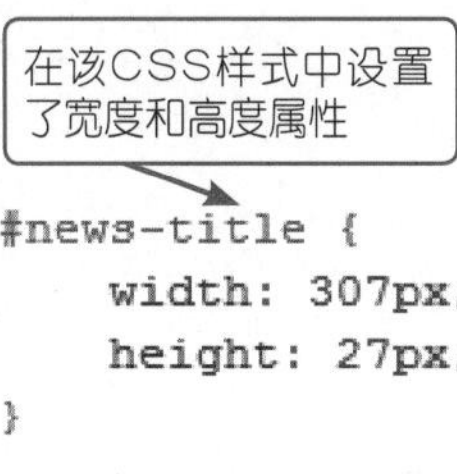

图7-32　CSS样式代码

STEP 4 返回网页设计视图，将光标移至名为news-title的Div中，将多余文字删除，插入相应的图像，如图7-33所示。在名为news-title的Div之后插入名为news-list的Div，如图7-34所示。

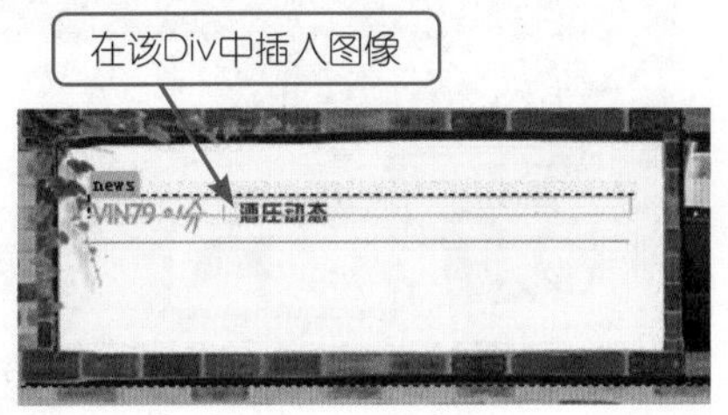

图7-33　页面效果

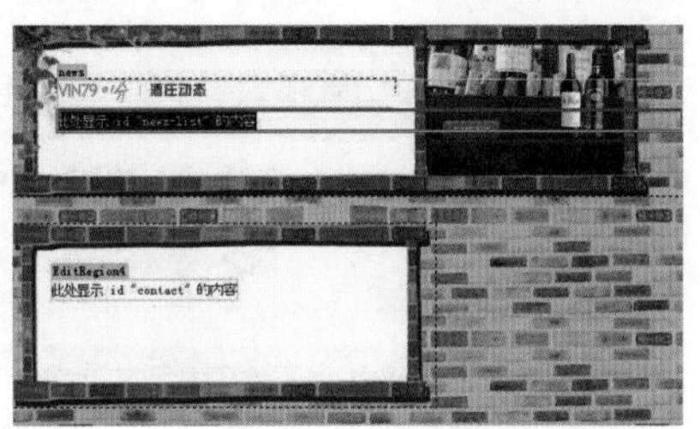

图7-34　插入Div

STEP 5 转换到该网页所链接的外部CSS样式表文件中，创建名为#news-list的CSS样式，如图7-35所示。返回设计视图，将光标移至名为news-list的Div中，并将多余文字删除，输入相应的段落文本并创建项目列表，如图7-36所示。

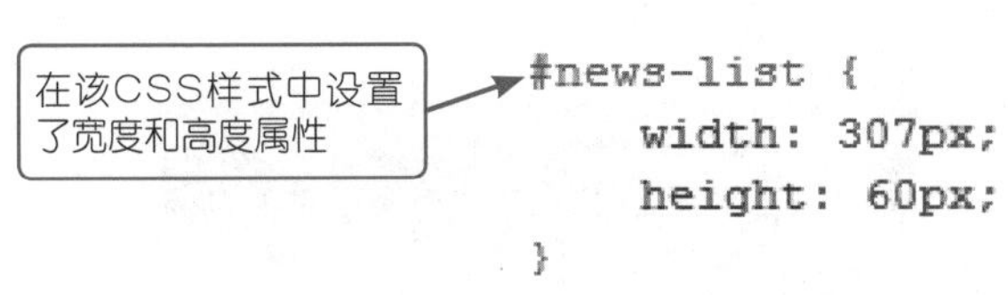

图7-35　CSS样式代码

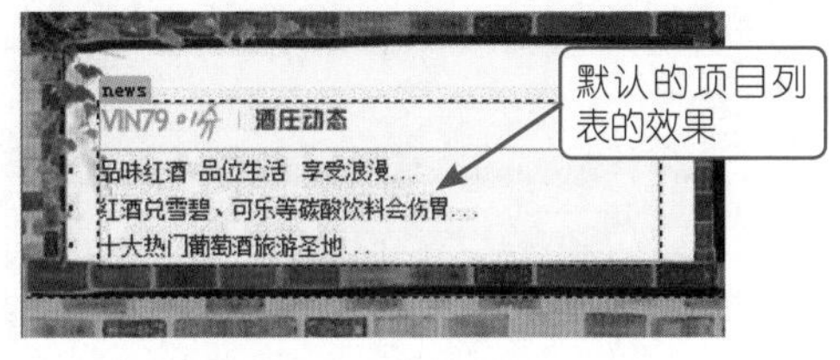

图7-36　页面效果

STEP 6 转换到该网页所链接的外部CSS样式表文件中，创建名为#news-list li的CSS样式，如图7-37所示。返回设计视图，可以看到项目列表的效果，如图7-38所示。

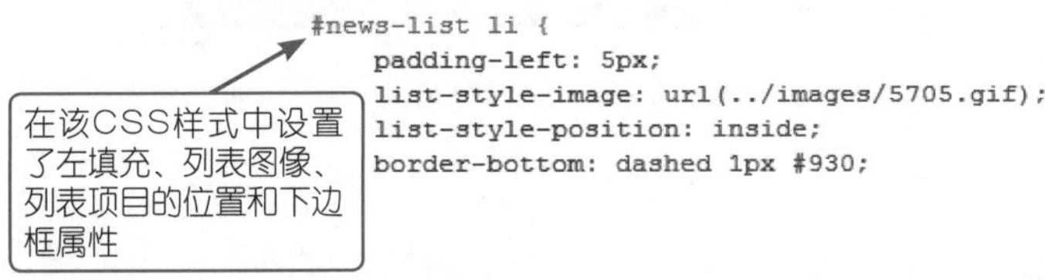

图7-37　CSS样式代码

图7-38　页面效果

STEP 7 将光标移至可编辑可选区域中，将多余文字删除，依次插入两个图像，如图7-39所示。转换到该网页所链接的外部CSS样式表文件中，创建名为#contact img的CSS样式，如图7-40所示。

图7-39　插入图像

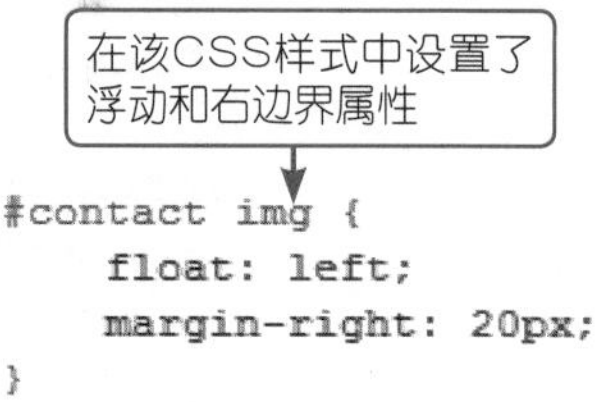

图7-40　CSS样式代码

STEP 8 返回设计视图，可以看到页面效果，如图7-41所示。执行“文件>保存”命令，保存页面，在浏览器中预览整个页面，效果如图7-42所示。

图7-41　页面效果

图7-42　在浏览器中预览页面效果

STEP 9 返回Dreamweaver设计视图中，执行“修改>模板属性”命令，弹出“模板属性”对话框，在该对话框中将“显示OptionalRegion1”选项取消勾选状态，此时OptionalRegion1值会变为“假”，如图7-43所示。单击“确定”按钮，完成“模板属性”的设置，返回到页面视图中，页面名称为OptionalRegion1的可选区域就会在页面中隐藏，将页面保存后，预览页面，效果如图7-44所示。

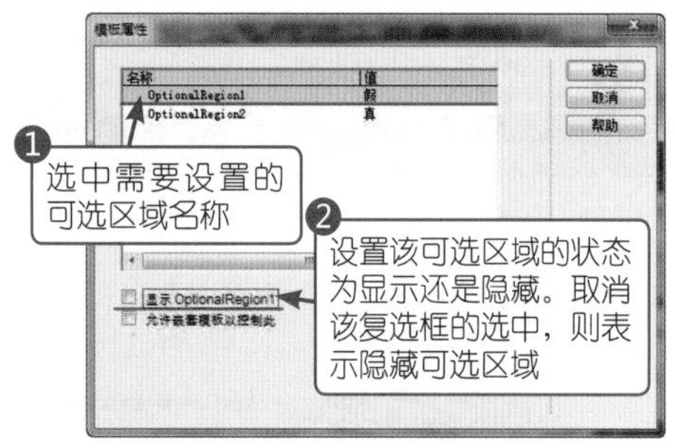

图7-43　“模板属性”对话框

图7-44　在浏览器中预览页面

提 示

如果不希望对基于模板的页面进行更新，可以执行“修改>模板>从模板中分离”命令，模板生成的页面即可脱离模板，成为普通的网页，这时页面右上角的模板名称与页面中模板元素名称便会消失。

| 实例60 编辑与更新模板——批量修改基于模板的页面

实例 目的

使用模板制作网站页面最大的好处，就在于如果希望对页面中的某一部分进行修改，则完成模板页面的修改后，基于该模板的页面会自动更新，从而大大减少工作量。本实例的目的是让大家掌握如何编辑与更新模板。如图7-45所示为编辑与更新模板的流程图。

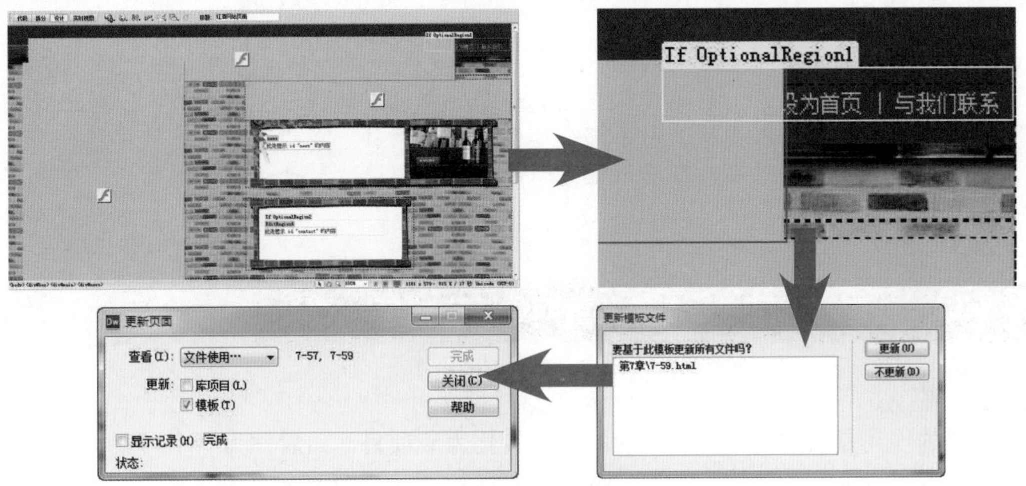

图7-45 操作流程图

实例 重点

- 掌握更新模板页面的方法

实例 步骤

STEP 1 执行“文件>打开”命令，打开模板页面“光盘\素材\Templates\7-57.dwt”，效果如图7-46所示。对模板页面右上角的文字内容进行修改，如图7-47所示。

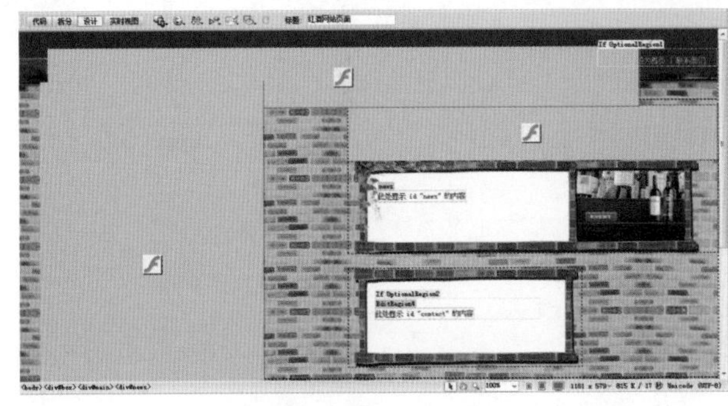

图7-46 模板页面效果

图7-47 修改文字内容

STEP 2 执行“文件>保存”命令，弹出“更新模板文件”对话框，如图7-48所示。单击“更新”按钮，弹出“更新页面”对话框，会显示更新的结果，如图7-49所示。单击“关闭”按钮，便可以完成页面的更新。

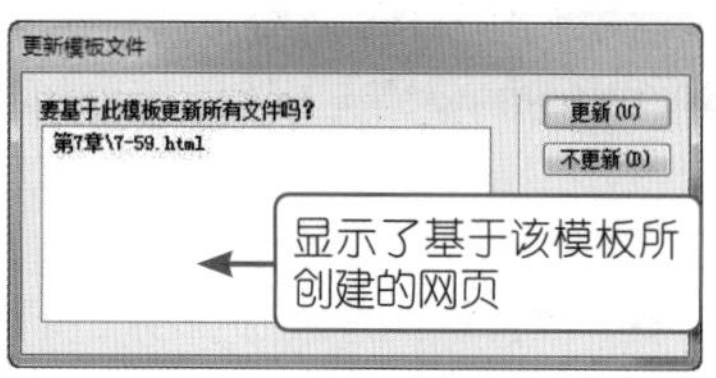

图7-48 “更新模板文件”对话框

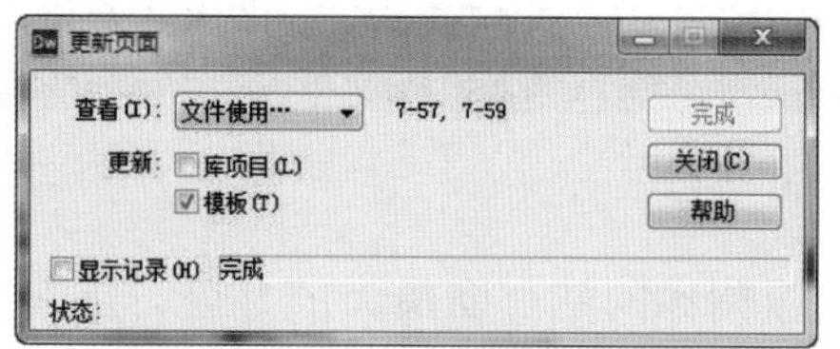

图7-49 “更新页面”对话框

提 示

在“查看”下拉列表中可以选择“整个站点”、“文件使用”和“已选文件”3种选项。如果选择的是“整个站点”，则要确认是还更新了哪个站点的模板生成网页；如果选择的是“文件使用”，则要选择更新使用了哪个模板生成的网页。在“更新”选项中包含了“库项目”和“模板”两个选项，可以设置更新的类型。勾选“显示记录”选项后，则会在更新之后显示更新记录。

实例61 创建库项目——制作儿童网站版底信息

实例 目的

库项目的作用是将网页中常常用到的对象转化为库项目，然后作为一个对象插入到其他网页之中。本实例的目的是让大家掌握如何创建库项目。如图7-50所示为创建库项目的流程图。

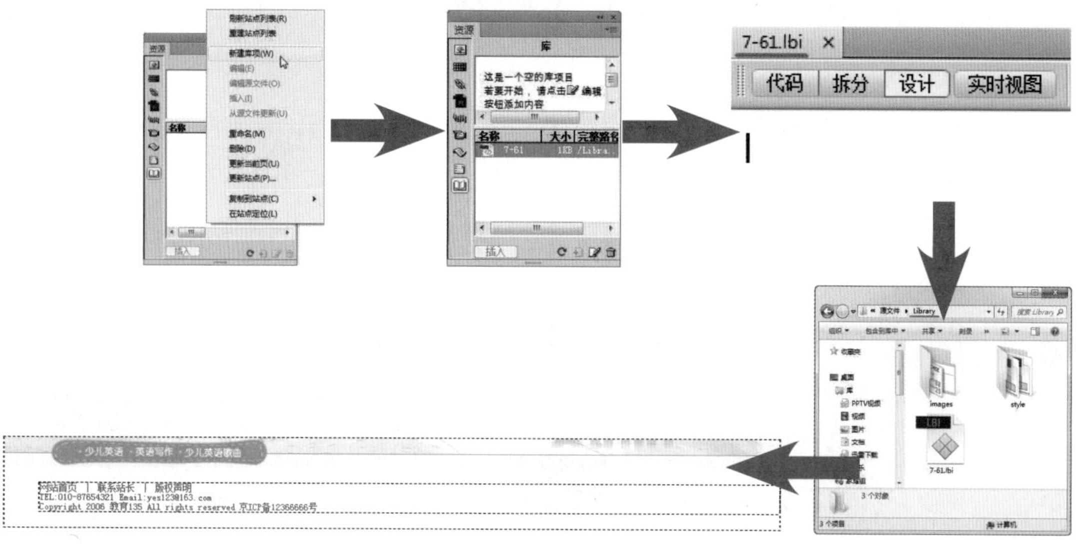

图7-50 操作流程图

实例 重点

- 掌握创建库项目的方法
- 了解库项目文件夹

实例 步骤

STEP 1 执行“窗口>资源”命令，打开“资源”面板，单击面板左侧的“库”按钮，在“库”

选项中的空白处单击鼠标右键，在弹出菜单中选择“新建库项”选项，如图7-51所示。新建一个库文件，并将新建的库文件命名为“7-61”，如图7-52所示。

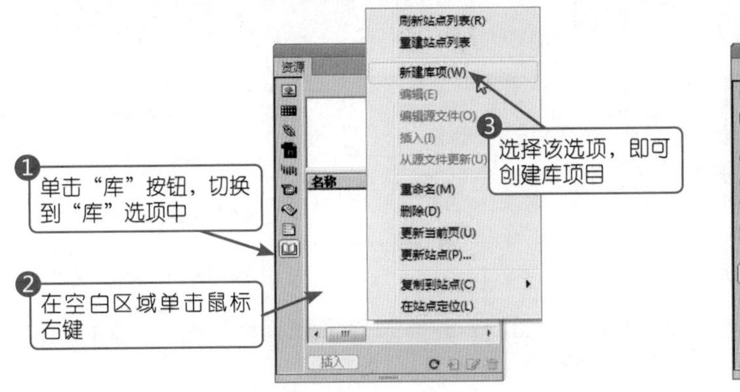

图7-51　选择“新建库项”选项

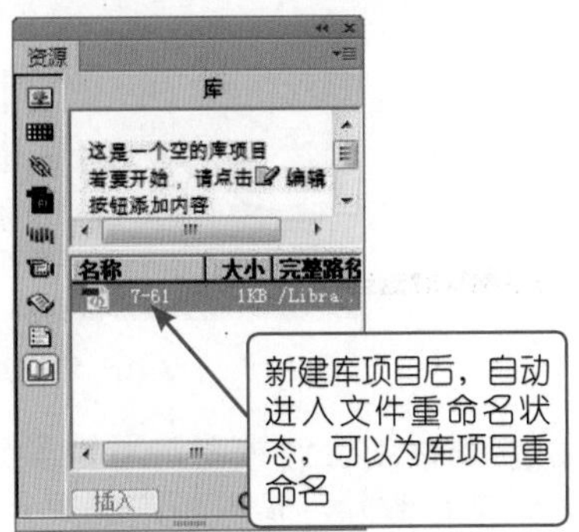

图7-52　新建库文件

提　示

在创建库文件之后，Dreamweaver会自动在当前站点的根目录下创建一个名为Library的文件夹，将库项目文件放置在该文件夹中。

STEP 2 在新建的库文件上双击鼠标，即可在Dreamweaver编辑窗口中打开该库文件进行编辑，如图7-53所示。为了方便操作，将“光盘\素材\第7章”中的images和style文件夹复制到Library文件夹中，辅助库文件制作，如图7-54所示。

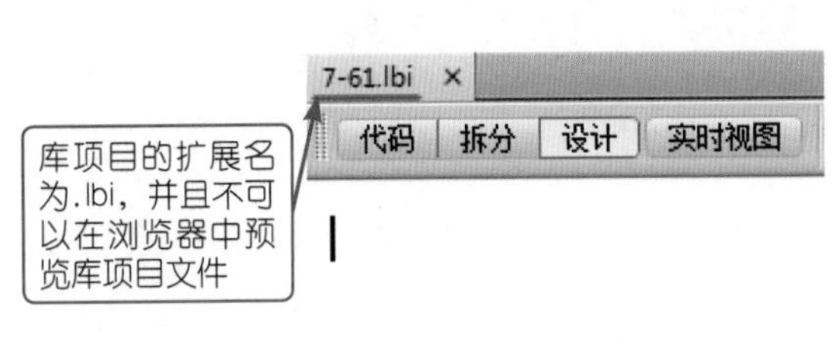

图7-53　打开库文件

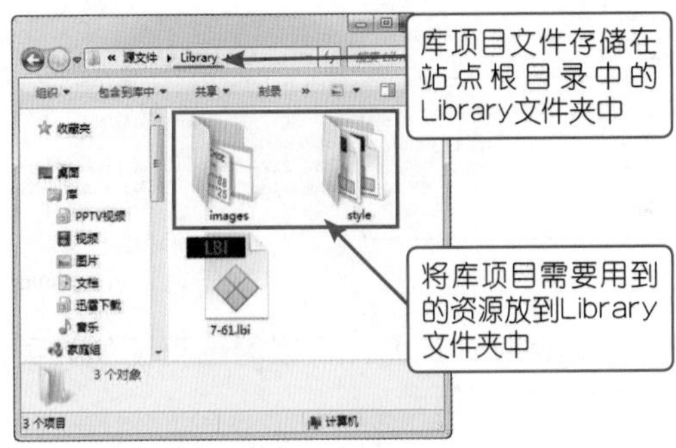

图7-54　库项目文件夹

STEP 3 打开“CSS样式”面板，单击“附加样式表”按钮，弹出“链接外部样式表”对话框，链接外部样式表“光盘\素材\Library\style\7-61.css”，如图7-55所示。在页面中插入一个名为bottom的Div，转换到7-61.css文件中，创建名为#bottom的CSS样式，如图7-56所示。

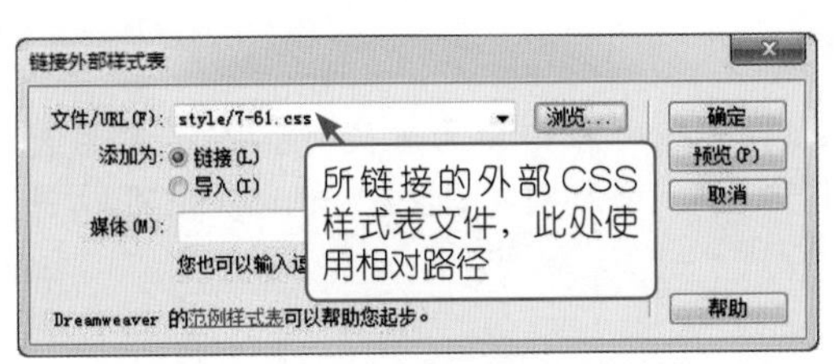

图7-55　“链接外部样式表”对话框

```
#bottom{
    width:997px;
    height:36px;
    margin:0px auto;
    background-image:url(../images/6101.gif);
    background-repeat:no-repeat;
    padding-top:58px;
    padding-bottom:20px;
}
```

图7-56　CSS样式代码

STEP 4 返回到设计视图，可以看到页面的效果，如图7-57所示。将光标移至名为bottom的Div中，将多余文字删除，在该Div中插入名为link的Div，切换到7-61.css文件中，创建名为#link的CSS样式，如图7-58所示。

图7-57 页面效果

图7-58 CSS样式代码

STEP 5 返回到设计视图，可以看到页面的效果，如图7-59所示。将光标移至名为link的Div中，将多余文字删除，输入相应的文字，如图7-60所示。

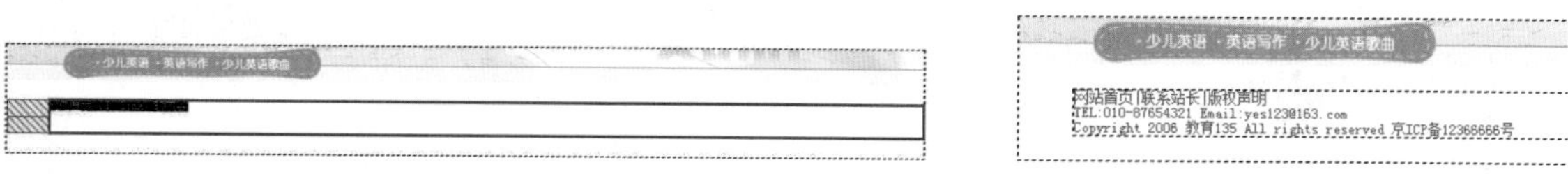

图7-59 页面效果

图7-60 输入文字

STEP 6 转换到代码视图中，为相应的文字添加<span>标签，如图7-61所示。切换到7-61.css文件中，创建名为#link span的CSS样式，如图7-62所示。

图7-61 添加<span>标签

图7-62 CSS样式代码

STEP 7 返回设计视图，可以看到页面的效果，执行“文件>保存”命令，保存该库项目，库项目的效果如图7-63所示。

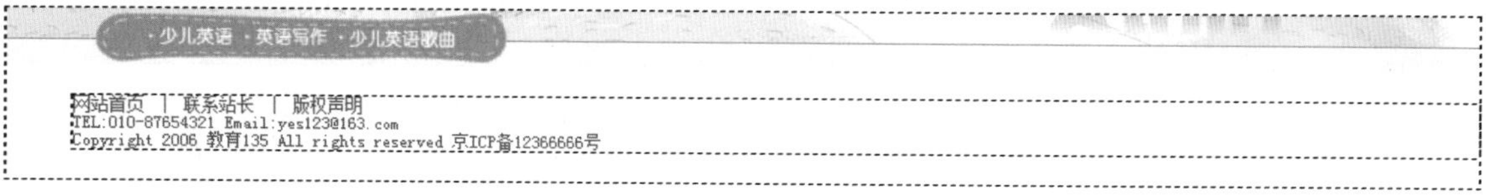

图7-63 库项目效果

提 示

在一个制作完成的页面中，也可以直接将页面中的某一处内容转换为库文件。首先需要选中页面中需要转换为库文件的内容，然后执行“修改>库>增加对象到库”命令，便可以将选中的内容转换为库项目。

实例62 应用库项目——制作儿童网站页面

实例目的

完成了库项目的创建，接下来就可以将库项目插入到相应的网页中去了，这样，在整个网站的制作过程中，就可以节省很多时间。本实例的目的是让大家掌握在网页中应用库项目的方法。如图7-64所示为应用库项目的流程图。

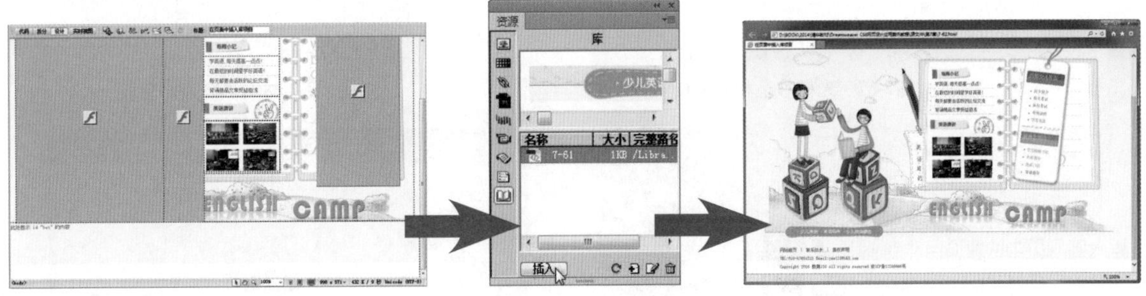

图7-64 操作流程图

实例重点

- 掌握在网页中应用库项目的方法
- 掌握更新库项目的方法

实例步骤

STEP 1 执行“文件>打开”命令，打开页面“光盘\素材\第7章\7-62.html”，页面效果如图7-65所示。在浏览器中预览该页面，可以看到页面的效果，如图7-66所示。

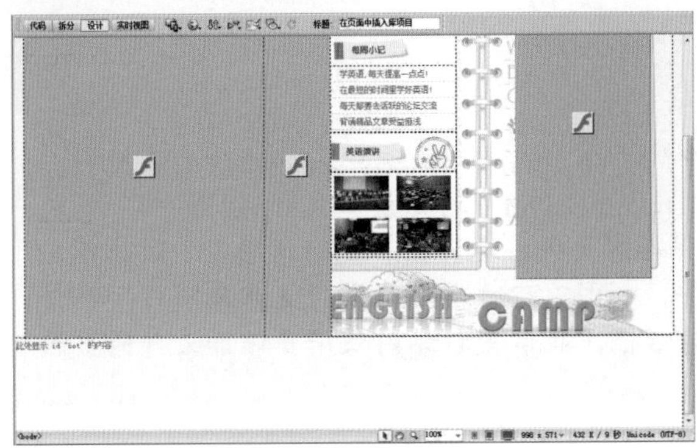

图7-65 页面效果

图7-66 在浏览器中预览效果

STEP 2 返回到设计视图中，将光标移至页面底部名为bot的Div中，将多余文字删除，如图7-67所示。打开“资源”面板，单击“库”按钮，选中刚创建的库文件，单击“插入”按钮，如图7-68所示。

STEP 3 即可在页面中光标所在位置插入所选择的库文件，如图7-69所示。执行“文件>保存”命令，保存页面，在浏览器中预览页面，效果如图7-70所示，可以看到在网页中应用库文件的效果。

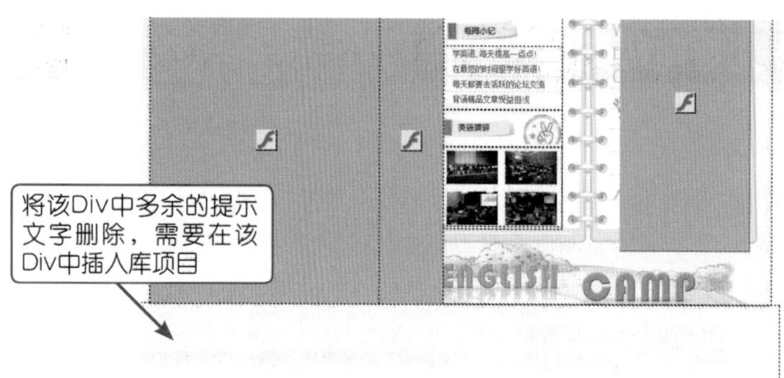

图7-67　光标移至相应的Div中

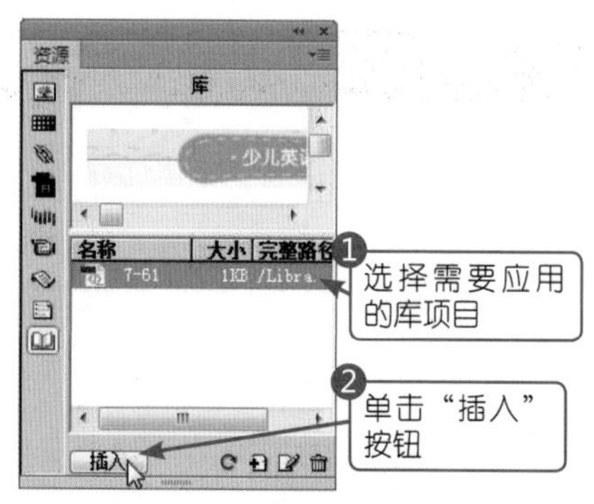

图7-68　“资源”面板

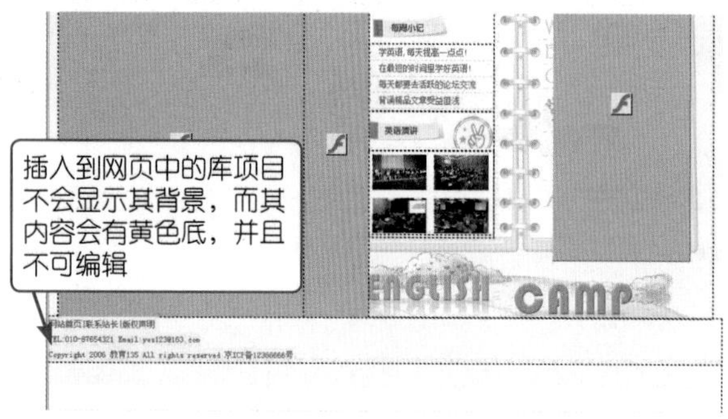

图7-69　插入库项目

图7-70　在浏览器中预览效果

提　示

将库文件插入到页面中后，背景会显示为淡黄色，而且是不可编辑的。在预览页面时背景色按照实际设置的显示。

提　示

如果需要修改库文件，可以在“资源”面板中的“库”选项中，选中需要修改的库文件，单击“编辑”按钮，如图7-71所示。即可在Dreamweaver中打开该库文件进行编辑，完成库文件的修改后，执行“文件>保存”命令，保存库文件，会弹出“更新库项目”对话框，询问是否更新站点中使用了库文件的网页文件，如图7-72所示。单击“更新库项目”对话框中的“更新”按钮后，弹出“更新页面”对话框，显示更新站内使用了该库文件的页面文件，如图7-73所示。

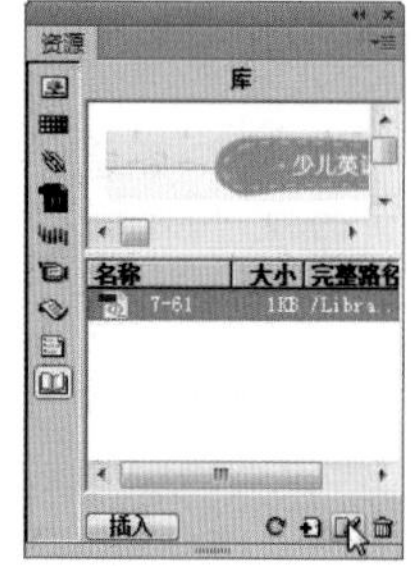

图7-71　单击“编辑”按钮

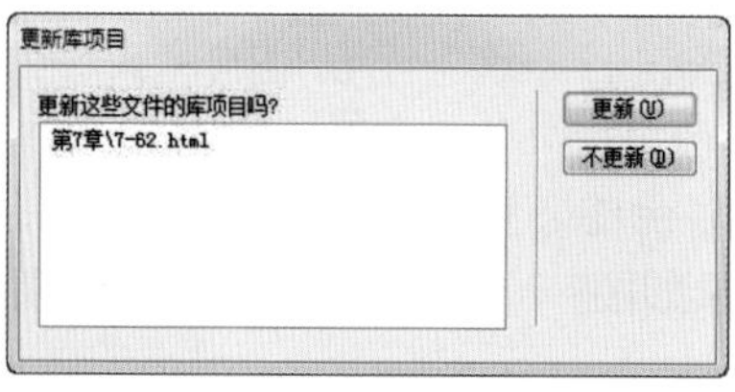

图7-72　“更新库项目”对话框

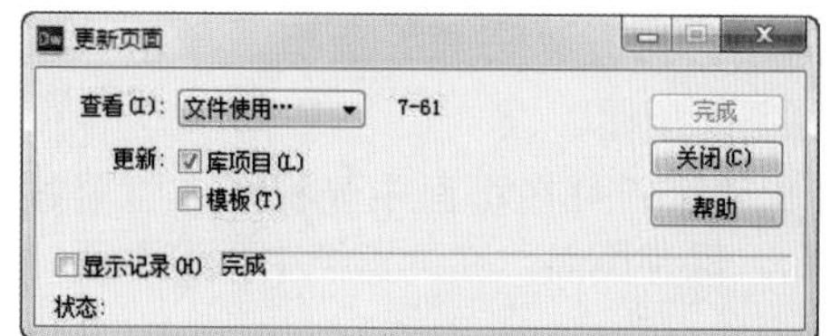

图7-73　“更新页面”对话框

第8章

Dreamweaver CS6

| 使用AP Div和行为给网页添加特效

AP Div类似于图像处理软件中的图层概念，它也可以通过多个AP Div的叠加实现特殊的效果。通过使用Dreamweaver中的行为功能，可将事件与动作相结合，在网页中实现许多特效，使网页形式更加多样化。

| 本章重点

- 使用AP Div溢出排版
- 使用“改变属性”行为
- 添加“设置容器文本”行为
- 添加“状态栏文本”行为
- 添加“检查表单”行为
- 添加“弹出信息”行为
- 添加“打开浏览器窗口”行为

实例63 使用AP Div溢出排版——个人网站介绍页面

实例 目的

本实例的目的是让大家掌握使用AP Div溢出排版的方法，AP Div的溢出属性控制当AP Div中的内容超过AP Div的指定大小时如何在浏览器中显示AP Div。如图8-1所示为使用AP Div溢出排版的流程图。

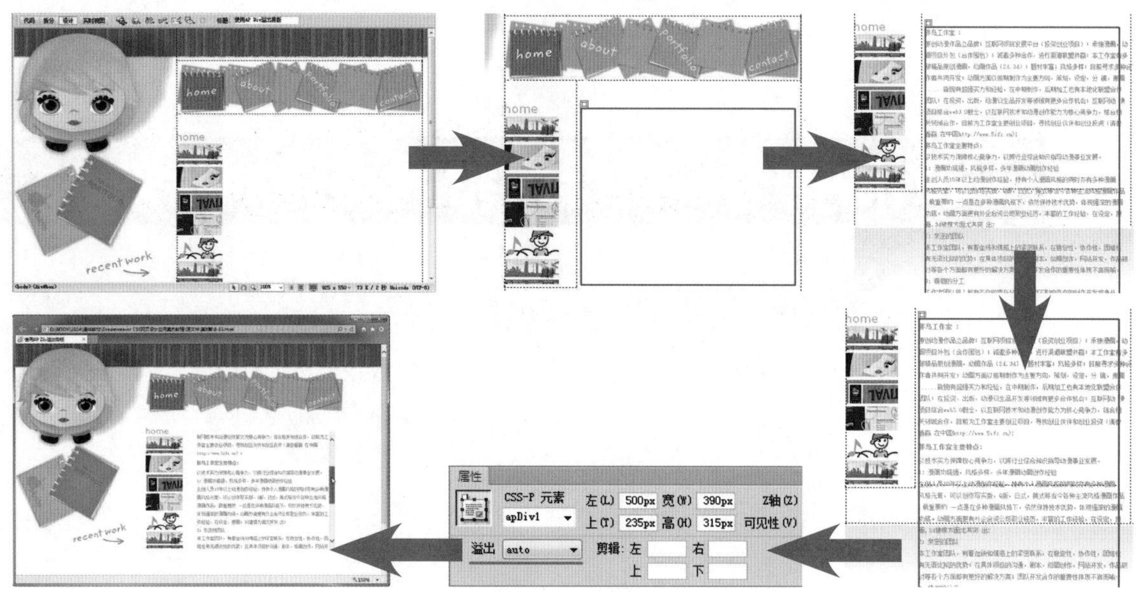

图8-1 操作流程图

实例 重点

- 掌握在网页中绘制AP Div的方法
- 掌握AP Div属性的设置
- 掌握实现AP Div溢出排版的方法

实例 步骤

STEP 1 执行“文件>打开”命令，打开页面“光盘\素材\第8章\8-63.html”，页面效果如图8-2所示。单击“插入”面板上“布局”选项卡中的“绘制AP Div”按钮，在页面中适当的位置绘制一个AP Div，如图8-3所示。

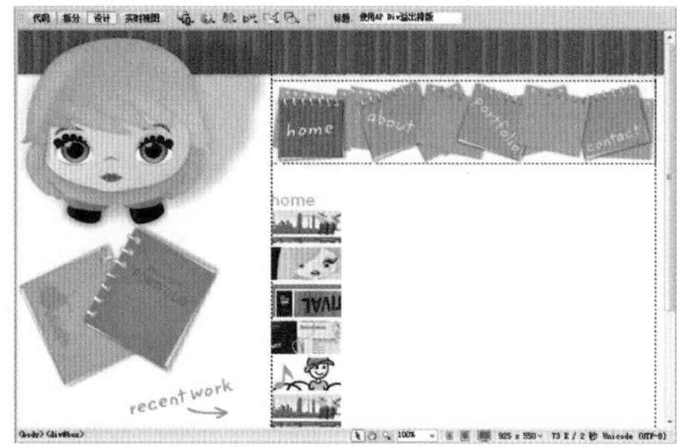

图8-2 打开页面

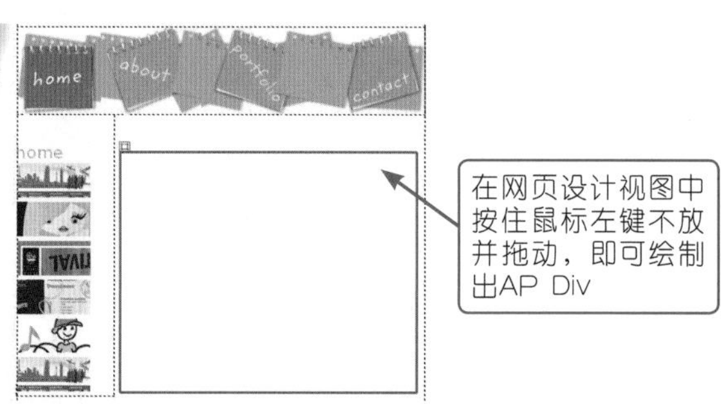

图8-3 绘制AP Div

提　示

AP Div可以简单地理解为浮动于网页上方的Div，Dreamweaver中的AP Div实际上是来自CSS中的定位技术，只不过Dreamweaver将其进行了可视化操作，既可以将AP Div前后放置，隐藏某些AP Div而显示其他AP Div，还可以在屏幕上移动AP Div。

STEP 2 选中刚绘制的AP Div，在“属性”面板上对其相关属性进行设置，如图8-4所示。可以看到页面中AP Div的效果，如图8-5所示。

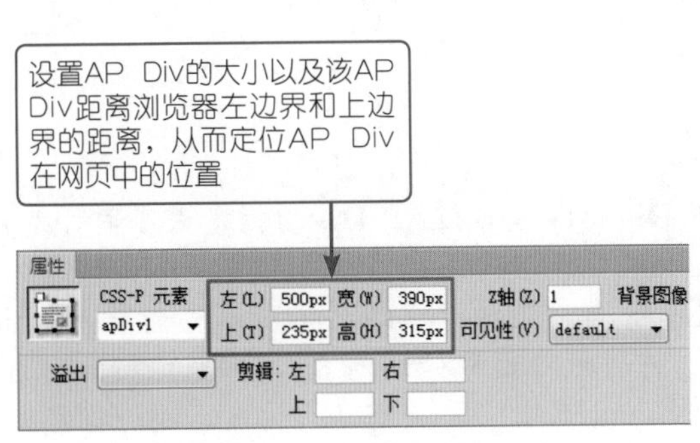

图8-4　“属性”面板

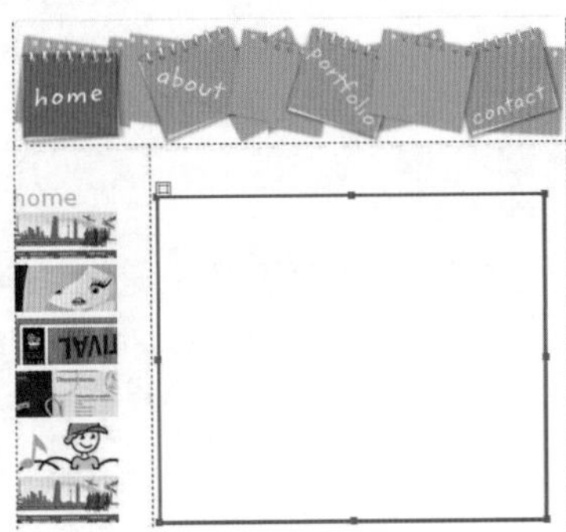

图8-5　AP Div效果

提　示

插入AP Div之后，可以对AP Div的属性进行设置。首先应该选中AP Div，选择AP Div的方法有两种。

第1种：将鼠标移动到AP Div边框上，鼠标光标变为✥形状时，单击鼠标选择该AP Div，这是最常用的一种方法。选择后，AP Div的左上角有一个小方框，并且在AP Div边框上有8个拖放手柄出现。在选择AP Div的同时按住Shift键，可以一次选中多个连续的AP Div。

第2种：利用“AP元素”面板选择AP Div，也是一种简便的方法。选中AP Div后，用鼠标直接拖放AP Div的缩放手柄即可改变AP Div的尺寸。

STEP 3 将光标移至AP Div中，输入相应的文字，如图8-6所示。切换到该网页所链接的外部CSS样式表文件中，创建名为.font01的类CSS样式，如图8-7所示。

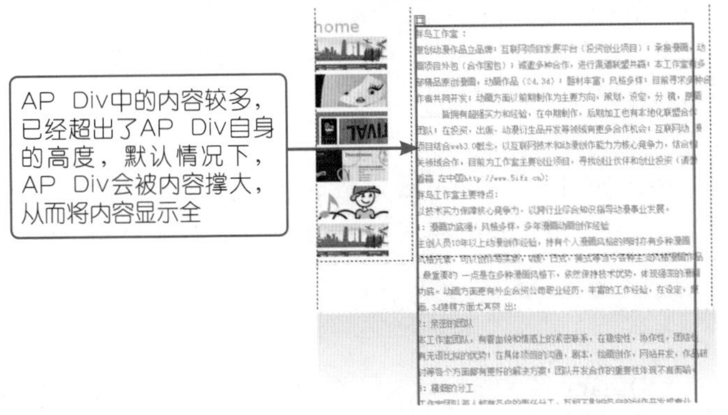

图8-6　输入文字

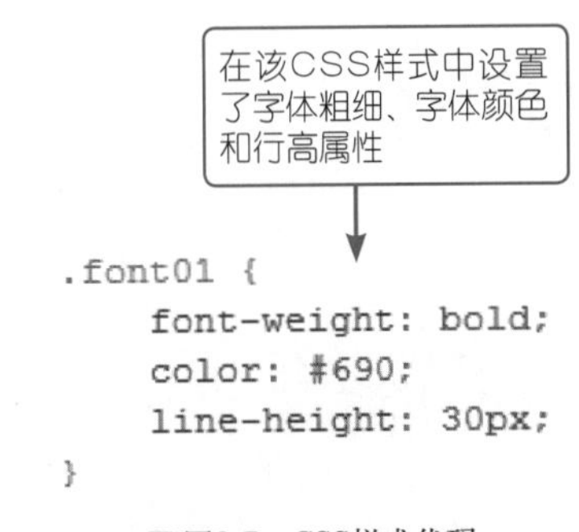


```
.font01 {
    font-weight: bold;
    color: #690;
    line-height: 30px;
}
```

图8-7　CSS样式代码

STEP 4 返回网页设计视图中，为相应的文字应用刚创建的名为font01的类CSS样式，如图8-8所示。单击选中该AP Div，在“属性”面板上设置“溢出”属性为auto，如图8-9所示。

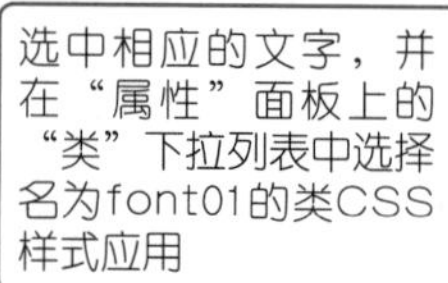

图8-8 应用CSS样式

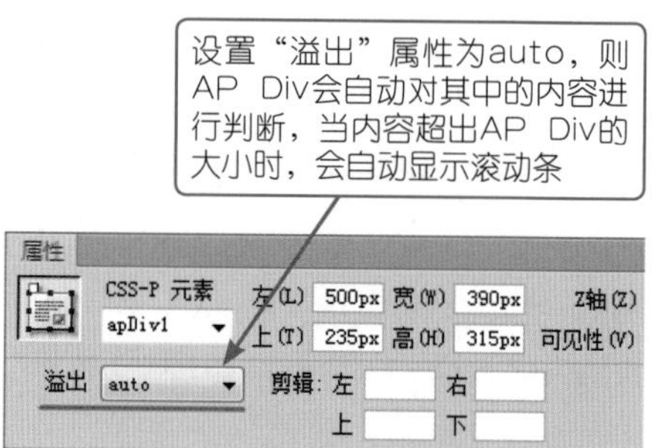

图8-9 设置“溢出”属性

提 示

“溢出”选项的下拉列表用来设置当AP Div的内容超过AP Div的指定大小时，对AP Div内容的显示方法，有4个选项visible、hidden、scroll和auto。如果选择visible选项，则当AP Div的内容超过指定大小时，AP Div的边界会自动延伸以容纳这些内容；如果选择hidden选项，则当AP Div的内容超过指定大小时，将隐藏超出部分的内容；如果选择scroll选项，则浏览器将在AP Div上添加滚动条；如果选择auto选项，则当AP Div的内容超过指定大小时，浏览器才显示AP Div的滚动条。

STEP 5 完成“溢出”属性的设置后，可以看到网页中AP Div的效果，如图8-10所示。执行“文件>保存”命令，保存页面，在浏览器中预览页面，可以看到AP Div溢出排版的效果，如图8-11所示。

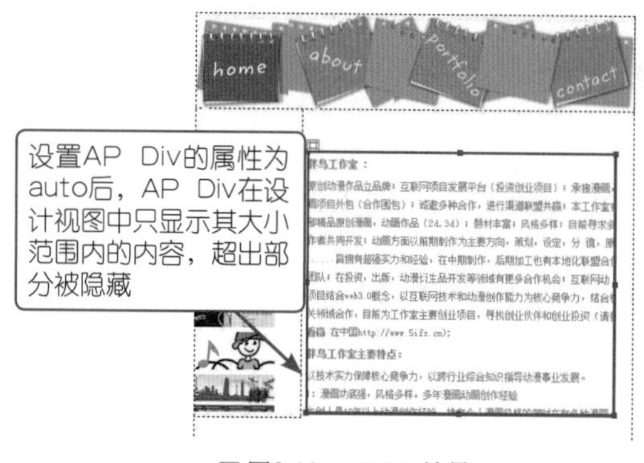

图8-10 AP Div效果

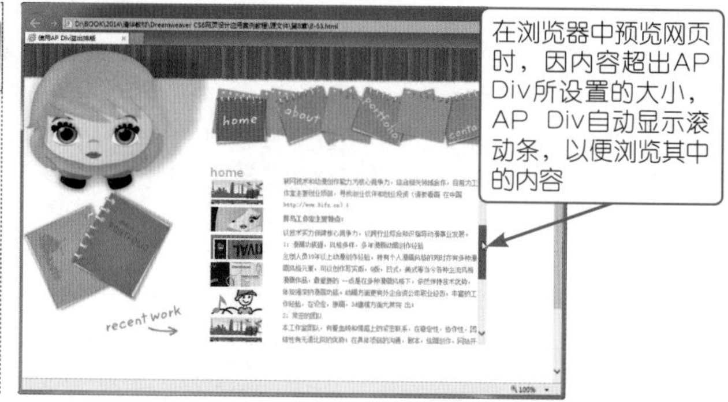

图8-11 在浏览器中预览效果

知识 拓展

执行“插入>布局对象>AP Div”命令，即可将AP Div插入到页面中，插入后的效果如图8-12所示。执行“窗口>AP元素”命令，打开“AP元素”面板，可以看到页面中的AP Div，如图8-13所示。

提 示

执行“插入>布局对象>AP Div”命令，Dreamweaver会插入一个“宽度”为200px、“高度”为115px、位置与编辑区首坐标相同的AP Div。如果需要对这个设置进行修改，可以通过修改AP Div的默认属性来进行，在“首选参数”对话框左侧的“分类”列表中选择“AP元素”选项，在右侧进行设置，可以修改默认插入AP Div的属性。

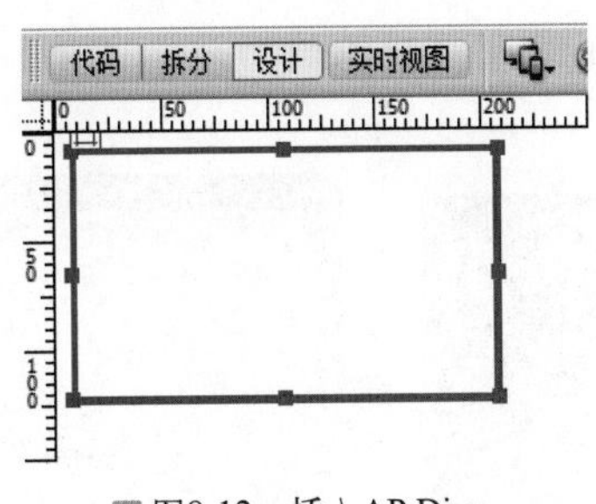

图8-12　插入AP Div

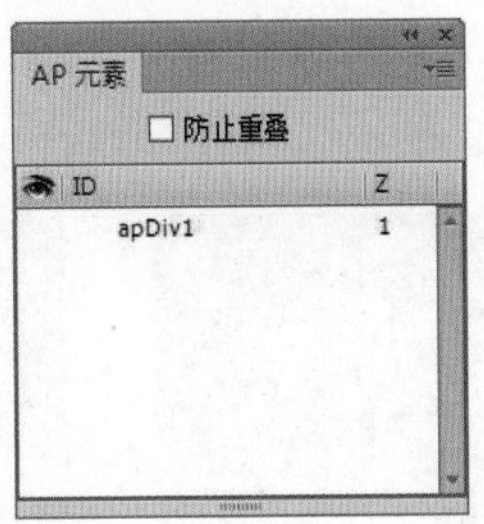

图8-13　“AP元素”面板

单击“插入”面板上的“布局”选项卡中的“绘制AP Div”按钮，文档窗口中的光标变成十字光标+，此时按住鼠标左键进行拖动，可以绘制任意大小的AP Div，如图8-14所示，“AP 元素”面板如图8-15所示。

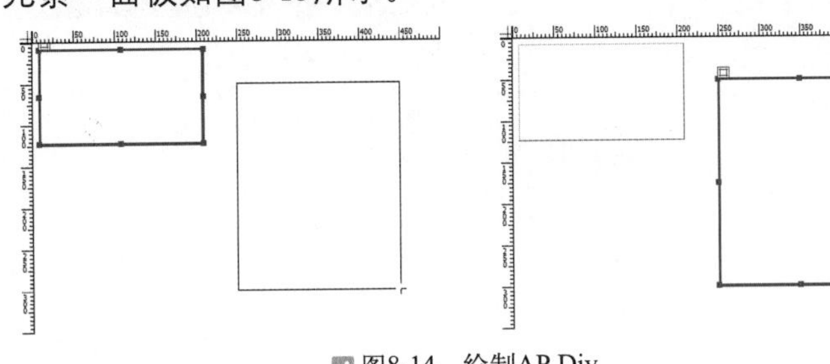

图8-14　绘制AP Div

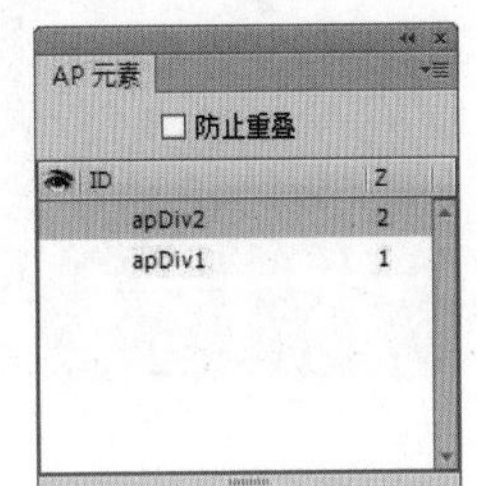

图8-15　“AP元素”面板

提 示

在绘制AP Div的同时按住Ctrl键，一次可以绘制多个AP Div，直到松开Ctrl键为止。

将光标放置在ap Div2中，执行“插入>布局对象>AP Div”命令，即可将AP Div插入到ap Div2中，并以嵌套的方式显示在“AP 元素”面板中，如图8-16所示。“AP元素”面板如图8-17所示。

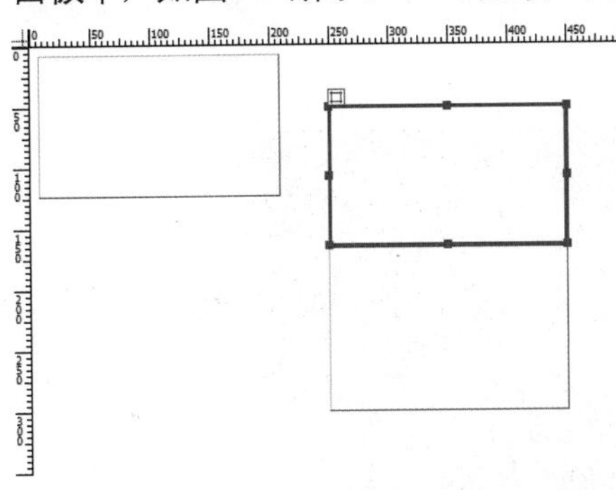

图8-16　插入AP Div

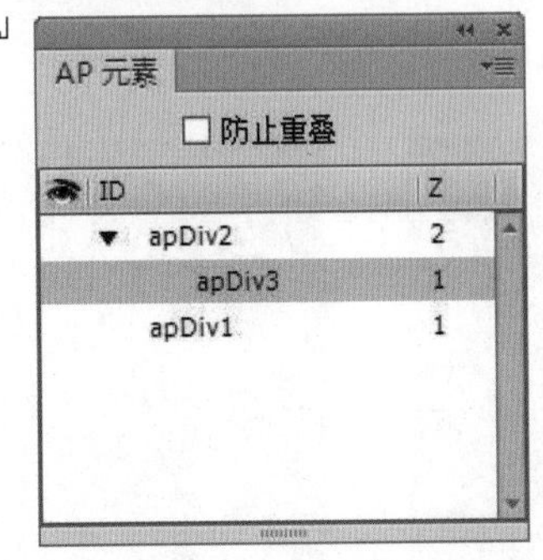

图8-17　“AP元素”面板

提 示

如果两个AP Div有交叉，它们可以有重叠与嵌套两种关系。重叠就是这两个AP Div是独立的，任何一个AP Div改变时，不影响另外一个AP Div。而嵌套时，子AP Div会随着父AP Div的某些属性的变化而变化，而父AP Div不随子AP Div的变化而发生变化。

实例64　使用“改变属性”行为——制作图像交互特效

实例 目的

使用“改变属性”行为可以改变对象的属性值。例如，当某个鼠标事件发生之后，对于这个动作的影响，动态地改变表格背景、AP Div的背景等属性，以求获得相对动态的页面。本实例的目的是让大家掌握使用“改变属性”行为实现图像交互特效的方法。如图8-18所示为使用“改变属性”行为实现图像交互特效的流程图。

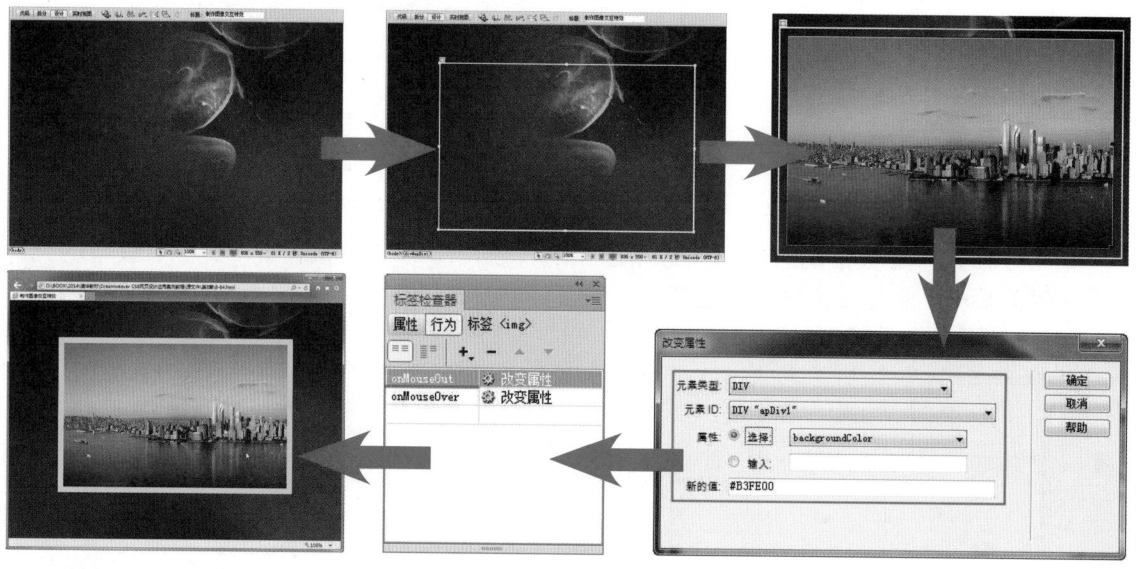

图8-18 操作流程图

实例 重点

- 掌握添加“改变属性”行为的方法
- 掌握“改变属性”行为的设置
- 掌握触发事件的设置

实例 步骤

STEP 1 执行“文件>打开”命令，打开页面“光盘\素材\第8章\8-64.html”，页面效果如图8-19所示。单击“插入”面板上“布局”选项卡中的“绘制AP Div”按钮，在页面中单击并拖动鼠标，绘制一个AP Div，如图8-20所示。

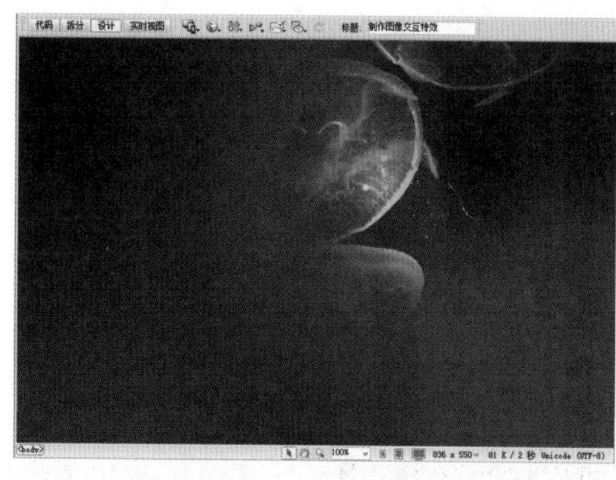

图8-19 打开页面

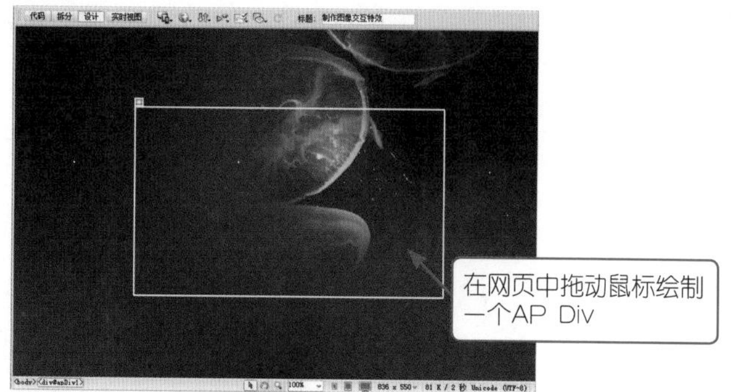

图8-20 绘制AP Div

STEP 2 选中刚绘制的AP Div，在“属性”面板上对其相关属性进行设置，如图8-21所示。页面中AP Div的大小和位置发生了变化，如图8-22所示。

STEP 3 将光标移至刚绘制的AP Div中，插入图像“光盘\素材\第8章\images\6402.jpg”，如图8-23所示。转换到代码视图，创建名为.pic的类CSS样式，如图8-24所示。

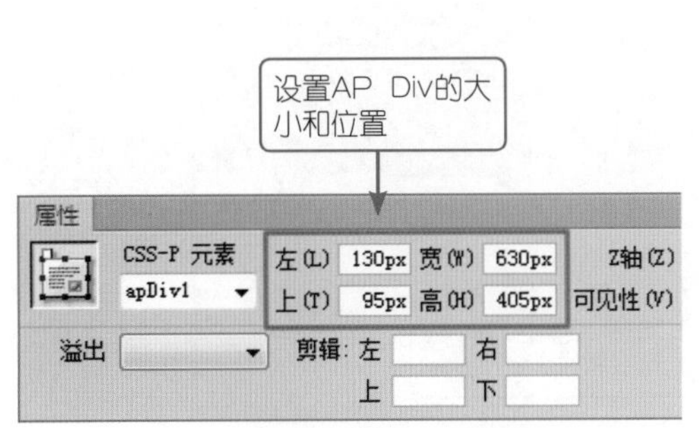

图8-21 “属性”面板

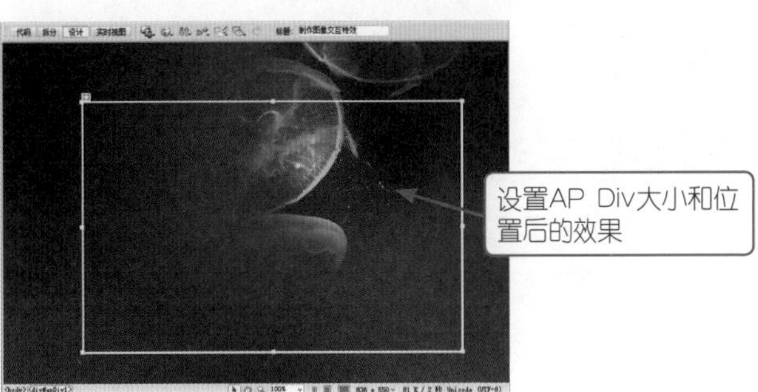

图8-22 AP Div效果

图8-23 插入图像

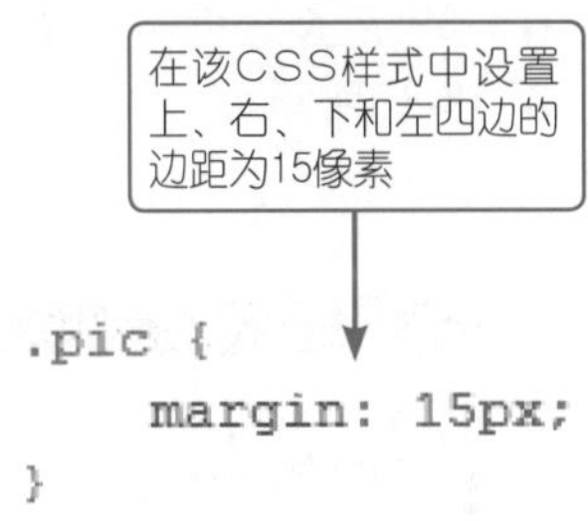


```
.pic {
    margin: 15px;
}
```

图8-24 CSS样式代码

STEP 4 返回到设计视图中，为图像应用该样式，效果如图8-25所示。保持图像的选中状态，单击“行为”面板上的“添加行为”按钮，在弹出菜单中选择“改变属性”选项，弹出“改变属性”对话框，设置如图8-26所示。

图8-25 图像效果

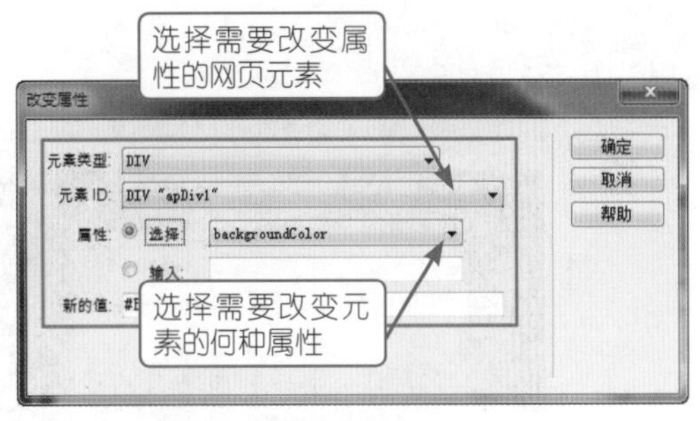

图8-26 “改变属性”对话框

提 示

在“元素类型”选项的下拉列表中，可以选择需要修改属性的元素；“元素ID”选项用来显示网页中所有该类元素的名称，在“元素ID”选项的下拉列表中可以选择需要修改属性的AP Div名称；“属性”选项用来设置改变元素的各种属性，可以直接在“选择”后面的下拉列表中进行选择，如果需要更改的属性没有出现在下拉列表中，可以在“输入”选项中手动输入属性；在“新的值”文本框中可以为选择的属性赋予新的值。

STEP 5 单击“确定”按钮，在“行为”面板中可以看到刚刚添加的“改变属性”行为，如图8-27所示。设置激活该行为的事件为onMouseOver，如图8-28所示。

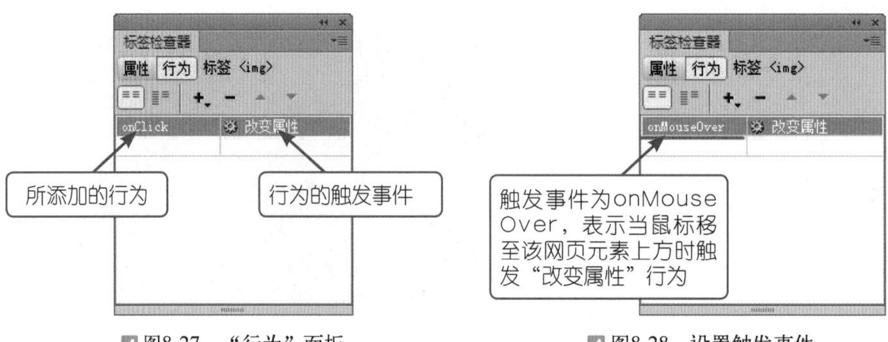

图8-27 “行为”面板　　图8-28 设置触发事件

STEP 6 使用相同的方法，选中图像，再次添加“改变属性”行为，在弹出的“改变属性”对话框中设置如图8-29所示。单击“确定”按钮，在“行为”面板中设置激活该行为的事件为onMouseOut，如图8-30所示。

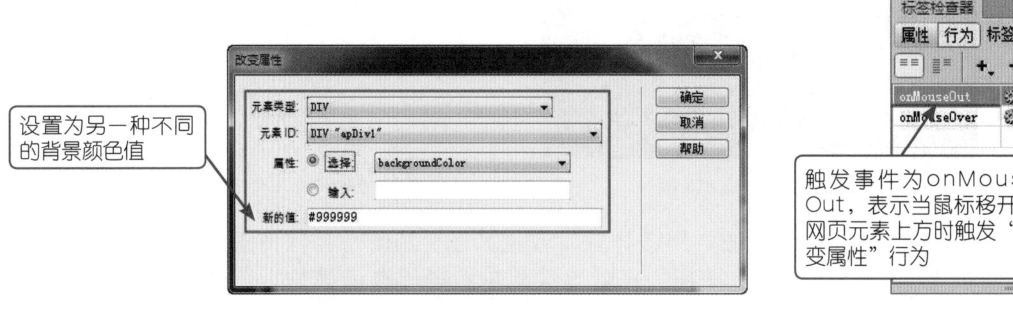

图8-29 “改变属性”对话框　　图8-30 “行为”面板

STEP 7 执行“文件>保存”命令，保存页面，在浏览器中预览页面，可以看到改变AP Div属性的效果，如图8-31所示。

图8-31 在浏览器中预览“改变属性”行为效果

知识拓展

在Dreamweaver CS6中，进行附加行为和编辑行为的操作都将使用到“行为”面板。执行“窗口>行为”命令，打开“标签检查器”面板并自动切换到“行为”选项卡中，如图8-32所示。如果需要进行附加行为的操作，可以单击“行为”面板上的“添加行为”按钮，在弹出菜单中选择需要添加的行为，如图8-33所示。

提 示

如果当前网页中已经附加了行为，那么这些行为将显示在“标签检查器”面板上的“行为”选项卡的列表中。

提 示

在弹出菜单中不能单击菜单中呈灰色显示的动作，这些动作呈灰色显示的原因可能是当前文档中不存在所需的对象。

在“行为”面板上的列表中选择一个行为，单击该项左侧的事件栏，将显示一个下拉菜单，如图8-34所示，菜单中列出了所选行为所有可用的触发事件，可根据实际需要的情况来进行设置。

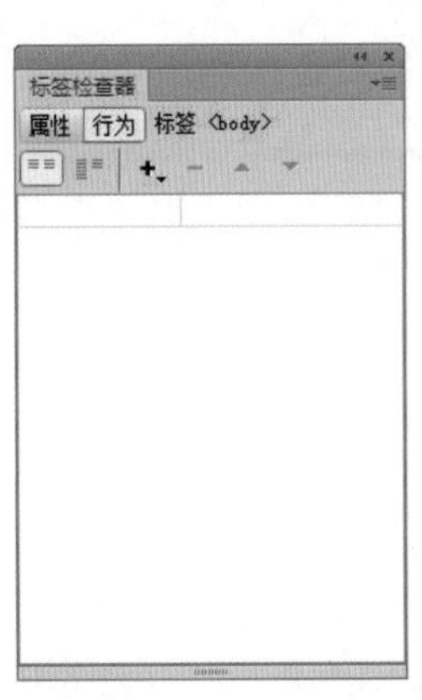

图8-32 “行为”面板

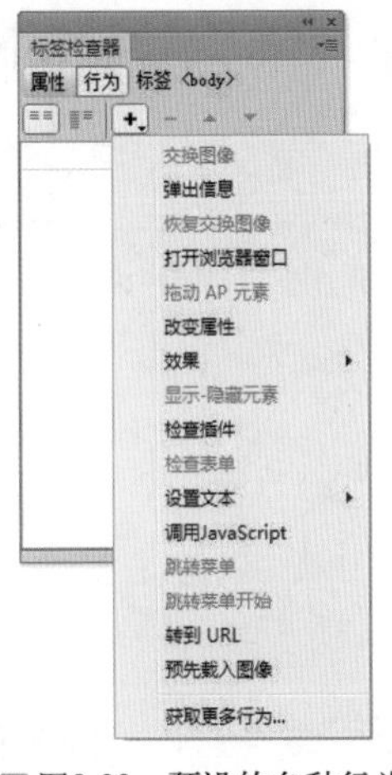

图8-33 预设的各种行为

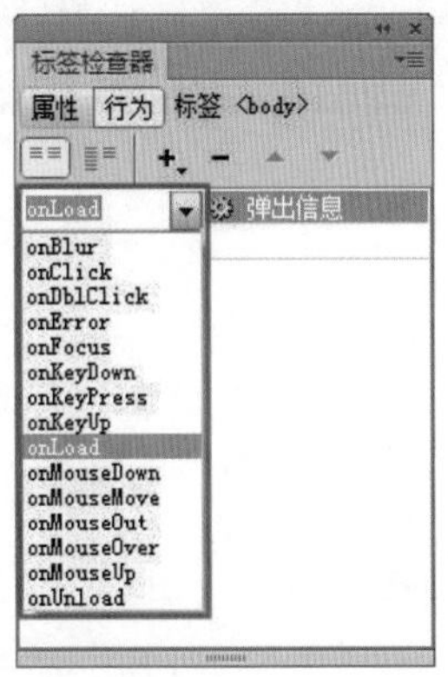

图8-34 事件下拉列表

如果需要调整正在使用的行为的顺序，向上移动可以单击“行为”选项卡中的“增加事件值”按钮▲，向下移动可以单击“行为”选项卡中的“降低事件值”按钮▼。

如果需要删除网页中正在使用的行为，可以在列表中选中需要删除的行为，单击“行为”选项卡中的“删除事件”按钮−，删除该行为。

提 示

在为网页添加行为的任何时候都要遵循以下3个步骤：1．选择对象；2．添加动作；3．设置触发事件。

实例65 添加“设置容器文本”行为——动态改变AP Div中的内容

实例 目的

“设置容器文本”行为主要用来设置AP Div文本，该行为用于包含AP Div的页面，可以动态地改变AP Div中的文本、转变AP Div的显示、替换AP Div的内容。本实例的目的是让大家掌握使用“设置容器文本”行为实现动态改变AP Div中内容的方法。如图8-35所示为使用“设置容器文本”行为实现动态改变AP Div中内容的流程图。

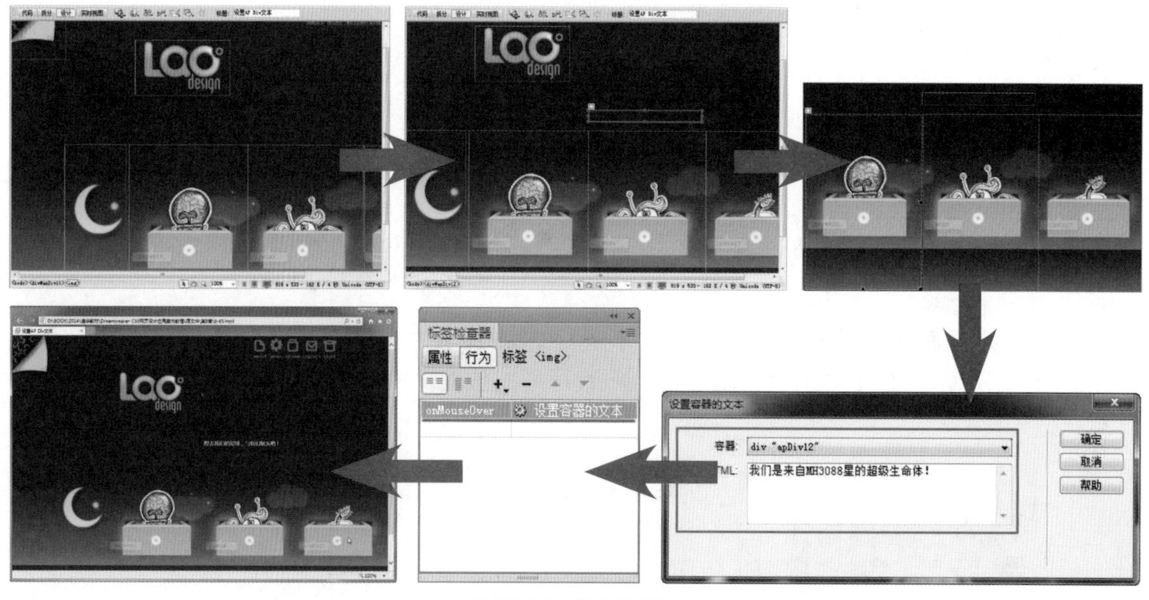

图8-35 操作流程图

实例 重点

- 掌握添加“设置容器文本”行为的方法
- 掌握“设置容器文本”行为的设置
- 掌握触发事件的设置

实例 步骤

STEP 1 执行“文件>打开”命令，打开页面“光盘\素材\第8章\8-65.html”，页面效果如图8-36所示。单击“插入”面板上“布局”选项卡中的“绘制AP Div”按钮，在页面中单击并拖动鼠标绘制一个AP Div，如图8-37所示。

图8-36 打开页面

图8-37 绘制AP Div

STEP 2 选中刚绘制的AP Div，在“属性”面板中可以看到该AP Div的名称，并对相关属性进行设置，如图8-38所示。设置完成后，可以看到该AP Div的效果，如图8-39所示。

STEP 3 单击选中页面中相应的图像，如图8-40所示。在“行为”面板中单击“添加行为”按钮，在弹出菜单中选择“设置文本>设置容器文本”选项，弹出“设置容器的文本”对话框，设置如图8-41所示。

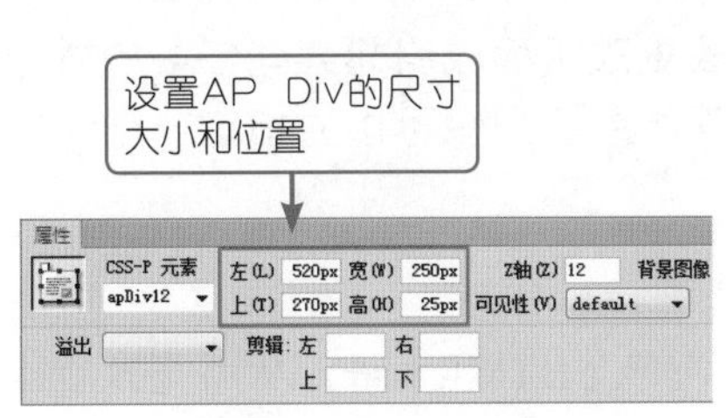

图8-38 “属性”面板

图8-39 AP Div的效果

图8-40 选中图像

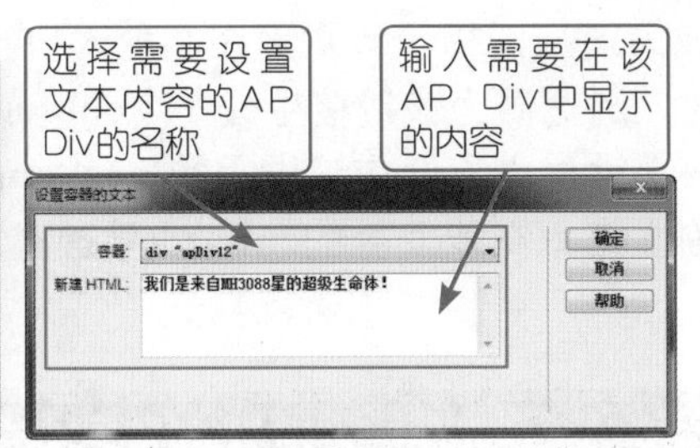

图8-41 “设置容器的文本”对话框

提 示

在“容器”下拉列表中选择要改变内容的AP Div名称，这里选择apDiv12。在“新建HTML”文本框中输入取代AP Div内容的新的HTML代码或文本。

STEP 4 单击“确定”按钮，在“行为”面板中将激活该行为的事件设置为onMouseOver，如图8-42所示。使用相同的制作方法，可以为其他两个图像添加“设置容器文本”行为，并分别进行设置，如图8-43所示。

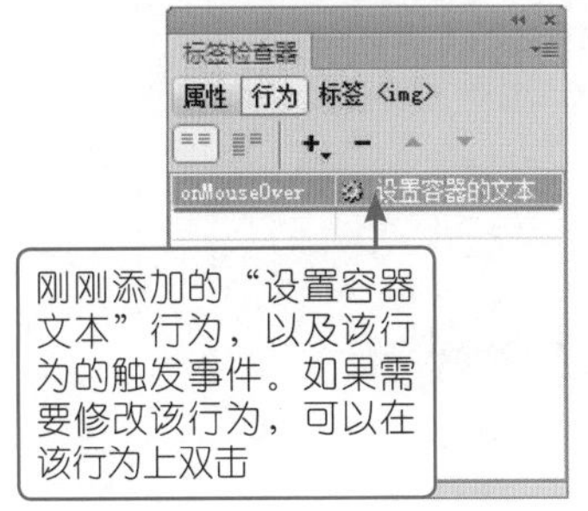

图8-42 “行为”面板

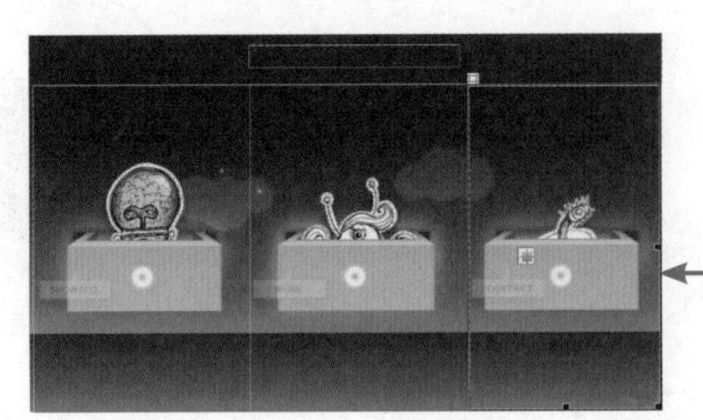

图8-43 为其他图像添加行为

STEP 5 完成AP Div文本的设置，执行“文件>保存”命令，保存页面。在浏览器中预览页面，可以看到设置AP Div文本的效果，如图8-44所示。

图8-44 预览页面效果

知识 拓展

Dreamweaver行为是一种运行在浏览器中的JavaScript代码，设计者可以将其放置在网页文档中，以允许浏览者与网页本身进行交互，从而以多种方式更改页面或引起某些任务的执行。行为由事件和该事件触发的动作组成。在“标签检查器”面板中，用户可以先指定一个动作，然后指定触发该动作的事件，从而将行为添加到页面中。

提 示

“行为”和“动作”这两个术语是Dreamweaver术语，而不是HTML术语，从浏览器的角度看，动作与其他任何一段JavaScript代码完全相同。

事件实际上是浏览器生成的消息，指示该页面在浏览时执行某种操作，例如，当浏览者将鼠标指针移动到某个链接上时，浏览器为该链接生成一个onMouseOver事件(鼠标经过)，然后浏览器查看是否存在为链接在该事件时浏览器应该调用的JavaScript代码。而每个页面元素所能发生的事件不尽相同，例如页面文档本身能发生的onLoad(页面被打开时的事件)和onUnload(页面被关闭时的事件)。

实例66 添加“状态栏文本”行为——设置浏览器状态栏内容

实例 目的

使用“状态栏文本”行为可以使页面在浏览器左下方的状态栏中显示一些文本信息，例如显示欢迎词等。本实例的目的是让大家掌握使用“状态栏文本”行为设置浏览器状态栏内容的方法。如图8-45所示为使用“状态栏文本”行为设置浏览器状态栏内容的流程图。

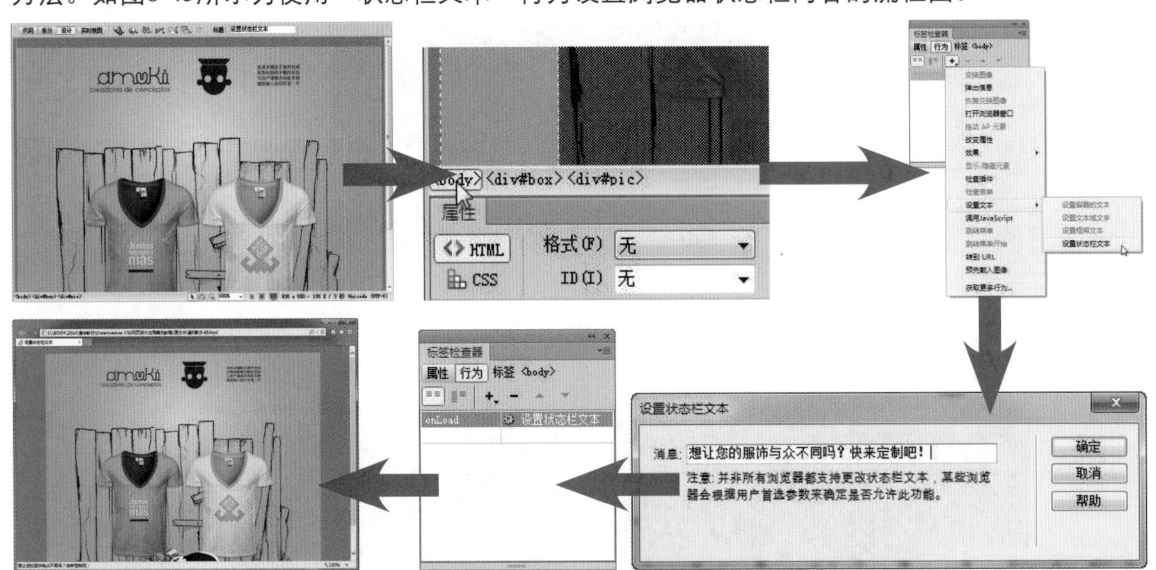

图8-45 操作流程图

实例 重点

- 理解状态栏文本
- 掌握“状态栏文本”行为的添加和设置

实例 步骤

STEP 1 执行“文件>打开”命令，打开页面“光盘\素材\第8章\8-66.html”，效果如图8-46所示。在标签选择器中单击<body>标签，选中该标签，如图8-47所示。

图8-46　打开页面

图8-47　选中<body>标签

STEP 2 单击“行为”窗口上的“添加行为”按钮，在弹出菜单中选择“设置文本>设置状态栏文本”选项，如图8-48所示。弹出“设置状态栏文本”对话框，设置如图8-49所示。

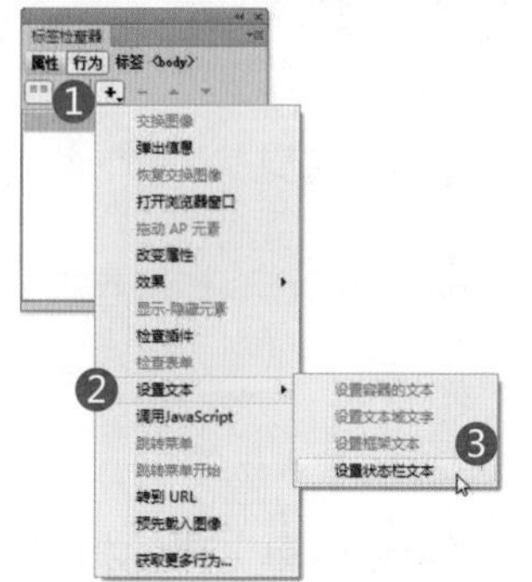

图8-48　选择“设置状态栏文本”选项

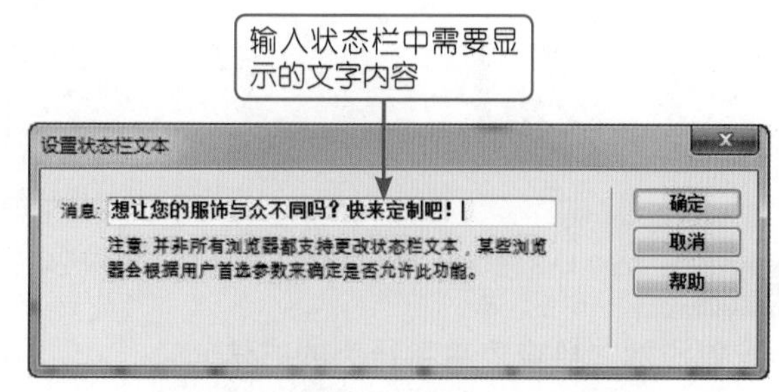

图8-49　设置“设置状态栏文本”对话框

STEP 3 单击“确定”按钮，在“行为”窗口中将触发事件修改为onLoad，如图8-50所示。执行“文件>保存”命令，保存页面。在浏览器中预览页面，可以看到在浏览器状态栏上出现了设置的状态栏文本，如图8-51所示。

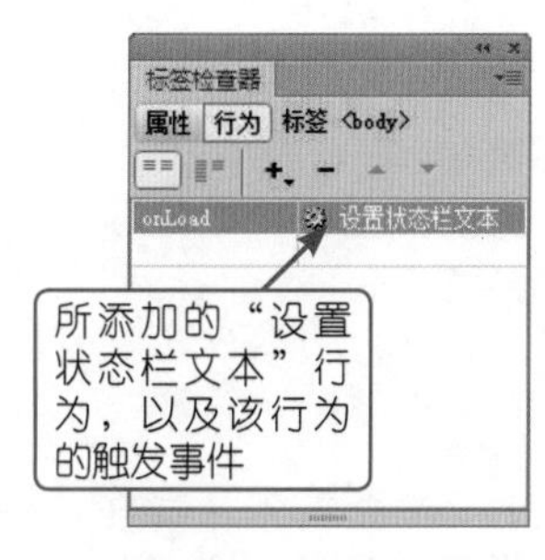

图8-50　“行为”面板

图8-51　查看状态栏文本效果

| 实例67 添加“检查表单”行为——验证网页表单

实例 目的

使用“检查表单”行为可以检查网页表单元素中所填写的内容是否符合规定，从而实现表单验证的功能。本实例的目的是让大家掌握使用“检查表单”行为验证网页表单的方法。如图8-52所示为使用“检查表单”行为验证网页表单的流程图。

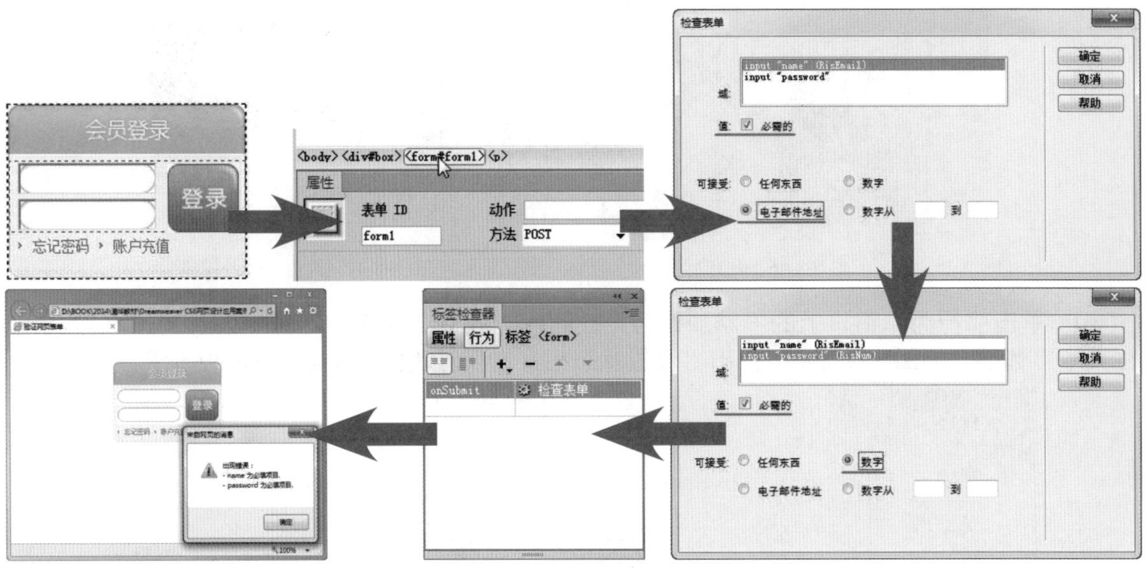

图8-52 操作流程图

实例 重点

- 掌握添加“检查表单”行为的方法
- 掌握“检查表单”对话框的设置
- 掌握“检查表单”行为提示信息的修改

实例 步骤

STEP 1 执行“文件>打开”命令，打开页面“光盘\素材\第8章\8-67.html”，效果如图8-53所示。在标签选择器中选中<form#form1>标签，如图8-54所示。“检查表单”行为主要是针对<form>标签添加的。

图8-53 打开页面

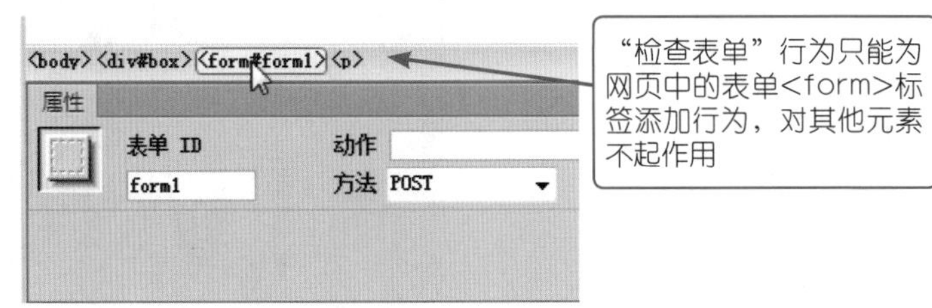

图8-54 选中<form>标签

STEP 2 单击“行为”面板中的“添加行为”按钮，在弹出菜单中选择“检查表单”命令，弹出“检查表单”对话框，首先设置name的值是必需的，并且name的值只能接受电子邮件地址，如

图8-55所示。选择password，设置其值是必需的，并且password的值必须是数字，如图8-56所示。

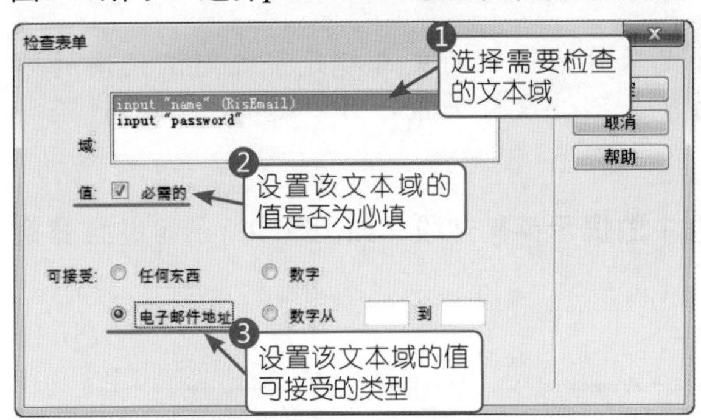

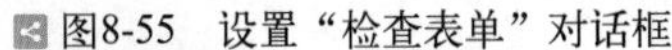

图8-55 设置“检查表单”对话框

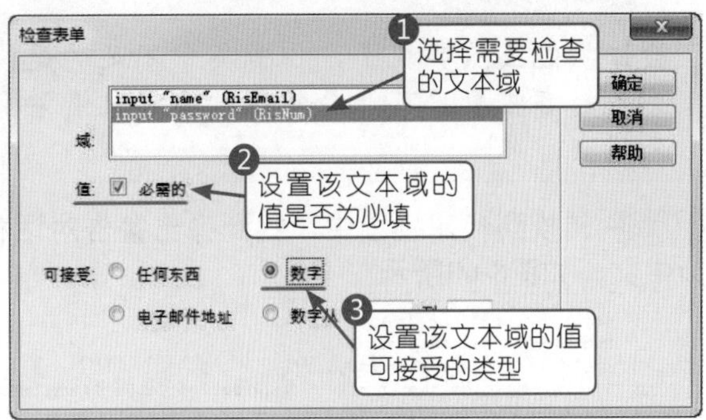

图8-56 设置“检查表单”对话框

提 示

在“域”列表中选择需要检查的文本域；在“值”选项中选择浏览者是否必须填写此项，勾选“必需的”复选框，则设置此选项为必填项目；在“可接受”选项组中设置用户填写内容的要求。选择“任何东西”单选按钮，则对用户填写的内容不做限制。勾选“电子邮件地址”单选按钮，浏览器会检查用户填写的内容中是否有“@”符号。选择“数字”单选按钮，则要求用户填写的内容只能为数字。选择“数字从…到…”单选按钮，将对用户填写的数字的范围做出规定。

STEP 3 单击“确定”按钮，在“行为”窗口中将触发事件修改为onSubmit，如图8-57所示。执行“文件>保存”命令，保存页面。在浏览器中预览页面，当用户不输入信息，直接单击“提交表单”按钮后，浏览器会弹出警告对话框，如图8-58所示。

图8-57 “行为”面板

图8-58 弹出警告对话框

提 示

使用“检查表单”行为配以onBlur事件，可以在用户填写完表单的每一项之后，立刻检验该项是否合理。也可以使用“检查表单”行为配以onSubmit事件，当用户单击“提交”按钮后，一次校验所有填写内容的合法性。

提 示

验证功能虽然实现了，但是美中不足的是，提示对话框中的文本都是系统默认使用的英文，有些用户可能会觉得没有中文看着简单。不过没有关系，可以通过修改源代码来解决。

STEP 4 转换到代码视图中，找到弹出警告对话框中的提示英文字段，如图8-59所示。并且替换为中文，如图8-60所示。

```
<script type="text/javascript">
function MM_validateForm() { //v4.0
  if (document.getElementById){
    var i,p,q,nm,test,num,min,max,errors='',args=MM_validateForm.arguments;
    for (i=0; i<(args.length-2); i+=3) { test=args[i+2]; val=document.getElementById(args[i]);
      if (val) { nm=val.name; if ((val=val.value)!="") {
        if (test.indexOf('isEmail')!=-1) { p=val.indexOf('@');
          if (p<1 || p==(val.length-1)) errors+='- '+nm+' must contain an e-mail address.\n';
        } else if (test!='R') { num = parseFloat(val);
          if (isNaN(val)) errors+='- '+nm+' must contain a number.\n';
          if (test.indexOf('inRange') != -1) { p=test.indexOf(':');
            min=test.substring(8,p); max=test.substring(p+1);
            if (num<min || max<num) errors+='- '+nm+' must contain a number between '+min+' and '+max+'.\n';
      } } } else if (test.charAt(0) == 'R') errors += '- '+nm+' is required.\n'; }
    } if (errors) alert('The following error(s) occurred:\n'+errors);
    document.MM_returnValue = (errors == '');
} }
</script>
</head>
```

弹出窗口中的英文提示信息

图8-59　英文提示部分

```
<script type="text/javascript">
function MM_validateForm() { //v4.0
  if (document.getElementById){
    var i,p,q,nm,test,num,min,max,errors='',args=MM_validateForm.arguments;
    for (i=0; i<(args.length-2); i+=3) { test=args[i+2]; val=document.getElementById(args[i]);
      if (val) { nm=val.name; if ((val=val.value)!="") {
        if (test.indexOf('isEmail')!=-1) { p=val.indexOf('@');
          if (p<1 || p==(val.length-1)) errors+='- '+nm+'必须是一个E-mail地址.\n';
        } else if (test!='R') { num = parseFloat(val);
          if (isNaN(val)) errors+='- '+nm+' 必须是数字格式.\n';
          if (test.indexOf('inRange') != -1) { p=test.indexOf(':');
            min=test.substring(8,p); max=test.substring(p+1);
            if (num<min || max<num) errors+='- '+nm+' must contain a number between '+min+' and '+max+'.\n';
      } } } else if (test.charAt(0) == 'R') errors += '- '+nm+' 为必须填写项目.\n'; }
    } if (errors) alert('出现错误:\n'+errors);
    document.MM_returnValue = (errors == '');
} }
</script>
```

将弹出窗口中的英文提示信息替换为中文，注意，不要改动JavaScript脚本代码

图8-60　替换为中文提示

STEP 5 在浏览器中预览页面，测试验证表单的行为，可以看到提示对话框中的提示文字内容已经变成了中文，如图8-61所示。

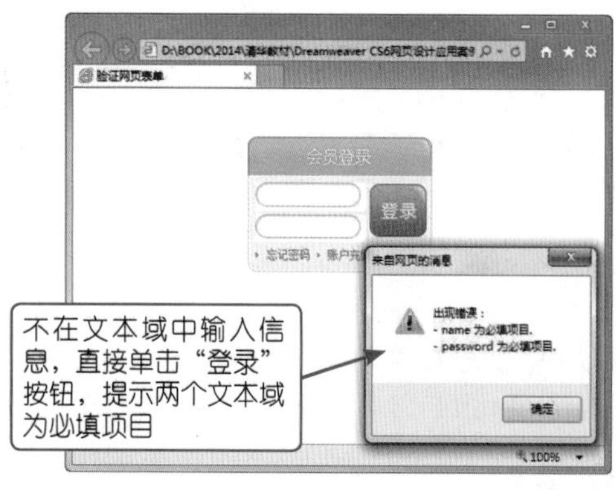

图8-61　检查表单效果

提 示

在客户端处理表单信息，无疑用到脚本程序。好在有些简单常用的有效性验证用户可以通过行为完成，不需要自己编写脚本，但是，如果需要进一步的特殊验证方式，则用户必须自己编写代码。

实例68　添加“弹出信息”行为——为网页添加欢迎信息

实例 目的

本实例的目的是让大家掌握使用“弹出信息”行为给网页添加欢迎信息的方法。该动作的发生会在某事件发生时弹出一个对话框，给用户一些信息，这个对话框只有一个按钮，即“确定”按钮。如图8-62所示为使用“弹出信息”行为网页添加欢迎信息的流程图。

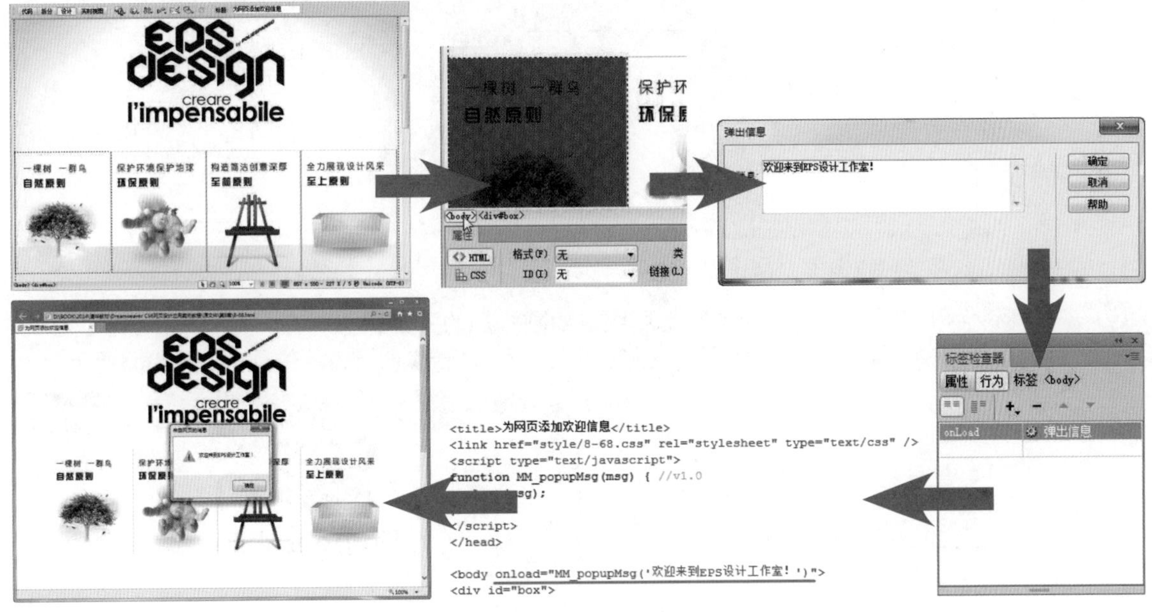

图8-62　操作流程图

实例 重点

- 掌握添加“弹出信息”行为的方法
- 掌握触发事件的设置

实例 步骤

STEP 1 执行“文件>打开”命令，打开页面“光盘\素材\第8章\8-68.html”，页面效果如图8-63所示。在标签选择器中单击<body>标签，选中该标签，如图8-64所示。

STEP 2 单击“行为”面板上的“添加行为”按钮，从弹出菜单中选择“弹出信息”选项，弹出“弹出信息”对话框，设置如图8-65所示。单击“确定”按钮，完成“弹出信息”对话框的设置，在“行为”窗口中将触发该行为的事件修改为onLoad，如图8-66所示。

图8-63　打开页面

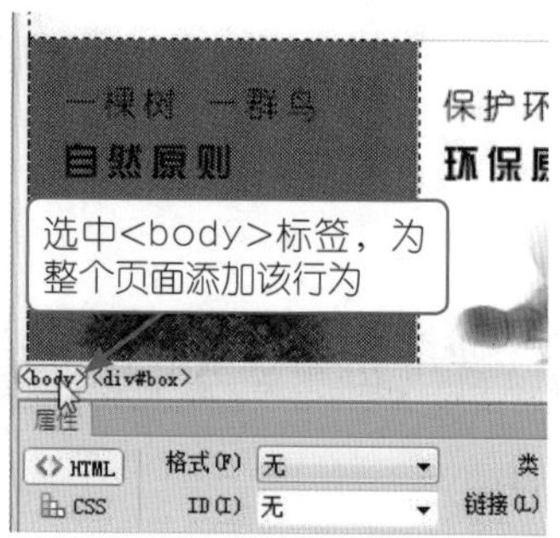

图8-64　选择<body>标签

图8-65　设置“弹出信息”对话框

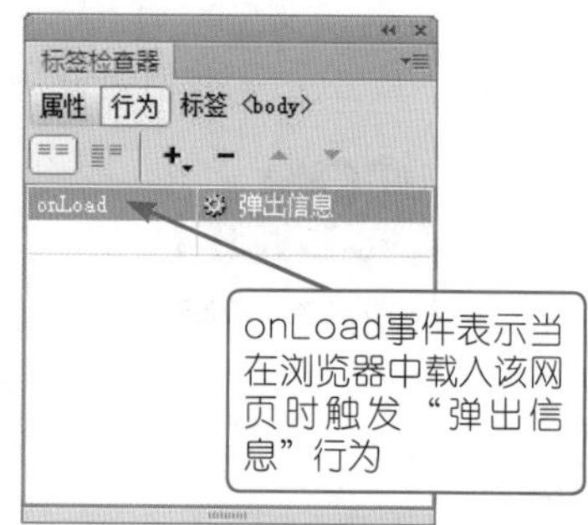

图8-66　设置触发事件

STEP 3 转换到代码视图，在<body>标签上可以看到刚添加的弹出信息行为，如图8-67所示。保存页面，在浏览器中预览页面，在页面刚载入时，可以看到弹出信息行为的效果，如图8-68所示。

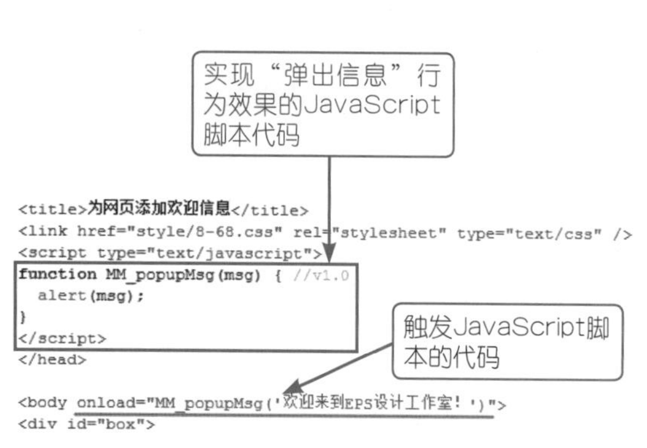

图8-67　自动添加的相关代码

图8-68　弹出信息行为效果

实例69　添加“打开浏览器窗口”行为——为网页添加弹出广告

实例目的

使用“打开浏览器窗口”行为可以在打开一个页面时，同时在一个新的窗口中打开指定的URL。本实例的目的是让大家掌握“打开浏览器窗口”行为的使用方法。如图8-69所示为使用

"打开浏览器窗口"行为网页添加弹出广告的流程图。

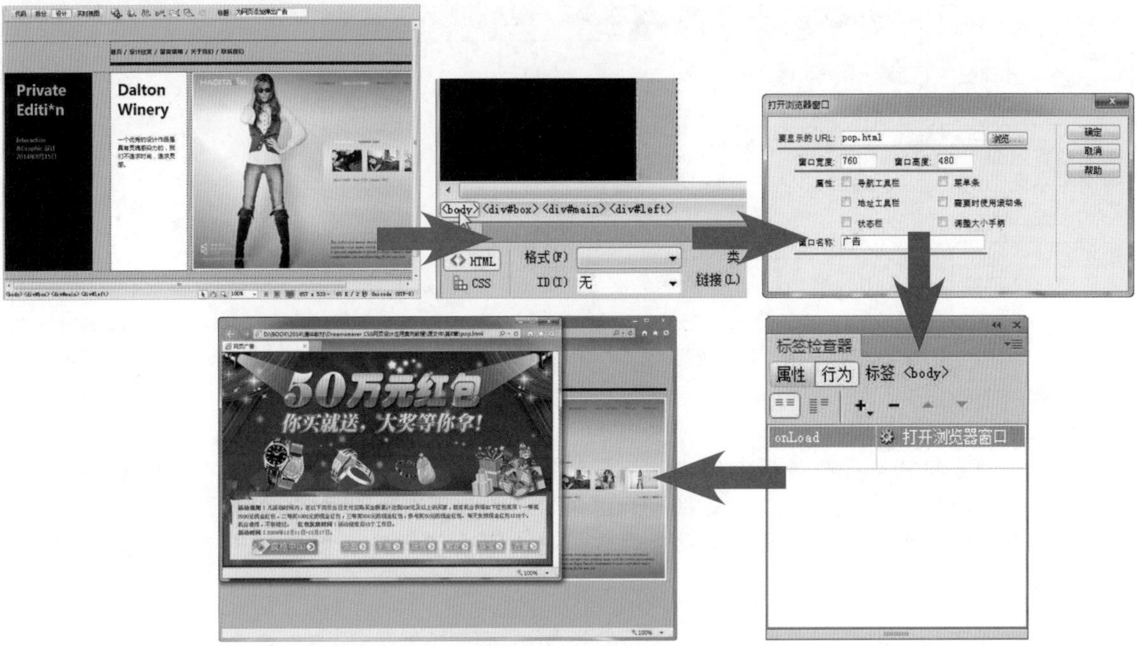

图8-69　操作流程图

实例 重点

- 掌握添加"打开浏览器窗口"行为的方法
- 理解"打开浏览器窗口"对话框中各选项的作用

实例 步骤

STEP 1 执行"文件>打开"命令，打开页面"光盘\素材\第8章\8-69.html"，页面效果如图8-70所示。在标签选择器中单击<body>标签，选中该标签，如图8-71所示。

图8-70　打开页面

图8-71　选择<body>标签

STEP 2 单击"行为"面板中的"添加行为"按钮，从弹出菜单中选择"打开浏览器窗口"选项，弹出"打开浏览器窗口"对话框，设置如图8-72所示。单击"确定"按钮，完成"打开浏览器窗口”对话框的设置，在“行为”面板中将触发该行为的事件修改为onLoad，如图8-73所示。

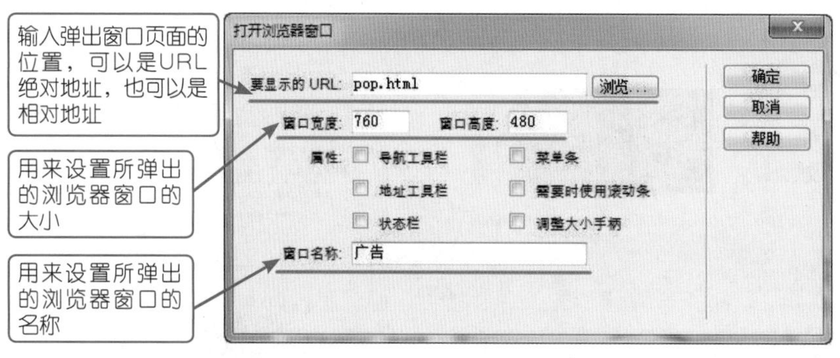

图8-72 设置“打开浏览器窗口”对话框

图8-73 设置触发事件

提 示

在“打开浏览器窗口”对话框中的“属性”选项中可以选择是否在弹出窗口中加“导航工具栏”、“地址工具栏”、“状态栏”和“菜单条”。另外，“需要时使用滚动条”用来指定在内容超出可视区域时显示滚动条。“调整大小手柄”用来指定用户应该能够调整窗口的大小。

STEP 3 完成页面中“打开浏览器窗口”行为的添加，执行“文件>保存”命令，保存页面，在浏览器中预览页面，当页面打开时，会自动弹出设置好的浏览器窗口，如图8-74所示。

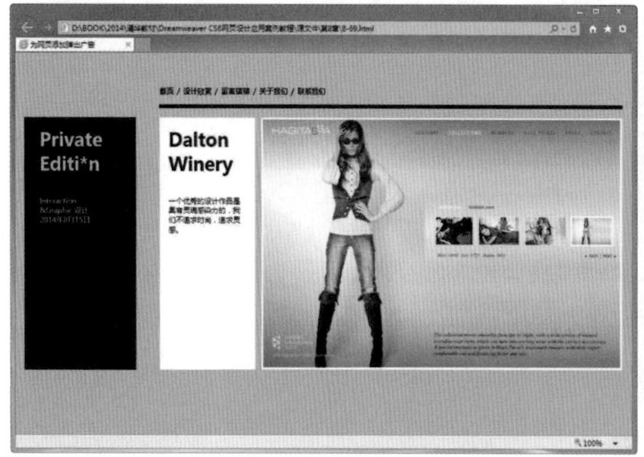

图8-74 在浏览器中预览页面效果

第9章

Dreamweaver CS6

| 商业综合网站

在前面的章节中，主要通过实例向大家介绍了关于Dreamweaver的一些基本知识点，这一章是本书的最后一章，在本章中，主要是将前面所学的知识进行汇总，综合运用在一些不同类别的网站页面中，从而体现出各个知识点的功能，也进一步巩固前面所学的知识，使得读者能够真正学以致用。

| 本章重点

- 宠物用品网站
- 儿童教育网站
- 休闲游戏网站

实例70 宠物用品网站

实例 目的

宠物用品网站页面通常会使用鲜艳的色调搭配一些美观的动画形象，为整个页面的氛围营造一种生命的活力，并展现小动物灵气十足的一面，这样更能很好地表现出该页面所宣传的商品的实用性。如图9-1所示为制作宠物用品网站的流程图。

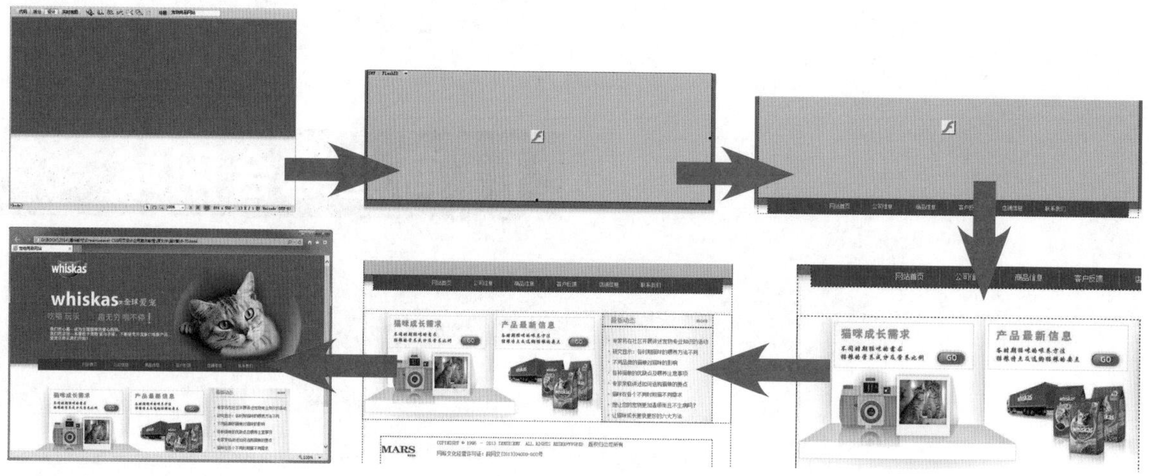

图9-1 操作流程图

实例 重点

- 掌握链接外部CSS样式表的方法
- 掌握使用DIV+CSS布局制作网页的方法
- 掌握各种CSS样式属性的设置

实例 步骤

STEP 1 执行“文件>新建”命令，弹出“新建文档”对话框，设置如图9-2所示。单击“创建”按钮，新建空白文档，将该页面保存为“光盘\源文件\第9章\9-70.html”，使用相同方法，新建一个CSS样式表文件，并将其保存为“光盘\源文件\第9章\style\9-70.css”，如图9-3所示。

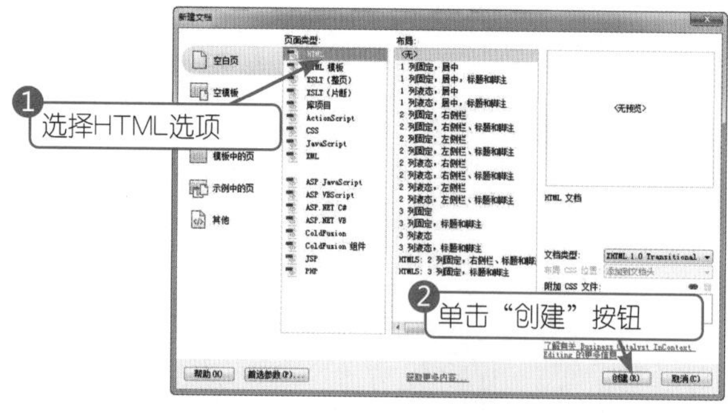

图9-2 “新建文件”对话框

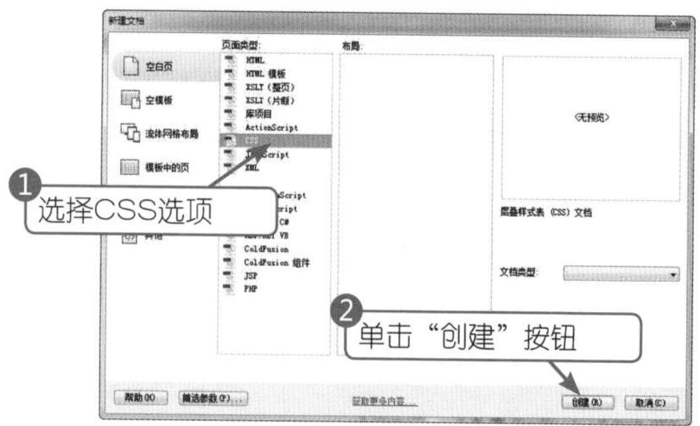

图9-3 “新建文件”对话框

STEP 2 单击“CSS样式”面板上的“附加样式表”按钮，弹出“链接外部样式表”对话框，设置如图9-4所示。单击“确定”按钮，切换到链接的外部CSS样式表文件中，创建名为*的通配符

CSS样式和名为body的标签CSS样式，如图9-5所示。

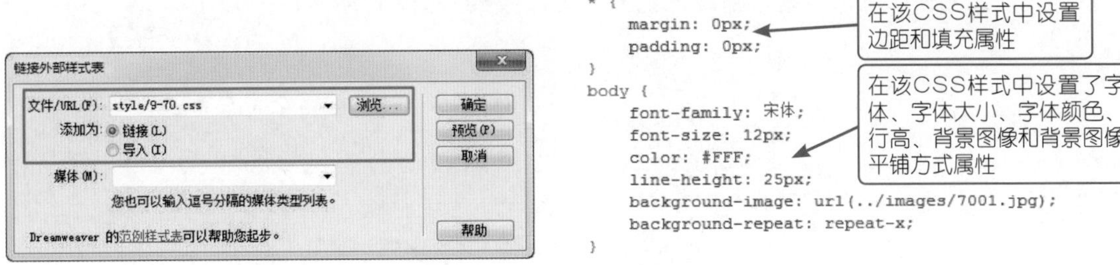


```
* {
    margin: 0px;
    padding: 0px;
}
body {
    font-family: 宋体;
    font-size: 12px;
    color: #FFF;
    line-height: 25px;
    background-image: url(../images/7001.jpg);
    background-repeat: repeat-x;
}
```

图9-4 “链接外部样式表”对话框　　图9-5 CSS样式代码

STEP 3 返回到设计视图，可以看到页面的效果，如图9-6所示。将光标移至页面中，插入名为box的Div，切换到外部CSS样式表文件中，创建名为#box的CSS样式，如图9-7所示。

```
#box {
    width: 888px;
    height: 100%;
    overflow: hidden;
    margin: 0px auto;
}
```

图9-6 页面效果　　图9-7 CSS样式代码

STEP 4 返回到设计视图，页面效果如图9-8所示。将光标移至名为box的Div中，删除多余文字，插入名为top的Div，切换到外部CSS样式表文件中，创建名为#top的CSS样式，如图9-9所示。

```
#top {
    width: 888px;
    height: 330px;
}
```

图9-8 页面效果　　图9-9 CSS样式代码

STEP 5 返回到设计视图，页面效果如图9-10所示。将光标移至名为top的Div中，删除多余文字，插入Flash动画“光盘\源文件\第9章\images\flash.swf”，如图9-11所示。

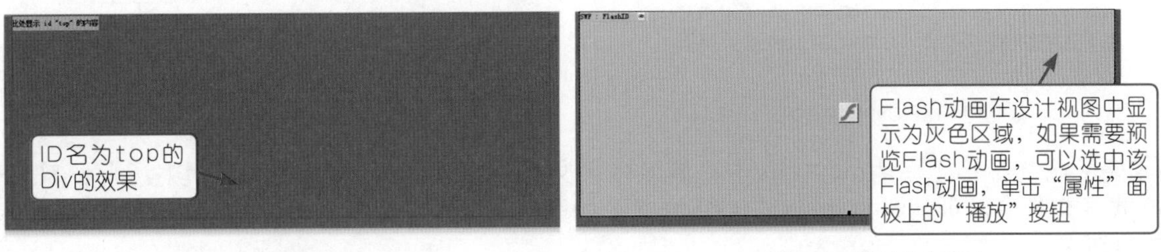

图9-10 页面效果　　图9-11 插入Flash动画

STEP 6 在名为top的Div后插入名为menu的Div，切换到外部CSS样式表文件中，创建名为#menu的CSS样式，如图9-12所示。返回到设计视图，页面效果如图9-13所示。

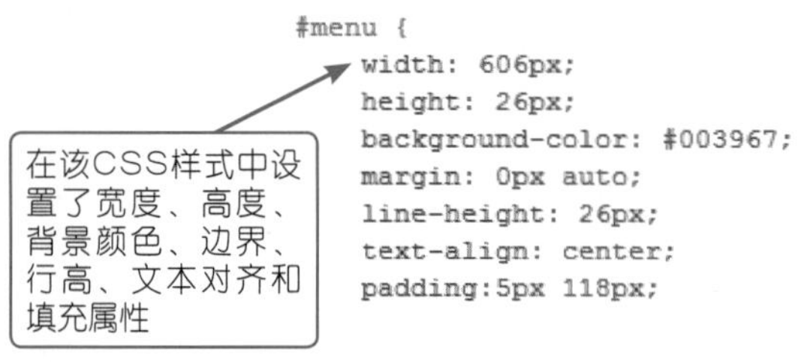

图9-12　CSS样式代码

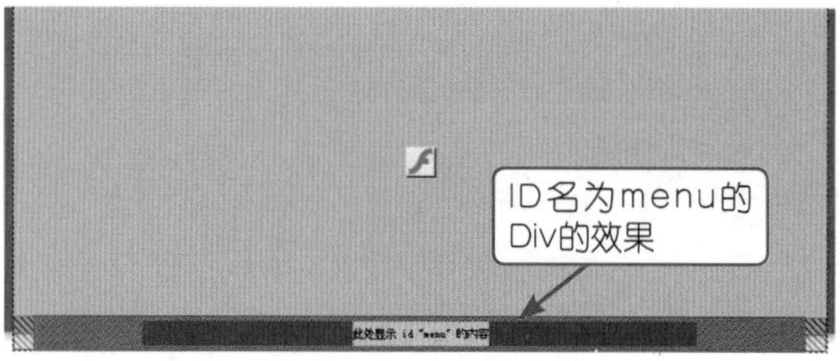

ID名为menu的Div的效果

图9-13　页面效果

STEP 7 将光标移至名为menu的Div中，将多余文字删除，输入段落文本，并为文字创建项目列表，如图9-14所示。转换到代码视图，可以看到相应的代码效果，如图9-15所示。

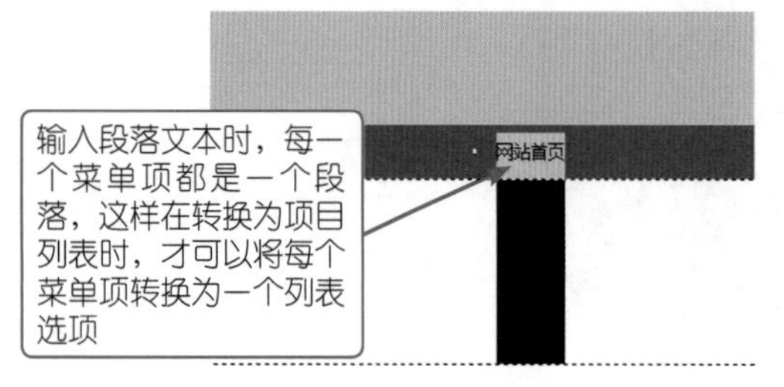

图9-14　输入段落文字

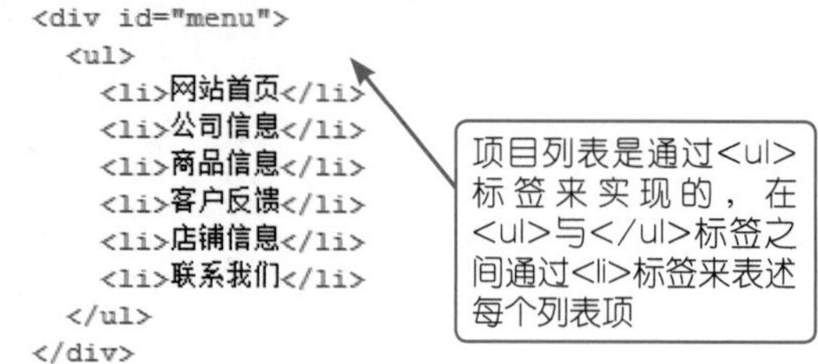

图9-15　代码视图

STEP 8 切换到外部CSS样式表文件中，创建名为#menu li 的CSS样式，如图9-16所示。返回到设计视图，页面效果如图9-17所示。

图9-16　CSS样式代码

图9-17　页面效果

STEP 9 在名为menu的Div后插入名为pic的Div，切换到外部CSS样式表文件中，创建名为#pic的CSS样式，如图9-18所示。返回到设计视图，可以看到页面效果，如图9-19所示。

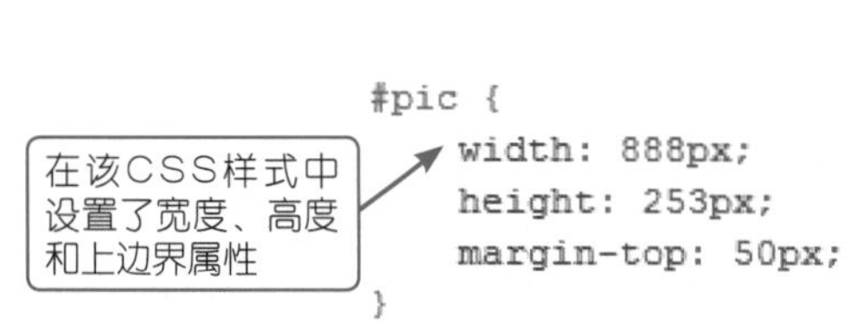

图9-18　CSS样式代码

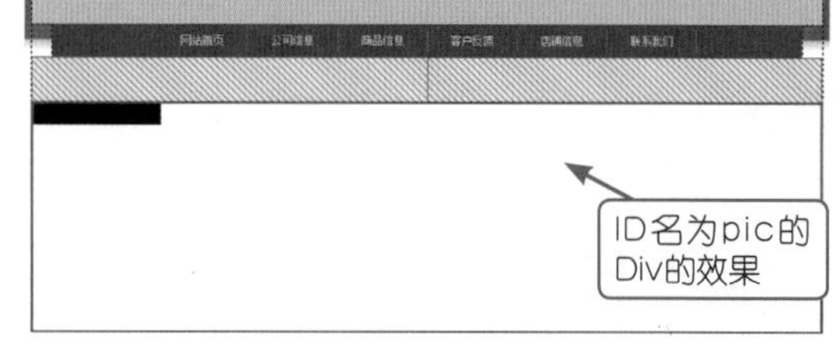

图9-19　页面效果

STEP10 将光标移至名为pic的Div中，删除多余文字，插入名为pic01的Div，切换到外部CSS样式表文件中，创建名为#pic01的CSS样式，如图9-20所示。返回到设计视图，页面效果如图9-21所示。

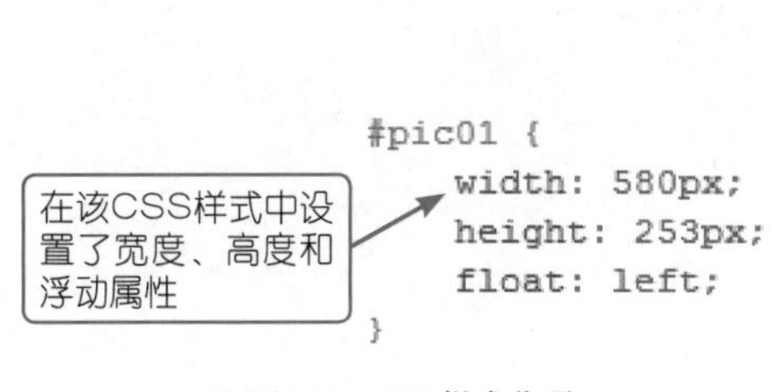

图9-20 CSS样式代码

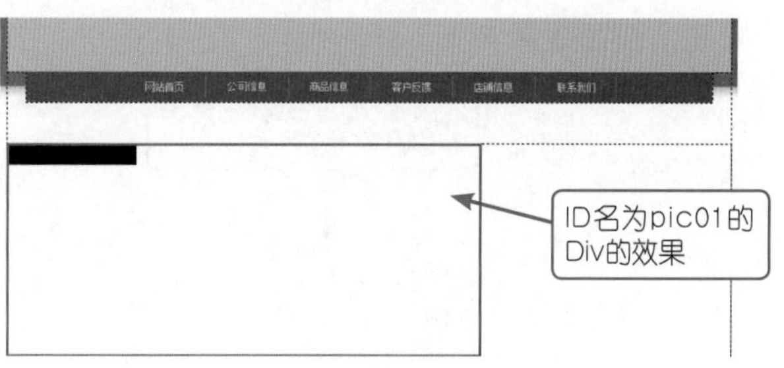

图9-21 页面效果

STEP11 将光标移至名为pic01的Div中，将多余文字删除，插入相应的图像，如图9-22所示。在名为pic01的Div后插入名为pic02的Div，切换到外部CSS样式表文件中，创建名为#pic02的CSS样式，如图9-23所示。

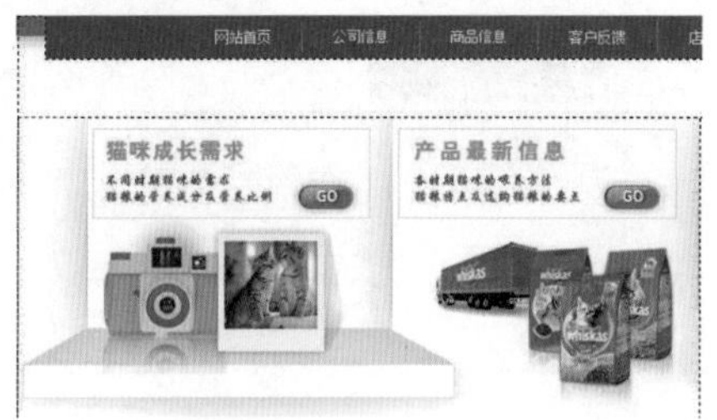

图9-22 页面效果

```
#pic02 {
    width: 263px;
    height: 253px;
    background-image: url(../images/7003.jpg);
    background-repeat: no-repeat;
    float: left;
}
```

在该CSS样式中设置了宽度、高度、背景图像、背景图像平铺方式和浮动属性

图9-23 CSS样式代码

STEP12 返回到设计视图，页面效果如图9-24所示。将光标移至名为pic02的Div中，删除多余文字，插入名为title的Div，切换到外部CSS样式表文件中，创建名为#title的CSS样式，如图9-25所示。

图9-24 页面效果

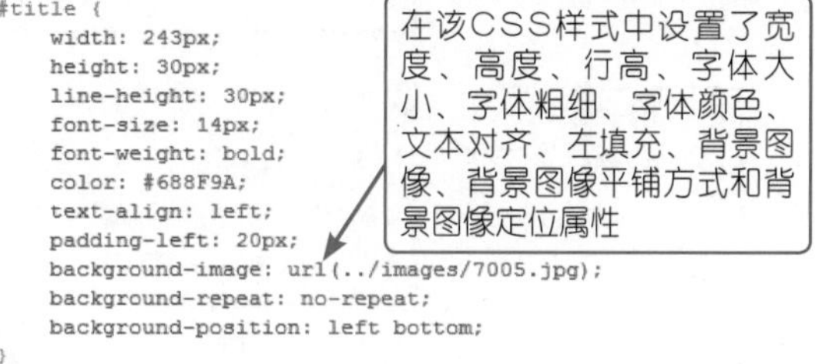

图9-25 CSS样式代码

STEP13 返回到设计视图，页面效果如图9-26所示。将光标移至名为title的Div中，将多余文字删除，输入文字并插入图像，页面效果如图9-27所示。

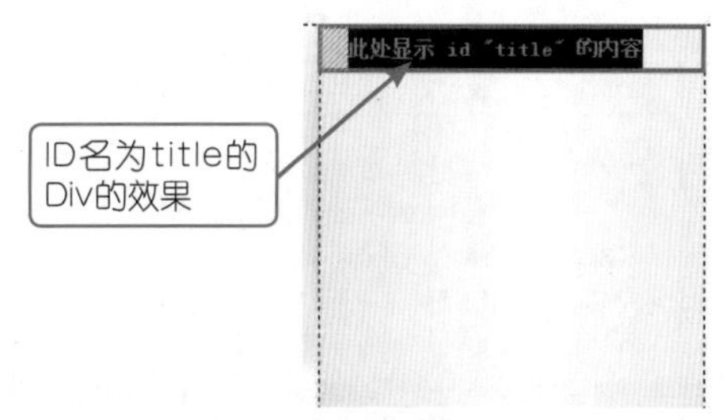

图9-26 页面效果

图9-27 输入文字并插入图像

STEP14 切换到外部CSS样式表文件中，创建名为#title img的CSS样式，如图9-28所示。返回到设

计视图，页面效果如图9-29所示。

在该CSS样式中设置了左边界和下边界属性

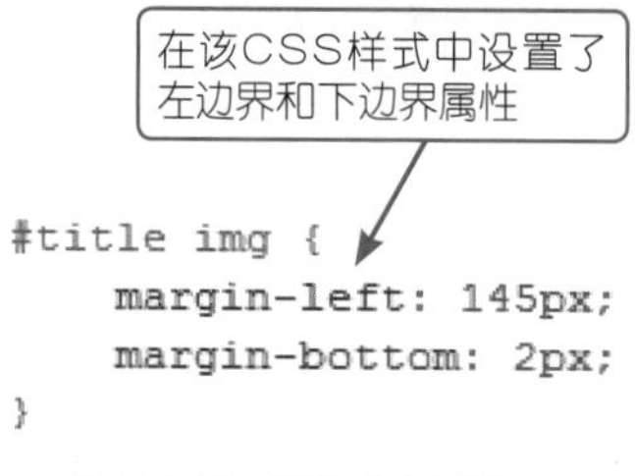

```
#title img {
    margin-left: 145px;
    margin-bottom: 2px;
}
```

图9-28　CSS样式代码

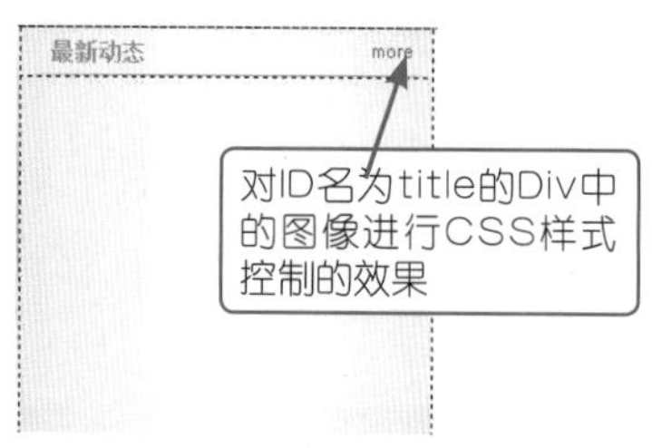

图9-29　页面效果

STEP15 在名为title的Div后插入名为news的Div，切换到外部CSS样式表文件中，创建名为#news的CSS样式，如图9-30所示。返回到设计视图，页面效果如图9-31所示。

在该CSS样式中设置了宽度、高度、填充、颜色和行高属性

```
#news {
    width: 243px;
    height: 183px;
    padding: 20px 10px 20px 10px;
    color: #02599B;
    line-height: 25px;
}
```

图9-30　CSS样式代码

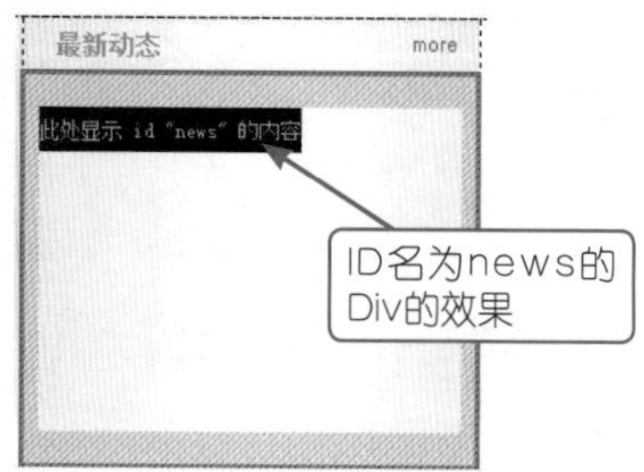

图9-31　页面效果

STEP16 将光标移至名为news的Div中，将多余文字删除，输入段落文字，并为文字创建项目列表，如图9-32所示。转换到代码视图，可以看到相应的代码效果，如图9-33所示。

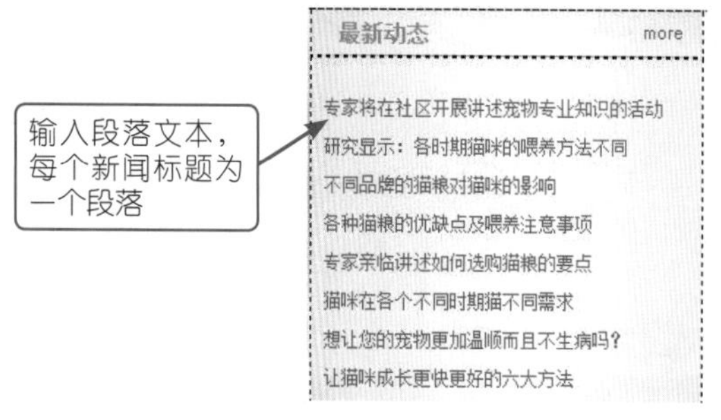

图9-32　输入文字并创建项目列表

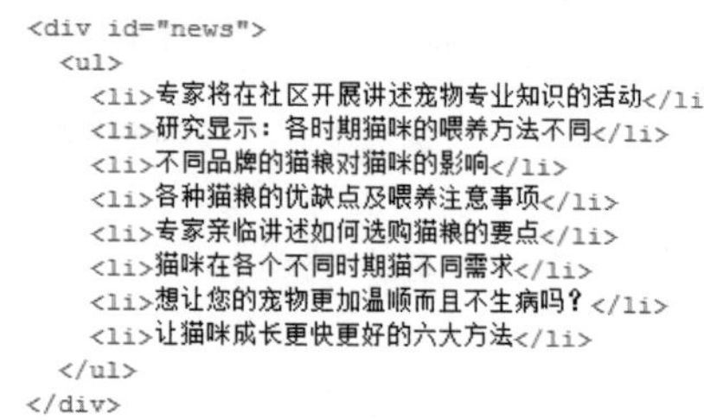

```
<div id="news">
  <ul>
    <li>专家将在社区开展讲述宠物专业知识的活动</li>
    <li>研究显示：各时期猫咪的喂养方法不同</li>
    <li>不同品牌的猫粮对猫咪的影响</li>
    <li>各种猫粮的优缺点及喂养注意事项</li>
    <li>专家亲临讲述如何选购猫粮的要点</li>
    <li>猫咪在各个不同时期猫不同需求</li>
    <li>想让您的宠物更加温顺而且不生病吗？</li>
    <li>让猫咪成长更快更好的六大方法</li>
  </ul>
</div>
```

图9-33　代码视图

STEP17 切换到外部CSS样式表文件中，创建名为#news li 的CSS样式，如图9-34所示。返回到设计视图，页面效果如图9-35所示。

在该CSS样式中设置了列表样式、背景图像、背景图像平铺方式、背景图像定位和左填充属性

```
#news li {
    list-style-type: none;
    background-image: url(../images/7006.png);
    background-repeat: no-repeat;
    background-position: 5px center;
    padding-left: 15px;
}
```

图9-34　CSS样式代码

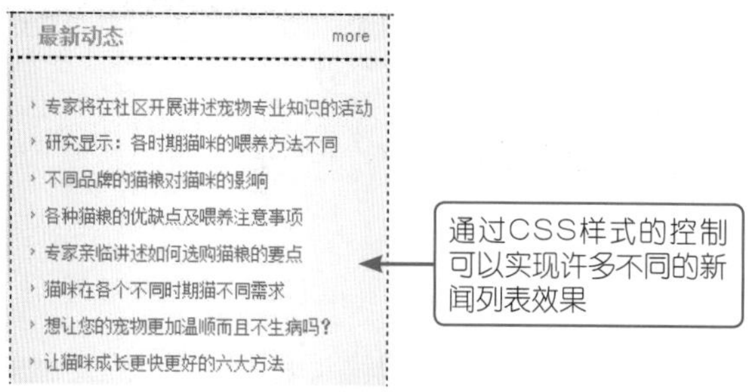

图9-35　页面效果

STEP18 在名为pic的Div后插入名为bottom的Div，切换到外部CSS样式表文件中，创建名为#bottom的CSS样式，如图9-36所示。返回到设计视图，页面效果如图9-37所示。

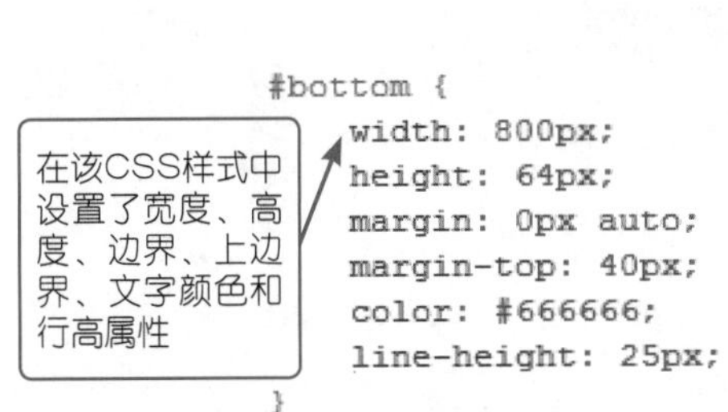

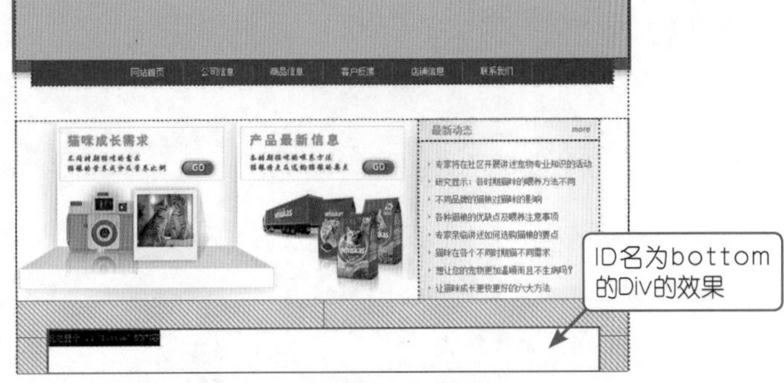

图9-36　CSS样式代码

图9-37　页面效果

STEP19 将光标移至名为bottom的Div中，将多余文字删除，插入相应图像并输入文字，页面效果如图9-38所示。切换到外部CSS样式表文件中，创建名为#bottom img的CSS样式，如图9-39所示。

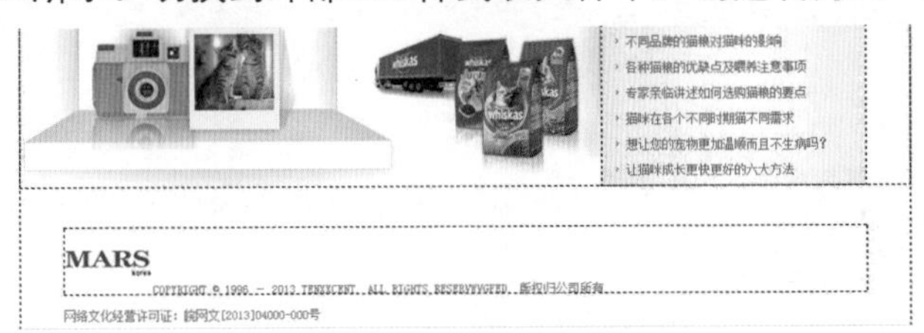

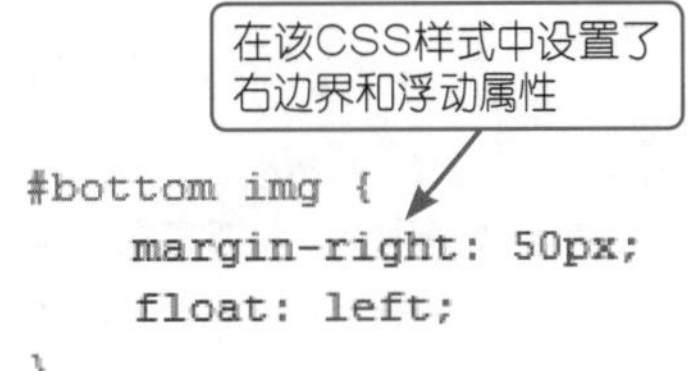

图9-38　插入图像并输入文字

图9-39　CSS样式代码

STEP20 返回到设计视图，页面效果如图9-40所示。完成页面的制作，执行“文件>保存”命令，保存页面，在浏览器中浏览该页面的效果，如图9-41所示。

图9-40　页面效果

图9-41　在浏览器中预览页面效果

实例71　儿童教育网站

实例目的

运用浅土黄色作为页面的背景颜色，给人一种舒适、温暖的感觉，在页面中运用了儿童卡通插画等元素，突出网站页面的主题以及趣味性，并且在页面中运用不规则的排版与卡通图像相结合，使得页面新颖、富有趣味。如图9-42所示为制作儿童教育网站的流程图。

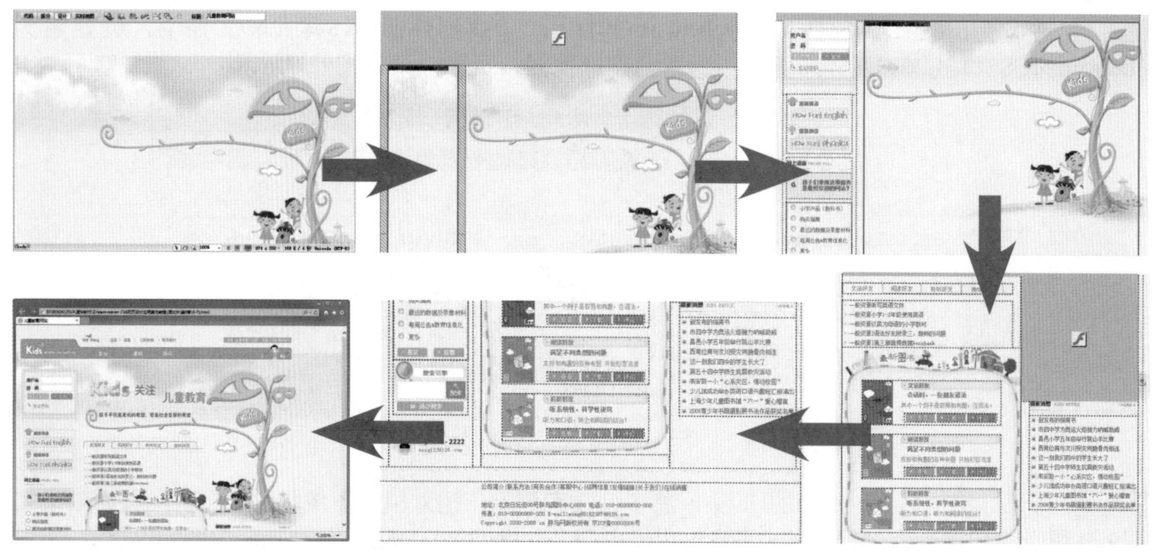

图9-42　操作流程图

实例 重点

- 掌握使用DIV+CSS布局制作网页的方法
- 掌握各种CSS样式属性的设置
- 掌握使用CSS样式对表单元素进行控制的方法

实例 步骤

STEP 1 执行“文件>新建”命令，弹出“新建文档”对话框，新建一个HTML页面，将其保存为“光盘\源文件\第9章\9-71.html”，如图9-43所示。使用相同的方法，新建一个外部CSS样式表文件，将其保存为“光盘\源文件\第9章\style\9-71.css”，如图9-44所示。

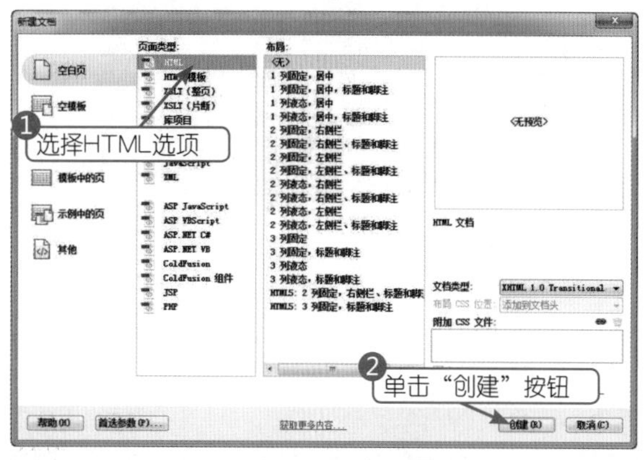

图9-43　新建HTML页面

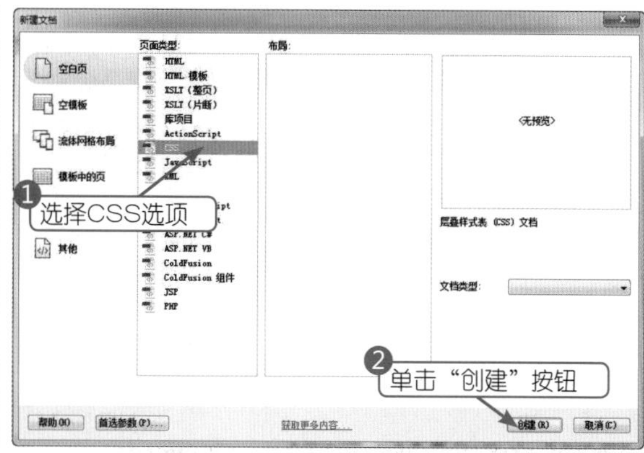

图9-44　新建CSS样式表文件

STEP 2 单击“CSS样式”面板上的“附加样式表”按钮，在弹出的“链接外部样式表”对话框中进行相应的设置，如图9-45所示。单击“确定”按钮，切换到外部CSS样式表文件中，创建名为*的通配符CSS样式和名为body的标签CSS样式，如图9-46所示。

STEP 3 返回网页设计视图中，可以看到页面的效果，如图9-47所示。将光标放置在页面中，插入名为box的Div，切换到外部CSS样式表文件中，创建名为#box的CSS样式，如图9-48所示。

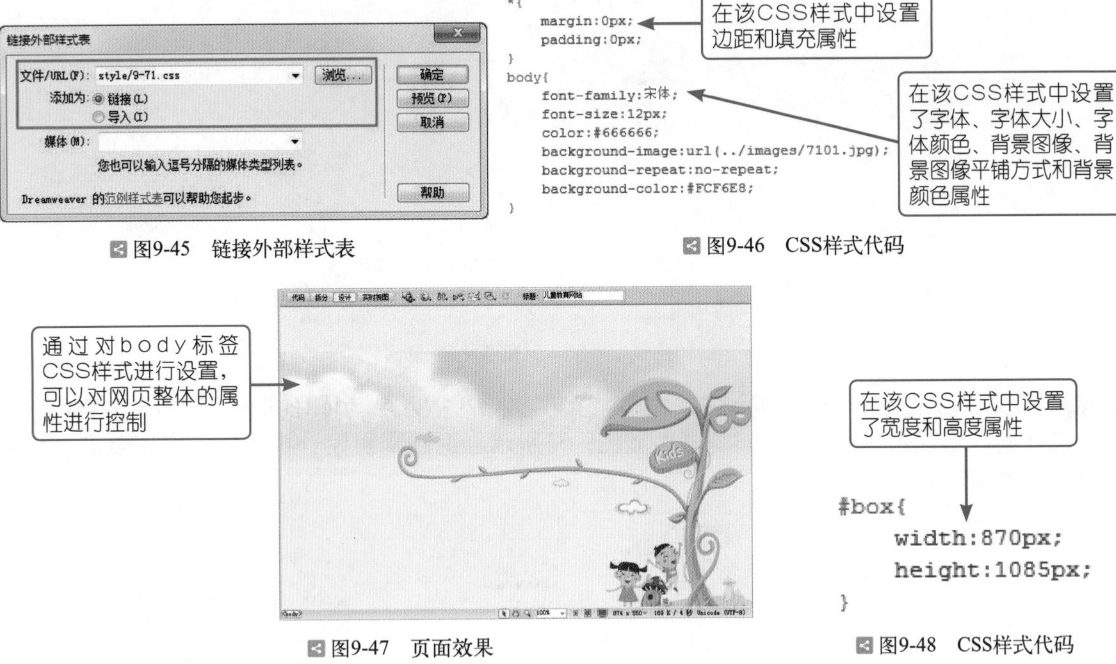

图9-45　链接外部样式表　　图9-46　CSS样式代码

图9-47　页面效果　　图9-48　CSS样式代码

STEP 4 返回网页设计视图中，可以看到页面的效果，如图9-49所示。将光标移至名为box的Div中，将多余文字删除，插入名为flash的Div，切换到外部CSS样式表文件中，创建名为#flash的CSS样式，如图9-50所示。

图9-49　页面效果　　图9-50　CSS样式代码

STEP 5 返回网页设计视图中，可以看到页面的效果，如图9-51所示。将光标移至名为flash的Div中，将多余文字删除，插入flash动画“光盘\源文件\第9章\images\7102.swf”，如图9-52所示。

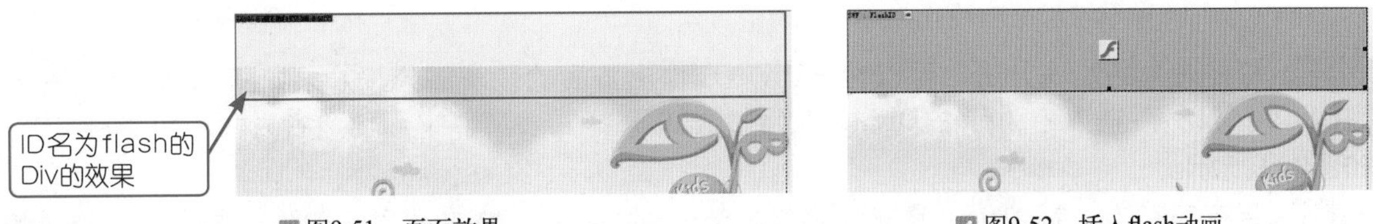

图9-51　页面效果　　图9-52　插入flash动画

STEP 6 在名为flash的Div后插入名为main的Div，切换到外部CSS样式表文件中，创建名为#main的CSS样式，如图9-53所示。返回网页设计视图中，可以看到页面的效果，如图9-54所示。

```
#main{
    width:870px;
    height:803px;
}
```

图9-53　CSS样式代码

图9-54　页面效果

STEP 7 将光标移至名为main的Div中，将多余文字删除，插入名为left的Div，切换到外部CSS样式表文件中，创建名为#left的CSS样式，如图9-55所示。返回网页设计视图中，可以看到页面的效果，如图9-56所示。

在该CSS样式中设置了浮动、宽度、高度、左边界和右边界属性

```
#left{
    float:left;
    width:174px;
    height:803px;
    margin-left:18px;
    margin-right:18px;
}
```

图9-55　CSS样式代码

图9-56　页面效果

STEP 8 将光标移至名为left的Div中，将多余文字删除，插入名为left_top的Div，切换到外部CSS样式表文件中，创建名为#left_top的CSS样式，如图9-57所示。返回网页设计视图中，可以看到页面的效果，如图9-58所示。

在该CSS样式中设置了宽度、高度、文字颜色、背景图像、背景图像平铺方式和填充属性

```
#left_top{
    width:140px;
    height:104px;
    color:#333333;
    background-image:url(../images/7103.gif);
    background-repeat:no-repeat;
    padding:19px 17px 50px 17px;
}
```

图9-57　CSS样式代码

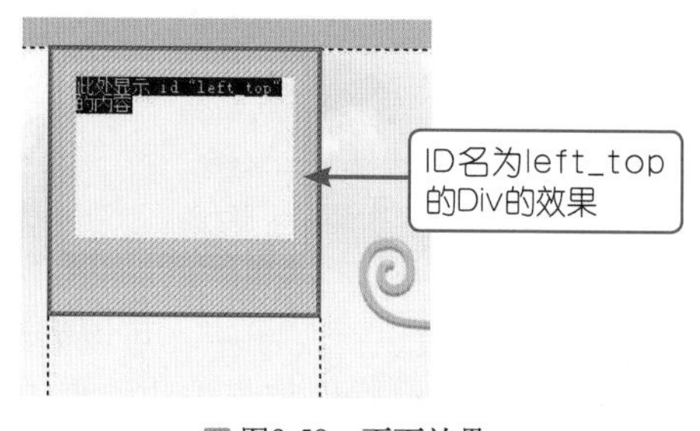

图9-58　页面效果

STEP 9 根据表单的制作方法，可以在该Div中制作出页面的登录部分，效果如图9-59所示。在名为left_top的Div后插入名为pic的Div，切换到外部CSS样式表文件中，创建名为#pic的CSS样式，如图9-60所示。

STEP10 返回网页设计视图中，将光标移至名为pic的Div中，将多余文字删除，依次插入相应的素材图像，如图9-61所示。在名为pic的Div后插入名为poll的Div，切换到外部CSS样式表文件中，创建名为#poll的CSS样式，如图9-62所示。

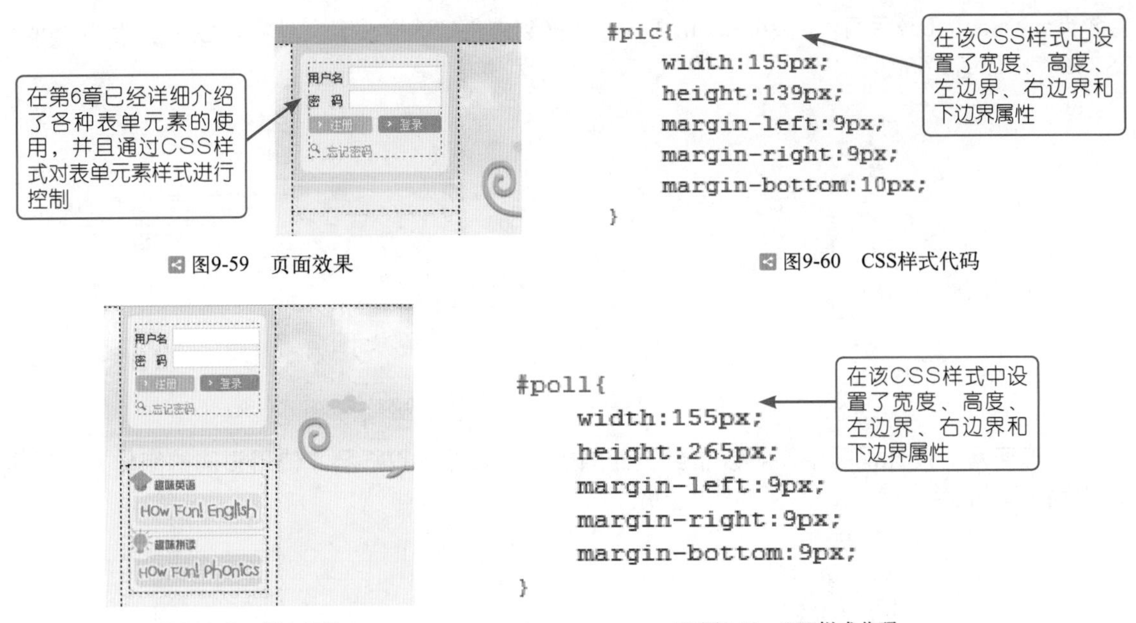

图9-59 页面效果

图9-60 CSS样式代码

图9-61 插入图像

图9-62 CSS样式代码

STEP11 返回网页设计视图中，可以看到页面的效果，如图9-63所示。将光标移至名为poll的Div中，将多余文字删除，插入相应的素材图像，如图9-64所示。

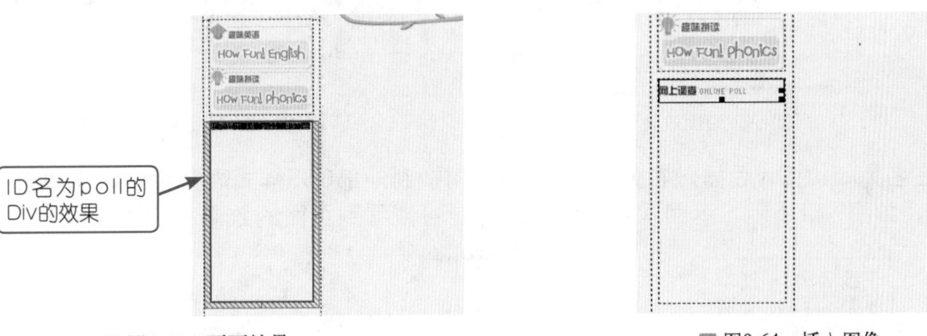

图9-63 页面效果

图9-64 插入图像

STEP12 将光标移至该图像后，插入名为question的Div，切换到外部CSS样式表文件中，创建名为#question的CSS样式，如图9-65所示。返回网页设计视图中，可以看到页面的效果，如图9-66所示。

图9-65 CSS样式代码

图9-66 页面效果

STEP13 将光标移至名为question的Div中，将多余文字删除，输入相应的文字，如图9-67所示。

在名为question的Div后插入名为button的Div，切换到外部CSS样式表文件中，创建名为#button的CSS样式，如图9-68所示。

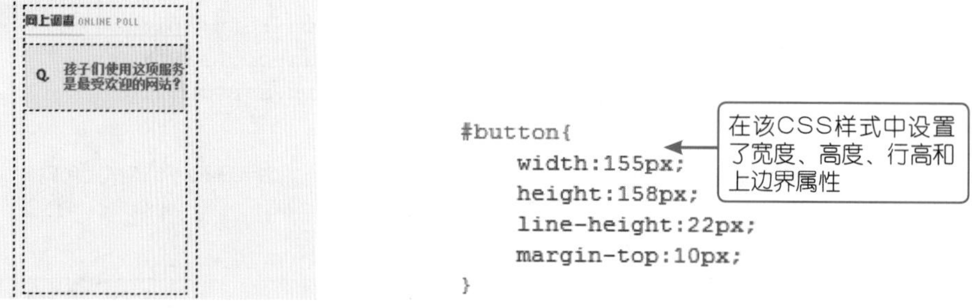


```
#button{
    width:155px;
    height:158px;
    line-height:22px;
    margin-top:10px;
}
```

图9-67 输入文字　　图9-68 CSS样式代码

STEP14 返回网页设计视图中，可以看到页面的效果，如图9-69所示。使用相同的制作方法，可以完成该部分内容的制作，效果如图9-70所示。

图9-69 页面效果

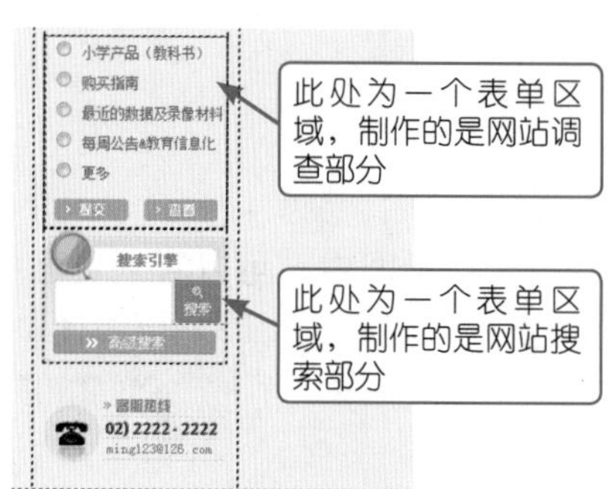

图9-70 页面效果

STEP15 在名为left的Div后插入名为right的Div，切换到外部CSS样式表文件中，创建名为#right的CSS样式，如图9-71所示。返回网页设计视图中，可以看到页面的效果，如图9-72所示。

```
#right{
    float:left;
    width:660px;
    height:803px;
}
```

图9-71 CSS样式代码　　图9-72 页面效果

STEP16 将光标移至名为right的Div中，将多余文字删除，使用相同的方法完成相似内容的制作，如图9-73所示。在名为flash01的Div后插入名为right_left的Div，切换到外部CSS样式表文件中，创建名为#right_left的CSS样式，如图9-74所示。

STEP17 返回网页设计视图中，可以看到页面的效果，如图9-75所示。将光标移至名为right_left的Div中，将多余文字删除，插入名为pic01的Div，切换到外部CSS样式表文件中，创建名为#pic01的CSS样式，如图9-76所示。

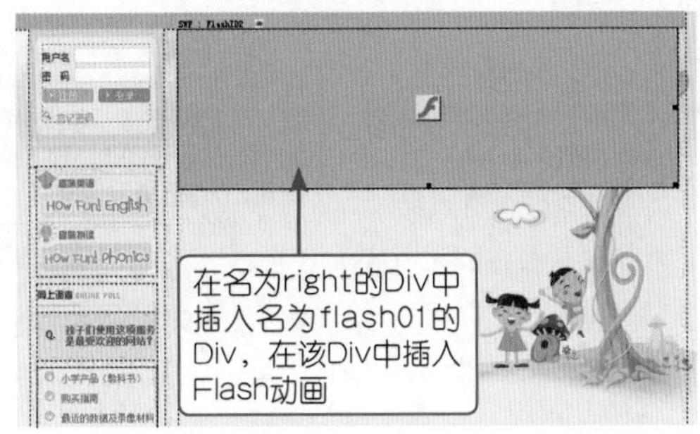

图9-73 页面效果

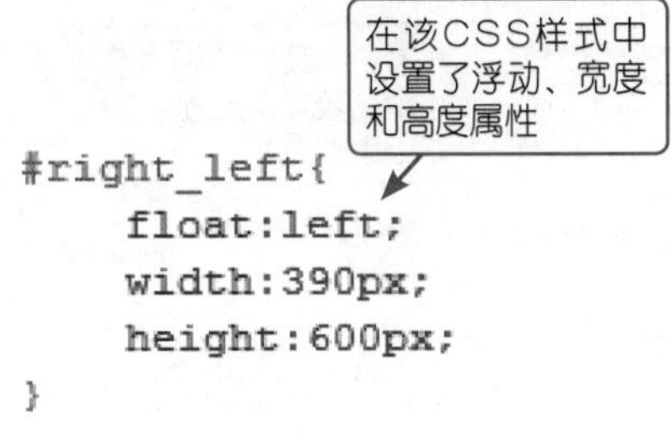


```
#right_left{
    float:left;
    width:390px;
    height:600px;
}
```

图9-74 CSS样式代码

图9-75 页面效果

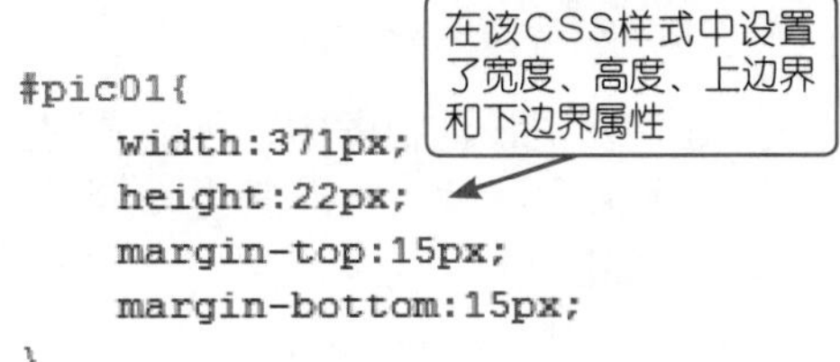


```
#pic01{
    width:371px;
    height:22px;
    margin-top:15px;
    margin-bottom:15px;
}
```

图9-76 CSS样式代码

STEP18 返回网页设计视图中，将光标移至名为#pic01的Div中，将多余文字删除，依次插入相应的素材图像，如图9-77所示。在名为pic01的Div后插入名为text的Div，切换到外部CSS样式表文件中，创建名为#text的CSS样式，如图9-78所示。

图9-77 插入图像

```
#text{
    width:371px;
    height:100px;
    line-height:20px;
}
```

图9-78 CSS样式代码

STEP19 返回网页设计视图中，可以看到页面的效果，如图9-79所示。将光标移至名为text的Div中，将多余文字删除，输入相应的段落文字，如图9-80所示。

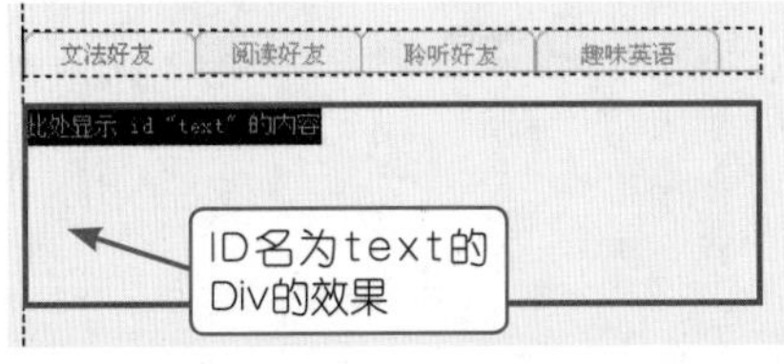

图9-79 页面效果

图9-80 输入文字

STEP20 选中所有的段落文字，创建项目列表，如图9-81所示。切换到外部CSS样式表文件中，创建名为#text li的CSS样式，如图9-82所示。

STEP21 返回网页设计视图中，可以看到页面的效果，如图9-83所示。在名为text的Div后插入名为pic02的Div，切换到外部CSS样式表文件中，创建名为#pic02的CSS样式，如图9-84所示。

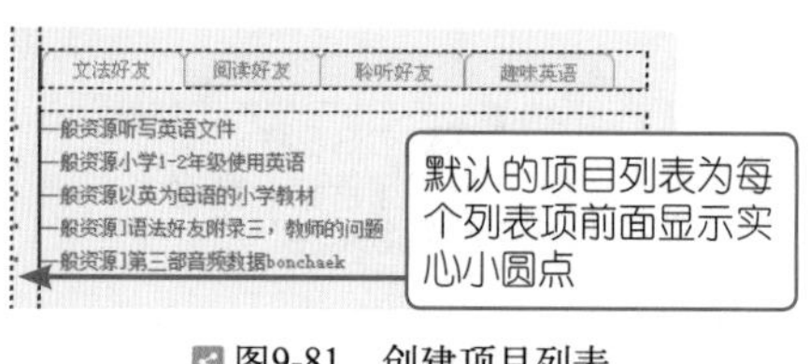

图9-81　创建项目列表

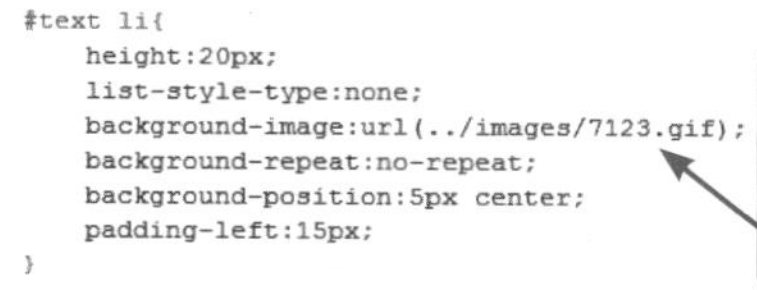

```
#text li{
    height:20px;
    list-style-type:none;
    background-image:url(../images/7123.gif);
    background-repeat:no-repeat;
    background-position:5px center;
    padding-left:15px;
}
```

在该CSS样式中设置了高度、列表样式、背景图像、背景图像平铺方式、背景图像定位和左填充属性

图9-82　CSS样式代码

图9-83　页面效果

```
#pic02{
    width:302px;
    height:351px;
    color:#979797;
    line-height:23px;
    background-image:url(../images/7124.jpg);
    background-repeat:no-repeat;
    padding-top:70px;
    padding-left:44px;
    padding-right:44px;
}
```

在该CSS样式中设置了宽度、高度、文字颜色、行高、背景图像、背景图像平铺方式、上填充、左填充和右填充属性

图9-84　CSS样式代码

STEP22 返回网页设计视图中，可以看到页面的效果，如图9-85所示。将光标移至名为pic02的Div中，将多余文字删除，插入名为img01的Div，切换到外部CSS样式表文件中，创建名为#img的CSS样式，如图9-86所示。

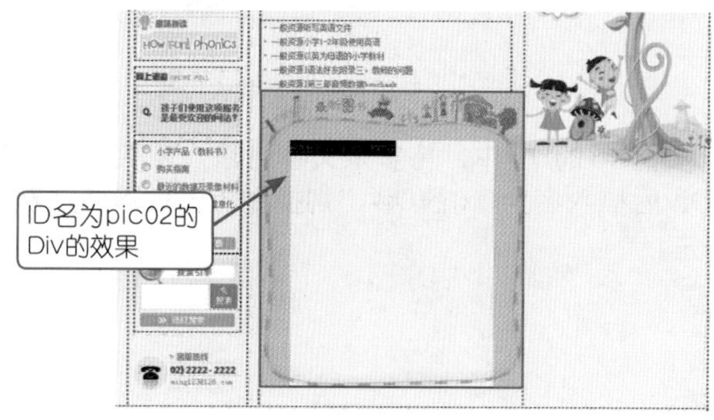

图9-85　页面效果

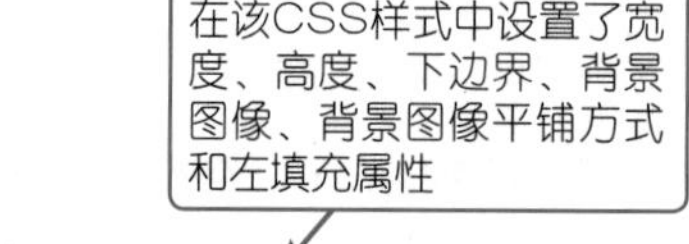


```
#img01{
    width:218px;
    height:94px;
    margin-bottom:21px;
    background-image:url(../images/7125.gif);
    background-repeat:no-repeat;
    padding-left:84px;
}
```

图9-86　CSS样式代码

STEP23 返回网页设计视图中，可以看到页面的效果，如图9-87所示。将光标移至名为img01的Div中，将多余文字删除，插入相应的素材图像并输入文字，如图9-88所示。

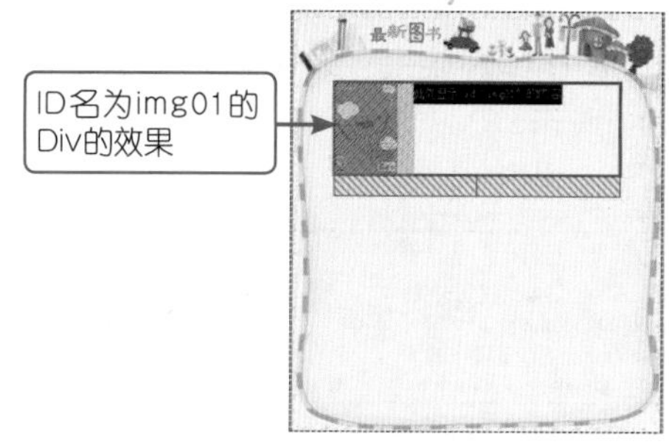

图9-87　页面效果

图9-88　插入图像并输入文字

STEP24 切换到外部CSS样式表文件中，创建名为.font01的CSS样式，如图9-89所示。返回网页设计视图中，为相应文字应用该样式，如图9-90所示。

STEP25 将光标移至文字后，插入名为pic_button的Div，切换到外部CSS样式表文件中，创建名为#pic_button的CSS样式，如图9-91所示。返回网页设计视图中，可以看到页面的效果，如图9-92所示。

图9-89　CSS样式代码

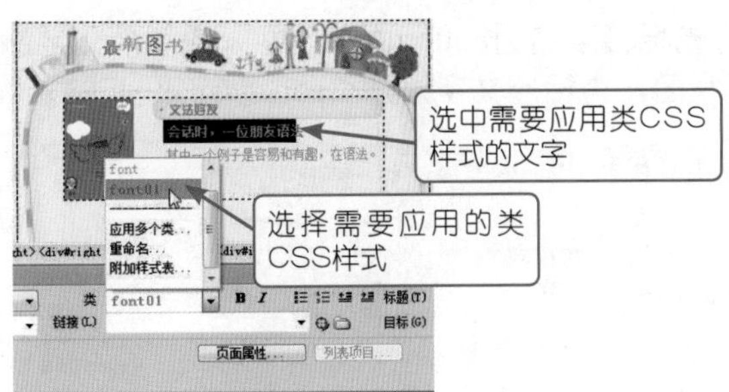

图9-90　文字效果

STEP26 将光标移至名为pic_button的Div中，将多余文字删除，依次插入相应的素材图像，如图9-93所示。切换到外部CSS样式表文件中，创建名为#pic_button img的CSS样式，如图9-94所示。

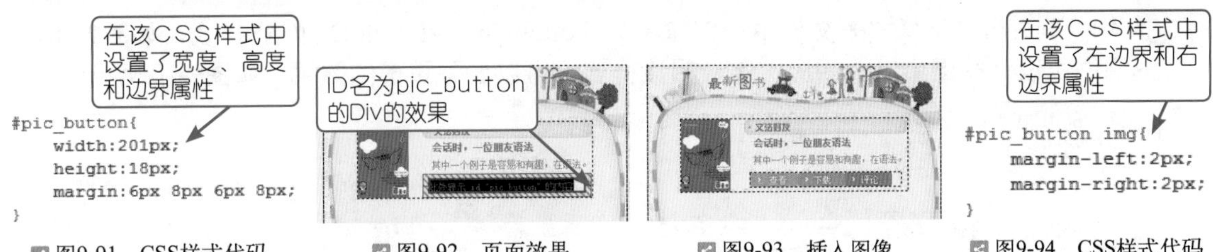

图9-91　CSS样式代码　图9-92　页面效果　图9-93　插入图像　图9-94　CSS样式代码

STEP27 返回网页设计视图中，可以看到页面的效果，如图9-95所示。使用相同的方法，完成其他部分内容的制作，如图9-96所示。

图9-95　页面效果　图9-96　页面效果

STEP28 在名为main的Div后插入名为bottom的Div，切换到外部CSS样式表文件中，创建名为#bottom的CSS样式，如图9-97所示。返回网页设计视图中，可以看到页面的效果，如图9-98所示。

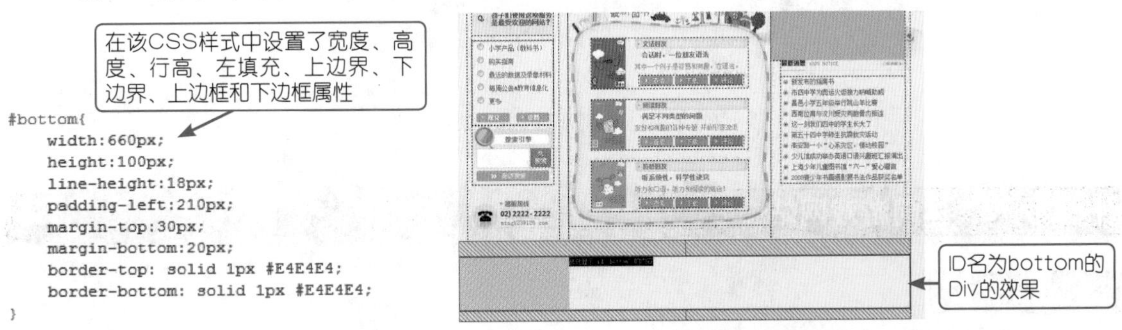

图9-97　CSS样式代码　图9-98　页面效果

STEP29 将光标移至名为bottom的Div中，将多余文字删除，输入相应的文字，如图9-99所示。切换到代码视图，为相应文字添加<span></span>标签，如图9-100所示。

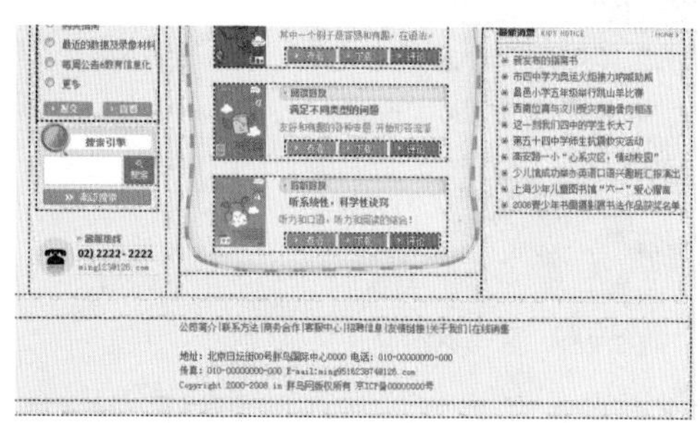

图9-99 输入文字

添加<span>标签，使用CSS样式对该Div中的<span>标签进行控制，从而设置<span>标签之间的内容

```
<div id="bottom">
    公司简介<span>|</span>联系方法<span>|</span>商务合作<span>|</
span>客服中心<span>|</span>招聘信息<span>|</span>友情链接<span>|</
span>关于我们<span>|</span>在线销售<br />
    <br />
      地址：北京日坛街00号胖鸟国际中心0000 电话：010-00000000-000<br />
      传真：010-00000000-000 E-mail：ming951623874@126.com<br />
      Copyright 2000-2008 in 胖鸟网版权所有 京ICP备00000000号
</div>
```

图9-100 添加<span></span>标签

STEP30 切换到外部CSS样式表文件中，创建名为#bottom span和.font02的CSS样式，如图9-101所示。返回网页设计视图中，为相应文字应用该样式，可以看到页面的效果，如图9-102所示。

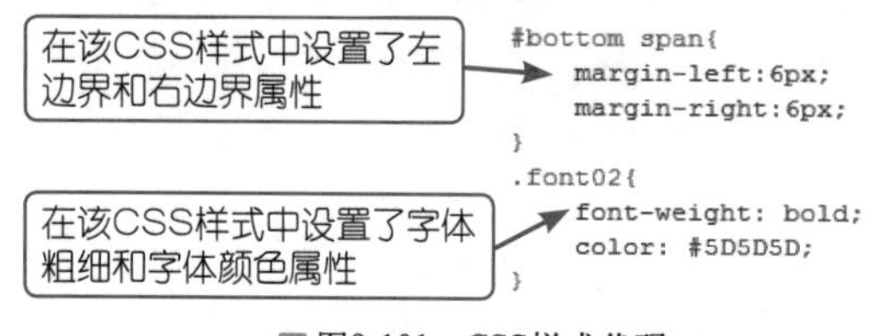

图9-101 CSS样式代码

公司简介 | 联系方法 | 商务合作 | 客服中心 | 招聘信息 | 友情链接 | 关于我们 | 在线销售

地址：北京日坛街00号胖鸟国际中心0000 电话：010-00000000-000
传真：010-00000000-000 E-mail:ming951623874@126.com
Copyright 2000-2008 in 胖鸟网版权所有 京ICP备00000000号

图9-102 页面效果

STEP31 完成该网站页面的制作，执行“文件>保存”命令，保存该页面，在浏览器中预览该页面，效果如图9-103所示。

图9-103 在浏览器中预览页面效果

实例72 休闲游戏网站

实例目的

本实例制作的休闲游戏网站页面运用游戏场景作为网页背景，并在网页中运用Flash动画，

充分渲染出游戏的特点，给浏览者留下深刻的印象，达到宣传和推广游戏的效果。如图9-104所示为制作休闲游戏网站的流程图。

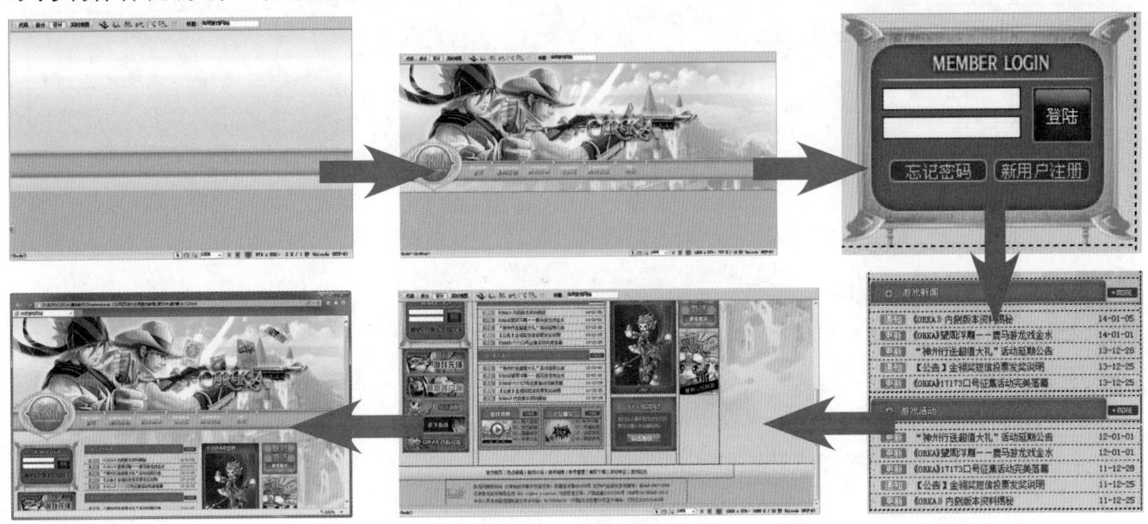

图9-104 操作流程图

实例 重点

- 掌握使用DIV+CSS布局制作网页的方法
- 掌握各种CSS样式属性的设置

实例 步骤

STEP 1 执行“文件>新建”命令，弹出“新建文档”对话框，新建一个HTML页面，将其保存为“光盘\源文件\第9章\9-72.html”，如图9-105所示。使用相同的方法，新建一个外部CSS样式表文件，将其保存为“光盘\源文件\第9章\style\9-72.css”，如图9-106所示。

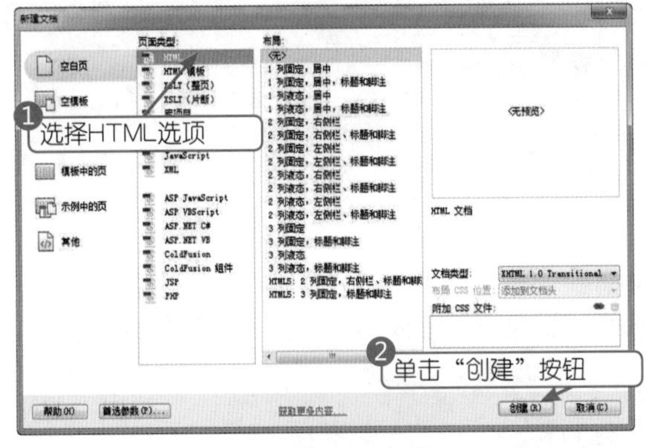

图9-105 新建HTML页面

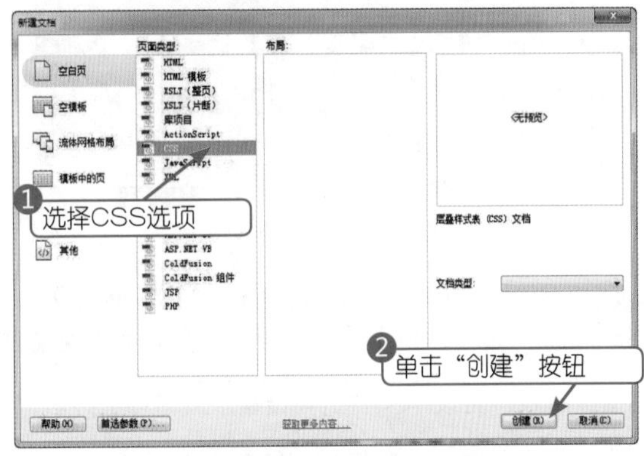

图9-106 新建CSS样式表文件

STEP 2 单击“CSS样式”面板上的“附加样式表”按钮，在弹出的“链接外部样式表”对话框中进行相应的设置，如图9-107所示。单击“确定”按钮，切换到外部CSS样式表文件中，创建名为*的通配符CSS样式和名为body的标签CSS样式，如图9-108所示。

STEP 3 返回网页设计视图中，可以看到页面的效果，如图9-109所示。将光标放置在页面中，插入名为top的Div，切换到外部CSS样式表文件中，创建名为#top的CSS样式，如图9-110所示。

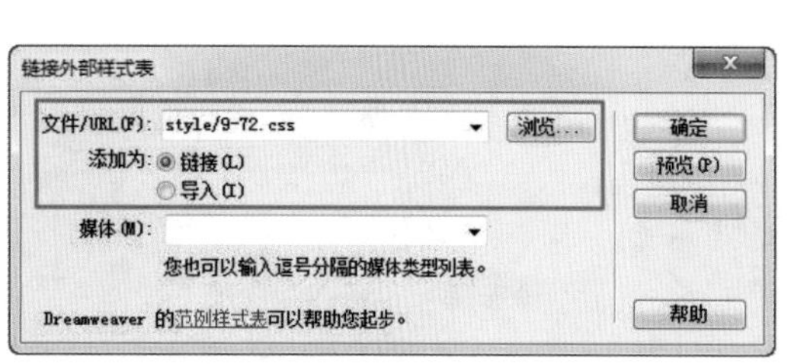

图9-107　链接外部样式表

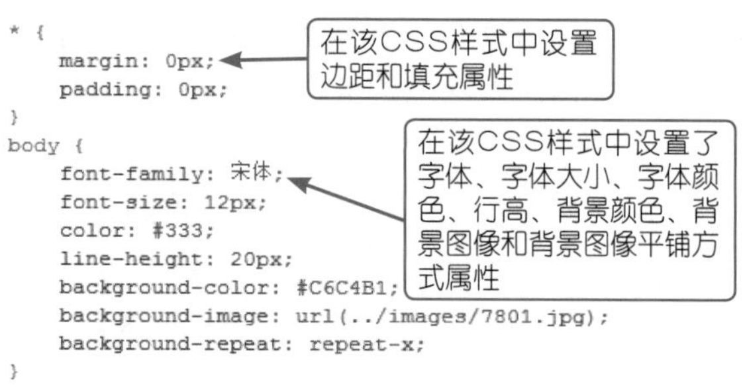

```
* {
    margin: 0px;
    padding: 0px;
}
body {
    font-family: 宋体;
    font-size: 12px;
    color: #333;
    line-height: 20px;
    background-color: #C6C4B1;
    background-image: url(../images/7801.jpg);
    background-repeat: repeat-x;
}
```


图9-108　CSS样式代码

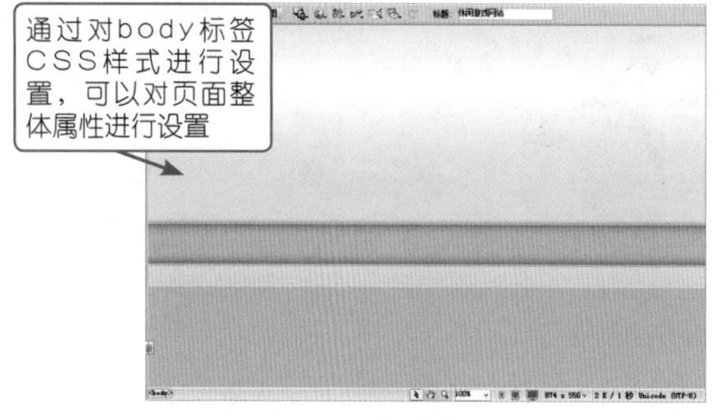

图9-109　页面效果

```
#top {
    width: 100%;
    height: 398px;
    background-image: url(../images/7802.jpg);
    background-repeat: no-repeat;
    background-position: 970px top;
}
```


图9-110　CSS样式代码

STEP 4 返回网页设计视图中，将光标移至名为top的Div中，将多余文字删除，插入Flash动画“光盘\源文件\第9章\images\topmenu.swf”，如图9-111所示。选中刚插入的Flash动画，单击“属性”面板上的“播放”按钮，预览Flash动画效果，如图9-112所示。

图9-111　插入Flash动画

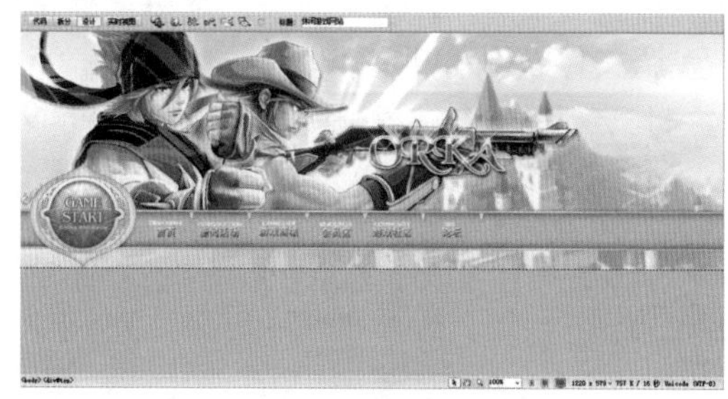

图9-112　预览Flash动画效果

STEP 5 在名为top的Div之后插入名为bg的Div，切换到外部CSS样式表文件中，创建名为#bg的CSS样式，如图9-113所示。返回网页设计视图中，可以看到页面的效果，如图9-114所示。

```
#bg {
    width: 100%;
    height: 490px;
    background-color: #E3E2CE;
    background-image: url(../images/7803.jpg);
    background-repeat: no-repeat;
    background-position: 214px -1px;
}
```


图9-113　CSS样式代码

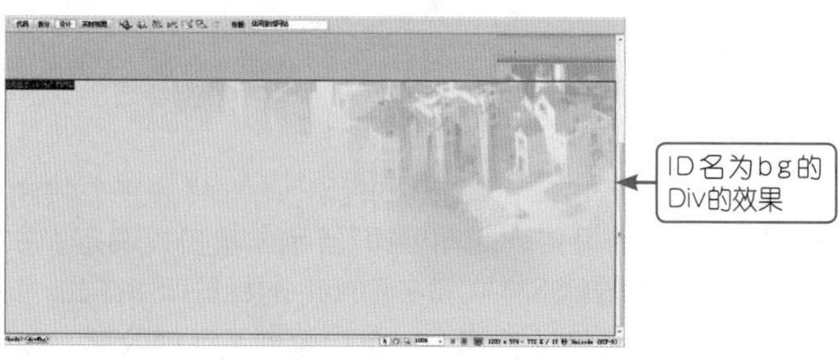

图9-114　页面效果

STEP 6 将光标移至名为bg的Div中，将多余文字删除，在该Div中插入名为main的Div，切换到外部CSS样式表文件中，创建名为#main的CSS样式，如图9-115所示。返回网页设计视图中，可以看到页面的效果，如图9-116所示。

图9-115 CSS样式代码

图9-116 页面效果

STEP 7 将光标移至名为main的Div中，将多余文字删除，在该Div中插入名为left的Div，切换到外部CSS样式表文件中，创建名为#left的CSS样式，如图9-117所示。返回网页设计视图中，可以看到页面的效果，如图9-118所示。

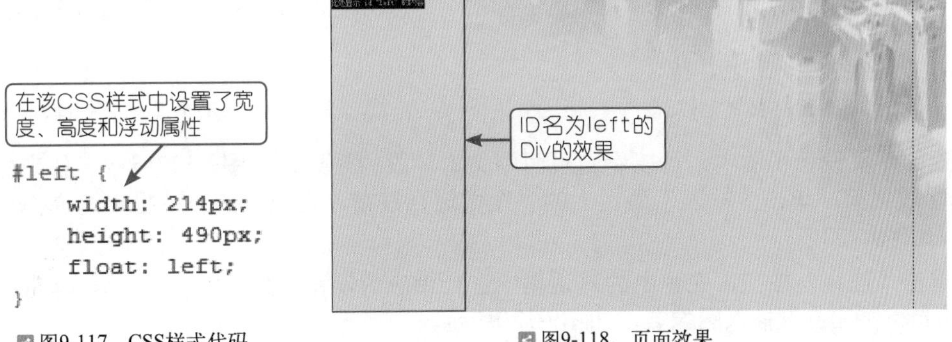

图9-117 CSS样式代码

图9-118 页面效果

STEP 8 将光标移至名为left的Div中，将多余文字删除，在该Div中插入名为login的Div，切换到外部CSS样式表文件中，创建名为#login的CSS样式，如图9-119所示。返回网页设计视图中，可以看到页面的效果，如图9-120所示。

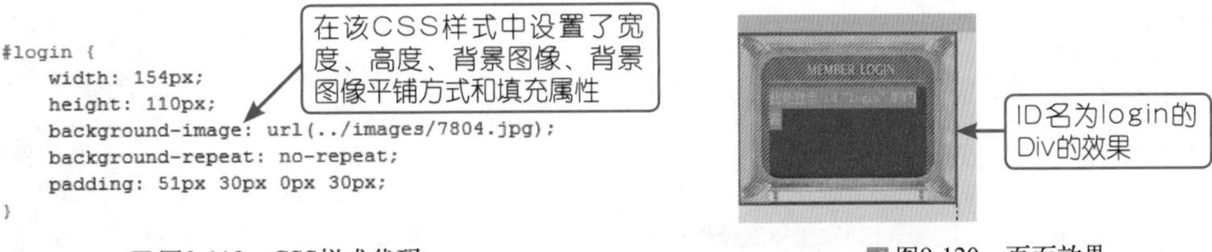

图9-119 CSS样式代码

图9-120 页面效果

STEP 9 将光标移至名为login的Div中，将多余文字删除，在该Div中插入表单域，如图9-121所示。将光标移至表单域中，单击“插入”面板上的“文本字段”按钮，在弹出的对话框中进行设置，如图9-122所示。

STEP10 单击“确定”按钮，在页面中插入文本字段，如图9-123所示。将光标移至刚插入的文本字段后，单击“插入”面板上的“文本字段”按钮，在弹出的对话框中进行设置，如图9-124所示。

图9-121 插入表单域

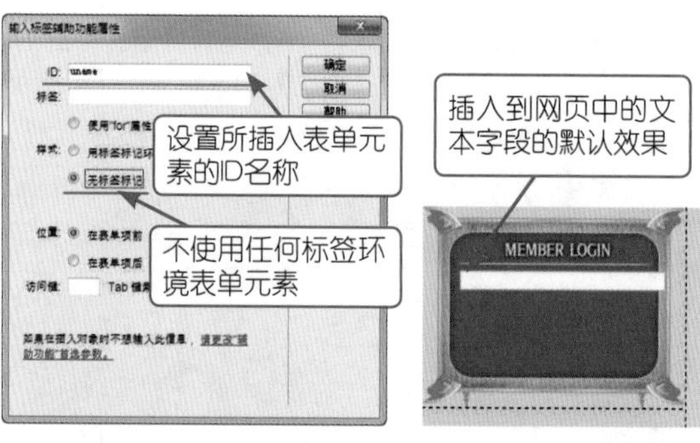

图9-122 设置选项

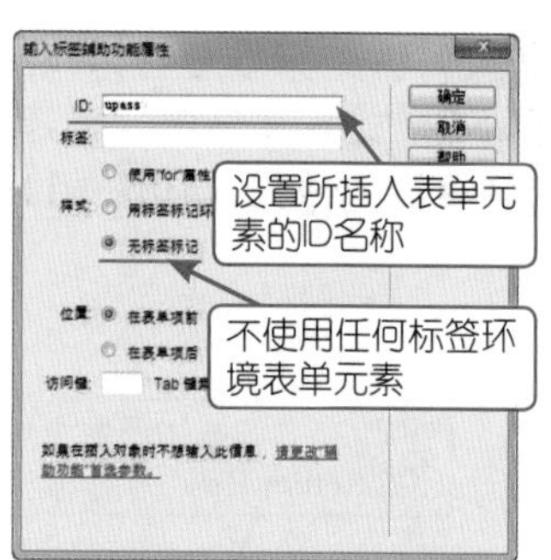

图9-123 插入文本字段　　图9-124 设置选项

STEP11 单击“确定”按钮，在页面中插入文本字段，选中该文本字段，在“属性”面板中设置其“类型”为“密码”，如图9-125所示。切换到外部CSS样式表文件中，创建名为#uname,#upass的CSS样式，如图9-126所示。

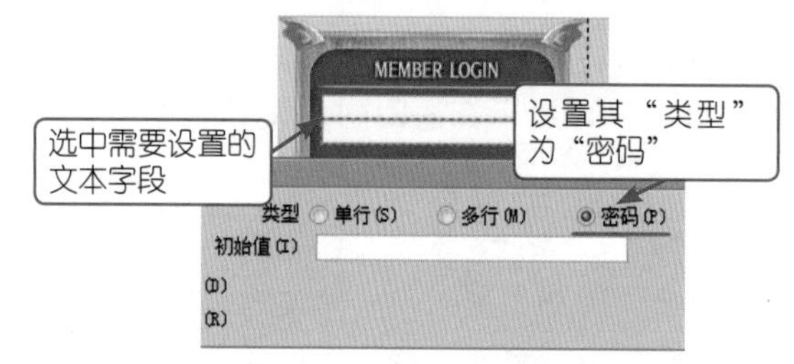

图9-125 插入文本字段

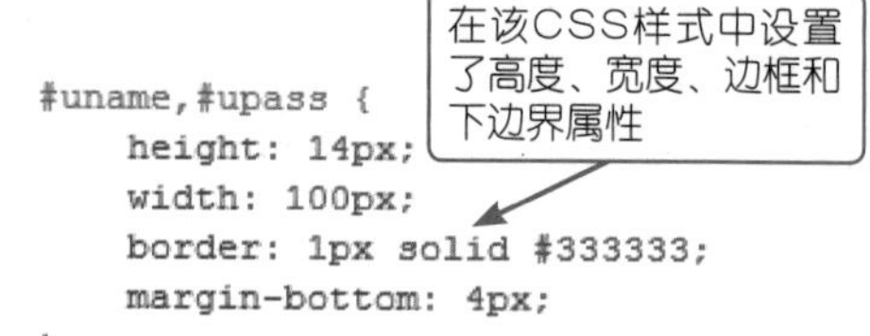


```
#uname,#upass {
    height: 14px;
    width: 100px;
    border: 1px solid #333333;
    margin-bottom: 4px;
}
```

图9-126 CSS样式代码

STEP12 返回网页设计视图中，可以看到页面中文本字段的效果，如图9-127所示。将光标移至第1个文本字段之前，单击“插入”面板上的“图像域”按钮，在弹出的对话框中选择作为图像域的图像，如图9-128所示。

STEP13 单击“确定”按钮，在弹出的对话框中进行相应的设置，如图9-129所示。单击“确定”按钮，在光标所在位置插入图像域，如图9-130所示。

图9-127 文本字段效果

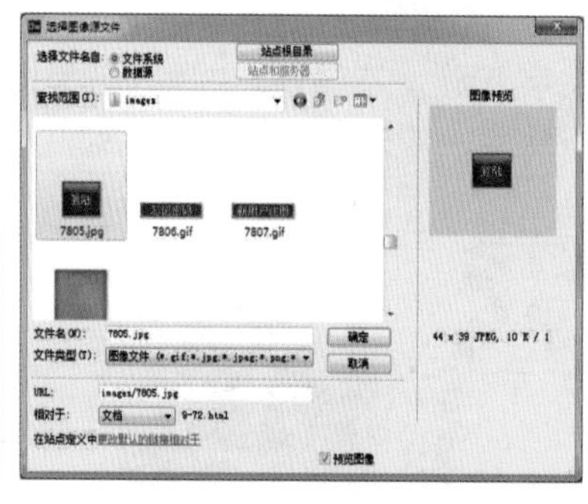

图9-128 选择图像域图像

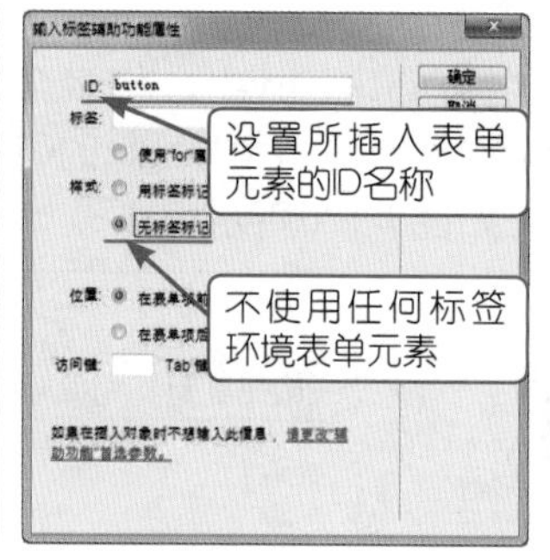

图9-129 设置选项

图9-130 插入图像域

STEP14 切换到外部CSS样式表文件中，创建名为#button的CSS样式，如图9-131所示。返回网页设计视图中，可以看到表单的效果，如图9-132所示。

STEP15 将光标移至第2个文本字段后，按Shift+Enter键，插入一个换行符，插入相应的图像。切换到外部CSS样式表文件中，创建名为#login img的CSS样式，如图9-133所示。返回网页设计视图中，可以看到页面的效果，如图9-134所示。

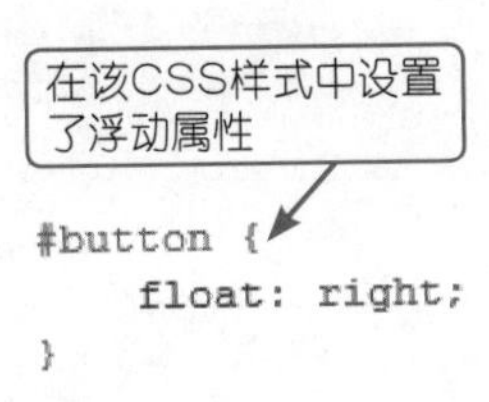

图9-131 CSS样式代码

图9-132 页面效果

在该CSS样式中设置了左边界和上边界属性

```
#login img {
    margin-left: 5px;
    margin-top: 10px;
}
```

图9-133 CSS样式代码

图9-134 页面效果

STEP16 在名为login的Div之后插入名为pic的Div，切换到外部CSS样式表文件中，创建名为#pic的CSS样式，如图9-135所示。返回网页设计视图中，可以看到页面的效果，如图9-136所示。

STEP17 将光标移至名为pic的Div中，将多余文字删除，插入相应的图像。切换到外部CSS样式表文件中，创建名为#pic img的CSS样式，如图9-137所示。返回网页设计视图中，可以看到页面的效果，如图9-138所示。

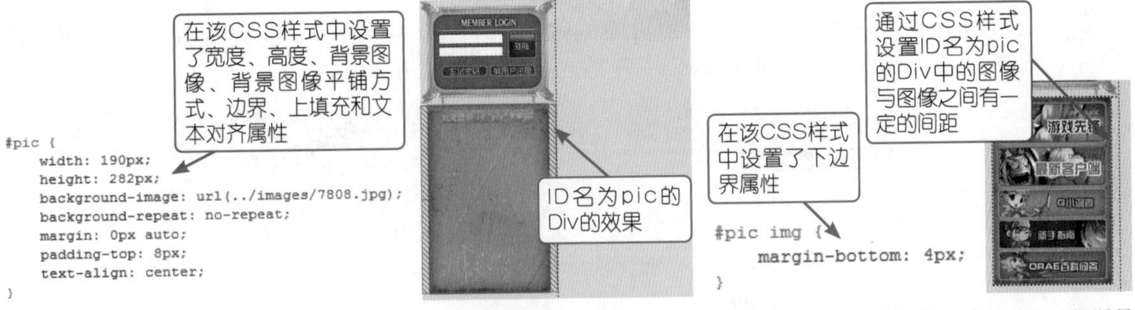

图9-135 CSS样式代码　图9-136 页面效果　图9-137 CSS样式代码　图9-138 页面效果

STEP18 在名为left的Div之后插入名为center的Div，切换到外部CSS样式表文件中，创建名为#center的CSS样式，如图9-139所示。返回网页设计视图中，可以看到页面的效果，如图9-140所示。

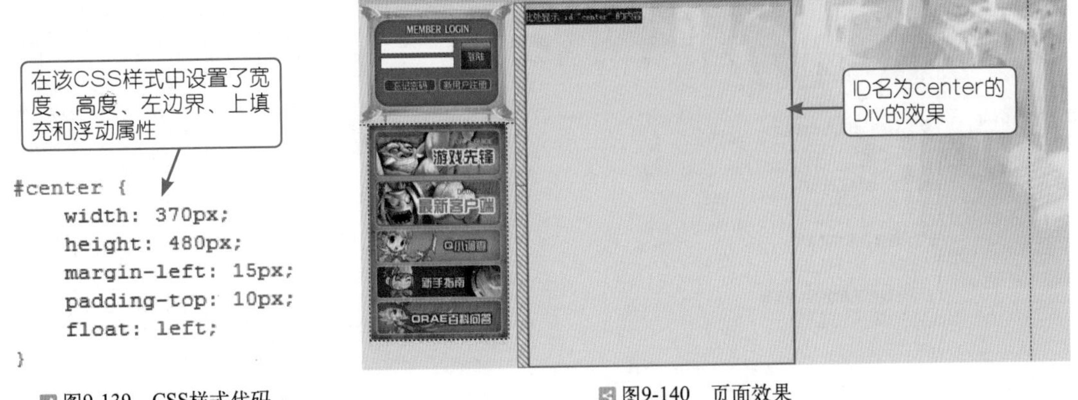

图9-139 CSS样式代码　图9-140 页面效果

STEP19 将光标移至名为center的Div中，将多余文字删除，插入名为news-title的Div，切换到外部CSS样式表文件中，创建名为#news-title的CSS样式，如图9-141所示。返回网页设计视图中，可以看到页面的效果，如图9-142所示。

STEP20 将光标移至名为news-title的Div中，将多余文字删除，插入图像“光盘\源文件\第9章\images\7815.gif”，如图9-143所示。在名为news-title的Div之后插入名为news的Div，切换到外部部CSS样式表文件中，创建名为#news的CSS样式，如图9-144所示。

```
#news-title {
    height:18px;
    background-image: url(../images/7814.gif);
    background-repeat: no-repeat;
    border-bottom: 3px solid #B3A78B;
    padding-left: 326px;
    padding-top: 12px;
    margin-bottom: 10px;
```

在该CSS样式中设置了高度、背景图像、背景图像平铺方式、下边框、左填充、上填充和下边界属性

图9-141 CSS样式代码

图9-142 页面效果

图9-143 插入图像

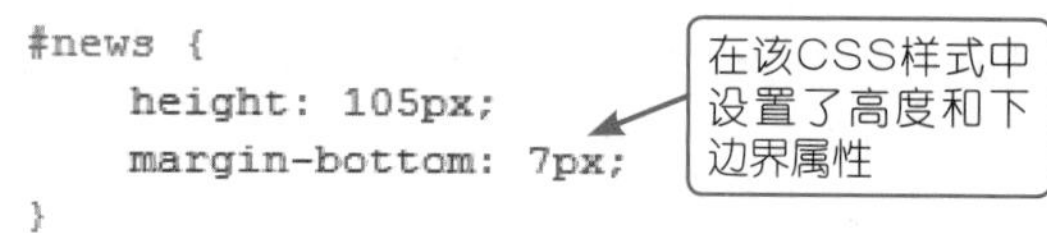

```
#news {
    height: 105px;
    margin-bottom: 7px;
}
```

在该CSS样式中设置了高度和下边界属性

图9-144 CSS样式代码

STEP21 返回网页设计视图中，可以看到页面的效果，如图9-145所示。将光标移至名为news的Div中，将多余文字删除，输入相应的文字并插入图像，如图9-146所示。

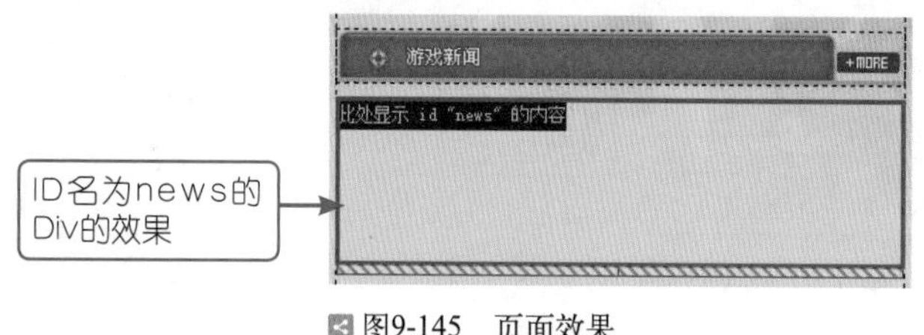

图9-145 页面效果

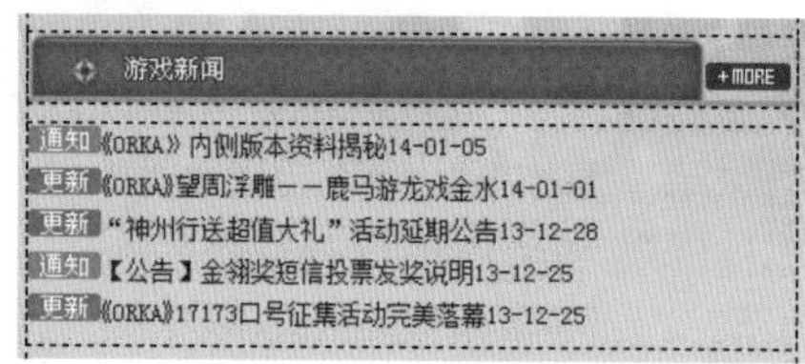

图9-146 页面效果

STEP22 转换到代码视图中，在名为news的Div中添加相应的定义列表标签代码，如图9-147所示。切换到外部CSS样式表文件中，创建名为#news dt、名为#news dd和名为#news img的CSS样式，如图9-148所示。

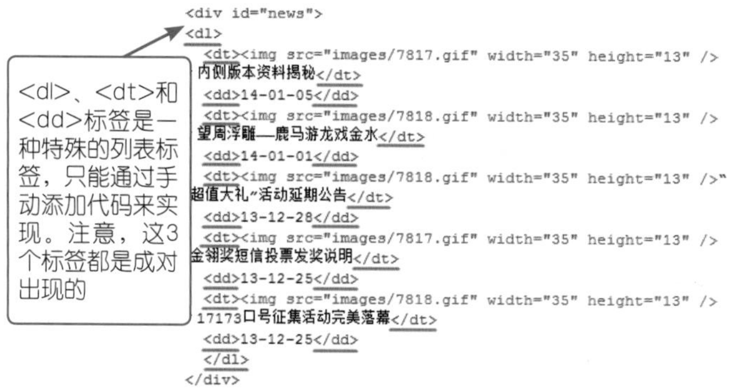

```
<div id="news">
<dl>
  <dt><img src="images/7817.gif" width="35" height="13" />
内侧版本资料揭秘</dt>
  <dd>14-01-05</dd>
  <dt><img src="images/7818.gif" width="35" height="13" />
望周浮雕—鹿马游龙戏金水</dt>
  <dd>14-01-01</dd>
  <dt><img src="images/7818.gif" width="35" height="13" />"
超值大礼"活动延期公告</dt>
  <dd>13-12-28</dd>
  <dt><img src="images/7817.gif" width="35" height="13" />
金翎奖短信投票发奖说明</dt>
  <dd>13-12-25</dd>
  <dt><img src="images/7818.gif" width="35" height="13" />
17173口号征集活动完美落幕</dt>
  <dd>13-12-25</dd>
  </dl>
</div>
```


图9-147 添加定义列表标签

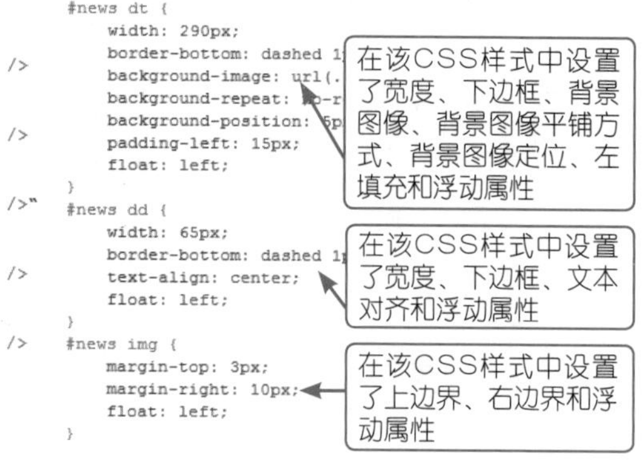

```
#news dt {
    width: 290px;
    border-bottom: dashed 1
    background-image: url(.
    background-repeat: no-r
    background-position: 6p
    padding-left: 15px;
    float: left;
}
#news dd {
    width: 65px;
    border-bottom: dashed 1
    text-align: center;
    float: left;
}
#news img {
    margin-top: 3px;
    margin-right: 10px;
    float: left;
}
```


图9-148 CSS样式代码

提 示

定义列表是一种特殊的列表形式，使用一组<dl></dl>标签。列表中的每个元素的标题使用<dt></dt>标签，后面跟随<dd></dd>标签，用于描述列表中元素的内容。

STEP23 返回网页设计视图中，可以看到页面的效果，如图9-149所示。使用相同的制作方法，可以完成相似部分页面内容的制作，如图9-150所示。

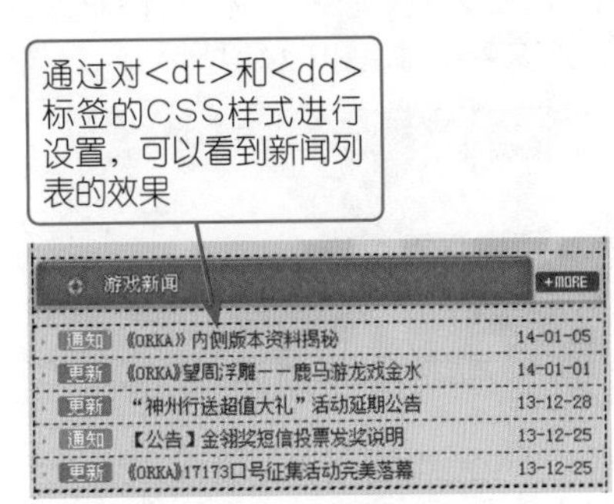

图9-149　页面效果

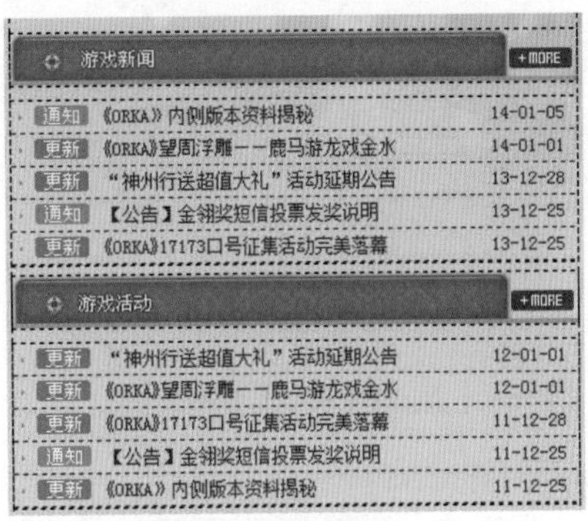

图9-150　页面效果

STEP24 在名为event的Div之后插入名为movie的Div，切换到外部CSS样式表文件中，创建名为#movie的CSS样式，如图9-151所示。返回网页设计视图中，可以看到页面的效果，如图9-152所示。

在该CSS样式中设置了宽度、高度、背景图像、背景图像的平铺方式、填充和浮动属性

```
#movie {
    width: 166px;
    height: 109px;
    background-image: url(../images/7820.gif);
    background-repeat: no-repeat;
    padding: 8px;
    float: left;
}
```

图9-151　CSS样式代码

图9-152　页面效果

STEP25 将光标移至名为movie的Div中，将多余文字删除，插入名为movie-title的Div，切换到外部CSS样式表文件中，创建名为#movie-title的CSS样式，如图9-153所示。返回网页设计视图中，可以看到页面的效果，如图9-154所示。

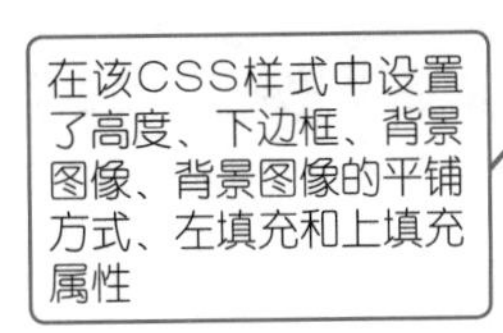


```
#movie-title {
    height: 20px;
    border-bottom: solid 1px #7A6E52;
    background-image: url(../images/7821.gif);
    background-repeat: no-repeat;
    padding-left: 122px;
    padding-top: 10px
}
```

图9-153　CSS样式代码

图9-154　页面效果

STEP26 将光标移至名为movie-title的Div中，将多余文字删除，插入图像"光盘\源文件\第9章\images\7815.gif"，如图9-155所示。在名为movie-title的Div之后插入名为movie-show的Div，切换到外部CSS样式表文件中，创建名为#movie-show的CSS样式，如图9-156所示。

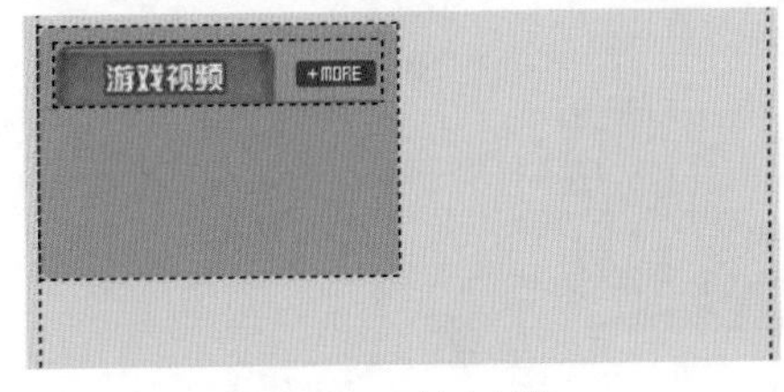

图9-155　插入图像

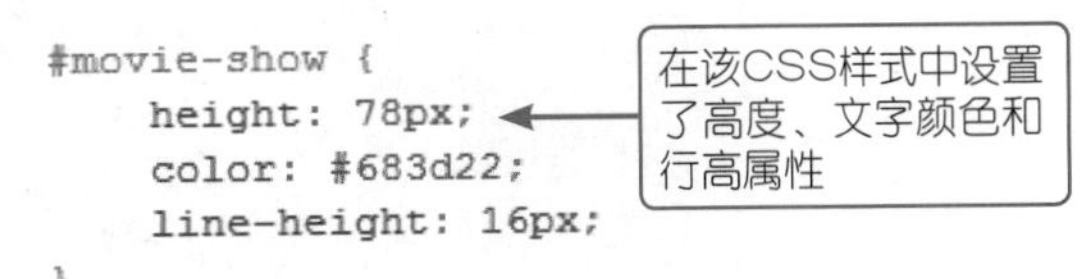

```
#movie-show {
    height: 78px;
    color: #683d22;
    line-height: 16px;
}
```


图9-156　CSS样式代码

STEP27 返回网页设计视图中，可以看到页面的效果，如图9-157所示。将光标移至名为movie-show的Div中，将多余文字删除，插入相应的图像并输入文字，如图9-158所示。

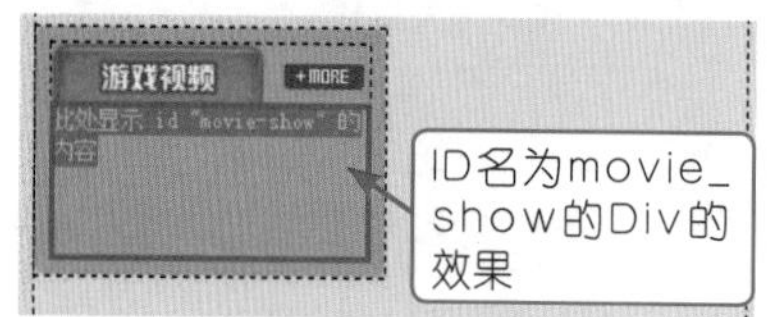

图9-157　页面效果

图9-158　页面效果

STEP28 切换到外部CSS样式表文件中，创建名为#movie-show img的CSS样式，如图9-159所示。返回网页设计视图中，可以看到页面的效果，如图9-160所示。

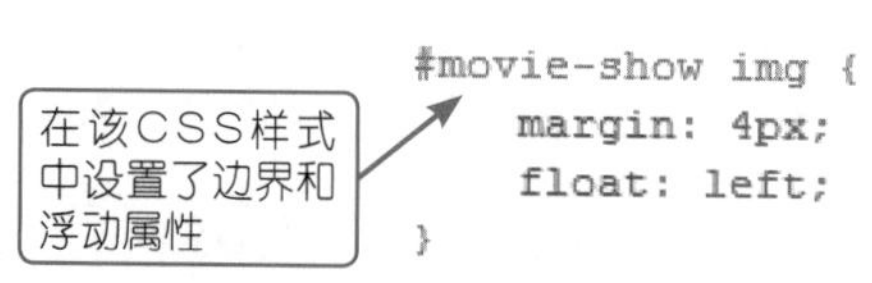

图9-159　CSS样式代码

图9-160　页面效果

STEP29 使用相同的制作方法，可以完成相似部分页面内容的制作，如图9-161所示。使用相同的制作方法，可以完成页面版底信息部分内容的制作，如图9-162所示。

图9-161　页面效果

图9-162　页面效果

STEP30 完成该游戏网站页面的制作，执行“文件>保存”命令，保存页面，在浏览器中预览页面，效果如图9-163所示。

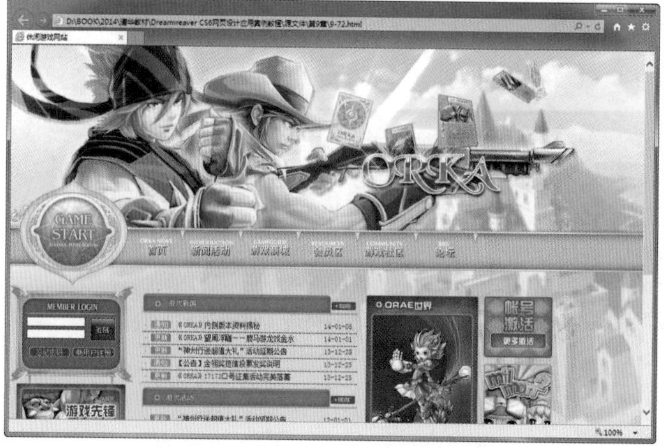

图9-163　在浏览器中预览页面效果